"江西理工大学清江学术文库"

铜矿选矿技术与实践

艾光华　编著

北　京
冶　金　工　业　出　版　社
2017

内 容 提 要

本书是在参考近年来国内外铜矿选矿理论及技术的基础上，结合作者等人在铜矿选矿教学与科研方面的经验编写而成。本书首先介绍了铜矿资源分布、铜矿物矿石特性及浮选工艺设备，然后系统地介绍了硫化铜矿、氧化铜矿及铜冶炼渣的选矿技术，在此基础上详细介绍了国内外十几家典型选矿厂的生产实践，最后介绍了我国铜矿矿产资源开发利用现状。

本书可供从事矿物加工科研、生产的相关人员阅读，也可供大专院校有关专业的师生参考。

图书在版编目 (CIP) 数据

铜矿选矿技术与实践／艾光华编著. —北京：冶金工业出版社，2017. 12
ISBN 978-7-5024-7661-8

Ⅰ.①铜… Ⅱ.①艾… Ⅲ.①铜矿床—选矿 Ⅳ.①TD952

中国版本图书馆 CIP 数据核字（2017）第 301922 号

出 版 人 谭学余
地　　址 北京市东城区嵩祝院北巷 39 号 邮编 100009 电话 (010)64027926
网　　址 www. cnmip. com. cn 电子信箱 yjcbs@ cnmip. com. cn
责任编辑 刘晓飞 美术编辑 彭子赫 版式设计 孙跃红
责任校对 李 娜 责任印制 李玉山
ISBN 978-7-5024-7661-8
冶金工业出版社出版发行；各地新华书店经销；北京建宏印刷有限公司印刷
2017 年 12 月第 1 版，2017 年 12 月第 1 次印刷
169mm×239mm；24 印张；467 千字；370 页
95.00 元

冶金工业出版社 投稿电话 (010)64027932 投稿信箱 tougao@cnmip. com. cn
冶金工业出版社营销中心 电话 (010)64044283 传真 (010)64027893
冶金书店 地址 北京市东四西大街 46 号(100010) 电话 (010)65289081(兼传真)
冶金工业出版社天猫旗舰店 yjgycbs. tmall. com
(本书如有印装质量问题，本社营销中心负责退换)

前　　言

随着人类文明的进步和科学技术的发展，铜已经广泛应用于电力、电子通讯、日用品加工、机械制造、交通运输、艺术、医药、国防和航空航天等多个行业，铜的选矿技术也随时代的发展不断进步。在现代工业中，铜可称之为"电气之王"，是现代工业生产中必不可少的材料。20 世纪以来，在欧美、日本、韩国、中国等国工业化推动下，铜的消费持续上升。进入 21 世纪以后，我国铜的消费大幅度增加，成为全球铜消费中心，并且在未来很长一段时间内，我国都将是全球铜资源需求第一大国。

在新的形势下，为了使广大科研、生产及专业人员更加详细地了解铜矿选矿技术及基础理论，我们在现有国内外有关文献资料的基础上编写了本书。本书较为系统地论述了铜矿选矿技术，并详细介绍了相关技术的基础理论知识，在撰写过程中，着力考虑系统性、科学性、先进性及在研究开发或生产实践中的实用性。

铜矿选矿作业前的准备作业，如破碎与磨矿、筛分与分级等，以及精矿脱水干燥等内容没有在本书中阐述。这些内容可以参照其他金属矿物加工的教材或著作。

本书共分 8 章。第 1 章"铜资源概况"，介绍了铜的性质及用途，对世界铜矿资源与我国铜矿资源概况进行了分析，方便读者对铜矿资源分布的了解；第 2 章"铜矿物及矿石"，介绍了主要的铜矿物类型及特征，铜矿石的矿物组成、有价元素的赋存状态及矿物的嵌布特征，并且列举了铜矿石主要的工业指标要求；第

3章"浮选工艺及设备"，在详细讲解浮选理论的基础上，对选矿工艺过程、浮选设备、药剂制度、石灰制乳、检测技术等进行了系统的介绍；第4章"硫化铜矿石的选矿"，按照硫化矿类型进行分类，对每种铜矿物的选别进行详细而系统的介绍，并通过数个矿山生产实例对每种矿物的选别进行了介绍；第5章"氧化铜矿石的选矿"，按照氧化铜矿物选别方法进行介绍，结合矿山生产实例对氧化铜的选矿技术进行了详细的说明；第6章"炼铜炉渣的选别"，对炼铜炉渣的物质组成及可选性进行了分析，然后以实例的形式对不同种类的炼铜炉渣的生产方法、生产工艺等进行了说明介绍；第7章"国内外铜矿选矿实例"，介绍了国内外15个典型铜选矿厂，对每个选矿厂的矿石性质、药剂制度、生产工艺及生产指标等进行了介绍，其中包含了单一硫化铜矿、复杂硫化铜矿及氧化铜矿等不同类型的选矿厂；第8章"我国铜矿山矿产资源综合开发利用"，介绍了我国矿产资源综合开发利用的意义及现状。

李晓波参与了本书的编写过程，研究生杨冰、梁焘茂、王澜等参与了部分文字录入和图表整理工作，同时书中参考引用了矿物加工领域中有关专家学者的著作和学术论文等资料，在此一并表示感谢。

限于作者水平，书中疏漏和不妥之处在所难免，希望读者批评指正。

艾光华

2017 年 9 月

目　　录

1 铜资源概况

1.1 铜的性质和用途

1.1.1 铜的主要性质

铜（Cu）是一种呈浅玫瑰色或淡红色的金属，表面由于氧化生成的氧化铜薄膜而呈紫红色光泽。铜的原子序数 29，相对原子质量 63.546，硬度 2.5~3.0，密度 8.92g/cm³，熔点（1083.4±0.2）℃，沸点 2567℃。铜具有很多优良的物理、化学性质，是热和电的最佳导体之一。其导电性能仅次于银，居第二位，是铝的 1.6 倍；导热性也仅次于银，是铝的 1.8 倍。铜还具有良好的延展性，纯铜可拉成很细的铜丝或制成很薄的铜箔，铜还可以与锌、锡、镍等金属形成具有不同性能的合金。

1.1.2 铜的主要用途

铜是一种与人类联系非常紧密的有色金属，被广泛地应用于电气、轻工、机械制造、建筑工业、国防工业等领域。古代主要用于器皿、艺术品及武器铸造，比较有名的器皿及艺术品如后母戊鼎、四羊方尊等。铜具有良好的导热性和耐腐蚀性，被广泛应用于空调器和冰箱的冷凝管。在建筑行业中，常用来做各种管道、管道配件、装饰器件等；在艺术创作中，用于制作各种雕塑；医学中，铜的杀菌作用很早就被认知，后来科学家也发现铜具有抗癌功能。相信不久的将来，铜元素将为提高人类健康水平做出相应的贡献。

紫铜（单质铜）广泛应用在电器工业方面，如制作电刷、电线、电缆、电动机、发电机、变压器及电气化设施的接触网等。紫铜的导热性能使其在散热器械中获得了大量应用，如制作散热器、冷却器和炉板等。

铜还可用于制造多种合金，铜的重要合金有黄铜、青铜、白铜等几种。

黄铜是铜与锌的合金，因色黄而得名。黄铜的力学性能和耐磨性能都很好，可用于制造精密仪器、船舶的零件、枪炮的弹壳等。黄铜敲起来声音好听，因此锣、钹、铃、号等乐器都是用黄铜制作的。

铜与锡的合金叫青铜，因色青而得名，在古代为常用合金（如中国的青铜时代）。青铜的主要特征表现为具有比紫铜更好的耐磨性和抗腐蚀性，如有冲击时不产生火花、无磁性、无冷脆现象等。化工机械和精密仪器中的耐磨零件、抗磁零件，以及飞机、汽车、内燃机车、拖拉机等用于承受摩擦的机件如轴套、衬套和阀类等常用青铜制造。在高压的过热蒸汽中青铜能不受影响而保持原有性能，故在蒸汽锅炉方面应用也很广。青铜还有一个反常的特性——"热缩冷胀"，用来铸造塑像，冷却后膨胀，可以使眉目更清楚。

白铜是铜与镍的合金，其色泽和银一样，银光闪闪，不易生锈。常用于制造硬币、电器、仪表和装饰品，特殊白铜中的锰白铜具有比纯铜高约 27 倍的电阻率和低的电阻温度系数等优点，常用作电工测量仪器中的高电阻材料。

铜与锌、锡的合金，抗海水侵蚀，可用来制作船的零件、平衡器。磷青铜是铜与锡、磷的合金，坚硬，可制弹簧。十八开金（或称 18K 金、玫瑰金等）是铜与金的合金，呈红黄色，硬度大，可用来制作首饰、装饰品。

1.2　世界铜资源概况

1.2.1　世界铜资源储量

铜在地壳中的含量约为 0.01%，在个别铜矿床中，铜的含量可以达到 3% ~ 5%。自然界中的铜多以化合物即铜矿物存在。

据美国地质调查局（USGS）估计，全球陆地铜资源量超过 30 亿吨，深海矿结核中铜资源量约 7 亿吨。截至 2011 年，全球铜储量约为 6.9 亿吨。其中，智利为 1.9 亿吨，秘鲁为 0.9 亿吨，澳大利亚为 0.86 亿吨，墨西哥为 0.38 亿吨，美国为 0.35 亿吨，中国为 0.3 亿吨，印度尼西亚为 0.28 亿吨，俄罗斯为 0.3 亿吨，波兰为 0.26 亿吨，赞比亚为 0.2 亿吨，刚果（金）为 0.2 亿吨。此外，哈萨克斯坦、加拿大、蒙古、菲律宾等国也有着丰富的铜资源。总体来看，世界铜资源呈现出以下几个重要特征及发展趋势。

（1）铜资源分布广泛，储量高度集中。

（2）采选技术进步，可采铜矿品位显著下降。

（3）世界铜矿勘查预算大幅增长，但新发现却有下降态势。

（4）世界铜矿开发投入大幅增加，铜矿山产能提升较快，但产能利用率呈下降趋势。

（5）世界精炼铜产销量基本平衡，溶剂萃取电积工艺生产的精炼铜产量大幅增长。

（6）国际铜价屡创新高，高位震荡加剧。

世界铜矿产资源储量分布见图 1-1。

1.2.2　世界铜资源分布

世界铜资源按区域分布主要在北美、拉丁美洲和中非三地。按国家分布主要

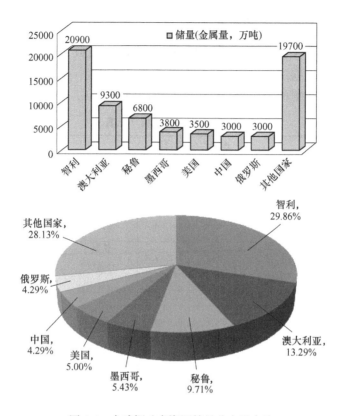

图 1-1 全球铜矿产资源储量分布及占比

集中在智利、美国、赞比亚、俄罗斯和秘鲁等国。其中智利是世界上铜资源最丰富的国家，其铜金属储量约占世界总储量的 29.86%。同时，智利是全球最大铜产国和出口国。

目前世界铜储量的 60% 集中在美洲，非洲和亚洲相对较少，各约为 15%。在已探明的 6.9 亿吨储量中，斑岩型铜矿、砂页岩型铜矿、黄铁矿型铜矿和铜镍硫化物型铜矿的总储量占所有储量的 97% 以上。其中斑岩型铜矿约达到总储量的 55%，主要包括环太平洋斑岩铜矿成矿带（美国、智利、秘鲁和加拿大等）、阿尔卑斯—喜马拉雅斑岩铜矿带（伊朗、中国和巴基斯坦等）、特提斯斑岩铜矿成矿带以及中亚—蒙古斑岩铜矿成矿带（乌兹别克斯坦、中国和蒙古等）；砂页岩型铜矿约占总储量的 29%，该类型特大矿床 11 座，主要分布在智利、刚果、德国、波兰和俄罗斯等国家；黄铁矿型铜矿约占总储量的 9%，集中在北美、亚欧和西欧地区，如美国、俄罗斯、西班牙和中国等；铜镍硫化物型铜矿相对较少，占总储量的 4% 左右，但该类型铜矿床品位高、多种贵重金属共生，分布在西伯利亚铜镍硫化物矿区和北美铜镍硫化物集中区。

1.2.3 世界铜矿的主要类型和重要铜矿床

目前在自然界中，已知的铜矿物和含铜矿物共约 250 多种，主要是硫化物及其类似的化合物和铜的氧化物、自然铜以及铜的硫酸盐、碳酸盐、硅酸盐类等矿物。但具有工业价值的铜矿物只有 17 种左右，见表 1-1。

表 1-1 主要铜矿物一览表

矿物类别	矿物名称	化学组成	理论含铜量/%	密度/g·cm^{-3}	颜色	光泽	莫氏硬度	晶系
自然铜	自然铜	Cu	100.00	8.5~8.9	铜红色	金属	2~3	等轴
硫化矿物	黄铜矿	$CuFeS_2$	34.56	4.1~4.3	金黄色	金属	3.5~4	正方
	辉铜矿	Cu_2S	79.80	7.2~7.4	铁黑具蓝纹	金属	2.5~3	斜方
	斑铜矿	Cu_5FeS_4	63.3	4.9~5.4	青铜至深蓝	金属	3	等轴
	铜蓝	CuS	66.44	4.6~6.0	青蓝至灰	金属	1.5~2	六方
	黝铜矿	$4Cu_2S·Sb_2S_3$	52.10	4.4~5.1	灰黑	金属	3~4.5	等轴
	砷黝铜矿	$4Cu_2S·As_2S_3$	57.50	4.4~4.5	灰白色	金属	3~4	等轴
	硫砷铜矿	Cu_3AsS_4	48.40	4.3~4.5	浅灰黑或铁黑	金属	3.0	斜方
氧化矿物	孔雀石	$CuCO_3·Cu(OH)_2$	57.57	3.5~4.5	翠绿至黑绿	玻璃	3.5~4	单斜
	硅孔雀石	$CuSiO_3·2H_2O$	36.20	2.0~2.4	绿色至浅蓝	釉状	2~4	非晶
	蓝铜矿	$2CuCO_3·Cu(OH)_2$	69.20	3.7~3.9	天蓝至深蓝	玻璃	3.5~4	单斜
	赤铜矿	Cu_2O	88.80	5.9~6.1	浅红至灰	金刚	3.5~4	等轴
	黑铜矿	CuO	79.89	5.8~6.4	黑色	金刚	3~4	单斜
	胆矾	$CuSO_4·5H_2O$	25.50	2.1~2.3	蓝色至天蓝	玻璃	2.5	三斜
	水胆矾	$CuSO_4·3Cu(OH)_2$	56.20	3.5~4.0	翠绿色	玻璃	3.5~4	单斜
	氯铜矿	$CuCl_2·3Cu(OH)_2$	61.00	3.7~3.8	翠绿至黑绿	玻璃	3~3.5	斜方
	铜氯矾	$(Cu、Fe)SO_4·7H_2O$	10~18	2.15	蓝色			

世界铜矿床约有90%分布于下述6个区域：

（1）安第斯区。铜矿床与二长岩侵入体有关，主要是斑岩铜矿，包括智利和秘鲁等各大矿床。

（2）美国。铜矿床与二长岩侵入体有关，包括犹他州的斑岩铜矿床和亚利桑那州等地的铜矿床。

（3）加拿大东南部。铜矿床与紫苏辉长岩关系密切，如苏德柏利铜镍矿床。

（4）非洲中南部。层状浸染铜矿，有北罗德西亚及其附近的铜矿床。

（5）乌拉尔山区。铜矿床与凝灰岩系酸性侵入岩体有关。

（6）日本、菲律宾、中国等。主要与岩浆岩有关，其中以含黄铁矿型铜矿床最为著名。

世界上铜矿床的工业类型较多，分类方法也各不相同，根据矿床形成的地质条件和成矿模式，铜矿床主要类型可分为斑岩型、矽卡岩型、层状、含铜黄铁矿、铜镍硫化、脉状及自然铜等，其中前四种类型拥有铜金属量为90%，而斑岩铜矿床拥有的金属量又居其他类型之首。铜矿床主要工业类型有8种。

（1）斑岩型铜矿床。产于中酸性斑岩顶部蛇状突出部位及围岩中（绢云母化、绿泥石化），矿体形态呈垂直柱状、圆锥状、扁平圆盘状，主要矿物成分为黄铜矿、斑铜矿、辉铜矿、辉钼矿、黄铁矿、石英、绢云母、绿泥石、黑云母、方解石等。在矿石结构构造中，呈现细脉状，伴生有益组分有Mo，有时有Au、Ag等，规模属于巨大型，其中工业品位硫化矿坑采含铜0.5%、露采含铜0.4%、氧化矿含铜0.7%，矿床成因是次火山，矿床产地主要有俄罗斯、哈萨克斯坦、美国、智利、秘鲁，我国山西、江西、河北等省。

（2）层状铜矿床。白云岩、白岩质灰岩（硅化、白云化、绢母云化、绿泥石化），矿体形态为层状透镜状（沿层分布），矿物成分主要是辉铜矿、斑铜矿、黄铜矿和少量黄铁矿等，结构构造呈现浸染状、马尾丝状、网脉状、细脉状，铜含量为2%～3%，最高可达7%，矿床规模属于大型，矿床成因是沉积及沉积变质，主要产地是哈萨克斯坦、赞比亚，我国云南、内蒙古、山西等省。

（3）黄铁矿型铜矿床。细碧角斑岩系（绢母云化、硅化、绿泥石化），矿物形态透镜状，以黄铁矿为主，占95%，含黄铜矿伴有闪锌矿，结构构造呈现致密状、网脉状、浸染状，含铜0.72%，伴生有益组分有Pb、Zn、Au、Ag、Se等，规模属于小型到大型，矿床成因是火山沉积，产地主要有西班牙、俄罗斯、美国、塞尔维亚，我国甘肃、青海、河南等省。

（4）矽卡岩型铜矿床。产于中酸性-中基性侵入岩和碳酸盐的接触带，矿体形态呈透镜状、筒状、脉状等，主要矿物成分为黄铜矿、黄铁矿、斑铜矿、黝铜矿、磁黄铁矿、方铅矿和闪锌矿，含铜1%～3%，伴生有益组分有Co、Zn、Pb、稀有金属和Au，矿床规模属于中小型，个别有大型，主要的矿床产地有哈萨克斯坦、墨西哥，我国安徽、湖北、河北、吉林、辽宁等省。

（5）脉状铜矿床。白云岩、白云质灰岩，矿体形态层状和透镜状，主要矿物成分有辉铜矿、斑铜矿、黄铜矿和少量黄铁矿等，矿石结构构造浸染状、马尾丝状、网脉状、细脉状，有益组分铜含量为 2%~3%，最高达 7%，矿床规模属于中小型，个别有大型，矿床成因是由热液火山，主要分布在美国、加拿大，我国各省份均有。

（6）砂岩型铜矿床。细碧角斑岩系，呈透镜状，主要是以黄铁矿为主，占95%，含黄铜矿伴有闪锌矿，矿石结构构造为致密状、网脉状、浸染状，含铜0.72%，伴生的有益组分有 Co、Zn、Ge，矿床规模属于大中型，个别为巨大型，属于沉积矿床，主要分布在赞比亚、刚果（金）、法国，我国云南、贵州、四川、湖南等省。

（7）铜镍硫化矿床。辉长石、苏长岩、橄榄辉岩，矿体形态呈现底部边缘矿体，似层状透镜状贯入矿体，脉状不规则分枝状，矿物成分主要有磁黄铁矿、镍黄铁矿、黄铁矿、黄铜矿、钴矿物和铂族金属，矿石结构构造为块状、浸染状、角砾状、海绵陨石构造，含铜 1%~2.5%，含镍 2%~4%，伴有有益组分Co-Pt族、Au、Ag、Se、Te，矿床规模为中小型，个别为大型，矿床成因为岩浆熔融，主要分布在加拿大，我国四川、甘肃、山东、宁夏、吉林等省。

（8）安山玄武岩铜矿床。安山岩、玄武岩，矿体形态有脉状，矿物主要成分是自然铜、斑铜矿、黄铜矿、石英、泡沸石、方解石等，矿床成因是火山热液，主要分布在美国，我国云南、四川、贵州等省。

1.3　我国铜资源概况

1.3.1　我国铜资源储量

相对全球铜矿资源分布而言，我国铜资源总体呈现储量少、品位低、分布广而集中的特点。截至 2014 年底，我国共有铜矿矿区 2018 个，查明资源储量（矿石）8345.9 亿吨。如图 1-2~图 1-4 所示。

（1）从省域尺度看我国铜矿资源分布在 30 个省（直辖市、自治区），其中，西藏、云南、江西、内蒙古、新疆 5 省区的铜资源储量最多，合计占全国铜资源储量的 63.5%。从四大板块来看，东部地区占 4.41%，中部地区占 42.2%，西部地区占 42.91%，东北地区占 10.48%。从开采设计规模指标看，江西、内蒙古、云南 3 省的铜矿开采设计规模占到全国的 53%。

（2）从县域尺度看我国 1.5% 的县级行政区域占有全国 74% 的铜矿资源查明储量，主要包括西藏的妥坝县、扎囊县、察雅县，江西的乐平市，云南的中甸县等。

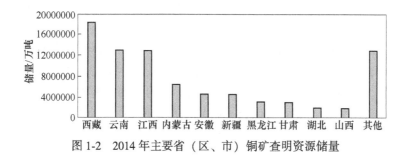

图 1-2　2014 年主要省（区、市）铜矿查明资源储量

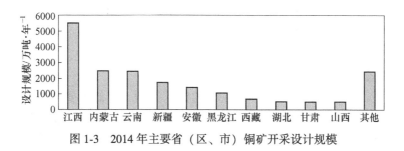

图 1-3　2014 年主要省（区、市）铜矿开采设计规模

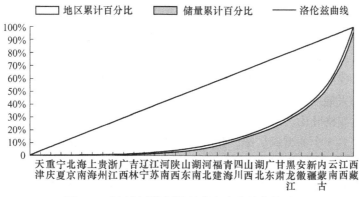

图 1-4　我国铜矿资源储量分布洛伦兹曲线图

1.3.2　我国铜矿床类型

　　我国地处欧亚、印度洋和太平洋世界三大板块交会地区，区域地质背景复杂，有利于形成各种类型的铜矿，加之环太平洋、古亚洲（中亚—蒙古）和古地中海（阿尔卑斯—喜马拉雅）世界三大铜成矿带都通过我国，因此我国铜矿床工业类型齐全。迄今为止，全球各种主要铜矿类型均已在我国境内发现，计有斑岩型、矽卡岩型、海相砂页岩型、陆相砂页岩型、海相火山岩型（即黄铁矿型）、陆相火山岩型、铜-镍硫化物型、脉型和自然铜型等。有的学者（刘雅蓉）把海相火山岩和陆相火山岩型合称为火山沉积型，把海相砂页岩型和陆相砂页

岩型合称为层状型。总的来说，我国铜矿资源也很丰富，它们主要分布在长江中下游、大兴安岭、祁连山、中条山、西南"三江"、川西南—滇中、天山、阿尔泰山、北山及内蒙古狼山—渣尔泰地区。和国外相似，我国的铜金属储量主要也是集中于斑岩型、海相砂页岩型、海相火山岩型、铜-镍硫化物型和矽卡岩型 5 种铜矿类型。所不同的是我国的矽卡岩型铜矿占的位置更重要一些，因为我国碳酸盐岩石比较发育，岩浆活动频繁（特别是燕山期）；其他类型的铜矿在规模、品位等方面也还有一些差别（矿床规模普遍较小，铜的品位较低），这可能和我国的地质演化及其他地质特点有关。根据我国各铜矿类型所占铜金属储量比重的大小，把它们依次排列为：斑岩型、海相砂页岩型、矽卡岩型、海相火山岩型（即黄铁矿型）、铜-镍硫化物型，其中斑岩型铜矿的储量占全国 50%以上。目前，我国的大型、超大型铜矿床基本上都产在上述 5 种铜矿类型中，它们所占有的铜金属储量为全国总储量的 80%以上。

（1）斑岩型铜矿。这是我国最主要的铜矿类型，它们主要分布在东北兴安岭、山西中条山、长江中下游、西南"三江"、北疆和华北克拉通北缘 5 个地区，基本上位于世界 3 大斑岩型铜矿带（环太平洋带、古亚洲带和古地中海带）的分布区内。它们的分布与构造作用关系密切，总的受构造活动带控制，但就单个矿床而言，矿床定位于隆坳交接部位，并靠隆起一侧。在斑岩体中，并不是整个岩体内都有铜矿，而往往只是在斑岩体外绕的某些部位，该处一般裂隙构造比较发育，蚀变作用比较强烈，成矿作用发生在成岩之后，显然成矿是与热液活动有关。目前，我国已知的 5 个超大型铜矿床中，斑岩型铜矿就占了 4 个，即西藏玉龙、江西德兴铜厂、富家坞和黑龙江多宝山（储量已接近超大型规模）。另外还有内蒙古乌奴格吐山、山西铜厂峪、江西德兴朱砂红、西藏贡觉多霞松多和西藏察雅马拉松多 5 个大型铜矿床。我国的斑岩型铜矿床中铜的平均品位，相对比国外要贫一些，矿石含铜量多低于 1%。斑岩型铜矿床的矿石组分较复杂，可综合利用的元素较多，最常见的有钼，常形成典型的斑岩型铜-钼矿床，其次是金、银、铼、硒、碲，它们都可作为副产品进行回收。有的可能还伴生有铂族元素，但这还需要进一步进行深入工作才能确定。

（2）海相砂页岩型铜矿。这种铜矿类型主要产于海相细碎屑岩—碳酸盐建造中，赋矿围岩为细碎屑岩（有的含火山物质）或碳酸盐岩石，矿体呈层状、似层状展布，并随地层同步褶皱，有的地段还有后期切层的铜矿脉产生。矿床规模一般较大，主要分布在四川会理、云南东川—易门—元江、山西中条山、内蒙古狼山—渣尔泰和青海鄂拉山地区，它受陆内裂谷或隆起区的边缘海槽控制。海相碎屑岩型铜矿容矿地层的时代主要是元古宙和古生代。和国外相比，我国的元古宙更重要一些，主要矿床都是产于中、新元古代细碎屑岩（有的含火山物质）—碳酸盐建造中，它是我国铜矿重要类型之一。其中最大的矿床是云南东川汤丹铜矿，另外还有内蒙古乌拉特后旗获各琦、潮格旗炭窑口，青海兴海铜峪沟和云南东川落雪等大型铜矿床。矿石成分简单，主要为铜、铁的硫化物，如斑铜矿、黄铜矿、辉铜矿和黄铁矿等，有的还有方铅矿和闪锌矿，个别矿床附近还有钴异常显示。目前，产于古生代沉积盆地中的海相砂页岩型铜矿，在我国东部广大地区基本上没有发现，但在我国西北地区的塔里木和柴达木地块的周边地区，现已找到了这种类型的矿床，但由于工作程度低，其规模远景尚不大清楚。青海古生代地层内的铜峪沟（大型）铜矿床中，矽卡岩矿物较多，过去多称其为类矽卡岩型矿床，但根据其围岩为砂页岩，矿体顺层分布及矿床的其他特点，把它划归砂页岩型铜矿可能更合适一些。由于这种类型铜矿床的规模一般较大，因此今后应注意在塔里木和柴达木地块周边寻找海相砂页岩型铜矿床。

（3）矽卡岩型铜矿。这是我国所具有特色和很重要的铜矿类型，它产于中酸性侵入岩与碳酸盐岩石的接触带中。分布范围非常广，遍及我国大多数省区，如西藏、江西、湖北、广东、黑龙江、云南、内蒙古、山东、安徽、山西、江苏、广西、湖南、辽宁和青海等都有产出，其中长江中下游地区和云南、山东及广东几省这种类型矿床最多，特别是在长江中下游地区矽卡岩型铜矿床常常成群成带出现，并经常和斑岩型铜矿共存，其分布特征一般是岩体内部为斑岩型，岩体边缘接触带中为矽卡岩型，因此我们有时称其为斑岩-矽卡岩型，如云南的雪鸡坪、江西城门山和湖北封山洞矿床都是斑岩型和矽卡岩型两种类型铜矿并存。目前，已知矽卡岩型的大型铜矿床有江西瑞昌武山、九江城门山、铅山天排山和湖北大冶铜绿山、广东曲江大宝山与安徽铜陵冬瓜山等。矽卡岩型铜矿的一个重要特点是矿床小，矿石铜的品位可达 2%~3%，主要为大、中、小型铜矿床及矿点，基本上不形成超大型矿床。矿石成分相对比较复杂，常含有钴和少量的金，不同矿床的伴生组分不一，有钼、铅、锌、锡和磁铁矿等。

（4）海相火山岩型铜矿。这种类型铜矿西方国家多称为块状硫化物矿床，它是我国重要的铜矿类型之一。其品位较富，多数矿床的含铜品位都在 1% 以上。矿体和地层产状一致，呈层状、透镜状，成群出现。从太古宙到第三纪的地层中都有矿床产出，成矿时代的范围大，我国主要是产于元古宙和古生代海相火山岩中。分布地区广，主要分布在我国西部祁连山与西南"三江"地区，如甘肃、青海、四川和云南等省，此外在辽宁、陕西、山西、新疆等省区亦有产出。这类矿床为海底火山活动的产物，大多数海相火山岩型铜矿都产于不同成分火山岩的交接部位。含矿火山岩大多数为细碧角斑岩建造，包括有凝灰质火山岩和火山熔岩。较著名的大、中型铜矿床有新疆北部阿舍勒、青海玛沁德尔尼、甘肃兰州白银厂、四川会理拉拉厂和九龙李伍、云南新平大红山等矿床，属同生源积成因。这类矿床在空间上常与铁矿伴生，如云南大红山和甘肃陈家庙矿床等，其上部为含铜（磁）铁矿床，下部为含铁铜矿铁矿伴生。

（5）铜-镍硫化物型铜矿。这类矿床在空间分布和时间上都与镁铁质基性-超基性岩体关系密切，矿体的形态、规模、产状与矿化都受岩体控制，矿体多呈似层状、透镜状，产于层状镁铁质-超镁铁质岩侵入体的底部接触带，通常认为是重力分异、流动分异和结晶分异的结果。这些镁铁质基性-超基性岩体主要沿古大陆边缘、陆内裂谷或陆内深大断裂分布，它们是在拉张环境中地幔岩上涌的产物。形成这种类型矿床有两个很重要的条件：一是裂开深度要大，二是深部成矿物质丰富。这种情况与海相火山岩型铜矿有一定的相似之处，只是成矿方式不同罢了。因而在产有铜-镍硫化物型铜矿床的深大断裂带的延伸地区，常出现成矿时代与铜-镍硫化物型铜矿床不同的海相火山岩型铜矿床，如在额尔齐斯超岩石圈断裂带中，东南部有早二叠世喀拉通克铜镍硫化物矿床，西北部有中泥盆世的阿舍勒海相火山岩型铜矿床，又如北祁连海相火山岩型铜矿带的北侧有中元古代（1509Ma）金川铜镍硫化物矿床。这两种类型铜矿的空间分布关系，其在成因上有何联系是一个值得深入研究的问题，因为这对找矿很有意义。从现有资料来看，我国铜-镍硫化物型矿床基本上分布在长白山、阿尔泰山、天山、祁连山和横断山 5 个地区，最著名的矿床有甘肃金川、新疆富蕴喀拉通克和吉林盘石红旗岭，其中甘肃金川矿床中铜、镍的金属储量都达到了超大型矿床的规模，而且其中伴生的铂族元素是目前我国铂族金属的主要来源。

（6）陆相砂页岩型铜矿。这种类型铜矿在我国有较重要的意义，它产于中-新生代陆相盆地（云南震旦系下统的澄江组陆相砂岩中亦有铜矿化）中，根据矿床产出的区域地质背景、矿体产状和矿石矿物的差异，又可分为两个亚类。一种是铜矿化多顺层分布，矿体主要呈层状、似层状、透镜状（和美国科罗拉多高原的砂岩型铜-铀矿相同，但那里多为产于氧化-还原带中的矿卷状矿体），为含矿岩系。以红色砂页岩为主，夹黄色、灰色、紫色、绿色等杂色砂页岩，这套岩性组合常被称为"红层"。盆地面积相对不是很大，为一些断陷盆地，因而形成的矿床一般规模不大。盆地底部一般为暗色的粗碎屑岩或煤系，中部为含铜建造，上部为膏盐建造。铜矿化产于红色碎屑岩所夹的浅色砂页岩（一般为灰色、灰绿色、灰黑色等）中，矿石矿物以辉铜矿、铜蓝、斑铜矿、黄铜矿、孔雀石、蓝铜矿、黄铁矿、白铁矿为主，有少量的方铅矿、闪锌矿和砷黝铜矿。矿石铜品位较富，一般在 1.0%~2.0%不同矿床中常伴生有铀、银、硒等有用元素，有时还可圈出它们的矿体，甚至还可形成含铜铀矿床或含铜银矿床。这种矿床的成因，20 世纪 80 年代以来人们的认识比较一致，先期同生沉积，后期热液叠加改造成矿，我们把它称之为沉积改造矿床。陆相砂页岩型铜矿主要分布在我国南方，如湖南的衡阳盆地、麻阳盆地，云南的楚雄盆地和四川的安宁河盆地，它们在同一地区受相同的层位控制。较著名的矿床有云南大姚的六苴、大村、凹地苴，牟定郝家河，湖南麻阳九曲湾及常宁柏坊等，但至今没有找到一个这种类型的大型矿床，这可能与岩矿的陆相盆地规模不大有关。另一种是产于陆相砂页岩中的铜矿，目前仅见于云南兰坪-思茅盆地，它主要分布于兰坪盆地西沿的澜沧江沿岸澜沧江深大断裂东侧和思茅盆地中部 NNW 向的中铀深大断裂附近。区内断裂构造非常发育，矿化成群出现，主要集中在中侏罗统，其次是三叠系、二叠系、白垩系和第三系，岩性有砂页岩、火山岩和灰岩，代表性矿床有金满铜矿（中型）。另外，其附近的地表泉华中亦有铜矿化（孔雀石），泉华覆盖于第三系之上（如兰坪县啦井北山）。矿体主要呈脉状，矿石矿物以黝铜矿、斑铜矿和黄铜矿为主，其次为黄铁矿、孔雀石、蓝铜矿，偶见辉铜矿、方铅矿、闪锌矿。其矿体展布和矿物组合显然不同于第一种矿化，这反映它们在成因上有差别，可能是一种新的铜矿类型。我们在研究滇西三江地区腾冲两河金矿、381 铀矿、江城勐野井钾盐矿、兰坪铅锌矿、金满铜矿和啦井铜矿化点时，提出它们为陆相热水沉积成因。并根据产状又将陆相热水沉积矿床分成 3 个亚类，即盆地沉积型、充填（贯入）沉积型和泉华沉积型，金满铜矿床属充填（贯入）型陆相热水沉积型矿床。该矿床有大脉型和细脉型两种矿体：大脉型矿体是该矿床的主体，沿层间断裂破碎带分布，严格受断裂破碎带控制，其铜金属储量占全矿 86%，铜品位为 0.65% ~ 12.02%，平均为 2.04%；细脉型矿体多、规模小、品位低，多低于 1%，最大矿体的铜品位为 0.65% ~ 1.94%，平均为 1.03%，分布分散，大多分布在侏罗纪中统花开佐组上段的灰色细砂岩中，个别产于大脉型矿体相应部位。

（7）陆相火山岩型铜矿床。它主要见于我国东部中生代中酸性陆相火山岩分布区，其次是我国西部川滇黔三省的二叠纪陆相峨眉山玄武岩中亦有一些铜的矿化和矿点。此外，在我国西部的准噶尔、西天山、西秦岭、可可西里和冈底斯山等地，从石炭纪到第三纪亦有基-中-酸性陆相火山岩型铜矿床和矿化，但目前发现的矿床不多。陆相火山岩型铜矿首先受火山岩建造类型控制，并顺深大断裂分布。过去由于我国陆相火山岩型铜矿的大型、超大型矿床发现较少，因此与前述的矿床类型相比，研究程度相对要低一些。陆相火山岩型铜矿常和次火山岩在一起，容易把它当成斑岩型矿床，但斑岩型与陆相火山岩型中的铜矿化差别很大，斑岩型铜矿床整体上以浸染型矿石为主，而陆相火山岩型却以脉状矿石为主。此外，陆相火山岩型铜矿的围岩蚀变也是很有特征的，常见有明矾石化、冰长石化和迪开石化等陆相火山岩型特有的围岩蚀变。此类矿床的矿石成分比较简单，有时伴生有银、金。陆相火山岩型铜矿在长江中下游及闽浙粤沿海等省的燕山期陆相火山岩中常有产出，但所见矿床的规模都不大，目前只有福建上杭紫金山铜矿达到大型规模。该矿床产于北西向的云霄—上杭深大断裂中的上杭白垩纪纪陆相火山—沉积盆地的东缘，矿石矿物以黄铁矿、蓝辉铜矿、辉铜矿为主，其次是硫砷铜矿、铜蓝及少量斑铜矿等。

1.3.3 我国铜资源特点

我国铜矿资源的突出特点是中小型矿床多，大型、超大型矿床少，在探明的矿产地中，大型、超大型矿仅占3%，中型占9%，而小型占88%；共伴生矿多、单一矿少。诸如此类的特点使得我国铜矿山建设规模普遍偏小，且经过几十年的强化开采，部分矿山的资源储量在大幅度减少，有的甚至已接近枯竭；早些年虽然国家花大气力发展铜矿业，但是铜精矿生产成效并不显著。从2005年开始，我国精铜产量增长比较明显，呈现出稳步上升的趋势。2014我国精铜产量达800.8万吨，比上年增长17.1%。分区域来看，我国精炼铜产量前6位的省份包括安徽、江西、山东、甘肃、湖北、云南，产量分别为131.0、130.6、118.8、89.2、52.3、50.9万吨，占全国产量百分比分别是16.5%、16.4%、14.9%、11.2%、6.6%、6.4%。

矿石品位低，绝大部分富矿已利用。中国目前铜矿平均品位为0.87%，品位高于1%的储量占全国的总铜储量的32.4%。就矿床类型来说，富矿（品位大于1%）矿床主是矽卡岩型铜矿和火山岩型块状硫化物矿床，贫矿（品位小于1%）的矿床主要是斑岩型铜钼矿和伴生在其他金属矿床的矿石，在目前情况下，0.4%以上的贫矿储量基本上具备开采价值。在查明资源储量中，以斑岩型矿床为主，占查明资源储量的42.4%。余下的依次为矽卡岩型矿床占11.7%，海相火山岩型矿床占14.6%，砂页岩型矿床占11.7%，铜镍硫化物型矿床占6.2%，其他占2.9%。

坑采矿多，露采矿少。目前，大型的铜矿山多数是地下采矿，适合露天采矿的矿床较少，仅有江西德兴铜矿、永平、湖北铜绿山、铜山口、四川拉拉铜厂等少数矿山可以露天开采。

难选氧化矿多。在我国铜矿资源中，氧化矿占四分之一。具有工业意义的氧化矿物以孔雀石居多。根据对我国主要产铜区的不完全统计，氧化铜矿石中的铜占总储量的5%~20%，个别地区高达40%左右。在这些氧化铜矿中，主要分布在云南、湖北、广东、新疆、内蒙古、四川和黑龙江等地区。在我国，这些难选氧化矿还未得到高效合理的开发和利用。

1.3.4 我国铜资源开发利用现状

近年来，在铜价维持较高的情况下，中国铜矿开发步伐加快，一大批矿山建成投产。据国家有关单位统计，2012年国内矿产铜产量达到160万吨。但是，通过对全国各地区和企业的实际运行情况分析，估计2012年国内矿产铜产量大体在120万~130万吨之间。江西、云南、内蒙古、安徽等是矿产铜的主要省区，甘肃、新疆、湖北、四川等省区在中国矿产铜生产也占有重要地位。

江西是目前中国矿产铜的主要生产地区。2012 年江西铜业集团公司矿产铜产量为 20.1 万吨，再加上其他企业的产量，估计 2012 年全省矿产铜产量在 24 万吨左右，约占全国产量的 20%；而国家有关单位统计，2012 年江西矿产铜产量为 31.7 万吨，显然大大高于实际产量。云南是目前中国矿产铜的第二大产区。2012 年云南铜业集团公司矿产铜产量为 9.9 万吨，再加上其他企业的产量，估计 2012 年全省矿产铜产量在 18 万吨左右，约占全国产量的 15%；而国家有关单位统计，2012 年云南矿产铜产量 23.9 万吨，明显高于实际产量。近年来，随着一批大型铜矿建成投产和完成扩建，内蒙古矿产铜产量迅速增长。2012 年中国黄金乌努格吐山铜矿产量为 4.8 万吨，西部矿业霍各乞铜矿产量为 2.2 万吨，再加上其他企业的产量，估计 2012 年全区矿产铜产量在 10 万吨左右，约占全国产量的 8%；而国家有关单位统计，2012 年内蒙古矿产铜产量为 27.9 万吨，显然大大高于实际产量。安徽是目前中国矿产铜生产的重要地区。2012 年铜陵有色控股集团矿产铜产量为 4.8 万吨，再加上其他企业的产量，估计 2012 年全省矿产铜产量在 10 万吨左右，约占全国产量的 8%；而国家有关单位统计，2012 年安徽矿产铜产量为 17.5 万吨，明显高于实际产量。甘肃矿产铜生产在国内占有一定地位。2012 年金川集团公司矿产铜产量约为 4 万吨，再加上其他企业的产量，估计 2012 年全省矿产铜产量在 6 万吨左右，约占全国产量的 5%；而国家有关单位统计，2012 年甘肃矿产铜产量为 12.3 万吨，显然大大高于实际产量。近年来，新疆矿产铜产量持续增长。2012 年紫金矿业阿舍勒铜矿产量约为 3.2 万吨，再加上其他企业的产量，估计 2012 年全区矿产铜产量在 6 万吨左右，约占全国产量的 5%；而国家有关单位统计，2012 年新疆矿产铜产量为 8.6 万吨，显然高于实际产量。湖北是中国老的铜资源基地。2012 年大冶有色金属公司矿产铜产量 2.2 万吨，三鑫金铜公司矿产铜产量约 1.5 万吨，再加上其他企业的产量，估计 2012 年全省矿产铜产量在 7 万吨左右，约占全国产量的 6%；而国家有关单位统计，2012 年湖北矿产铜产量为 7.3 万吨，基本符合实际。四川也是中国老的铜资源基地，但除拉拉铜矿外，没有矿产铜产量超过 1 万吨的矿山，因此估计 2012 年全省矿产铜产量在 6 万吨左右，约占全国产量的 5%；而国家有关单位统计，2012 年四川矿产铜产量为 8.9 万吨，显然高于实际产量。

据国家统计局统计，2012 年，中国规模以上铜矿采选企业有 293 家，再加上共伴生铜资源的回收企业，估计中国正在生产的铜矿山有 300 个左右。其中，除江铜德兴铜矿的矿产铜产量超过 10 万吨外，还没有其他产量超过 5 万吨的铜矿山；实际产量超过 1 万吨的也仅有 20 个左右。因此，对当前中国矿产铜生产能力不应有过高估计。

对中国矿产铜前景的估计，当前中国铜矿建设规模依然很大。2012 年，中国正在建设的铜矿采选项目有 444 个，完成投资 242 亿元，比上年增长 6%。从目前中国铜矿在建项目进展看，新建项目完全可以弥补当期消失的矿山产能。表1-2是2012年底中国矿产铜量超过1万吨的矿山，表1-3是我国近几年铜矿部分主要新建项目。

表1-2 2012年底中国矿产铜量超过1万吨的矿山

序号	矿山名称	开采方式	投产时间	所属企业
1	山西铜矿峪铜矿	地下开采	1971年	山西中条山有色金属公司
2	内蒙古获各琦铜矿	地下开采	1988年	青海西部矿业集团
3	内蒙古乌努格吐山铜矿	露天开采	2009年	中国黄金集团
4	吉林珲春铜金矿	地下开采	1977年	福建紫金矿业集团
5	黑龙江多宝山铜矿	露天开采	2012年	福建紫金矿业集团
6	安徽冬瓜山铜矿	地下开采	2004年	铜陵有色集团
7	安徽安庆铜矿	地下开采	1991年	铜陵有色集团
8	福建紫金山铜金矿	地下开采	1996年	福建紫金矿业集团
9	江西德兴铜矿	露天开采	1965年	江西铜业集团
10	江西城门山铜矿	地下开采	2007年	江西铜业集团
11	江西永平铜矿	地下开采	1984年	江西铜业集团
12	湖北铜绿山铜矿	地下开采	1971年	湖北大冶有色金属公司
13	四川拉拉铜矿	露天开采	1958年	中铝云南铜业集团
14	云南大红山铜矿	露天开采	2003年	中铝云南铜业集团
15	云南打平掌铜矿	地下开采	2007年	中铝云南铜业集团
16	西藏甲玛铜金矿	地下开采	2010年	中国黄金集团
17	甘肃金川铜镍矿	地下开采	1964年	甘肃金川集团
18	青海德尔尼铜矿	露天开采	2007年	福建紫金矿业集团
19	新疆阿舍勒铜矿	地下开采	2005年	福建紫金矿业集团
合计产量/万吨			53.2	

表1-3 我国近几年铜矿部分主要新建项目

项目名称	新增产能/万吨	产品	投产时间
新疆呼的合铜矿	1.5	铜精矿	2013年
新疆黄山铜镍矿	0.7	铜精矿	2014年
新疆土屋铜矿	0.8	铜精矿	2013年
安徽铜陵铜山矿改扩建	0.5	铜精矿	2013年
西藏甲玛铜矿二期扩建	1.8	铜精矿	2014年

项目名称	新增产能/万吨	产品	投产时间
西藏玉龙铜矿	2.0	湿法铜	2014年
新疆尼木铜矿	0.65	精炼铜	2014年
云南普朗铜矿	5.0	铜精矿	2015年
西藏谢通门铜矿	5.6	铜精矿	2016年
黑龙江多宝山铜矿二期扩建	3.0	铜精矿	2015年
新疆土屋铜矿二期扩建	0.8	铜精矿	2016年
西藏邦铺铜矿	2.0	铜精矿	2016年
西藏驱龙铜矿	6.0	铜精矿	2016年
安徽沙溪铜矿	1.5	铜精矿	2016年

铜矿物及矿石

2.1 铜矿物及矿石

2.1.1 主要铜矿物及其特征

2.1.1.1 自然铜（Cu）

化学组成：原生自然铜往往含有少量或微量 Fe、Ag、Au、Hg、Bi、Sb、V、Ge（Fe 在 2.5% 以下，Ag 往往呈自然银包裹物，Au 固溶体可达 2%~3% 等混合物）；次生自然铜较为纯净。

晶体结构：等轴晶系，O_h^5-$Fm3m$；$a_0=0.361\text{nm}$，$z=4$；为立方面心格子的铜型结构，原子呈立方最紧密堆积，它们位于立方晶格的角顶和各个面的中心（图 2-1）。

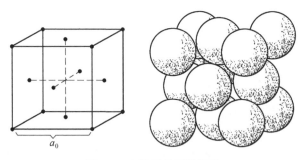

图 2-1　自然铜的晶体结构

形态：六八面体晶类，完好晶体少，通常呈不规则的树枝状、片状、细脉状或致密块状集合体。

物理性质：铜红色表面因氧化而出现棕黑色被膜，条痕铜红色，不透明，金属光泽；无解理，锯齿状断口，硬度 2.5~3，相对密度 8.4~8.95；良好的导热性、导电性，具有延展性。

成因产状：自然铜形成于各种地质作用的还原条件下；主要产于含铜硫化物矿床氧化带的下部，系由铜的硫化物经氧化还原而成，常与赤铜矿、孔雀石、辉铜矿等矿物伴生；热液作用形成的自然铜，常与沸石、方解石等共生；自然铜在氧化条件下不稳定，常变成为氧化物和碳酸盐，例如赤铜矿、孔雀石、蓝铜矿。

鉴定特征：铜红色，表面常有黑色氧化膜，密度大，延展性强；溶于稀 HNO_3，加氨水后溶液呈天蓝色。

2.1.1.2 辉铜矿（Cu_2S）

化学组成：$w(Cu)=79.86\%$，$w(S)=20.14\%$，常含 Ag 的混入物；有时含 Fe、Co、As、Au 等，其中有的是机械混入物；Cu^+ 代替，成为 $Cu_{2-x}S$，$x=0.1\sim0.2$，出现"缺席构造"，称为蓝辉铜矿。

晶体结构：斜方晶系，C_{2v}^{15}-$Abm2$；$a_0=1.192nm$，$b_0=2.733nm$，$c_0=1.344nm$，$z=96$。

形态：晶体呈柱状或厚板状，但极少见；通常呈致密状、粉末状。

物理性质：新鲜表面铅灰色，风化表面黑色，条痕暗灰色，不透明，金属光泽；解理平行 {110} 不完全；硬度 2.5～3，相对密度 5.5～5.8；电的良导体，略有延展性。

成因产状：成因可分为内生和表生两种。内生辉铜矿产于富铜贫硫的晚期热液矿床中，常与斑铜矿共生；表生成因的辉铜矿主要产于铜的硫化矿床的次生富集带，系铜矿床氧化带渗滤下去的硫酸铜溶液与原生硫化物（黄铁矿、黄铜矿、斑铜矿等）进行交代作用的产物，常与铜蓝、赤铜矿、褐铁矿等伴生。辉铜矿很不稳定，易氧化分解为赤铜矿（CuO）、孔雀石（$Cu_2[CO_3](OH)_2$）、蓝铜矿及自然铜。

鉴定特征：颜色，硬度，弱延展性，小刀刻划可留下光亮划痕，常与其他矿物共生或伴生；溶于 HNO_3，呈绿色。

2.1.1.3 黄铜矿（$CuFeS_2$）

化学组成：$w(Cu)=34.56\%$，$w(Fe)=30.52\%$，$w(S)=34.92\%$，通常含有 Ag、Au、Se 和 Te 等混入物，有时还有 Ga、Ge、In、Sn、Ni、铂族元素等。

晶体结构：四方晶系，D_{2d}^{12}-$I\bar{4}2_1d$；$a_0=0.525nm$，$c_0=1.032nm$，$z=4$；黄铜矿晶体结构是闪锌矿型结构的衍生结构。在闪锌矿中，以硫离子为中心，四面体的 4 个角顶为锌离子占据；在黄铜矿结构中，4 个位置上有两个为铜离子占据，另两个为铁离子占据（图 2-2）。由于它们结构的相似性，在高温时可以互溶，当温度下降时，固溶体发生分离，因此在闪锌矿中常见黄铜矿的小包裹体。

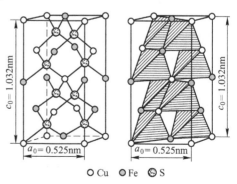

○ Cu ● Fe ◉ S

图 2-2　黄铜矿的晶体结构

形态：形态为四方偏三角面体类，D_{2d}-$42m$（$L_i^4\,2L^2 2P$）；晶体呈四方面体，但很少见，通常为致密状或分散粒状集合体，有时呈脉状，见图2-3。

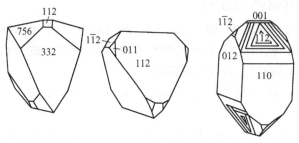

图 2-3　黄铜矿的晶体

物理性质：黄铜黄色，表面常有蓝、紫褐色的斑状锖色，条痕绿黑色，不透明，金属光泽；解理不完全；硬度 3~4，相对密度 4.1~4.3；能导电，性脆。

成因产状：黄铜矿分布较广，可形成于各种地质条件下。由岩浆熔离作用形成的黄铜矿，产于与基性、超基性岩有关的铜锦硫化物或钒钛磁铁矿矿床中，与磁黄铁矿、镍黄铁矿密切共生；由各种热液作用形成的，主要产于矽卡岩矿床和中温热液矿床中，常与磁铁矿、黄铁矿、磁黄铁矿、方铅矿、闪锌矿、斑铜矿和辉铜矿等共生。在氧化条件下，黄铜矿易分解为 $CuSO_4$ 和 $FeSO_4$，遇到石灰石形成孔雀石和蓝铜矿，也可以形成褐铁矿铁帽，它们均可作找矿标志，黄铜矿与硅酸水溶液作用，可形成硅孔雀石。

鉴定特征：与黄铁矿相似，但其颜色比黄铁矿黄，硬度比黄铁矿的小；以其脆性与自然金区别。

2.1.1.4　斑铜矿（Cu_5FeS_4）

化学组成：$w(Cu)=63.33\%$，$w(Fe)=11.12\%$，$w(S)=25.55\%$；由于斑铜矿经常含有黄铜矿、辉铜矿、铜蓝等显微包裹体，使其实际成分变化很大，$w(Cu)=52\%\sim65\%$，$w(Fe)=8\%\sim18\%$，$w(S)=20\%\sim27\%$；常含有 Ag 的混入物。

晶体结构：为等轴晶系，O_h^7-$Fd3m$；$a_0=1.093nm$，$z=8$；较为复杂。

形态：为六八面体晶类，O_h-$m3m$（$3L^4 4L^3 6L^2 9PC$）；晶体极少见，常见致密状或不规则粒状。

物理性质：新鲜表面呈暗铜红色，风化面常呈暗紫色或蓝色斑状锖色，条痕灰黑色，不透明，金属光泽；无解理；硬度 3，相对密度 4.9~5.3；具导电性，性脆。

成因产状：有内生和表生两种。内生斑铜矿形成于热液作用过程，热液矿床和接触交代矿床中，与黄铜矿、辉铜矿、黝铜矿、黄铁矿、方铅矿等共生；外生斑铜矿产于铜矿床的次生硫化物富集带中，与辉铜矿、铜蓝、赤铜矿、孔雀石等伴化成孔雀石、蓝铜矿、赤铜矿、褐铁矿等。

鉴定特征：特有的颜色和锈色，硬度低。

2.1.1.5　黝锡矿（Cu_2FeSnS_4）

化学组成：$w(Cu) = 29.58\%$，$w(Fe) = 12.99\%$，$w(Sn) = 27.61\%$，$w(S) = 29.82\%$。由于矿物中含有闪锌矿、黄铜矿等微细包裹体，使成分中常含有 Zn、Cd、Pb、Sb、In 等混入物。

晶体结构：为四方晶系，$D_{2d}^{11}\text{-}\overline{4}2m$；$a_0 = 0.547nm$，$c_0 = 1.0747nm$，$z = 2$。晶体结构与黄铜矿相似。

形态：为四方偏三角面体晶类，$D_{2d}\text{-}\overline{4}2m$（$L_i^4 2L^2 2P$）；晶体极为少见，通常呈粒状块状或在其他矿物中呈细小包裹体出现。

物理性质：微带橄榄绿色调的钢灰色，含较多的黄铜矿包裹体时呈黄灰色，条痕黑色，不透明，金属光泽；解理不完全，断口不平坦；硬度 3~4，相对密度 4.30~4.52；具导电性，性脆。

成因产状：黝锡矿是典型的热液成因矿床，见于高温钨锡矿床、锡石硫化物矿床及高中温多金属或铅锌矿床里。在钨锡矿床中与钨锰铁矿、锡石、毒砂等伴生；在含锡硫化物矿床中与闪锌矿、黄铜矿、磁黄铁矿等共生。

鉴定特征：可据颜色与相似的黝铜矿区别。

2.1.1.6　铜蓝（CuS 或 Cu_2CuS_2S）

化学组成：$w(Cu) = 66.48\%$，$w(S) = 33.52\%$，混入物有 Fe 及少量 Se、Ag 等。

晶体结构：为六方晶系，$D_{6h}^4\text{-}P6_3/mmc$；$a_0 = 0.3796nm$，$c_0 = 1.636nm$，$z = 2$。层状结构如图 2-4 所示。

形态：复六方双锥晶类，$D_{6h}\text{-}6/mmm$（$L^6 6L^2 7PC$）；晶体呈六方板状或片状，但极其少见；通常呈粉末状、被膜状或煤灰状附于其他硫化矿物表面。

物理性质：靛蓝色，条痕灰黑色，不透明，暗淡至金属光泽；解理平行 {0001} 完全；硬度 1.5~2，相对密度 4.59~4.67；具导电性，薄片可弯曲，性脆。

成因产状：主要由风化作用形成，常见于含铜硫化物矿床次生富集带，与辉铜矿共生，是低温标型矿物；此外，还有热液和火山型铜蓝，但极稀少。在氧化带，铜蓝易分解为孔雀石等铜矿物；在次生富集

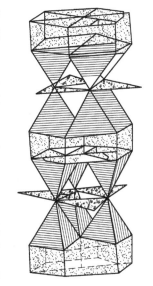

图 2-4　铜蓝的晶体结构

带，在还原作用下，可被辉铜矿交代。

鉴定特征：以其特有的颜色、低硬度为特征。

2.1.1.7 黝铜矿（$Cu_{12}Sb_4S_{13}$）

化学组成：$w(Cu)=45.77\%$，$w(Sb)=29.24\%$，$w(S)=25.09\%$；成分变化范围较大，其中 Sb 和 As 可形成完全类质同象，如果 As 全部代替 Sb，则称砷黝铜矿，$w(Cu)=51.57\%$，$w(As)=20.26\%$，$w(S)=28.17\%$；此外，有限代替 Cu 的有 Zn、Fe、Ag 和 Hg 等，代替 Sb 的有 Bi，代替 S 的有 Se 和 Te。

银黝铜矿　Ag 代替 Cu 达 18%；

黑黝铜矿　Hg 代替 Cu 达 17%；

锌黝铜矿　Zn 代替 Cu 一般为 4%~6%，有时达 9.26%；

铁黝铜矿　通常含 Fe 不超过 9%，但有时达 13.08%；

镍黝铜矿　一般含 Ni 2%~4%，有时达 7.5%；

锡黝铜矿　Sn 代替 Cu 达 3.21%；

碲黝铜矿　Te 代替 S 达 17%。

晶体结构：等轴晶系，$T_d^3\text{-}I\bar{4}3m$；$a_0=1.034nm$，$z=2$；晶体结构较为复杂。

形态：六四面体晶类，$T_d\text{-}\bar{4}3m(3L_i^4 4L^3 6P)$；晶体呈四面体（图 2-5），通常呈致密状、粒状或细脉状集合体。

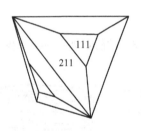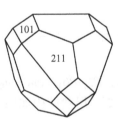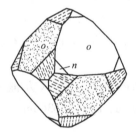

图 2-5　黝铜矿晶体

物理性质：钢灰色至铁黑色，条痕钢灰色至铁黑色，有时带褐，不透明，金属至半金属光泽；无解理；硬度 3~4.5，相对密度 4.6~5.1，但砷黝铜矿的硬度比黝铜矿的高，而其密度则比黝铜矿低；具弱导电性，性脆。

成因产状：黝铜矿形成于热液作用过程，主要产于中、低温热液矿产中，也产于矽卡岩型多金属矿床及铜铁矿床中；一般不单独富集成矿床，与黄铜矿、方铅矿、闪锌矿、毒砂等共生；黝铜矿在氧化带易分解，生成次生矿物，如孔雀石、蓝铜矿和铜蓝等。

鉴定特征：以其颜色、条痕、明显脆性为特征。

2.1.1.8 赤铜矿（Cu_2O）

化学组成：$w(Cu)=88.82\%$，$w(O)=11.18\%$，可能有时含有铁硅混合物。

晶体结构：等轴晶系六八面体晶类。

形态：主要呈立方体或八面体晶形，或与菱形十二面体形成聚形；晶形沿立方体棱的方向生长形成毛发状或交织成毛绒状形态，呈针状、致密块状、粒状、土状集合体。针状或纤毛状红色集合体称为毛赤铜矿。

物理性质：红色至近于黑色，表面有时为铅灰色，条痕为深浅不同的棕红色，金刚光泽至半金属光泽；硬度 $3.5 \sim 4.5$，相对密度 $5.85 \sim 6.15$；解理不完全，断口贝壳状至不平坦；透明至半透明，均质体；条痕加盐酸产生白色氯化铜沉淀。

成因产状：是由铜的硫化物经风化后而形成的，这样形成的矿物主要见于铜矿床的氧化带，是含铜硫化物氧化后的产物；常与自然铜、孔雀石、蓝铜矿、硅孔雀石、褐铁矿共生。

鉴定特征：以其特有的颜色和条痕为特征。

2.1.1.9 黑铜矿（CuO）

化学组成：$w(Cu) = 79.89\%$，$w(O) = 20.11\%$。

晶体结构：为单斜晶系，晶体形态为斜方柱晶类；晶体呈发育的细小板状或叶片状，有时弯曲；主要单形有平行双面 a、c，斜方柱 f、p、o；黑铜矿有一种变体呈块状。

物理性质：钢灰色、铁黑色到黑色，条痕为黑色，金属光泽；硬度 $3.5 \sim 4.0$，相对密度 $5.8 \sim 6.4$；解理在 $[011]$ 晶带内，贝壳状断口，性脆。

成因产状：主要见于铜矿床的氧化带，是含铜硫化物氧化后的产物。产于铜矿床氧化带和熔岩里，中国湖北大冶矽卡岩型铜铁矿床氧化带产出的黑铜矿，是辉铜矿风化产物，与黄铜矿、斑铜矿、赤铜矿、赤铜铁矿、自然铜、铜蓝、孔雀石等矿物共生或伴生，熔岩里产出的黑铜矿是升华作用的产物。

鉴定特征：根据其晶体的发育特征以及颜色为鉴别依据。

2.1.1.10 孔雀石（$CuCO_3 \cdot Cu(OH)_2$）

化学组成：$w(CuO) = 71.9\%$，$w(CO_2) = 19.9\%$，$w(H_2O) = 8.15\%$，由吸附或机械混入的杂质有 Ca、Fe、Si、Ti、Na、Pb、Ba、Mn、V 等；Zn 可以类质同象形式代替 Cu（可达12%），孔雀石的含 Zn 变种称为锌孔雀石。

晶体结构：属单斜系，C_{2h}^5-$P2_1/b$；$a_0 = 0.948nm$，$b_0 = 1.203nm$，$c_0 = 0.321nm$，$\beta = 98°$，$z = 4$。

形态：斜方柱晶类，C_{2h}-$2/m(L^2PC)$；通常呈柱状、针状和纤维状，集合体呈晶簇状、肾状、葡萄状、皮壳状、充填脉状、粉末状、土状等；在肾状集合体内部具有同心层状或放射纤维状的特征，由深浅不同的绿色至白色组成环带；土状孔雀石称为铜绿（或称石绿）。

物理性质：有绿、孔雀绿、暗绿色等，常有纹带，丝绢光泽或玻璃光泽，似透明至不透明；折光率 1.66~1.91，双折射率 0.25，多色性为无色—黄绿—暗绿；硬度 3.5~4.5，相对密度 3.54~4.1；性脆，贝壳状至参差状断口；遇盐酸起反应，并且容易溶解。

成因产状：孔雀石是含铜硫化物矿床氧化带中的风化产物，形成的反应式

$$CuFeS_2 + 4O_2 \longrightarrow CuSO_4 + FeSO_4 \tag{2-1}$$

$$2CuSO_4 + 2CaCO_3 + H_2O \longrightarrow Cu_2(CO_3)(OH)_2 + 2CaSO_4 + CO_2 \tag{2-2}$$

常与蓝铜矿、辉铜矿、赤铜矿、自然铜、氯铜矿、针铁矿等共生。

鉴定特征：以其颜色、形态及加冷稀盐酸起泡为特征。

2.1.1.11   蓝铜矿（$Cu_3[CO_3]_2(OH)_2$）

化学组成：$w(CuO) = 69.2\%$，$w(CO_2) = 25.6\%$，$w(H_2O) = 5.2\%$，$w(Cu) = 55.3\%$，成分很稳定。

晶体结构：属单斜晶系，C_{2h}^5-$P2_1/C$；$a_0 = 0.500nm$，$b_0 = 0.585nm$，$c_0 = 1.035nm$，$\beta = 92°20'$，$z = 2$。

形态：斜方柱晶类，C_{2h}-$2/m(L^2PC)$；晶体呈短柱状或厚板状（图 2-6）；集合体呈致密粒状、晶簇状、放射状、土状或皮壳状、被膜状等。

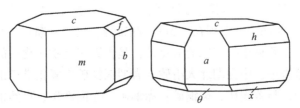

图 2-6   蓝铜矿的晶体

物理性质：颜色为天蓝至暗蓝，浅蓝色条痕；晶体呈玻璃光泽，土状块体呈土状光泽；透明至半透明，贝壳状断口，硬度 3.5~4，性脆，相对密度 3.7~3.9。

成因产状：产于铜矿床氧化带、铁帽及近矿围岩的裂隙中，是一种次生矿物，常与孔雀石共生或伴生，其形成一般稍晚于孔雀石，但有时也被孔雀石所交代；蓝铜矿因风化作用，使 CO_2 减少，含水量增加易转变为孔雀石，以致孔雀石依蓝铜矿呈假象，故蓝铜矿的分布没有孔雀石广泛。

鉴定特征：呈不透明的深绿色，且具有色彩浓淡的条状花纹可作为其鉴定依据。

2.1.1.12   硅孔雀石（$CuO \cdot SiO_2 \cdot 2H_2O$）

化学组成：$w(CuO) = 45.2\%$，$w(SiO_2) = 34.3\%$，$w(H_2O) = 20.5\%$，由于矿

物为交替二氧化硅组成，以致矿物成分极不稳定，常含 Fe、Al 等杂质。

晶体结构：硅孔雀石被认为是一种晶态硅酸铜相被分散于非晶质的二氧化硅水凝胶中的混合物，没有固定化学组分的矿物，后来的研究又认为硅孔雀石是一种确定的微晶质矿物，矿物晶格含有许多可容纳水分子的空穴或空道，是一种确定的矿物，具有海泡石类型的特征纤维结构，其 Cu 与 Si 之比为 1:1。现在基本确定硅孔雀石是一种化学非均质物料，并含有大量的物理和化学吸附的水，铜在硅孔雀石中分布不均匀。温度对硅孔雀石结构影响很大，其结构和性质 500~600℃之间会发生显著变化，这一性质用浮选实验得到了证明，如水热硫化-温水浮选法。

形态：结晶状态为隐晶质或胶状集合体，呈钟乳状、皮壳状、土状，常作致色剂存在于玉髓中；在自然界中多以皮壳状、葡萄状、纤维状或辐射状集合体出现。

物理性质：绿色、浅蓝绿色，含杂质时可变成褐色、黑色；蜡状光泽，具陶瓷状外观，玻璃光泽，土状者呈土状光泽；摩氏硬度 2~4，相对密度 2.0~2.4。

成因产状：形成于铜矿床的氧化带，与蓝铜矿、孔雀石和赤铜矿共生；是寻找铜矿的重要矿物。

鉴定特征：硬度 2~4，其外观与绿松石相似，但硬度较绿松石低；加热后，颜色会变暗黑色；折射率为 1.46~1.57；常呈葡萄状或皮壳状产出。

2.1.1.13 胆矾（$CuSO_4 \cdot 5H_2O$）

化学组成：胆矾是天然的含水硫酸铜，是分布很广的一种铜的硫酸盐矿物，是五水硫酸铜的俗称，也称蓝矾或铜矾，化学式为 $CuSO_4 \cdot 5H_2O$，相对分子质量为 249.68，为蓝色晶体。

晶体结构：晶体结构三斜晶系。

形态：晶体呈板状或短柱状，通常为致密块状、钟乳状、被膜状、肾状，有时具纤维状、块状、粒状、致密状和皮壳状。

物理性质：颜色为天蓝、蓝色，有时微带浅绿，条痕无色或带浅蓝，光泽玻璃状，半透明至透明；断口贝壳状，断面光亮；硬度 2.5。相对密度 2.1~2.3；性极脆，为不规则的块状结晶体，大小不一。

成因产状：形成于硫化铜矿的氧化带，氧化作用通常由表层水循环引起，主要来源是雨水；热液来自地下深处，在压力作用下上升，也可能蚀变成矿脉；当水在矿坑和矿井中渗出时，胆矾常在顶棚和支架上生成皮壳状和钟乳状胆矾；胆矾多形成于气候干旱地区。

鉴定特征：其外观颜色即可作为鉴别特征。

2.1.1.14 水胆矾（$Cu_4SO_4(OH)_6$）

化学组成：$w(CuO) = 70.3\%$，$w(SO_3) = 17.7\%$，$w(H_2O) = 12\%$；水胆矾也

称羟胆矾、水硫酸铜，属于硫酸盐类矿物，虽名为水胆矾，却不含水，是一种次生矿物。

晶体结构：晶体结构为单斜晶系。

形态：形态为短柱至针状晶体，其矿物集合体呈短柱状至针状晶体或成晶簇，有时则呈板状、肾状或纤维状构造。

物理性质：颜色为翠绿色、黑绿色甚至为全黑；相对密度 3.7~3.9，硬度 3.5；灰绿色条痕；具有玻璃至珍珠光泽；断口贝壳状到参差状，有一个方向的良好解理；属于易脆矿物。

成因产状：形成于铜矿床的氧化带，常与卤化物的氯铜矿、硫酸盐类的块铜矾和碳酸盐类的孔雀石共生。

鉴定特征：以颜色、条痕、晶体特性、硬度、断口、伴生的矿物还有不与盐酸作用等特性加以辨认。

2.1.1.15 氯铜矿 $(CuCl_2 \cdot 3Cu(OH)_5)$

化学组成：氯铜矿是碱式氯化铜，属于卤化物矿物，$w(Cu) = 61.2\%$。

晶体结构：晶体结构为斜方晶系，柱状、板状晶体，纤维状、放射状、粒状、块状等集合体。

形态：为正交晶系，晶体常沿 c 轴呈细长柱状或薄板状，柱面常有条纹，也以块状和粒状集合体产出。

物理性质：深绿色，玻璃光泽到金属光泽，透明到半透明；硬度 3~3.5，相对密度 3.76；解理完全，贝壳状断口。

成因产状：作为次生矿物与孔雀石、蓝铜矿和石英伴生于铜矿床的氧化带中，也形成于火山口周围。

鉴定特征：溶于盐酸，但不起任何泡沫；易于火焰中熔化，火焰呈蓝色；鲜绿色和苹果绿色条痕，金刚光泽。

2.1.2 铜矿石类型

铜矿石的工业类型，有多种分类方法。

(1) 按矿石中氧化铜矿物的相对含量可分为：

1) 氧化铜矿石（氧化率>30%）。其中大部分铜矿物是呈碳酸盐、硫酸盐和氧化物形态存在；除含铜矿物外，其他金属矿物还有褐铁矿、赤铁矿、菱铁矿等氧化物。

2) 混合铜矿石（氧化率介于 10%~30%之间）。此矿石是由铜的氧化物和硫化物组成，还有其他金属的氧化物和硫化物共生，所以此类矿石的组成和性质最为复杂。

3) 硫化铜矿石（氧化率<10%）。其中主要是由含铜的硫化物所组成；除含

铜矿物外，其他金属矿物最常见的是黄铁矿，有时还常常含有数量不一的闪锌矿和方铅矿等硫化物。

在铜矿石中，除铜矿物和其他金属矿物外，还存在着大量脉石矿物，最普通的为石英，其次为方解石、长石、绢云母、白云母，绿泥石、重晶石等。在某些矿床中还有石榴石、角闪石、高岭石等出现。

除以上大量存在于铜矿石中的各种矿物外，还有一些矿物在铜矿石中的含量虽不多，但有的却具有工业价值和经济意义，如铟、碲、硒、铋、金、银等，必须在选冶加工过程中加以综合回收；而有些矿物，却没有回收的价值，在铜的冶炼和加工过程中是有害杂质，如砷、锑、锰、磷等，必须在选冶加工过程中从铜中除去。

（2）按矿石的构造可分为块状（致密状）铜矿石和浸染状铜矿石。一般说来，矿石中含有用矿物在70%以上者，称为致密矿石，例如含铜黄铁矿中黄铜矿和黄铁矿约占矿石总量的70%以上，其余30%为脉石矿物，这种含铜黄铁矿就叫致密状含铜黄铁矿。如果矿石中有用矿物少于70%，并呈星散状嵌布于脉石中，则称为浸染状矿石。浸染状矿石虽然含铜很少（1%～3%），但较块状矿石却容易用选矿方法进行分离。浸染状矿石在各类矿床中分布极广。

（3）按矿石的有价组分可分为单一铜矿石和复合铜矿石。单一矿石是指可供利用的金属只有铜，而其他金属尚不能利用的矿石。多金属矿石是指除铜金属外还有一种或数种其他金属的矿石，它们都具有工业开采的价值，对此应同时进行回收和利用。多金属矿石有铜-黄铁矿石、铜-锌矿石、铜-铅-锌矿石、铜-钼矿石、铜-镍矿石、铜-金矿石等。

（4）根据铜矿石中含铜量的多少，又可将矿石分为富铜矿（$w(Cu) > 2\%$）、中等铜矿（$w(Cu) = 1\% \sim 2\%$）、贫铜矿（$w(Cu) = 0.7\% \sim 1\%$）和极贫铜矿（$w(Cu) < 0.7\%$）四类。

2.1.3 铜矿石的矿物组成

2.1.3.1 单一硫化铜矿石

单一硫化铜矿石的矿物组成较为简单。铜矿物主要有黄铜矿、辉铜矿、斑铜矿、铜蓝及少量的氧化铜矿物。脉石矿物随矿床类型而异，主要有石英、方解石、长石、白云石、绢云母、绿泥石等。

2.1.3.2 复合硫化铜矿石

（1）铜硫矿石。铜硫矿石中的主要金属矿物有黄铁矿、磁黄铁矿、白铁矿、黄铜矿、铜蓝、辉铜矿等，其次为闪锌矿、胆矾、铅矾及孔雀石。脉石矿物主要有石英、绢云母，其次为绿泥石、石膏、碳酸盐类矿物。矿石产于矽卡岩矿床时，脉石矿物则以石榴子石、透辉石等矽卡岩造岩矿物为主。

矿石中的含铜量及铜矿矿物组成与矿床的氧化程度关系密切。氧化带含铜较低，铜矿物以孔雀石、胆矾为主，其次为黄铜矿、铜蓝和辉铜矿；次生带含铜较高，铜矿物主要为铜蓝和辉铜矿；原生带为黄铜矿，含铜也较高。矿石中可溶性盐类的含量随着氧化带向原生带的过渡而逐渐减少。

（2）铜铁矿石。铜铁矿石的金属矿物有黄铜矿、辉铜矿、磁铁矿、磁黄铁矿、黄铁矿以及少量的方铅矿、辉钼矿、白钨矿、锡石等。脉石矿物以石榴子石、透辉石为主，其次为透闪石、绿帘石、硅灰石、石英、方解石、蛇纹石、滑石、绢云母等。除铜、硫、铁等有用元素外，还伴有钼、钨、钴、金、银、镓、铟、铊、锗、镉及铂族元素，可供选冶过程综合利用。

（3）铜镍矿石。在硫化铜镍矿石中不仅有硫化铜及硫化镍矿物，还伴有种类繁多的其他矿物，如自然金属、金属互化物、多种金属的硫化物、砷化物、硒化物、碲化物、铋和铋碲化物、锡化物、锑化物、氧化物等。金属矿物组合一般为雌黄铁矿—（或白铁矿、黄铁矿）—镍黄铁矿（或紫硫镍矿）—黄铜矿及方黄铜矿—磁铁矿（或磁赤铁矿），在热液及低温风化作用下，总是存在如下的共生矿物组合：橄榄石—蛇纹石—辉石—滑石—绿泥石—菱镁矿。

在蚀变过程中，在有氧存在的条件下，橄榄石、辉石等蚀变为蛇纹石时，析出云雾状的磁铁矿，并嵌布于蛇纹石中。因此，在硫化铜镍矿石中，脉石矿物具有易泥化、有一定磁性、自然可浮性好等特征。

（4）铜钼矿石。在铜钼矿石中，铜钼紧密共生，硫化铜钼矿石主要产于斑岩铜矿与矽卡岩铜矿床中，其主要的金属矿物为辉钼矿、黄铁矿、黄铜矿、辉铜矿。矿石品位低，但矿床规模大，常为巨大型矿床。

（5）铜锌矿石。铜锌矿石组成较为复杂，其中所含的主要硫化矿物有黄铜矿、辉铜矿、铜蓝、闪锌矿、黄铁矿、磁黄铁矿（在铜锌矿石，斑铜矿比其他的硫化铜矿物较少见，而砷黝铜矿更少见）。脉石矿物按矿石类型不同而异：矽卡岩型则以石榴子石、透辉石、蛇纹石为主；中温热液型以绿泥石、石英、绢云母、方解石等为主；热液充填交代型以黑云母、石英、长石、透闪石等为主。

（6）铜铅锌矿石。硫化铜铅锌也称为复杂多金属硫化矿。在硫化铜铅锌矿石中，铜种类较多。常见的主要金属矿物为黄铜矿、方铅矿、闪锌矿；次要的为黄铁矿、磁黄铁矿、斑铜矿、辉铜矿、黝铜矿、磁铁矿及毒砂；此外在接近地表的氧化带还有孔雀石、蓝铜矿及褐铁矿等。铅在氧化带多为白铅矿，其次为铅矾。非金属矿物有石英、方解石、绿帘石、透闪石、矽灰石及石榴子石等，还含有一定数量的重晶石、萤石与绢云母等。矿石中的金呈自然金存在，或伴生在黄铁矿与黄铜矿中，银与矿石中的方铅矿、砷黝铜矿及黝铜矿等共生。

2.1.3.3　氧化铜矿石

（1）孔雀石型。孔雀石型主要的铜矿物成分为孔雀石，其次为蓝铜矿、赤铜矿、黑铜矿、少量硅孔雀石、矾类矿物、结合式铜矿及次生含铜硫化矿物。脉石成分为硅酸盐类矿物和碳酸盐类矿物，如石榴石、透辉石、绿帘石、金云母、石英、绢云母、方解石、白云母、黏土矿物、磁铁矿、褐铁矿等。

（2）硅孔雀石型。硅孔雀石型含铜矿物以硅孔雀石为主，含黄铜矿、孔雀石及结合式铜矿、含铜多水高岭土及少量的次生硫化物，脉石成分有石英、长石、黑云母、绿泥石、绢云母、水云母、黏土矿物，赤铁矿、针铁矿、褐铁矿、蛋白石、玉髓等。

（3）赤铜矿型。赤铜矿型主要矿物为赤铜矿、孔雀石、自然铜、少量次生硫化物，蓝辉铜矿、斑铜矿、自然金等。脉石矿物成分主要是硅酸盐等矿物，如透辉石、石榴子石、石英、绿帘石、碳酸盐类矿物，磁铁矿、褐铁矿等。

（4）水胆矾型。矾类矿物为主，其次为孔雀石、蓝铜矿、赤铜矿，脉石矿物则有铁帽中的褐铁矿、矽卡岩矿物。

（5）自然铜型。自然铜型矿物组成以自然铜、赤铜矿、孔雀石为主，少量蓝铜矿、黑铜矿及结合式铜矿，还有自然金、银等自然元素。脉石成分为铁帽中的褐铁矿、矽卡岩及其他硅酸盐矿物、碳酸盐脉石矿物，砂岩及页岩。

（6）结合型。结合型以结合式铜矿或含铜多水高岭土为主，其他矿物如孔雀石、蓝铜矿、赤铜矿、矾类矿物次之。脉石成分有碳酸盐类及铁帽，各种岩屑、黏土。

（7）氧化铜混合型。氧化铜混合型的铜矿物组成有孔雀石、赤铜矿、自然铜、硅孔雀石、结合式铜矿和矾类矿物等，硫化物较少。脉石成分有褐铁矿，各种围岩成分的碎屑、泥土。

（8）氧化-硫化矿物混合型。氧化-硫化矿物混合型主要铜矿物有孔雀石、赤铜矿、自然铜、硅孔雀石和次生硫化物如辉铜矿、蓝辉铜矿、斑铜矿、黄铜矿、自然金等。脉石成分有黄铁矿、白铁矿、石英、绿泥石、方解石、白云石、褐铁矿、磁铁矿等。

2.1.4　铜矿石中有价元素的赋存状态

在铜矿石中的有价成分比较复杂，除铜本身之外，还伴生有铅、锌、硫、铁、锡、钨、金、银、钴、镍、钼等有价元素，有时还含有镉、锗、镓、铟、铊等元素。

（1）铜。基本上呈矿物状态存在，偶尔存在单质铜。硫化矿中为辉铜矿、斑铜矿、黄铜矿等，氧化矿中为赤铜矿、黑铜矿、孔雀石等。

（2）铁。在硫化铜矿石中，铁主要是以磁铁矿、磁黄铁矿、黄铁矿存在，在氧化矿石中，主要是赤铁矿、褐铁矿。

（3）钴。钴以类质同象或呈固溶体富集在镍和铁等的硫化物和砷化物中而使之成为含钴矿物，常见的含钴矿物主要有黄铁矿、磁黄铁矿、毒砂、镍黄铁矿、辉砷镍矿、针硫镍矿等。硫化铜钴矿石按其中钴的赋存状态可以分为两种情况，一种是钴呈单独形态钴矿物（辉钴矿、砷钴矿、硫铜钴矿、硫铅矿等），另一种是钴大部或全部呈含钴黄铁矿。

（4）钼。钼的主要工业矿物是辉钼矿（MoS_2），世界 90%的钼是来自辉钼矿。

（5）镍。主要部分为游离硫化镍（镍黄铁矿、针硫镍矿、辉铁镍矿等），同时还有很大一部分呈类质同象杂质（固溶体）存在于磁黄铁矿中，此外还有一些硅酸镍。

（6）锌。矿石中的锌矿物主要是闪锌矿，还有少量含铁、铜固溶体变种的铁闪锌矿和镉闪锌矿。

（7）铅。基本上只呈矿物状态存在。硫化矿中为方铅矿，氧化矿中为白铅矿和铅矾。

（8）金。自然界中，绝大多数情况下呈自然金状态，由于粒度极细常被其他矿物包裹。经常与金共生的硫化矿有黄铜矿、黄铁矿、砷黄铁矿、辉锑矿等，有时也与方铅矿和其他硫化物共生。

2.1.5　铜矿石中矿物的嵌布状态

在铜硫矿石中块状含铜黄铁矿的有用矿物含量很高，是一种经济价值较高的矿石。其特点是铜矿物和黄铁矿的集合体呈无空洞的致密状，矿物无方向地紧密排列，有用矿物集合体含量达 70%以上，密度 4~4.5g/cm³。铜矿物在黄铁矿中粗细不均匀嵌布。矿石中除铜和硫外，还有可通过选矿过程富集在精矿产品中，可以综合利用的锌、镉、铅、硒、碲、锗、铟、铊、金、银等。在块状含铜黄铁矿中，如果含锌较高，锌的储量达到一定规模，就应划入铜锌黄铁矿类型中。浸染状铜硫矿石含黄铁矿较少，一般为 10%~40%，矿石密度为 3.0g/cm³ 左右。铜矿物和黄铁矿粗细不均匀地浸染在脉石中，部分铜矿物与黄铁矿紧密共生，并呈粒度较大的集合体产出。

铜铁矿石主要产于矽卡岩矿床，也可产于火山岩矿床和变质矿床。这类矿石含铜中等，含铁量变化较大，高者达 50%，低者 10%~20%。矿石的构造以块状和浸染状为主，也有的呈细脉状和条带状。铜矿物以黄铜矿为主，有时也有原生辉铜矿出现。铜矿物多为细粒不均匀嵌布，与黄铁矿、磁黄铁矿紧密共生。磁铁矿呈细粒状或结晶较大的集合体产出，有的则被后期金属硫化物和脉石矿物充填交代或胶结。

在铜镍矿石中，基性-超基性母岩中的浸染状矿石：稠密状浸染矿石以通常所称的海绵晶铁状矿石最为典型；孤立的硅酸盐脉石矿物，被互相连接的硫化物所包围；稀疏浸染状矿石，硫化物散布于脉石矿物中。角砾状矿石在硫化物中，包裹有岩状的破碎角砾。致密块状矿石几乎全部由硫化物所组成。致密块状矿石与角砾关系密切。细脉浸染状矿石由硫化物细脉、透镜体和条带所组成。接触交代矿石在高温气化作用下，围岩如钙镁碳酸盐发生化学成分变化，除形成浸染状、细脉状矿化外，还产生如硅灰石、透闪石、石榴石等接触交代矿物。

我国德兴铜矿是世界上罕见的大型硫化铜铜矿床。硫化铜钼矿石主要产于斑岩铜矿与矽卡岩铜矿床中。这类矿床与中酸性花岗岩类浸入体有关，矿体产于浸入体顶部和外接触带岩石中。矿石具有特殊的细脉浸染状，细网脉状构造。

铜锌矿石结构较为复杂，一般有浸染型与致密块状型。按矿石中硫的含量可分为高硫型和低硫型矿石。铜、锌与铁的硫化物等常致密共生，互相镶嵌，嵌布粒度不均匀，其结构有粒状、乳浊状、斑点状、纹象结构以及溶蚀交代等。

2.2 铜矿石的工业要求

2.2.1 铜矿石的一般工业指标

铜矿石是含有铜矿物和脉石矿物，且含铜品位达到当前工业要求的岩石。在目前的技术经济条件下，根据行业标准（DZ/T 0214—2002），我国对铜矿石的一般工业要求见表 2-1。

表 2-1 我国的铜矿工业要求

项目名称	硫化矿石		氧化矿石
	坑采	露采	
Cu 边界品位/%	0.2~0.3	0.2	0.5
Cu 工业品位/%	0.4~0.5	0.4	0.7
可采厚度/m	≥1	≥2	≥1
夹石剔除厚度/m	≥2	≥4	≥2

2.2.2 铜矿石伴生组分综合评价一般参考指标

铜矿床中，常伴生有铅、锌、镍、钴、钼、氧化钨、铋、金、银和黄铁矿等，当伴生元素达到一定含量时，要进行综合评价并考虑综合回收，见表 2-2。

表 2-2 铜矿床伴生有益成分综合评价参考   （%）

成分	Pb	Zn	Ni	Co	Mo	WO_3	Bi	Sn
含量	0.2	0.4	0.05	0.01	0.01	0.05	0.05	0.05
成分	Au*	Ag*	Cd	Se	Te、Ga、Ge、Re、In			
含量	0.1	1.0	>0.001	0.001	>0.001			

注：*单位为 g/t。

2.2.3 铜精矿质量标准

铜精矿按化学成分分为一级品、二级品、三级品、四级品和五级品（表 2-3）。铜精矿中汞、氟和镉杂质的限量符合国家标准（GB 20424—2006）的要求，其余化学成分符合行业标准的规定。

表 2-3 铜精矿标准 （%）

品级	Cu（不小于）	杂质（不大于）			
		As	Pb+Zn	MgO	Bi+Sb
一级品	32	0.1	2	1	0.1
二级品	25	0.2	5	2	0.3
三级品	20	0.2	8	3	0.4
四级品	16	0.3	10	4	0.5
五级品	13	0.4	12	5	0.6

3 浮选工艺及设备

3.1 选矿概述

3.1.1 矿物和矿石

3.1.1.1 矿物和矿石的概念

地壳由各种各样的岩石组成，而岩石由矿物组成。所谓矿物，就是自然界中具有固定化学组成和物理性质的天然化合物或自然元素。

能够被人类利用的矿物叫做有用矿物，不能被人类利用的矿物叫做无用矿物或脉石矿物。在现代技术经济条件下能够回收加以利用的含有用矿物的矿物集合体叫做矿石。

矿物在地壳中的成分是极不均匀的。由于长期的地质作用，在地壳的某一区域内形成大量的矿石堆积，这种有大量矿石堆积并具有开采价值的区域叫做矿床。

矿石的概念随着现代技术发展和社会经济增长的需要而发展变化，过去因有用成分含量低而被认为是废石的，在现有技术经济条件下可能作为矿石处理。由于世界矿物资源随着矿的大量开采利用而日益贫乏，贫矿和复杂矿越来越多地被利用，因此需要选矿处理的矿石量越来越大。目前除极少数富矿石外，金属和非金属（包括煤）矿石几乎都需经选矿，然后才能合理、经济地作为工业原料被利用。选矿处理的对象目前已扩展到尾矿、废物（炉渣、垃圾、废水）中有用成分的回收。

3.1.1.2 矿石的分类

矿石的分类方法很多。按其工业用途可分为金属矿石和非金属矿石两大类，其中金属矿石又可细分为黑色金属矿石（铁、锰等）、有色金属矿石（铜、铅、锌、镍、汞、锡、钨、钼等）、稀有金属矿石（钽、铌、铍、锂等）、分散元素及放射性矿石等；按其结构、构造可分为块状、浸染状矿石等；按其含有用组成的高低可分为富矿石和贫矿石；按其选矿的难易程度可分为难选、易选矿石等。在金属矿石中，根据金属存在的化学状态常分成自然矿石、硫化矿石、氧化矿石和混合矿石。矿石中含有一种有用金属时，称为单金属矿石；含有两种以上有用金属时，称为多金属矿石。

3.1.1.3　矿物的性质及形态

（1）矿物的性质。矿物的性质主要是指矿物的物理性质和化学性质。各种矿物的物理性质与化学性质都有差异，选矿就是利用矿物性质上的差异，采用不同的方法将它们分选开来。

矿物的物理性质包括矿物的光学性质、力学性质和其他物理性质。

1）矿物的光学性质，包括矿物的颜色、条痕、光泽、透明度和发光性等。

2）矿物的力学性质，包括矿物的硬度和密度等。矿物的硬度，用莫氏硬度计来测定和划分等级。矿物的密度测定及表示方法与其他性质相同，通常按密度大小将矿物分为轻矿物（相对密度在 2.5 以下，这类矿物有自然硫、石墨等）、中等密度矿物（相对密度在 2.5~4 之间，这类矿石有石英、长石、方解石等）和重矿物（相对密度在 4 以上，这类矿物有方铅矿、黄铜矿、黄铁矿以及自然金、银、铜矿物等）。

3）矿物的其他性质，包括矿物的导电性、磁性、放射性等。

（2）矿物的形态。矿物的形态即矿物的外表形状。由于矿物在形成过程中的外部条件（温度、压力、时间、空间、杂质或成分等）不同，矿物的形态多种多样。

单体矿物的形态有柱状、针状、板状和立方体等。

集合体矿物的形态，按其矿物结晶粒度大小，以肉眼能否辨认，分为显晶质集合体和隐晶质集合体。显晶质集合体分为：粗晶集合体（直径大于 5mm）、中粒集合体（直径 2~5mm）、细粒集合体（直径小于 2mm）、块状集合体（用肉眼难于分辨界限的）。隐晶质集合体有结核体、分泌（充填）体、钟乳状集合体等。此外，还有针状、柱状、放射状矿物的集合体形态。

3.1.1.4　矿物的赋存状态、嵌布粒度及其选矿的关系

矿物的赋存状态是指矿物以什么形态出现。例如，自然金在矿石中是以单体或细脉状出现还是与其他硫化矿共生。了解矿物的赋存状态，对于确定采用什么方法来回收，具有重要的意义。

矿物的嵌布粒度，是指矿石中矿物的粒度，常用 mm 作为定量的基本单位。例如，黄铜矿的嵌布粒度 0.2~0mm，下限为 0mm。要想得到矿石中的某一矿物，首先要通过矿物学的研究，了解该矿物单体粒度的大小，而后确定采用什么方法进行回收。实际上，即使将矿石粉碎到有用矿物粒子大小，也难以使有用矿物完全单体解离，因为许多颗粒仍然含有一部分脉石，与有用矿物形成连生体颗粒，需要进一步粉碎，以解离出连生部分的有用矿物。表示有用矿物解离程度的指标称为单体解离度，它是选矿产品中该矿物的单体含量与该矿物的总含量的百分比率。例如，当矿石粉碎至 65%-0.074mm 时，黄铜矿的单体解离度为 90%，即表示在上述条件下有 90% 的黄铜矿已经达到了单体解离的程度。矿石磨的越细，有

用矿物单体解离度越高，但选矿成本上升，而且有用矿物过磨之后，选矿指标也会受到一定的影响。

3.1.2 选矿的目的和任务

选矿是利用矿石中各种矿物的物理化学性质的差异，把有用矿物从矿石中分离出来，把共生的有用矿物尽可能地相互分离成单独的精矿，除去有害杂质，充分、经济、合理地利用矿产资源的过程。矿石经选别作业后，除去了大部分脉石和杂质，使有用矿物得到充分富集的最终产品称为精矿；在选别过程中得到的中间产品（通常为扫选作业的精矿和精选作业的尾矿）称为中矿；矿石经选别作业后，主要有用成分富集于精矿中，所剩余的不再进行回收的部分称为尾矿。

选矿的主要任务包括：将矿石中的有价成分富集起来，使之达到冶炼或其他工业所规定的质量要求；除去矿石原料中的有害杂质；将矿石中多种有价矿物分离为各种单独精矿产品，以利于分别加工利用；从尾矿、废料（如垃圾、工业废料、废渣）中回收有价成分；回收工业废水中的有价成分，净化水质，保护环境。

3.1.3 选矿过程和选矿方法

3.1.3.1 选矿过程

典型的选矿过程包括三大阶段：物料的准备作业、选别作业、产品处理作业。

（1）物料的准备作业。入选的矿石首先要进行破碎和磨矿，把矿石碎磨至有用矿物基本达到单体解离的程度，并且为后序选别作业创造合适的入选粒度和浓度。矿石的碎磨通常由破碎机与筛分设备、磨矿机与分级设备配合使用来完成。

（2）选别作业。选别作业是选矿过程的中心作业。选别作业是利用矿物的物理性质和化学性质的差异，采取不同的选别方法，使有用矿物与脉石分离，并尽可能把共生的有用矿物彼此分离，得出最终精矿产品和尾矿。

（3）产品处理作业。主要包括精矿的脱水和尾矿的处理。由于选矿方法多是湿式的，精矿含有大量水分，为方便贮存和外运，必须通过浓缩、过滤甚至干燥等脱水工序脱除大部分水分。尾矿通常送到尾矿库贮存。尾矿澄清水还应返回到选矿厂循环利用，这样既节约新水，又可防止污染环境。

3.1.3.2 选矿方法

目前广泛使用的选矿方法主要有以下几种：重力选矿、浮游选矿、磁力选矿、电力选矿、化学选矿和其他选矿方法。

（1）重力选矿。重力选矿简称重选，是最古老的一种选矿方法。其基本原理是利用矿石中有用矿物、脉石密度的差异，在介质（通常为水，也有用风和悬浮液作为介质的）中使之分离。有用矿物与脉石的密度差越大，就越容易分选。重选的优点是成本低、环境污染小；缺点是受矿物密度和粒度的限制，选别效率较低，用水量大。

重力选矿常用于钨、锡矿石（矿砂）的选别和非金属尤其是煤的洗选，主要有跳汰选矿、摇床选矿、离心选矿、螺旋选矿、溜槽选矿和重介质选矿等。

（2）浮游选矿。浮游选矿简称浮选，是目前应用最为广泛的一种选矿方法，尤其是在硫化矿的分选上。它是利用矿物表面物理化学性质的差异，通过加入各种药剂调整矿物表面性质，造成矿物表面的润湿性和可浮性不同，从而达到有用矿物与脉石分离的目的。浮选法还能有效地分选其他选矿方法难以处理的贫、细、杂矿石，随着科技进步和新浮选药剂的出现，浮选法的应用必将越来越广泛。

（3）磁力选矿。磁力选矿简称磁选，是根据各种矿物磁性的差异而分选矿物的方法，常用于铁矿等黑色金属矿石的选矿。由于矿物磁性的不同，当它们处在某一磁场强度和磁场梯度的磁场中时，所受磁力不同，因而不同磁性的矿物具有不同的运动轨迹，这样就达到了矿物分选的目的。

磁选分湿式和干式两种。按构造特点，磁选机可分为筒式、带式、转环式和盘式等；按磁场强弱，磁选机又分为弱磁选机（处理强磁性矿物）和强磁选机（处理弱磁性矿物）等。

（4）电力选矿。电力选矿简称电选，是利用各种矿物导电性的差异而分选矿物的方法，多用于其他选矿方法选出的精矿中有用金属再分离。因其处理能力小，对入选物料水分、杂质、粒度的要求较高，一般较少使用。由于不同导电性的矿物在电场内受到不同电荷感应而受力不同，因而有不同的运动轨迹，达到矿物的分选。

（5）化学选矿。化学选矿是利用矿物化学性质的不同，通过改变矿物的化学结构而提取矿物中有用化学成分的方法。常规选矿方法通常不改变矿物的结果，而化学选矿则利用各种手段促成矿物化学反应，把有用成分从矿物中提取出来。目前应用较广的化学选矿是细菌浸出，利用细菌对硫化矿物的作用，在矿堆内生产大量的硫酸，然后通过硫酸与铜矿物发生化学反应，铜矿物中的铜变为铜离子，再经过萃取—电积，生产出高质量的金属铜。化学选矿适合于处理品位低、有用矿物嵌布粒度细、复杂难选的矿石，为当今矿产资源不断贫化趋势下一种很有前景的选矿方法。

（6）其他选矿方法。除上述选矿方法外，还有光电选矿（利用矿物光学性质的差异）、拣选（利用矿物的颜色、光泽、外形等差异性）、摩擦选矿（利用矿物表面摩擦系数的差异）等选矿方法。

3.1.3.3 选矿流程表示法

为了清楚地描述选矿工艺过程，通常用选矿流程图来反映选矿过程的各个作业及其顺序。选矿流程图一般用线条或方块来表示某一作业，用线条表示的叫线流程图。其中，破碎和磨矿作业用"○"（圆圈）表示；一般作业用上粗下细的两条横线表示；产品流向用带箭头的细线表示；筛分、分级和浓缩作业中，标有"－"的产品为筛下或溢流产物，标有"＋"的产品为筛上或沉砂产物；有时还可用文字或数据对某一作业情况进一步标明，如图 3-1 所示。

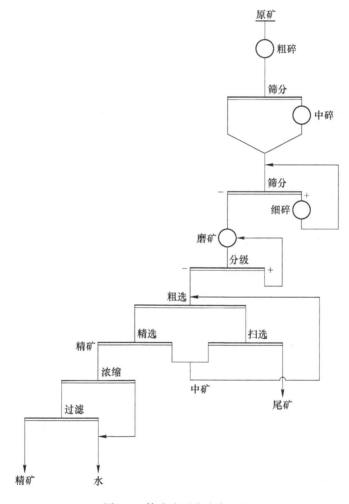

图 3-1 某选矿厂选矿流程图

3.1.3.4 常见的选矿工艺术语

（1）矿石的粒度。矿石块度的大小叫粒度，用符号 d 表示。对于有规则形状的物体，如球体或正方体，可以直接用直径和边长来表示其大小；而对于不规则的，通常采用平均直径和粒级来表示。

1）平均直径。矿块的平均直径是指矿块三个互相垂直方向上长度的算术平均值，通常用来表示粗大块矿的粒度。

对大量不规则的矿块，测量不仅麻烦，且难以实施，因此使用筛分的方式来代替：当矿块刚好能从边长为 b 的方形筛孔通过时，其粒度为 $d=b$；如果矿块通过长度为 a、宽度为 b 的矩形筛孔时，矿块的平均粒度为 $d=(a+b)/2$。

2）粒级。实际生产中，经常碰到的是颗粒众多的"粒级群"，采用筛分的方法将其分为各个级别。一般采用标准筛序进行粒级划分。当通过筛孔为 d_1 的筛面、但被截留在筛孔为 d_2 的筛面上的物料叫做一个粒级。粒级通常用上、下限表示：$d_1 \sim d_2$ 或 $-d_1 + d_2$（"$-$"表示小于，"$+$"表示大于）；作为一种特例，$d_1 \sim 0$ 或 $-d_1$ 则表示矿粒全部通过筛孔为 d_1 时的粒度。物料中各粒级的相对含量叫做粒级组成，粒级组成的测定工作叫做粒度分析。

大于 6mm 物料通常用非标准筛筛分，小于 6mm 的通常用标准筛筛分。常用的标准筛有泰勒标准筛、德国标准筛、国际标准筛，每一种套筛都有它自身的筛孔系列。泰勒标准筛用筛网上每英寸长度所具有的筛孔数目来表示，例如 200 目就是指一英寸长度上具有 200 个筛孔，200 目筛子的筛孔尺寸为 0.074mm，150 目筛子的筛孔尺寸为 0.104mm。

（2）矿石的密度、堆密度：

1）矿石的密度。矿石的密度是指单位体积矿石的质量，也是实际测出的单位体积矿石的质量，又称真密度，常用单位为 g/cm³。

2）矿石的堆密度。堆密度又称假密度，是指松散矿石在自然状态下堆积时单位体积的质量，常用单位为 g/cm³。

（3）矿石的摩擦角、堆积角：

1）摩擦角。静置的矿石沿斜面开始运动时的倾斜角即为摩擦角。

2）堆积角。矿石在地面上自然状态下堆积成锥形体时，矿石与地面之间的夹角即为堆积角。

（4）矿石的可碎性。矿石的可碎性表示矿石破碎的难易程度，它与矿石的机械强度有直接的关系。在选矿工艺计算上，常将矿石硬度分为硬、中硬、软三级，可用"可碎性系数"定量地表示：

$$可碎性系数 = \frac{该破碎机在同样条件下破碎指定矿石的生产率}{某破碎机破碎中硬矿石的生产率} \qquad (3\text{-}1)$$

矿石的可碎性系数愈小，矿石愈难破碎；矿石的可碎性系数愈大，矿石愈容易破碎。

（5）矿石的可磨性。矿石的可磨性表示矿石由某一粒级磨碎到规定粒级的难易程度。可磨性可以在实验条件下用不同实验方法测定，也可用"可磨性系

数"表示:

$$可磨性系数 = \frac{该磨机在同样条件下磨细指定矿石的生产率}{某磨机磨细中硬矿石的生产率} \quad (3-2)$$

矿石的可磨性系数愈高,矿石愈易磨;矿石的可磨性系数愈小,矿石愈难磨。

(6) 段。使矿石本身的粒度发生变化的作业称为段,粗碎、中碎、细碎、磨矿都会使矿石本身的粒度发生变化的作业。例如三段破碎就是矿石经过三次破碎作业,每一次破碎作业都使矿石本身的粒度发生变化。

分级不能称为段,因为它没有使矿石本身的粒度发生变化。

(7) 给矿。给矿是指进入作业的物料,常用 F 表示。

(8) 精矿。矿石经选别作业后,除去了大部分脉石和杂质,使有用矿物得到充分富集的最终产品称为精矿,常用 C 表示。对某作业而言,称某作业精矿。

(9) 中矿。中矿是指在选别过程中得到的中间产品(通常为扫选作业的精矿和精选作业的尾矿),常用 M 表示。

中矿品位一般介于最终精矿和尾矿品位之间。中矿一般需要返回某适当作业点进行再选或单独处理。

(10) 尾矿。矿石经选别作业后,主要有用成分富集于精矿中,所剩余的不再进行回收的部分称为尾矿,通常用 T 表示。

尾矿中一般都含有一定数量有回收利用价值的矿物,只是由于受一定时期技术水平的限制或继续回收的费用太高而暂时丢弃,因此尾矿要妥善保管起来。

(11) 品位。品位为给矿或产品中有价成分的质量分数。给矿的品位常用 α 表示,精矿的品位常用 β 表示,尾矿的品位常用 θ 表示。

(12) 产率。产率为产品质量占原矿质量的百分数,常用 γ 表示。产率可用下式计算:

$$\gamma = \frac{\alpha - \theta}{\beta - \theta} \times 100\% \quad (3-3)$$

式中,α、β、θ 分别表示原矿、精矿和尾矿品位,%。

(13) 回收率。回收率即为精矿中有价成分的质量占原矿该成分质量的百分数,常用 ε 来表示。如需表明是某一作业、产品的回收率,可用 ε_n 表示。

选别作业的回收率可用下式计算:

$$\varepsilon = \frac{\beta}{\alpha} \cdot \gamma = \frac{\beta(\alpha - \theta)}{\alpha(\beta - \theta)} \times 100\% \quad (3-4)$$

式中,α、β、θ 分别为该作业给矿、精矿、尾矿的品位,%。

如是多段选别,则总回收率 ε 为各段选别回收率之积:

$$\varepsilon = \varepsilon_1 \varepsilon_2 \cdots \varepsilon_n \quad (3-5)$$

选矿厂的实际回收率是对原矿和精矿直接称重计量,并取样、化验品位后计算而得的：

$$\sum_{\text{实际}} = \frac{\text{精矿质量} \times \text{精矿品位}}{\text{原矿质量} \times \text{原矿品位}} \times 100\% \tag{3-6}$$

（14）选矿比。原矿质量与精矿质量之比，或为选出一吨精矿所需原矿的吨数，即精矿产率的倒数。

（15）富集比。精矿品位与给矿品位的比值$\left(\dfrac{\beta}{\alpha}\right)$。

3.2 浮选的理论基础

3.2.1 浮选过程

浮游选矿是一门分选矿物的技术，是一种主要的选矿方法。其主要原理是利用矿物表面物理化学性质的差异使矿石中一种或一组矿物有选择性地附着于气泡上，升浮至矿浆液面，从而将有用矿物与脉石分离。因其分选过程必须在矿浆中进行，所以叫做浮游选矿，简称浮选。

浮选是在气、液、固三相体系中完成的复杂的物理化学过程，其实质是疏水的有用矿物黏附在气泡表面上浮，亲水的脉石留在矿浆中，从而实现彼此的分离。浮选过程是在浮选设备中完成的，它是一个连续过程，具体可以分为以下四个阶段。

（1）原料准备。浮选前原料准备包括磨细、调浆、加药、搅拌等。磨细后原料粒度要达到一定要求，一般需磨细到小于 0.2mm，目的主要是使绝大部分有用矿物单体解离，另一目的是使气泡能负载矿粒上浮。调浆指的是把原料调配成适宜浓度的矿浆，以后加入各种浮选药剂，以加强有用矿物与脉石表面可浮性的差别。搅拌的目的是使浮选药剂与矿粒表面充分作用。

（2）搅拌充气。依靠浮选设备的机械搅拌作用吸入空气，也可以设置专门的压气装置将空气压入。其目的是使矿粒呈悬浮状态，同时产生大量尺寸适宜且较稳定状态的气泡，造成矿粒与气泡接触碰撞的机会。

（3）气泡的矿化。经与浮选药剂作用后，表面疏水性矿粒能附着在气泡上，逐渐升浮至矿浆面而形成矿化泡沫，表面亲水性矿粒不能附着在气泡上而存留在矿浆中。这是浮选分离矿物最基本的行为。

（4）矿化泡沫的流出。为保持连续生产，需及时排出矿化泡沫，由刮板刮出或自动溢出，此产品叫做"泡沫精矿"；从尾部排出的产品，叫"尾矿"。

3.2.2 矿物表面性质对矿物可浮性的影响

矿物的表面物理化学性质，不仅决定了矿物的天然可浮性，也影响其在药剂作用下的浮游行为。矿物表面物理化学性质的差异，是矿物分选的依据，而决定矿物性质的主要因素则是矿物本身的化学组成和物理结构。

3.2.2.1 矿物的润湿性与可浮性

润湿是自然界中常见的现象，是由于液-固界面排挤在固体表面所产生的一种界面作用。液体在固体表面展开和不展开的现象称为润湿和不润湿现象。易被润湿的表面称为亲水表面，其矿物称为亲水矿物；反之称为疏水表面，其矿物称为疏水矿物。

润湿性是表征矿物表面重要的物理化学特征之一，是矿物可浮性的直观标志，取决于矿物表面不饱和键力与偶极水分子相互作用的强弱。

矿物表面润湿性及其调节是实现各种矿物浮选可分离的关键，所以了解和掌握矿物表面润湿性的差异、变化规律以及调节方法对浮选原理及实践均有重要意义。

润湿性的度量用接触角测量法和润湿测定法，常用接触角 θ。接触角是指过三相润湿周边上任一点作气液界面的切线，切线与固液界面之间所形成的包括液相的夹角 θ，如图 3-2 所示。

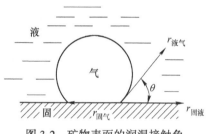

图 3-2 矿物表面的润湿接触角

当 $\theta > 90°$ 时，矿物表面不易被水润湿，具有疏水表面，其矿物具有疏水性，可浮性好；

当 $\theta < 90°$ 时，矿物表面易被水润湿，具有亲水表面，其矿物具有亲水性，可浮性差。

3.2.2.2 矿物的表面键能与可浮性

矿物都是有一定化学组成的单质或化合物，具有一定的结构。矿物内部的结构有的是规则的，有的是不规则的。决定这些结构的是离子、原子、分子等质点以及这些质点在矿物内部的排列。通常将质点呈有规则排列的矿物称为晶体矿物，质点呈不规则排列的矿物称为非晶体矿物。晶格中的质点都以一定的作用力互相联系着，这些作用力又称为键（化学键）。由于组成矿物的质点不同，键就不同，因而矿物具有不同的结构。矿物晶格中存在着离子键、共价键、分子键和金属键，在个别情况下还存在着氢键。根据键的不同，可以将矿物晶体结构分为离子晶体、原子晶体、分子晶体和金属晶体。

矿物破碎时，断裂的是键。由于矿物内部离子、原子或分子仍相互结合，键能保持平衡；而矿物表面层的离子、原子或分子朝向内部的一端，与内部有平衡饱和键能，但朝向外面空间的一端，键能却没有得到饱和（或补偿）。即不论晶体的断裂面沿什么方向发生，在断裂面上的质点均具有不饱和键。根据断裂位置不同，键力的不饱和程度不同，也就是说，矿物表面的不饱和键有强弱之分。矿物表面的这种键能不饱和性，决定了矿物表面的极性和天然可浮性。

矿物表面的键能按强弱分两类：

（1）较强的离子键或原子键。具有这类键能的矿物表面，其表面键能的不饱和程度高，为强不饱和键。矿物表面有较强的极性和化学活性，对极性水分子具有较大的吸引力或偶极作用，因此，矿物表面易被水润湿，亲水性强，天然可浮性差，如硫化矿、氧化矿、硅酸盐等。

（2）较弱的分子键。这类矿物表面的键能不饱和程度较低，为弱不饱和键。矿物表面极性和化学活性较弱，对水分子的吸引力和偶极作用较小，因此，矿物表面不易被水润湿，疏水性较好，天然可浮性好，如石墨、辉钼矿、硫黄等。

通常将具有离子键或极性共价键、金属键的矿物称为极性矿物，其表面为极性表面；具有较弱分子键的矿物称为非极性矿物，其表面为非极性表面。浮选中常见的矿物处于上述两类极端情况间的过渡状态。

3.2.2.3　矿物表面的不均匀性和可浮性

浮选研究发现，同一矿物可浮性差别很大。这是因为实际矿物很少为理想的典型晶格结构，它们存在着很多物理、化学不均匀性，造成了矿物表面的不均匀性，从而使其可浮性相差较大。

矿物在生成及地质矿床变化过程中，表面凹凸不平、存在空隙和裂缝，晶体内部产生的各种缺陷、空位、夹杂、镶嵌等现象，统称为物理不均匀性。矿物的各种物理不均匀性，均影响矿物的可浮性。

矿物的化学不均匀性指的是实际矿物中各种元素的键合，不像矿物的分子式那样单纯，常夹杂许多非化学分子式的非计量组成物。

3.2.2.4　矿物的氧化

矿物表面受到空气中氧、二氧化碳、水及水中氧的作用，发生表面的氧化。研究表明，硫化矿的可浮性受氧化程度的影响，在一定限度内，硫化矿的可浮性随氧化而变好，但过分的氧化则起抑制作用。

硫化矿的氧化作用对可浮性的影响，一直是浮选研究的重要问题。因矿样来源及制备纯矿物的条件不同、研究方法及研究评估不同，所测得的硫化矿氧化顺序也不同。

按电极电位定出的氧化速率顺序是：白铁矿>黄铁矿>铜蓝>黄铜矿>毒砂>斑铜矿>辉铜矿>磁黄铁矿>方铅矿>镍黄铁矿>砷钴矿>辉钼矿>闪锌矿。

在水气介质中定出的氧化速率顺序是：方铅矿>黄铜矿>黄铁矿>磁黄铁矿>辉铜矿>闪锌矿。

在碱性介质中定出的氧化速率顺序是：铜蓝>黄铜矿>黄铁矿>斑铜矿>闪锌矿>辉铜矿。

根据纯矿物的耗氧速率定出的氧化速率顺序是：磁黄铁矿>黄铁矿>黄铜矿>闪锌矿>方铅矿。

这些情况表明了氧化作用的多样性，生产实践中对浮选体系中氧化还原的控制有很大的实际意义。实践表明，充气搅拌的强弱与时间的长短可改变矿物氧化条件，如短期适量充气，对一般硫化矿浮选有利，但长期过分充气，磁黄铁矿、黄铁矿可浮性都会下降。

通过调节矿物的氧化还原过程，可调节其可浮性。目前采用的措施有：（1）调节搅拌调浆及浮选时间；（2）调节搅拌槽及浮选机的充气量；（3）调节搅拌强度；（4）调节矿浆的 pH 值；（5）加入氧化剂（如高锰酸钾、二氧化锰、双氧水等）或还原剂（如 SO_2）。

另外，也有研究试用氧气、富氧空气、氮气、二氧化碳等代替空气作为浮选的气相，改变矿浆的氧化还原电位等方法。

3.2.2.5 矿物的溶解

矿物在与水相互作用时，部分矿物以离子形式转入液相中，这就是矿物的溶解。物质能溶于水中的最大量为该物质的溶解度，以"mol/L"表示。由于溶解度受温度影响较大，所以常注明温度条件。

由于矿物的溶解，使矿浆中溶入各种粒子，这些"难免离子"是影响浮选的重要因素之一。如选矿一般用水中常含有 Na^+、K^+、Mg^{2+}、Ca^{2+}、Cl^-、CO_3^{2-}、HCO_3^-、SO_4^{2-} 等，而矿坑水中含有 NO_3^-、NO_2^-、NH_4^+、$H_2PO_4^-$、HPO_4^{2-} 等，如果用湖水，则会有各种有机物、腐殖质等。

矿物溶解及难免离子的调节，目前采用的主要措施有：（1）控制水的质量，如进行水的软化；（2）控制磨矿时间及细度；（3）控制充气，改变氧化条件；（4）调节矿浆 pH 值，使某些离子形成不溶性物质沉淀。

3.2.2.6 矿物表面的电性与可浮性

矿物在溶液中，由于离子的优先吸附、优先解离和晶格取代等作用，可以使表面带电。矿物的表面电性对某些矿物的可浮性会产生影响。通过调节矿物表面的电性，还可调节矿物的抑制、活化、分散和聚集等状态。

影响较大的是那些与捕收剂以静电物理吸附作用的氧化矿物和硅酸盐矿物，如针铁矿、刚玉、石英等。这些矿物的表面电性的符号与矿浆的 pH 值有关。使矿物表面电位为零时的矿浆的 pH 值称为这种矿物的零电点，如针铁矿的零电点为 pH=6.7，刚玉的零电点为 pH=9.1，石英的零电点为 pH=3.7 等。

当矿浆的 pH 值小于零电点时，矿物表面呈正电，可用阴离子捕收剂进行捕收。当矿浆的 pH 值大于零电点时，矿物表面呈负电，可用阳离子捕收剂捕收。

用黄药类捕收剂捕收的铜、铅、锌等硫化矿，捕收剂与矿物的作用主要靠化学亲和力而不是静电力，所以矿物表面的电性对浮选作用影响很小，甚至没有意义。另外，一些通过化学作用力与捕收剂作用的非硫化矿，还有一些用烃油类等分子型捕收剂捕收的矿物，进行浮选时，也基本上不受表面电性的影响。

3.2.2.7 矿物表面吸附与可浮性

矿物表面的吸附是指在浮选矿浆中，浮选药剂在矿物表面键能的吸引下而聚集在固-液界面上，使药剂在固-液界面上的浓度大于液体内部的浓度。

按吸附的本质可分为物理吸附和化学吸附两大类。

（1）物理吸附。凡是由分子键能引起的吸附都称为物理吸附，其特征是热效应小、吸附不稳定、既容易吸附也易于解吸、无选择性，如分子吸附、双电层外层吸附及半胶束吸附等。

（2）化学吸附。凡是由化学键能引起的吸附都称为化学吸附，其特征是热效应大、吸附牢固、不易解吸、具有选择性，如交换吸附、定位吸附等。

矿物表面的吸附性是由矿物表面及浮选药剂的性质所决定的。根据矿物表面性质的差异，可以利用各种浮选药剂在矿物表面的吸附达到调节矿物可浮性的目的。

3.3 选矿工艺过程

3.3.1 浮选工艺影响因素

影响浮选工艺的因素有很多，归纳起来可分为两大类：其中一类是已知的，是一种自变的因素，叫做不可调节的因素；另一类是为了控制分选条件而选择的，是一种应变的因素，叫做可调节的因素。

浮选不可调节的因素有原矿的矿物组成和含量、矿石的氧化和泥化程度、矿物的嵌布特性和生产用水的质量等；浮选可调节的因素有磨矿细度、矿浆浓度、浮选时间、药剂制度、矿浆温度、浮选流程、浮选设备类型等。

3.3.1.1 矿石性质

矿石性质主要包括原矿品位和物质组成、矿石中有用矿物的嵌布特性及共生关系、矿石的氧化率等。

A 原矿品位

在所有类型的矿石中，各元素的含量都不是一成不变的，只有变化大小之分。

当矿石中有用矿物的含量——原矿品位变化不大时，对浮选过程有利，整个浮选工艺流程容易控制，过程相对的稳定；而当原矿品位变化范围大时，浮选工艺流程则不容易控制，选别指标难以稳定。

对选矿工艺而言，原矿品位的波动过高或过低都是不好的。原矿品位过高，浮选容易出现"跑槽"现象，造成金属流失，又由于浮选流程多是确定的，所以品位过高的矿石难以得到充足时间的浮选，选矿回收率波动很大。当原矿品位太低时，一段粗精矿品位往往偏低，给二段的浮选带来困难，会造成精矿品位达不到要求。

B　矿石中有用矿物的嵌布特性及共生关系

有用矿物的嵌布特性影响碎磨流程以及产品粒度的确定。

若有用矿物的粒度分布均匀，多集中在某一粒级范围内，则只需经一段磨矿后就可将有用矿物绝大部分单体解离出来；若有用矿物粒度分布很不均匀，则碎磨流程也就较为复杂，需要多段磨矿。

自然界矿石中的有用矿物成分并非是单一的，它们常伴生着其他种类的矿物，其存在的形式多种多样。如斑岩铜矿石中就多伴生金、银、钼等贵金属矿物，有的无法直接用机械的选矿方法回收，只有通过硫化矿物的回收而回收。在选别过程中，如能有针对性的加药，选择适宜的工艺流程、条件，贵金属的回收率会得到提高，从而获得综合回收的效益。反之，贵金属的回收率会下降。

C　矿石的氧化率

氧化率高低是评价矿石性质的一个重要指标。矿石的氧化率对选别有重大影响，主要有以下几点：

（1）矿石泥化程度增大。许多金属矿物与脉石的氧化都会改变原来矿物坚固的结构构造，形成一系列土状和黏土状的矿物，矿泥量增大。例如，长石类矿物氧化后形成高岭土或其他黏土类矿物，从而降低了矿物的浮选性能。

（2）矿石的矿物成分复杂，影响有用矿物的可浮性。如黄铜矿矿石，经氧化后不仅残留着各种金属硫化物，同时还形成新的次生金属矿物——孔雀石、蓝铜矿、硅孔雀石等，这些矿物的存在对整个浮选过程有很大的影响。

（3）金属矿物表面的物理化学性质发生变化，降低有用矿物的可浮性。如黄铜矿表面氧化形成一层孔雀石的薄膜，这层薄膜是亲水的，使得黄铜矿的可浮性下降。

（4）原有矿石的物理性质发生变化，可能改变选矿方法和流程。

（5）原有矿石的酸碱度发生变化，改变选矿药剂种类及用量。矿石的氧化程度不同，矿浆的酸碱度也不同，对药剂种类及添加量的要求也不同。

3.3.1.2　磨矿细度

磨矿细度指的是磨矿产品中某一特定粒级含量的质量分数。例如 90%-0.074mm，即表示磨矿产品中-0.074mm 粒级的质量占 90%。

在浮选工艺中，因为浮选分离的前提是要使各种矿物从矿石中单体解离出来，所以磨矿细度对浮选分离指标有着决定性的意义。适宜的磨矿细度是要根据矿石中有用矿物的嵌布粒度，通过试验决定的。

生产实践表明，不同粒级的矿粒，其浮选效果不同。过粗或过细的矿粒，即使已达到单体解离，其回收效果也是不好的。所以磨矿细度满足工艺要求，有用矿物基本上单体解离，才能为浮选创造良好条件。

在浮选工艺中，对粗、细粒也采取一些强化浮选的措施。

A 粗粒浮选

一般来说，在矿物单体解离的前提下，粗磨浮选可以节省磨矿费用，降低选矿成本。但是由于较粗的矿粒比较重，在浮选机中不易悬浮，与气泡碰撞的几率减少，附着气泡后易于脱落，因此比较难浮。为了改善粗粒浮选，可以采取调节药方、调节气泡和选择高效率的浮选机等措施。

（1）调节药方。调节药方的目的在于增强矿物与气泡的固着强度，加快浮升速度。根据理论计算，要浮粗粒，应有较大的接触角，因此可选用捕收力强的捕收剂。研究表明，合理增加捕收剂浓度，有利于浮团的形成和浮升。

（2）调节充气量。充气量对于粗粒浮选具有重要意义。增大充气量，形成较多的大气泡，有利于形成气泡和矿粒组成的浮团，将矿粒"拱抬"上浮。

关于粗粒浮选时浮选机的选用，可根据需要和浮选机的特点进行选择。一般多采用浅槽浮选机。对于粗粒浮选，单纯依靠增加搅拌强度来增加充气量，不但无益，反而有害。

B 细粒浮选

一般选矿中所谓的矿泥，常常是指 $-74\mu m$ 的粒级，而浮选中的矿泥是指 $-18\mu m$ 或 $-10\mu m$ 的细粒级。矿泥的来源有：一是原生矿泥，主要是矿石中各种泥质矿物，如高岭土、绢云母、褐铁矿、绿泥石、碳质页岩等；二是次生矿泥，它们是在破碎、磨矿、运输、搅拌等过程中形成的。为了减少次生矿泥的生成，应选择合理的破碎和磨矿流程，正确使用破碎筛分、磨矿分级设备，并提高效率。

由于矿泥具有质量小、比表面积大等特点，所以对浮选产生了一系列不利的影响。主要有：易夹杂于泡沫中上浮，降低精矿质量；覆盖在粗粒矿物上，妨碍粗粒的浮选，回收率降低；吸收大量的浮选药剂，药耗增加；增加矿浆的黏性，浮选机充气条件变差；细粒溶解度较大，矿浆中的"难免粒子"增加。大量矿泥的存在，破坏浮选过程，影响浮选指标。

为了消除或减少矿泥对浮选的影响，可采取下列措施：

（1）添加矿泥分散剂。矿泥分散可消除其覆盖于其他矿物表面的有害作用。常用的矿泥分散剂有水玻璃、碳酸钠、氢氧化钠、六偏磷酸钠等。

（2）分段、分批加药。要随时保持矿浆中药剂的有效成分，可将药剂分段、分批添加，避免一次加入被矿泥大量吸附。

（3）采用低浓度矿浆。矿浆浓度较低时，一方面可以减轻矿泥污染精矿泡沫,另一方面也可以降低矿泥的黏性。

(4) 脱泥。分级脱泥是最常用的办法,如用水力旋流器在浮选前分出某一粒级的矿泥并将其废弃或另作处理,或者细泥和粗砂分别处理,即所谓"泥砂分选"。对于一些易浮的矿泥,可在浮选前加少量起泡剂浮出;当被浮矿物与泥矿的性质差异较大时,还可以专门制定浮出矿泥的药方。

目前为改善细泥浮选工艺所采取的措施还有:用在矿浆中析出的微泡浮选细泥,用易浮粗粒作为"载体"背负细泥,利用"选择絮凝"、"电解浮选"及其他方法等。

3.3.1.3 矿浆浓度

矿浆浓度往往要受到许多条件的制约。例如分级机溢流浓度,就要受到细度要求的制约:要求细时,溢流浓度就要低;要求粗时,溢流浓度就要高。大多数情况下,调浆和粗选作业的浓度几乎与分级溢流的浓度是一致的。

矿浆浓度对浮选各项因素的相互制约关系大致如下:

(1) 浮选机的充气量随矿浆浓度变化而变化,过高或过低都会使充气变化。

(2) 矿浆液相中的药剂浓度随矿浆浓度变化而变化。在用药量不变的条件下,矿浆浓度提高,液相中药剂浓度增加,可以节省药剂。

(3) 影响浮选机的生产率。矿浆浓度增加,如浮选机的体积和生产率不变,则矿浆在浮选机中的停留时间相对延长,有利于提高回收率。如果浮选时间不变,矿浆浓度越高,浮选机的生产率就越高。

(4) 粗粒与细粒浮选。矿浆浓度增加,细粒矿物的可浮性提高。如果细粒是有用矿物,有利于提高回收率及精矿品位;反之,如果细粒是脉石矿物,则应降低矿浆浓度,以免细泥混入泡沫,使精矿质量降低。

一般情况下,矿浆浓度较低,回收率下降,但精矿产品质量提高;矿浆浓度的适当提高,不但可以节省药剂和用水,而且回收率也相应提高;但矿浆浓度过高,由于浮选设备工作条件变坏,会使浮选指标下降。

生产实践中,确定矿浆浓度高低除上述影响因素外,还要考虑原矿性质对浮选浓度的要求。浮选密度大、粒度粗的矿物,矿浆浓度需提高;浮选密度小、粒度细的矿物,矿浆浓度需降低。

在浮选过程中,由于各作业泡沫精矿的不断刮出和补加水原因,按作业顺序,矿浆浓度逐渐降低,但在处理低品位矿泥时也有相反现象。所以,操作中应按要求严格控制各作业的加水量,尽量使各作业的浓度保持在适宜的范围内。矿浆浓度应相对稳定,不能波动过大,否则会导致生产指标的不稳定。

3.3.1.4 药剂制度

药剂制度包括药剂的种类、用量、配制、添加地点以及添加方式,简称为药方。

药剂制度对浮选指标有重大影响。它是通过矿石可选性和工业试验确定的，在生产中要对加药数量、加药地点与加药方式不断地修正与改进。药剂制度中首先是选择合适的药剂，然后再确定用量。

A　药剂用量

在一定的范围内，增加捕收剂与起泡剂的用量，可以提高浮选速度和改善浮选指标，但是用量过大会造成浮选过程的恶化。同样，抑制剂与活化剂也应适量添加，使用中应特别强调"适量"和"选择性"两个方面。

对于不同的矿石，由于性质不同，药剂用量的波动范围是很大的。即使属于同一类型的矿石，也因矿床形成的具体条件有差别，药剂用量也不尽相同。分选具体矿物时，应根据试验结果选取较窄的用量范围。使用时，只要矿石的物质成分和其他工艺条件基本保持不变，就不应任意改变药剂的用量。

过量的药剂所造成的危害往往不易被人们重视。捕收剂过量可能引起的危害有：

(1) 破坏浮选过程的选择性，使精矿质量下降。因为这时矿浆中上浮矿物的"夹带"现象增加，使部分脉石被"夹带"上来，即使回收率略有提高，但精矿品位明显下降，选矿综合效益下降。

(2) 使下一作业的分离浮选发生困难。因为上一作业的泡沫产物带来了过量的药剂，且泡沫产物中的矿物成分复杂，现场往往采取多加调整剂的办法来补救，这样含有过量药剂的中矿进入到粗选、扫选作业，产生恶性循环，最终引起药方混乱，恶化了浮选条件，致使指标下降。

(3) 使其他药剂用量也要随之增加。药剂过量不但浪费药剂，而且使尾矿中药剂的含量增高，造成环境污染，还会因积聚大量泡沫而使精矿过滤作业受到影响，造成金属流失，也会影响尾矿堆坝。

(4) 使硫化矿物的可浮性变差。因为黄药中硫化钠、亚硫酸钠等杂质是硫化矿物的抑制剂，加之气泡表面吸附大量药剂，阻碍了矿粒与气泡的附着，使硫化矿物的可浮性变差。另外，捕收剂用量过大，还会造成"跑槽"现象，造成金属流失。

起泡剂过量会造成大量黏而细的气泡，易使脉石黏附在气泡上而降低精矿品位。如果原矿中含泥量较多，常容易引起"跑槽"。

活化剂过量不但破坏浮选过程的选择性，而且还可能与捕收剂作用生成沉淀而消耗大量的捕收剂。如在氧化铜矿物的硫化浮选中，加入过量的活化剂硫化钠后，对表面硫化了的氧化铜矿物也有一定的抑制作用，结果适得其反。

抑制剂过量往往对不需要抑制的矿物也产生了抑制作用，使回收率下降，如要再活化又会消耗大量的捕收剂。

调整剂过量或不足对浮选的影响也很大。如果用量不当，不能保证适宜矿浆pH值，使浮选药剂用量产生混乱。例如，在氧化铜的硫化浮选中，石灰是调整剂，硫化钠是活化剂。当石灰用量不足时，为保证一定的 pH 值，往往加入大量硫化钠，从而增加分选铜矿物的困难。因此，浮选生产应在调整好矿浆 pH 值的基础上再添加其他各类浮选药剂。

B 药剂的配制

同一种药剂，配制的形式不同，用量和效果也都不同，对于在水中溶解度小或不溶的药剂尤其明显。如中性油类，不加调节措施，在水中呈较大的液滴，不但效果不好，且用量也高。所以为了提高药效，应根据药剂的性质，采用不同的配制方法。常用的配制方法有：

（1）配成水溶液。适用于黄药、水玻璃、硫化钠等可溶于水的药剂，使用前常配成浓度为 5% ~ 20% 的水溶液。药剂配制的浓度太低，体积太大；浓度太高，对用量较小的药剂难以正确添加，且输送不便。

（2）加溶剂配制。有些难溶于水的药剂，可将其溶于特殊的溶剂中再添加。例如把油酸溶于煤油中再添加，可加强油酸的捕收作用；胺类捕收剂可用乙酸或盐酸配制。

（3）乳化法。脂肪酸类及柴油经过乳化，可增加其弥散度，提高药效。常用的乳化法是用强烈的机械搅拌，通入蒸汽或用超声波，例如塔尔油常与柴油在水中加乳化剂经强烈搅拌制成乳化液。

（4）皂化法。脂肪酸类捕收剂常用此法配制。如铁矿石浮选时，常采用氧化石蜡皂与塔尔油作捕收剂，配入占总量 10% 左右的碳酸钠，使塔尔油皂化，并且加温制成热的皂液添加。

（5）配制呈悬浮液或乳浊液。如石灰，可加水制成石灰乳添加。

（6）原液添加。如 Mac-12、BK-204 等可直接按药剂用量添加。

应根据需要配制药剂，配制好的药剂不宜贮存过久，否则可能产生变质、失效。

C 添加

浮选药剂的作用不是瞬时能完成的。在浮选前，应根据试验保证药剂与矿粒有足够的作用时间。因此，加药地点可根据药剂的用途及溶解度等因素，分别加入磨矿机、分级机溢流、泵池、搅拌桶或浮选设备中，也有根据实际需要加入浓密机的。

浮选药剂以液态形式添加，有利于药剂添加的连续性、稳定性和准确性，充分发挥药效。

调整剂和矿泥分散剂多加入球磨机，以消除部分有害离子的影响，为其他药剂的作用创造适宜的条件；抑制剂、活化剂应加在捕收剂之前，一般加入搅拌桶内，使矿浆有较长的作用时间；捕收剂、起泡剂常加入搅拌桶或浮选设备中，对较难溶的捕收剂也可加入球磨机中。一般让前一种药剂充分作用后，再加第二种药剂。

加药的方式有一次添加和分段添加两种。

一次添加是指将药剂集中加在一个点。优点是该加药点的药剂浓度大，作用强，常作为易溶于水、在矿浆不易反应和失效的药剂的添加方式，如石灰、碳酸钠等调整剂。

分段添加是指将药剂按作业、阶段分批加入。优点是可以维持浮选作业的药剂浓度基本趋于一致，药剂分散较均匀。对于下列情况，采用分段加药：（1）在矿浆中易氧化、分解、变质的药剂，如黄药易氧化；（2）易被泡沫带走的药剂，如用油酸钠作捕收剂时，本身有起泡性，易被泡沫带走；（3）用量要求控制很严格的药剂，如硫化钠，浓度过大就会没有选择作用，故应分段添加。

因分段加药可以防止药剂过量、失效，并能提高药效，节省用量，所以在选矿厂得到了广泛的应用。

D 提高药效的几个措施

（1）混合用药。混合用药在实践中应用的比较广泛。各种捕收剂混合使用是以矿物表面不均匀性和药剂间的协同效应为依据，如不同长度碳链的黄药混用；不同类型的捕收剂混用，常以一种捕收剂为主，另一种为辅，如 Mac-12 与黄药的混用；同类药剂的混用，如黄药和黑药混用。混合用药通常能在多方面收到效益。

（2）分散加药。为加速药剂在矿浆中分散，除采用药剂的乳化等方法外，近年来提出了气溶胶浮选法，它是将浮选药剂喷成雾状加至浮选机内，对节省用药有一定的效果。

（3）浓浆加药，稀浆浮选。这种方法是将矿浆分成浓、稀或矿砂、矿泥两支，把浮选药剂加到浓浆或矿砂那一支，然后再混合进行浮选。由于在浓浆中加药，药剂在矿粒表面的吸附作用加强，可减少矿泥对药剂的吸附，从而提高药效。

在药剂使用方面，还有药剂的磁场、电场处理、加温等方法。

3.3.1.5 矿浆酸碱度

矿浆的酸碱度是指矿浆中的 OH^- 和 H^+ 的浓度，一般用 pH 值表示。用于调整矿浆酸碱度的药剂有石灰、碳酸钠及硫酸等。

矿浆的 pH 值，既影响矿物的浮选性质，也影响各种浮选药剂的作用。因而，它对矿物的可浮性起着显著的作用。pH 值对浮选的影响主要在以下几方面：

（1）pH 值对矿物浮选性质的影响。如褐铁矿在 pH>6.7 的矿浆中要用胺类阳离子捕收剂浮选，而在 pH<6.7 的酸性矿浆中，却要用烷基硫酸钠之类的阴离子捕收剂浮选。由此可见，某些矿物的浮选性质是由矿浆的 pH 值决定的。

（2）矿浆 pH 值对药剂解离度的影响。如黄药、氰化物、硫化钠等药剂的解离度都随 pH 值增高而增大。所以，只有在适宜的 pH 值条件下，才能较好的发挥药效，提高矿物的分选效果。

（3）矿浆 pH 值对矿物可浮性的临界 pH 值的影响。各种矿物在不同的浮选药剂条件下进行浮选时，都有一个"浮"与"不浮"的 pH 值，该值叫做临界 pH 值。控制临界 pH 值就能控制各矿物的有效分选。

（4）矿浆 pH 值对捕收剂在矿物表面作用的影响。矿浆 pH 值和捕收剂在矿物表面的综合作用时竞争吸附。例如黄原酸离子与氢氧根离子在矿物表面的竞争，pH 值太高，在矿物表面 OH^- 的吸附占优势，就会增加矿物的亲水性而加强抑制作用。

（5）矿浆 pH 值对起泡剂的影响。一般起泡剂多呈分子状态吸附于气液界面，它们解离的愈少，其气泡性能愈好。例如松醇油在 pH＝6～9 的范围内使用，其气泡性能差别不大；但若把 pH 值提高到 9～11 的范围，气泡能力显著增加。各种起泡剂的分子结构不同，使得它们受 pH 值的影响也不同，醇类起泡剂在碱性介质中使用效果好，酚类起泡剂在酸性介质中使用效果好。

（6）矿浆 pH 值对矿浆中某些离子的影响。使用石灰调整 pH 值时，它能与某些离子，如 Cu^{2+}、Fe^{2+} 等生成沉淀，减少有害离子对浮选的干扰和影响。

（7）矿浆 pH 值对氧化速度的影响。矿物表面的氧化速度随 pH 值的不同而变化。如重铬酸盐对方铅矿的氧化抑制作用，要在 pH＝7.4～8 的碱性矿浆中进行。

矿浆 pH 值对矿物浮选的影响是多方面的，如矿浆悬浮液的稳定性、浮选机械的腐蚀性等。在大多数情况下，浮选作业多在碱性矿浆中进行。

3.3.1.6　浮选机的充气

充气就是把一定量的空气送入矿浆中，并使它弥散成大量微小的气泡，以便使疏水性矿粒附着在气泡表面上。

充气量的大小，主要决定于浮选机的类型及浮选工艺的要求。充气量通常用每平方米、每分钟充入的空气体积表示。不同类型的矿石可根据各自浮选工艺对充气量的要求，选用不同型号的浮选机。在各作业中也可按原料中有用矿物的含量和泡沫量的多少调节充气量。

空气在矿浆中的弥散程度与气泡的大小有关。就一定数量的空气而言，气泡愈小，分散愈好，气泡的总表面积愈大，对浮选有利。但气泡太小，上升速度太慢，对矿物的携带能力减弱，不利于有用矿物的上浮。在一定限度内，矿浆浓度增大，充气量也随之增加，空气的弥散也较好。一般矿浆浓度在 20%～30% 范围内充气情况较好。

浮选机的搅拌作用是保证矿浆中矿粒的悬浮及均匀分散，促使空气弥散及均匀分布，促进空气在浮选机的高压区加强溶解，在低压区析出微泡。加强对矿浆的搅拌可增加矿粒与气泡的碰撞机会，加速水化膜的破裂，并提高矿粒与气泡的附着和停留机会。但是过强的充气和搅拌是不利的。它不仅破坏了泡沫层的稳定，造成气泡兼并，使大量的矿泥带入泡沫而引起精矿质量的下降；还会使浮选机的矿浆容积减少，电能消耗增加，加速运动部件的磨损。

在浮选实践中，通常要求搅拌要适宜，不能过强。操作中应尽量采用控制充气量和起泡剂用量来调节。在处理充气量和药剂的关系上，不能因充气不足、气泡不好而盲目地多加起泡剂，而首先应该在调整充气量的基础上再调整起泡剂的用量。适宜的充气量及搅拌强度要根据矿石性质、作业调节以及对浮选的要求等因素选取。

3.3.1.7　浮选柱的充气

浮选柱充气量是最重要的调节参数之一，调节充气量后浮选柱的参数变化反应迅速。正常的浮选柱充气表面速率应该在 0.5~2.0cm/s 之间。最优充气量在试车期间必须确定下来。

A　充气压力

对于喷射式气泡发生器（俗称喷枪），给气管路压力必须控制在 400~700kPa 之间。充气压力与充气速度有关。推荐的初始充气压力为 550kPa，在使用的过程中，需要尝试不同的充气压力以便确定各个操作情况下的最佳充气压力。外界所能提供的最大空气供给量决定了系统的最大充气压力。

由于系统要对充气的总压力进行监测，所以还要在气管的总管上面安装一个压力表。

B　充气量大小

浮选柱的充气量表示单位时间内充入浮选柱溢流中有用矿物浮选柱的气体体积（单位为 m³/min），被认为浮选柱控制中最灵活最敏感的参数。浮选的回收率取决于充气的速度，不推荐气泡表面速率小于 0.5cm/s 时的充气量，但是在有适当措施的时候可以采用。

为了尽量减少流程中所需要的充气量，约在 2.0~2.5cm/s 时具有最大的充气速度。充气速度取决于矿石性质、选别作业、药剂用量、给矿量和给矿浓度可以通过采用小的变化量逐步改变充气的速度来确定其最小值。低于最小充气速率的话，泡沫稳定性将变差，如果高于最大充气速率，气泡之间将发生合并现象，从而使溢流中有用矿物的回收率降低。

充气量能否满足粒度或回收率的要求取决于矿物颗粒大小和需浮矿物的数量，充气量处于某个范围内才有效。充气量过大可能导致在浮选柱中产生大量紊流，不利于矿物选别，同时选别界面也会消失，大泡现象也可能出现；充气量过小会导致泡沫层坍塌，较差的空气分散度会使捕收区和泡沫区产生漩涡从而降低其在浮选柱内的有效停留时间。

3.3.1.8　浮选时间

浮选时间是指达到一定回收率和精矿品位分选矿物所必需的时间。

浮选时间的长短直接影响指标的好坏。浮选时间过长，虽有利于精矿回收率提高，但精矿品位下降；浮选时间过短，虽对提高产品质量有利，但会使尾矿品位增高，回收率下降。

浮选时间与矿石的可选性、磨矿细度、药剂条件等因素有关。它们一般的规律是在矿物的可浮性好、原矿品位较低、矿物单体解离度高、药剂作用快的条件下，浮选时间可短些，反之则应长些。浮选含泥量高的矿石，要比含泥量低的矿石需要更长的浮选时间。一般粗、扫选作业的浮选时间少则 4~15min，多则40~50min。

矿石所需的浮选时间应根据试验结果恰当的选取，太短或太长都是不经济的。

3.3.1.9 水质

浮选在水介质中进行，而用于浮选的水质却因时因地而变化。水的纯净程度对浮选过程及其指标都有很大的影响。

浮选用水不应含有大量的悬浮微粒，也不应含有大量的能与矿物或浮选药剂反应的可溶性物质。因为水中含有的碳酸盐、硫酸盐、磷酸盐及钙、镁、钠的氯化物与磨矿后矿浆中存在的铁、铜、锌等离子，在浮选过程中对某些矿物会产生活化或抑制作用，如钙、镁离子对非硫化矿物的活化，铜离子对闪锌矿、黄铁矿的活化。

3.3.1.10 矿浆温度

矿浆温度在浮选过程中常常起着重要的作用。但目前大多数选矿厂都在常温下浮选，即矿浆温度不受控制，随气温而变。

矿浆加温来自两个方面的要求：一是药剂的性质，有些药剂要在一定温度下，才能发挥其有效作用，通常温度升高，抑制剂和活化剂的作用随之加强、加快，在捕收剂中又以油酸对温度的反应最大；二是有些特殊的工艺，要求提高矿浆的温度，以达到矿物彼此分离的目的，如在铁矿石的浮选中，常通过矿浆加温，促进药剂对赤铁矿的吸附，同时提高药剂的选择性，以保持在较高的铁回收率条件下，获得含铁量高含硅量低的精矿。矿浆加温常用蒸汽或热水。

硫化矿的加温浮选工艺，近年来发展较快。如铜钼混合精矿的浮选分离，在石灰造成的高碱度矿浆中，通过蒸汽加热铜钼混合精矿，使硫化铜、硫化铁等矿物表面的捕收剂膜解吸和破坏，并使辉钼矿以外的硫化矿物表面氧化，从而受到抑制。由于辉钼矿表面不易氧化，故混合精矿经加温处理后，添加煤油和起泡剂，便可浮出较纯净的辉钼矿，这就是所谓的石灰蒸汽加温分选法。硫化矿加温浮选还有自然氧化加热水浮选法、硫化钠加蒸汽加热法、不加药的加温分离浮选等方法。

3.3.1.11 浮选流程

浮选流程一般定义为矿石浮选时，矿浆经过各个浮选作业的总称。不同类型的矿石，应用不同的流程处理。浮选流程并非一成不变，常因矿石性质变化，或者采用先进的新工艺等原因而不断改进，以期得到最佳的技术经济指标。

A 浮选原则流程

浮选原则流程（又称主干流程），只指出处理各种矿石的原则方案，其中包括段数、循环（又称回路）和矿物的浮选顺序。

（1）段数。段数是指磨矿与浮选相组合的数目，一般磨一次（即粒度变化一次）、浮选一次，叫作一段。

一段流程适用于有用矿物嵌布粒度较均匀、相对较粗且不易泥化的矿石。多段流程是指两段以上的流程。两段流程可能的方案有精矿再磨、尾矿再磨和中矿再磨三种。

精矿再磨流程，多用于有用矿物的嵌布粒度较细而集合体较粗的矿石，其在较粗磨的条件下，集合体就能与脉石分离，得到混合精矿（含贫精矿）和废弃尾矿，然后对混合精矿再磨再选。在多金属矿石浮选时较常用，如图 3-3 所示。

尾矿再磨流程，用于有用矿物嵌布很不均匀的矿石，或容易氧化和泥化的矿石。在较粗磨的条件下，分出一部分合格精矿，将含有细粒矿物的尾矿再磨再选。如图 3-4 所示。

中矿再磨流程，多用于一段浮选能得到一部分合格精矿和废弃尾矿，而中矿有大量矿物连生体的矿石。如图 3-5 所示。

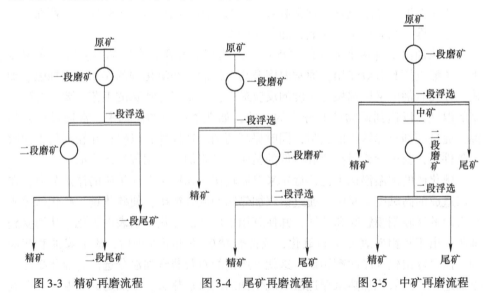

图 3-3 精矿再磨流程　　　图 3-4 尾矿再磨流程　　　图 3-5 中矿再磨流程

（2）循环。循环也称回路，通常是以所选矿物中的金属（或矿物）来命名的。有铅循环和锌循环，有铜锌循环和铜循环，如图 3-6、图 3-7 所示。

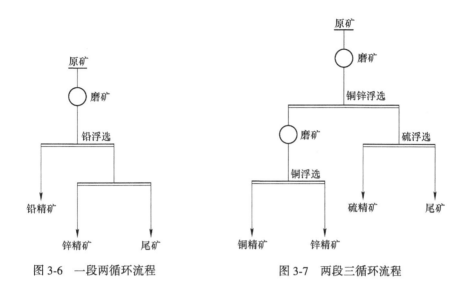

图 3-6 一段两循环流程   图 3-7 两段三循环流程

（3）矿物的浮选顺序。矿物的可选性、矿物相互间的共生关系等因素与浮选顺序有关。有用矿物集合体较粗，在粗磨条件下能废弃尾矿，多用混合浮选，然后再浮选分离的流程。矿石中的矿物可选性相等时，可以采用等可浮浮选流程。

常见的浮选顺序有优先浮选、混合浮选、部分混合浮选和等可浮浮选等几种，如图 3-8~图 3-11 所示。

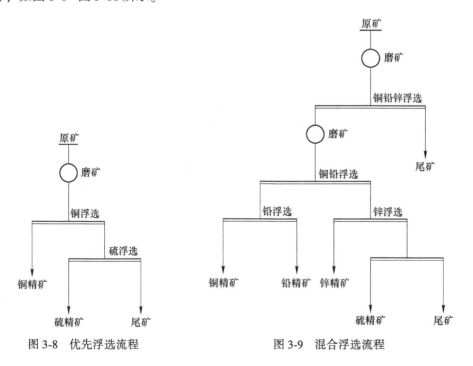

图 3-8 优先浮选流程   图 3-9 混合浮选流程

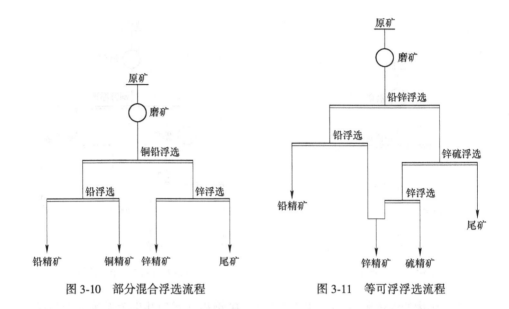

图 3-10 部分混合浮选流程 　　　　图 3-11 等可浮浮选流程

B　流程内部结构

流程内部结构除包含原则流程的内容以外，还详细表达各段的磨矿分级次数，每个循环的粗选、精选、扫选作业次数，中矿处理方式等内容。

（1）粗选、精选和扫选作业次数。粗选作业一般都是一次，只有少数情况下有两次的，精选和扫选作业次数变化较多，这与矿石性质（如矿物含量、可浮性等）和对产品的质量要求及分选成分的价值等有关。

当原矿品位较高，矿物可浮性较差，而对精矿质量的要求不是很高时，就应加强扫选作业以保证有足够高的回收率，精选作业应少，甚至不精选。原矿品位低，而对精矿的质量要求又很高，如辉钼矿浮选，就要加强精选。辉钼矿粗精矿的精选作业次数常常达到 8 次以上，在精选过程中还要结合再磨矿。有用矿物与脉石可浮性相差很大，脉石不上浮时，精选作业次数可以减少。

（2）中矿处理。浮选的最终产品是精矿和尾矿，但在浮选过程中，总要产出一些中间产品（精选尾矿、扫选精矿），称之为中矿。中矿一般都要在浮选过程中处理，常见的处理方法有四种：

1）返回浮选过程中的适当地点。当矿物已单体解离，可浮性一般，而又比较强调回收率时，多用循序返回，这时中矿经受再选的机会较多，可避免损失，如图 3-12 所示。

中矿合一返回是将全部或部分中矿合并在一起返回前面某一作业，一般是粗选作业，这样可以使中矿得到多次再选，有利于提高精矿质量。中矿合一返回适用于矿物可浮性较好、对精矿质量要求又高的矿石，如石墨、辉钼矿的浮选。中

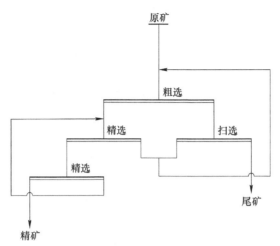

图 3-12 中矿循序返回流程

矿合并后，往往需要浓缩。中矿合并返回粗选作业常常可以节省粗选作业的用药量。在生产中，中矿返回方案往往是多种多样的。中矿返回一般应遵循的规律是中矿应该回到矿物组成和矿物可浮性等性质与中矿性质相似的作业。

2）中矿再磨。中矿的矿物连生体多时，需要再磨。再磨可单独进行也可返回第一段磨矿作业。

3）中矿单独浮选。有时中矿虽不呈连生体，但它的性质比较特殊，返回前面作业都不太合适，在这种情况下可将中矿单独浮选。

4）中矿用湿法冶金等方法处理。有的中矿含泥质多，返回前面作业会扰乱浮选过程，且指标极低，可考虑用湿法冶金的方法处理这类中矿。

3.3.2 浮选操作

浮选操作是浮选实践重要的组成部分，好的操作方法不仅能使浮选过程稳定，并能获得良好的工艺指标。

浮选的岗位操作是在熟悉原矿性质的基础上根据浮选过程的各种现象，判断浮选过程质量的好坏，并应用有关浮选工艺因素的基本知识及时调整有关因素，达到预期的各项技术经济指标。

3.3.2.1 浮选操作的基本原则

整个浮选过程是将有用矿物选择性富集于精矿中的过程，要求根据产品数量和质量进行操作。对于精矿而言，除产量以外，还有一个重要的产品质量问题，所以应该在保证较高精矿质量基础上，尽可能多地回收原矿中的有价矿物。

根据原矿性质的变化进行操作，矿物可浮性的好坏决定了操作控制的难易程度。可浮性好的矿物，对各种工艺因素有较强的适应性，比较容易达到预期的数量、质量指标。可浮性差的矿物，其适应性差，数量、质量指标波动大，只有及时调整有关因素，才能获得好的选别指标。

要保持浮选工艺过程的相对稳定，各种工艺因素、控制条件在一般情况下要尽量避免大的起落，应做好"三会""四准""四好""两及时""一不动"。

"三会"是指会观察泡沫，会测浓度、粒度，会调整。

"四准"是指药剂配制和添加准，品位变化看得准，发生原因找得准，泡沫刮出量掌握准。

"四好"是指浮选与处理量控制好，浮选与磨矿分级联系好，浮选与药台联系好，浮选各作业联系好。

"两及时"是指出现问题发现及时，解决处理问题及时。

"一不动"是指生产正常不乱动。

3.3.2.2 泡沫层厚度及各作业产率的控制

泡沫层是有用矿物聚集的地方，它的厚薄对回收率和精矿品位有直接的影响。决定泡沫层厚度的有原矿品位、作业及条件等客观因素，操作中利用浮选设备的矿浆闸门或药剂、矿浆浓度等因素调节。

在浮选过程中，由于"二次富集"作用，泡沫的品位上层高于下层，泡沫在矿浆面上的停留时间越长富集作用越好。一般来说，泡沫层越厚，聚集的有用矿物数量越多，反之则越少。但是，泡沫层太厚，上层气泡逐渐变大，总的表面积减少，单位面积的负载增大，有些已经浮选出的粗粒矿物又有可能从气泡上脱落进入矿浆。对于部分难选矿物，因其与气泡的附着强度减弱，粗粒矿物脱落的可能性更大。而过薄的泡沫层不但会减弱"二次富集"作用，而且会在排出精矿时带出大量的矿浆，既影响产品质量，又增加矿浆的循环量，降低选别指标。

在生产中，应控制好泡沫的刮出量，保持粗选、扫选、精选作业的泡沫刮出量的平衡和稳定，使泡沫中含有较多的有用矿物量，获得合格的精矿。必须指出，片面增大泡沫的刮出量似乎提高有用矿物的回收率，但也容易把大量脉石刮入产品，使泡沫产品质量下降，造成中矿循环量增加，减少相应的浮选时间，恶化浮选作业，降低选别指标。

由于某些因素影响，有时可能导致泡沫层厚度及作业刮出量的异常，产生两种极端现象：矿液面下降，根本刮不出泡沫；或者大量矿浆和泡沫外溢。前一种情况产生的原因是处理矿量突然减少、磨矿细度太粗、浮选浓度过大、起泡剂用量不足或原矿性质有了大的变化等；后一种情况产生原因是处理量增多、品位升高、浮选浓度下降、补加水量增加、浮选药剂过量或原矿中矿泥增加、矿浆中含有润滑油等。

为保持工艺过程中各作业的有用矿物量和矿浆量的稳定和平衡，控制泡沫层厚度和作业刮出量的具体操作方法可归纳为：

（1）及时发现和查明泡沫层厚度和泡沫层刮出量（溢出量）发生变化的原因，并加以消除。浮选设备刮出（溢出）的产物只应是矿化的泡沫，而不是矿浆。要通过调整矿浆液面来达到控制泡沫层厚度和泡沫刮出量（溢出量），发生矿浆溢出或矿液面急剧下降时，可以借助浮选设备的矿浆闸门调整。若是矿浆浓度和细度发生变化，应及时与磨矿分级操作工联系加以调整；若是药剂用量不当，则应及时调整药剂用量。

（2）重点观察和掌握精矿产出槽及粗选作业前几槽的泡沫层厚度和刮出量（溢出量），同时也要注意尾矿排出槽的泡沫状况。精矿产出槽和粗选作业前几槽集中了大量的有用矿物，它们的浮选现象及泡沫矿化状况对工艺因素变化的反应一般较为显著，所以，掌握好这些槽的操作是保证整个浮选工艺指标的关键。根据浮选过程中按有用矿物量逐渐减少的实际情况，泡沫刮出量（溢出量）应顺序减少。

（3）调整矿浆闸门时，一般应从浮选作业尾部开始，逐一调整至前部。这样可以保证矿浆量的稳定，并尽量减少对下一作业影响。若因分级溢流量的突然改变而造成浮选机刮出量（溢出量）的变化时，为尽早消除异常，则应从浮选作业前部开始调整。

（4）精选作业应保持较厚的泡沫层，刮出量（溢出量）应与精矿质量的要求相适应。精选、扫选作业应防止过大或过小的泡沫刮出量（溢出量），以不刮出（溢出）矿浆为原则。

3.3.2.3 矿化泡沫的观察

浮选操作最重要的一项技能是观察泡沫。因为从观察泡沫表观现象的变化，能判断引起变化的原因，从而及时调整有关因素，以保证浮选过程在较好条件下进行。观察泡沫矿化情况应抓住几个明显特征的浮选槽，主要有最终精矿产出槽、粗选作业槽、各加药槽及扫选作业尾部槽等。

矿化泡沫的种种现象，主要是由气泡表面黏附矿物的种类、数量、粒度、颜色及光泽等因素决定的，而与此有直接联系的是药剂用量。

（1）泡沫的矿化程度。泡沫层表面泡沫的矿化程度反映矿浆内部矿粒向气泡黏附的情况。气泡表面黏附的有用矿物越多，就越显出有用矿物的颜色光泽等物理性质方面的特征。另外，泡沫层表面气泡有次序的兼并破裂也是可供观察的一种现象。当泡沫表面矿化良好、负载较重时，气泡易于破裂，刮出（溢出）后与泡沫槽撞击会发出"沙沙"声响。一般来说，粗选槽内的矿化泡沫较厚实，也即泡沫能较好地显示出有用矿物的种种物理特征；扫选槽内的矿化气泡较空而透亮，气泡上附着的有用矿物较少。

浮选药剂对气泡的矿化程度有直接的影响。过量的药剂（特别是调整剂）往往会造成过大、过小或过脆、过黏的气泡。药剂数量不足时，则因泡沫层的气泡容易兼并和破裂而显出不稳定。

(2) 泡沫的"空"与"实"是反映气泡表面附着矿粒的多少。气泡表面附着的矿粒多而密，称为"结实"，相反气泡表面附着的矿粒少而稀，称为"空虚"。一般粗选区和精选区的泡沫比较"结实"，扫选的泡沫比较"空虚"。当捕收剂、活化剂用量大，抑制剂用量小，会发生所谓的泡沫"结板"现象。

(3) 泡沫的大与小，常随矿石性质、药剂制度和浮选区域而变。一般在硫化矿浮选中，直径 8~10cm 以上的气泡可看作大泡，3~5cm 视为中泡，3cm 以下的可视为小泡。气泡的大小与气泡的矿化程度有关。气泡矿化时，气泡中等，故粗选和精选常见的多为中泡；气泡矿化过度时，阻碍矿化气泡的兼并，常形成不正常的小泡；气泡矿化极差时，小泡虽不断兼并变大，但经不起振动，容易破裂。

(4) 泡沫的颜色是由泡沫表面黏附矿物的颜色决定。如浮选黄铜矿时，精矿泡沫呈黄绿色；浮选黄铁矿时，泡沫呈草黄色；浮选方铅矿时，泡沫呈铅灰色。精选时浮游矿物泡沫越清晰，精矿品位越高；而扫选浮游矿物颜色明显，则浮选的目的矿物损失大。

(5) 泡沫的光泽由附着矿物的光泽和水膜决定。硫化矿物常呈金属光泽，金属光泽强泡沫矿化好，金属光泽弱泡沫带矿少。

(6) 泡沫层的厚、薄与入选的原矿品位、起泡剂用量、矿浆浓度和矿石性质有关。一般粗选、扫选作业要求较薄的泡沫层，精矿作业应保持较厚的泡沫层。

(7) 泡沫的脆和黏与药剂用量和浮选粒度等有关。当捕收剂、起泡剂和调整剂的用量配合准确、粒度适当，此时泡沫层有气泡闪烁破裂，泡沫显得性脆，反之泡沫会显得性黏，如在黄铜矿浮选时，如果石灰过量，泡沫发黏、韧性大、难破裂，在泡沫槽易发生"跑槽"。

(8) 轮廓是浮选气泡矿化后的外形线，受矿液流动、气泡相互干扰和泡壁上的矿粒受重力作用等的影响。如在铜、铅硫化矿浮选中，气泡多近于圆形。泡沫在矿浆表面上形成时水分充足，气泡的轮廓明显，反之，上浮的矿物多而杂时，泡沫轮廓模糊。

(9) 音响是泡沫被刮板刮入泡沫槽时，矿化的泡沫附着矿物的不同，落入槽内而产生的声音。如在铜矿的浮选时，泡沫落入泡沫槽产生"沙沙"的声音，则泡沫中带有较多的黄铁矿等，其精矿品位低。

上述泡沫在浮选表现出的性质，都是互相联系的综合体现。在正常的情况下，浮选各作业点的泡沫矿化程度、颜色、光泽等层次应分明，区别显著；反之，层次不清、现象紊乱，操作人员都必须进行查明，并及时调整。

3.3.2.4 浮选工艺操作中的常见异常

浮选操作中的异常现象很多，产生的原因也复杂，常常并不完全是由一个因素所致。各种常见的异常现象及调整方法见表 3-1。

表 3-1　浮选中常见的异常现象、产生原因及主要调整方法

异常现象	产　生　原　因	主要调整方法
精矿品位低	(1) 矿物组成及矿石氧化、泥化程度发生变化; (2) 磨矿作业浓度大; (3) 充气量、充气压力过大; (4) 药剂过量,降低选择性; (5) 精矿泡沫出量大	(1) 调整药剂、流程; (2) 降低磨矿作业浓度; (3) 减少充气量、充气压力; (4) 减少药剂用量; (5) 减少刮出量(溢出量)
回收率低	(1) 矿物组成及矿石氧化、泥化程度发生变化; (2) 磨矿细度粗; (3) 药剂用量不当; (4) 生产量过负荷,浮选时间不足; (5) 中矿循环量增加,浮选过程不稳定; (6) 充气量、充气压力不足	(1) 调整药剂、流程; (2) 提高磨矿分级细度; (3) 调整药剂; (4) 减少给矿量; (5) 减少泡沫刮出量(溢出量); (6) 提高充气量、充气压力
矿浆外溢	(1) 浮选浓度低; (2) 分级机溢流量增加; (3) 浮选设备故障,矿浆流通不畅; (4) 起泡剂过量; (5) 矿浆闸门提的过高; (6) 返回产物(中矿)量增加	(1) 减少给水量; (2) 调整磨矿分级操作; (3) 维修浮选设备或疏通; (4) 减药或停药; (5) 调节闸门; (6) 减少中矿量
矿液面下落	(1) 浮选浓度变大; (2) 浮选粒度粗; (3) 浮选机搅拌力下降,充气不足; (4) 原矿品位高; (5) 起泡剂用量不足; (6) 电动机、管道、泵故障,矿浆量少; (7) 不起泡、泡沫过脆	(1) 减少矿量或补加水量; (2) 调整磨矿分级操作; (3) 维修浮选设备,调整充气; (4) 增加药剂; (5) 增加用量; (6) 维修、疏通; (7) 调整药剂
不起泡	(1) 矿浆 pH 值不合适; (2) 药剂用量不合适; (3) 原矿品位升高,性质变化; (4) 矿浆浓度低	(1) 调整石灰用量 (2) 调整药剂用量; (3) 调整药剂; (4) 调整磨矿分级操作
泡沫发黏	(1) 矿石中矿泥增加; (2) 其他矿物含量增加; (3) 矿浆 pH 值偏高; (4) 起泡剂用量过大; (5) 矿浆中混入润滑油; (6) 矿浆浓度高; (7) 药剂用量不当; (8) 各作业泡沫刮出量过大	(1) 调整药剂; (2) 调整药剂; (3) 减少石灰用量; (4) 减少起泡剂用量; (5) 减少或停加起泡剂; (6) 调整磨矿分级操作; (7) 调整药剂用量; (8) 减少泡沫刮出量

3.3.3　充气量的测定及浮选时间的计算

3.3.3.1　充气量的测定

用特制的透明充气测定管进行，在充气管上部一定的体积处标有一刻度，测定时先将充气管装满水，用纸盖住充气孔管的入口，将其倒置插入矿浆，插入深度约 30~40cm，轻轻晃动充气管，使盖住充气管入口的纸脱落，见第一个气泡进入喷枪时秒表计时，待空气将充气管中水排至刻度位置时停止计时，根据充满一定体积的空气量及充气时间就可算出充气量。测定时，应在浮选机每槽不同位置测 3~4 次，取平均值，计算充气量公式如下：

$$q = \frac{60 \times V}{S \times t} \tag{3-7}$$

式中　V——充气管刻度处容积，m^3；

　　　S——充气管的截面积，m^2；

　　　t——空气充满气管刻度处时所需时间，min。

3.3.3.2　浮选时间的计算

$$t = \frac{60VNK}{Q_0(R + 1/\rho)} \tag{3-8}$$

式中　t——作业浮选时间，min；

　　　V——浮选机的有效容积，m^3；

　　　N——浮选机的槽数；

　　　K——充气系数，浮选机内所装矿浆体积与浮选机有效容积之比，一般为 0.65~0.75，泡沫层厚时取最小值，反之取最大值；

　　　ρ——矿石的密度，t/m^3；

　　　Q_0——处理干矿量，t/h；

　　　R——液体与固体质量比，液固比可按下式进行计算：

$$R = (100 - c)/c \tag{3-9}$$

　　　c——矿浆浓度，%。

3.3.4　浮选流程考查

3.3.4.1　流程考查内容

(1) 入选原矿性质：

1) 化学组成。矿石由哪些主要元素组成，含量各是多少，哪些属于分选对象可以回收。

2) 矿物组成及结构。元素是以何种矿物形式存在，其相对百分含量是多少，结构和构造如何。

3）粒度特性。各粒级的百分含量和金属分布率、含泥量等。

4）原矿石的水分。

5）原矿密度。

6）原矿中有用矿物的嵌布特性。

（2）提供数质量流程图，即根据考查测定的数据，计算流程的数质量指标。将这些指标列入流程图中，便获得了数质量流程图。

1）数量指标包括产量（t/h）、产率（%）、回收率（%）。

2）质量指标包括富集比、品位（%）。

（3）磨矿机和分级机的处理量、返砂量、返砂比、生产率、分级效率等。

（4）各主要设备操作情况。

（5）各主要辅助设备的效率及其对选别过程的影响。

（6）全厂总回收率、分段回收率、最终产品的粒级回收率及精矿产品的质量情况等。

（7）浮选药剂用量。

（8）各设备规格及技术操作条件。

（9）提供矿浆流程图。根据考查和测定的数据，计算矿浆浓度及耗水量，并将这些数据列入流程图中，即为矿浆流程图。

（10）金属流失情况及其原因。

3.3.4.2　流程考查方法与步骤

A　流程考查的步骤

（1）绘制详细的流程图。到生产现场了解情况，根据了解的情况绘制要考查的详细流程图。

（2）绘制流程考查取样图。根据详细的流程图、流程考查的要求、流程计算的需要以及结合现场各作业点取样的方便、安全、可靠的情况，绘制流程考查取样图。各取样点试样的最小质量应按 $Q = K \cdot d_2$ 确定。

（3）绘制流程考查人员分工表和所需工具计划表，组织好人力，准备好取样工具、容器和记录表格（或笔记本），以便记录考查期间有关数据和当班生产操作情况。取样容器需写上试样名称及容器量。

（4）确定取样时间和取样次数。取样时间一般为 8h，每隔 30min 取一次，浓度低的矿浆取样次数可适当增加。

（5）确定测定方法和分析方法。如浓度测定采用干法还是湿法，筛分筛成多少级别，筛成哪几级，哪些级别需要化学分析，分析哪些元素等。

（6）按流程考查取样图布点取样。

（7）考查中的一些测定工作：原矿计量、补加水测定、药剂用量测定、浮选设备充气量的测定、考查期间设备运转情况和供矿情况等。

(8) 样品处理:

1) 浓度样。凡需测定浓度的试样,在矿浆缩分过程中不得掺入清洗水,不得稀释、洒失。加工程序为称重—过滤—烘干—称重。

2)筛分分析。凡筛析样品,一般大于 0.074mm 粒级用干湿混合筛析法,小于 0.074mm 粒级用水析法。筛析时大于 2mm 粒级应全部过筛,小于 2mm 粒级的那部分试样可缩分出 100~200g,逐级筛分。水析时只需从小于 0.074mm 级别物料中,缩分出 50~100g 试样进行水析。

3) 化学分析样。加工程序为过滤—烘干—碾细混匀—缩分—磨碎—混匀—化验取样。

B 流程考查中的注意事项

(1) 考查前应对各设备的操作条件进行检查与校正,考查应在设备正常运转时进行,在考查过程中应详细记录设备运转及其他条件的变化情况。

(2) 取样前认真核对取样点号码与标签是否相符。

(3) 取样时,切勿使矿浆溢出样盒,各样品不能随意倒出澄清水,取样工具不能混用,所取试样应妥善保管,不得混入杂物。

(4) 各项原始记录必须抄写清楚。

(5) 筛析和水析样烘到含水 5% 左右就要缩分,不得过分干燥以免碎裂,改变粒度组成。

3.3.4.3 流程计算

A 原始指标数目及其取样点的确定

a 选矿工艺平衡

(1) 矿量平衡。进入作业的物料质量之和应等于该作业排出的每个产物的质量之和。

(2) 金属和粒级平衡。进入作业的每一组分(如金属量、某计算粒级的数量等)的质量之和应等于该作业排出物中该组分的质量之和。

(3) 水量平衡。进入作业的水量之和(包括产物带来的水量与补给作业的新水量)应等于该作业中排出物带出的水量之和。

(4) 矿浆体积的平衡。进入作业的矿浆体积应等于排出作业的矿浆体积。

b 计算流程必需的原始指标数目

$$N = C \cdot (n - a) \tag{3-10}$$

式中 N——计算流程必需的原始指标数目;

C——每一选别作业可列出的平衡方程数目;

n——计算流程时涉及的全部选别产品数目;

a——计算流程时涉及的全部选别作业数目。

c 取样点的确定

（1）根据式（3-10）计算必需的原始指标数目，确定取样点。

（2）选取生产中最稳定、影响最大、易于采样处为取样点，如原矿、精矿、尾矿等。

（3）为了校核流程计算的结果，在保证取得必需且充分的原始指标数目的试样外，可多取几个作业中间产品。

B 检查原始指标的正常性

在流程计算以前，首先要检查这些原始指标是否符合正常情况，若反常需要重新化验校核。除原矿、最终精矿、最终尾矿的品位外，中间产品中个别不合理的，可根据生产现场的规律给以调整。一定要在各产品的金属品位符合客观规律后，方可计算。

C 质量流程的计算

数质量流程反映了流程中各产物数量和质量的分配情况，为调整生产和考查设备工作状况提供依据。数质量流程图是根据各产物的化验结果（即产物的品位）计算的。

a 数质量流程计算的顺序

对全流程而言，应由外向里算，即先算流程的最终产物的全部未知数，然后计算流程内部的各个工序。对工序（或循环）而言，应一个工序一个工序进行计算；对产物而言，应先计算出精矿的指标，然后用相减的原则算出作业尾矿指标；对指标而言，应先算出产率，然后依次算出回收率和品位。计算结果都要校核平衡，先校核产率再校核回收率。

b 数质量流程图计算方法

按矿量平衡，金属量和粒级平衡，计算出未知的产率 γ、回收率 ε 和品位 β。

（1）磨矿分级流程计算。磨矿分级流程图如图 3-13 所示。

$$\left.\begin{aligned}
Q_1 &= Q_4 \\
Q_5 &= Q_1 \cdot C \\
Q_2 &= Q_3 = Q_1 + Q_5 \\
C &= \frac{100(\beta - \alpha)}{\alpha - \theta} \times 100\%
\end{aligned}\right\} \tag{3-11}$$

式中 α——球磨机排矿中某一指定粒级产率,%;

β——分级机溢流中上述指标产率,%;

θ——分级机返砂中上述指标产率,%;

C——返砂比,%;

Q——处理矿量，t/h。

球磨机负荷率计算：

$$\eta = \frac{球磨机实测生产能力(t/h)}{球磨机样板生产能力(t/h)} \times 100\% \tag{3-12}$$

（2）浮选流程的计算。首先求最终产品未知数 γ_1、ε_1，再计算出整个流程的全部未知数 γ_2、ε_2。浮选流程图如图 3-14 所示。

质量（产率）平衡：$\gamma = \gamma_1 + \gamma_2$；金属量平衡：$\gamma\alpha = \gamma_1\beta_1 + \gamma_2\theta$。

$$\left.\begin{array}{c} \gamma_2 = \gamma - \gamma_1 \\[2mm] \varepsilon_1 = \gamma_1 \cdot \dfrac{\beta_1}{\alpha} = \dfrac{\beta(\alpha - \theta)}{\alpha(\beta - \theta)} \\[2mm] \varepsilon_2 = \varepsilon - \varepsilon_1 \end{array}\right\} \tag{3-13}$$

式中 γ——产率,%；

ε——回收率,%；

α——原矿品位,%；

θ——尾矿品位,%。

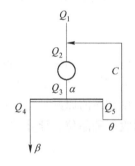

图 3-13 磨矿分级流程图

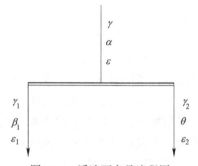

图 3-14 浮选两产品流程图

D 矿浆流程的计算

矿浆流程反映各作业及各产物的浓度、用水量、矿浆体积等，矿浆流程计算是在数质量流程计算的基础上并根据测得的分级返砂量、溢流量及各产物的浓度进行。计算所依据的选矿工艺平衡为：

（1）水量平衡。进入作业的水量之和（包括各产物带来的水量与补给作业新鲜水量）等于该作业排出产物所带出的水量之和。

（2）矿浆体积平衡。进入作业的矿浆体积应等于排出作业的矿浆体积。

1）将实际测出的各产物和各作业的矿浆浓度值列出。

2）计算各作业的干矿量 Q_n：

$$Q_n = \gamma_n \cdot Q \tag{3-14}$$

式中　Q——原矿处理量，t/h；

　　γ_n——各有用产物的产率，%。

3）计算产物的液固比 R_n：

$$R_n = (100 - c_n)/c_n \tag{3-15}$$

式中　c_n——产物的浓度。

4）求出各产物的水量 W_n：

$$W_n = Q_n \cdot R_n \tag{3-16}$$

5）根据各作业的水量平衡，求出其他未知水量及补给水量。

6）算出各作业的浮选时间：

$$t = \frac{60nKV}{Q_n(R_n + 1/\rho)} \tag{3-17}$$

式中　n——作业浮选机的槽数；

　　V——浮选机的有效容积，m³；

　　K——充气系数，由实测浮选机充气量的值算得，如未测，可取 0.65 ~ 0.75，泡沫层厚时取小值，反之取大值；

　　ρ——矿石密度，t/m³。

E　流程计算中数据调整平衡的原则

由于现场取样、制样、化验各道工序均存在误差，靠所测得的数据进行流程计算，不可能使全流程达到平衡，所以存在一个调整流程平衡的问题。基本原则为：

（1）首先检查数据的可靠性，是否需重新化验或测定，若无误差则进行调整平衡。

（2）根据测得的数据算出生产中最稳定、影响大的指标，如精矿等，再根据物料平衡的原理，相减得出其他指标，使流程得以平衡。一般调整中间指标或对整个流程影响较小的指标。

3.3.4.4　考查结果分析与报告编写

（1）考查期间的生产情况。其中包括入选矿石的情况、设备运转情况及主要技术操作条件。

（2）根据设备性能和矿石特性，分析矿量在各设备上的负荷分配。

（3）根据矿石性质、筛析和化验结果，分析研究各主要选别设备的效率。

（4）分析主要辅助设备的效率及对选别的影响。

（5）分析最终精矿质量情况和各粒级产品的特点，寻找提高产品质量的途径。

（6）根据历史资料和现场生产情况，各作业回收率和金属流失的主要原因，分析流程的合理性。

（7）分析伴生有用矿物在选别过程中的综合回收情况。

（8）针对磨矿浮选流程考查，提出解决问题的方法和合理化建议。

3.4 浮选设备

3.4.1 浮选机概述

浮选机是指完成浮选过程的机械设备。在浮选机中，经加入药剂处理后的矿浆，通过搅拌充气，使其中某些矿粒选择性地固着于气泡之上，浮至矿浆表面被刮出（溢出）形成泡沫产品，其余部分则保留在矿浆中，以达到分离矿物的目的。

浮选机适用于有色、黑色金属的选别，还可用于非金属（如煤萤石、滑石）的选别。浮选机由电动机驱动叶轮旋转，产生离心作用形成负压，吸入充足的空气与矿浆混合，搅拌矿浆与药物混合，同时细化泡沫使矿物黏合泡沫之上，浮到矿浆面再形成矿化泡沫。调节闸板高度，控制液面，使有用泡沫被刮板刮出（溢出）。

3.4.1.1 浮选机性能要求

（1）良好的充气作用。浮选机必须保证能向矿浆中吸入（或压入）足量的空气，产生大量尺寸合适的气泡，并使这些气泡尽量分散在整个槽内，空气弥散越细越好，气泡分布越均匀则矿粒与气泡接触的机会就越多，这种浮选机的工艺性能越好，浮选的效率也越高。浮选机的充气程度用充气量来表示，即每分钟每平方米槽面积通过的空气量（m^3）或每立方米矿浆中含有的空气量（m^3）。

（2）良好的搅拌作用。浮选机要保证对矿浆有良好的搅拌作用，使矿粒不至于沉淀而呈悬浮状态，并能均匀地分布在槽内，保持矿粒与气泡在槽内充分接触和碰撞。同时促使某些难溶性药剂的溶解和分散，以利于药剂和矿粒的充分作用。

（3）良好的循环流动作用。浮选机具有调节矿浆液面、矿浆循环量、充气量的作用，可增加矿粒与气泡的接触机会。能保持泡沫区平稳和一定的厚度，既能滞留目的矿物，又能使夹杂的脉石脱落，产生"二次富集作用"。

（4）能连续工作且便于调节。在浮选过程中，有时需要调整整个泡沫层的厚度及矿浆流量。在实际生产应用中，从给矿到浮出精矿及尾矿的排出，都是连续进行的过程，均需方便调节。

在现代浮选过程中，还有一些新的要求，如选矿厂的浮选系统自动控制，要求浮选机工作可靠、零部件使用寿命长、便于操作和控制等。

目前各行业尚无统一的标准评价浮选机性能，下列指标可作为评价的参考依据：充气性能与浮选指标（精矿、尾矿质量和数量）、处理能力、动力消耗（吨原矿计)、价格、安装、操作、维修费用及占地面积等。

3.4.1.2 浮选机的分类

常用的浮选机有机械搅拌式浮选机、充气搅拌式浮选机和浮选柱。

（1）机械搅拌式浮选机。这种浮选机的特点是矿浆的充气和搅拌都是靠机械搅拌器来实现的，它属于空气自吸式浮选机。这种浮选机除了能自吸空气外，一般还能自吸矿浆，因而在浮选生产流程中，其中间产品的返回一般无需砂泵扬送。因此，这种浮选机在流程配置方面可显示出明显的优越性和灵活性。由于它能自行吸入空气，因此不需要外部特设的风机对矿浆充气。机械搅拌式浮选机在国内外一直被广泛使用。

（2）充气搅拌式浮选机。这类浮选机与机械搅拌式浮选机的主要区别在于它属于外部供气式，它的搅拌器只起搅拌作用，空气是靠外部特设的风机强制送入的。它具有如下特点：

1）由于是通过外部鼓风机供气，充气量较易调节，可以根据浮选的需要，通过阀门调节大小。

2）由于叶轮只起搅拌作用不起吸气作用，所以转速较低，搅拌不甚强烈，对脆性矿物的浮选不易产生泥化现象。矿浆面比较平稳，易形成稳定的泡沫层，有利于提高选别指标。

3）由于叶轮转速较低，矿浆靠重力流动，电力单耗低，使用寿命较长，设备维修费用也低。

这类浮选机的不足之处在于它不能自行吸入矿浆，所以中间产品返回需要砂泵扬送，另外还要有专门的送风设备，生产环节较多。

（3）浮选柱。其特点是没有机械搅拌器，也没有传动部件，矿浆的充气靠外部的空压机压入。浮选柱具有结构及工艺流程简单、耗能较低、易磨损部件少、便于操作管理等优点，但其突出的缺点是在碱性矿浆中喷枪因结钙形成堵塞而破坏生产过程。

3.4.2 机械搅拌式浮选机

3.4.2.1 XJ 型机械搅拌式浮选机

该机是 20 世纪 50 年代从原苏联引进的，机型较老，虽经改进，但基本结构早已定形并形成系列。由于历史原因，这种浮选机在我国应用最为广泛，近年来虽说已被一些新型浮选机取代，但仍在广泛应用。

XJ 型浮选机的基本结构见图 3-15，它由两个浮选槽构成一个机组，第一槽（带有进矿浆）为吸入槽，第二槽为直流槽，此二槽之间有中间室。叶轮安装在主轴下端，主轴上端有皮带轮，用电动机带动旋转。空气由进气管吸入。每组浮选槽的矿浆水平面由闸门调节。叶轮上方装有盖板和空气筒（又称竖管）。空气筒上有孔，用来安装进浆管、中矿返回管或用作矿浆循环，孔的大小可通过拉杆调节。

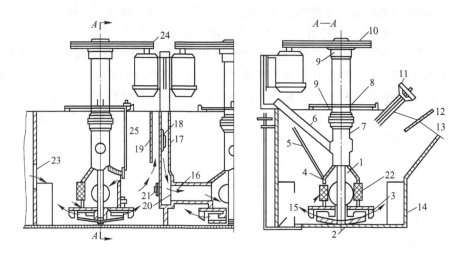

图 3-15 XJ 浮选机结构

1—主轴；2—叶轮；3—盖板；4—连接管；5—砂孔闸门丝杆；6—进气管；7—空气筒；
8—座板；9—轴承；10—带轮；11—溢流闸门手轮及丝杆；12—刮板；13—泡沫溢流唇；
14—槽体；15—放砂闸门；16—给矿管（吸浆管）；17—溢流堰；18—溢流闸门；
19—闸门壳（中间室外壁）；20—砂孔；21—砂孔闸门；22—中矿返回孔；23—直流槽前溢流堰；
24—电动机及带轮；25—循环孔调节杆

叶轮一般是用生铁铸成的圆盘，圆盘上有 6 个辐射状叶片，在叶轮上方 5~6mm 处装有盖板。其结构见图 3-16。

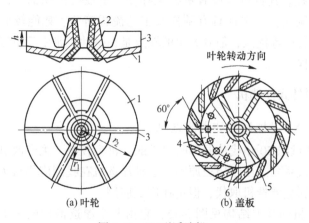

图 3-16 XJ 型浮选机

1—叶轮锥形底盘；2—轮壳；3—辐射叶片；4—盖板；5—导向叶片（钉子叶片）；
6—循环孔；r_1—矿浆入口半径；r_2—矿浆出口半径；h—叶片外端高

叶轮盖板的作用是：（1）当矿浆被叶轮甩出时，在盖板下形成负压吸气；（2）调节进入叶轮的矿浆量；（3）可避免矿砂在停机时压住叶轮而难以启动；（4）起到一些稳流作用。

浮选机在工作时，给矿管把矿浆给到盖板中心处，叶轮旋转所产生的离心力将矿浆甩出，同时在叶轮与盖板间形成负压，于是经由进气管自动地吸入了外界空气。叶轮的强烈搅拌作用使矿浆与空气得以充分混合，并将气流分割成许多细小的气泡。此外，在叶轮叶片的后方也会从矿浆中析出一些气泡。

3.4.2.2 XJQ 型、JJF 型和 BS-M 型浮选机

这三种浮选机基本相同，系参考美国威姆科型浮选机研制的。

XJQ 型浮选机是沈矿于 1976 年开始研制的，到 1979 年研制成 XJQ-40、80、160 型三种规格，辽重于 1983 年生产了 XJQ-20 型，沈矿后来又生产了 XJQ-280 型，这几种规格形成一个系列。其中 XJQ-160 型槽体容积 16m³，是当时国内规格最大的，在鞍钢东鞍山选矿厂浮选赤铁矿时，选别指标和性能均优于 6A 型浮选机。随后，北矿院设计研制了同样原理结构的 JJF 型 4、6、8、20m³ 浮选机，其中槽体容积 20m³ 浮选机于 1983 年鉴定为当时国内最大规格，在大冶铁矿对不同矿石与 CuS 混合浮选，选别指标和性能均优于 7A 型浮选机。JJF 型浮选机主要由江苏保龙、内蒙古黄金机修厂（以下简称内机）等厂生产。

BS-M 型浮选机是中国有色工程研究设计总院（以下简称中国有色院、原北京有色金属研究设计总院）1984 年设计的。XJQ 型浮选机和 JJF 型浮选机的结构见图 3-17，主要由槽体、叶轮、定子、分散罩、假底、导流管、竖筒、调节环等组成。

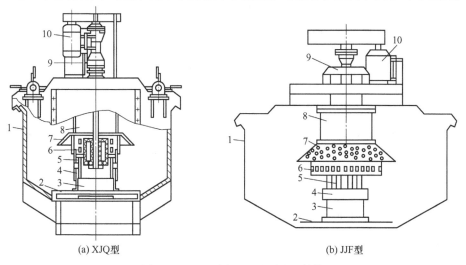

(a) XJQ型　　　　　　　　　　　(b) JJF型

图 3-17　XJQ 型和 JJF 型浮选机结构

1—槽体；2—假底；3—导流管；4—调节环；5—叶轮；6—定子；7—分散罩；
8—竖筒；9—轴承体；10—电动机

在叶轮旋转时，便在竖筒和导流管内产生涡流，此涡流形成负压，将空气从进气管吸入，在叶轮和定子区域经导流管吸进的矿浆混合。该浆气混合流由叶轮形成切线方向运动，再经定子的作用转换成径向运动，并均匀地分布在浮选槽内。矿化气泡上升至泡沫层，单边或双边刮出即为泡沫产品。

3.4.2.3 SF 型、BF 型浮选机及 SF 型、JJF 型浮选机联合使用

SF 型浮选机于 1986 年北矿院研制成功。最初，SF 型与 JJF 型浮选机组成联合机组。用 SF 型浮选机作每个作业的首槽，起自吸矿浆作用，以便不用阶梯配置、不用泡沫泵返回中矿；用 JJF 型浮选机作首槽的直流槽，以便获得高选别指标，由此发挥各自的优势。后来，SF 型浮选机单独使用，效果也比较好。

SF 型浮选机的结构见图 3-18，主要由槽体、装有叶轮的主轴部件、电动机、刮板及其传动装置等组成，容积大于 $10m^3$ 的设有导流管和假底。

SF 型浮选机在工作时，电动机通过 V 带驱动主轴，使其下部的叶轮旋转。此浮选机的主要特点表现在叶轮上。叶轮带有后倾式双面叶片，可实现槽内矿浆双循环。叶轮旋转时，上、下叶轮腔内的矿浆在上、下叶片（即主、辅叶片）的作用下产生离心力而被甩向四周，使上、下叶轮腔内形成负压区。同时，盖板上部的矿浆经盖板上的循环孔被吸入到上叶轮腔内，形成矿浆上循环。而下叶轮腔内被甩出的矿浆比上叶轮腔甩出的三相混合物密度大，因而离心力比较大，运动

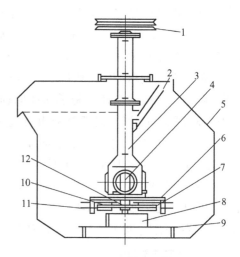

图 3-18 SF 型浮选机结构
1—带轮；2—吸气管；3—中心筒；4—主轴；
5—槽体；6—盖板；7—叶轮；8—导流管；
9—假底；10—上叶片；11—下叶片；12—叶轮盘

速度衰减较慢，且对上叶片甩出的三相混合物产生了附加的推动力，使其离心力增大，从而提高了上叶轮腔内的真空度，起到了辅助吸气作用。下叶片向四周甩出矿浆时，其下部矿浆向中心补充，这样就形成了矿浆的下循环。而空气经吸气管、中心筒被吸入到上叶轮腔，与被吸入的矿浆相混合，形成大量细小气泡，通过盖板稳流后，均匀地弥散在槽内，形成矿化气泡。矿化气泡上浮至泡沫层，由刮板刮出即为泡沫产品。

3.4.2.4 GF 型机械搅拌式浮选机

该浮选机是由北矿院研制生产的粗颗粒浮选机，适用于选别有色、黑色、贵金属和非金属矿物的中小型企业，所处理的物料粒度范围为 0.074mm 占 45%～

98%，矿浆浓度小于45%。

　　GF浮选机叶轮由上下叶片和轮盘组成。上叶片的作用是吸入空气和吸入矿浆。下叶片的作用主要是抽吸下部矿浆向四周抛出，这部分矿浆比上叶片抛出的三相混合物密度大，因此离心力较大，对三相混合物具有较大的带动加速作用，从而加大了叶轮腔的真空度，提高了浮选的吸气能力。其次下叶片能促使下部矿浆产生循环，使粗粒矿物不产生沉淀。当叶轮旋转时，在叶轮腔内形成负压区，空气经吸气管及中心筒吸入叶轮腔，同时矿浆经盖板上的循环孔吸入到叶轮腔，在此完成气液混合后，三相混合物在离心力的作用下以较大的切向及径向动量矢离开叶轮，并通过盖板较均匀地分散在槽体中。大量的矿化气泡和一部分矿浆上升到浮选槽上部进行分离，剩余的矿浆则返回槽体下部再循环。

　　其特点是：（1）自吸空气，自吸空气量可达 1.2m³/（m²·min）；（2）自吸矿浆，能从机外自吸给矿和泡沫中矿，浮选机作业间可平面配制；（3）槽内矿浆循环好，液面平稳，槽内矿浆无旋转现象，无翻花；（4）分选效率高，提高粗粒和细粒矿物的回收率；（5）功耗低，比同规格的同类浮选机节省功耗15%～20%，同时又能吸入足量的空气和矿浆；（6）易损件寿命长，特别是叶轮、定子的寿命比同类浮选机延长一倍以上。

　　GF型浮选机结构示意图如图3-19所示。

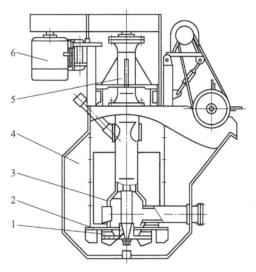

图 3-19　GF 型浮选机结构
1—叶轮；2—盖板；3—中心筒；
4—槽体；5—轴承体；6—电动机

3.4.2.5　XJZ 型浮选机

　　我国现有数以千计的 XJ 型浮选机，这种老式浮选机具有吸气能力低、空气弥散不佳、浮选速度慢、泡沫层不稳定等缺点，因此应加以改造。1988 年，北矿院和诸矿利用 XJ 原有的槽体、电动机及其机架、刮板及其传动部件、给矿箱、尾矿箱及泡沫溜槽等部件，采用了新式主轴部件、叶轮和定子作为充气搅拌器，并有分散罩、调节环、假底等，研制出改进型浮选机，这样便克服了充气能力容易衰减而影响选别指标等缺点。仍用 XJ 浮选机作为吸入槽，而用其改进型作为后继的直流槽，由此便构成了 XJZ 型浮选机，它特别适合于国内中小型选矿厂对已有 XJ 型浮选机进行更新改造。如图 3-20 所示为诸矿生产的 XJZ 型浮选机结构示意图。

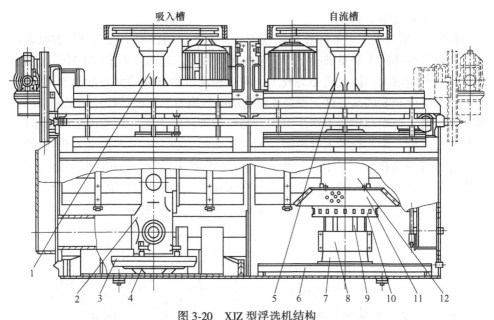

图 3-20　XJZ 型浮选机结构

1，5—轴承体；2—中心筒；3—盖板；4，9—叶轮；6—假底；
7—导流管；8—调节环；10—定子；11—分散罩；12—竖筒

3.4.2.6　XJB 棒型浮选机

XJB 棒型浮选机是由沈矿等单位在 20 世纪 70 年代初期研制成功的，与澳大利亚瓦曼型浮选机类似，XJB 棒型浮选机的搅拌充气器由 12 根倾斜圆棒组成，故称为棒型浮选机。结构如图 3-21 所示。

棒型浮选机有直流槽和吸入槽两种。在直流槽内装有中空轴（主轴）、棒型轮、凸台和弧形稳流板等主要部件。直流槽不能从底部抽吸矿浆，只起浮选作用，又称浮选槽。吸入槽是在棒型轮的下部装有一个吸浆轮，能像离心泵一样吸入矿浆。在粗选、精选和扫选等各作业的进浆点，都要装吸入槽。

直流槽工作时，借助于中空轴下方的斜棒轮的旋转，使矿浆沿一定锥角强烈地向槽底四周冲射，于是在斜棒轮下部形成负压，外界空气便经由中空轴而被吸入。在斜棒轮的作用下，使矿浆与空气充分混合，同时，气流被切割弥散成细小的气泡。凸台起导向作用，使浆气混合物迅速冲向槽底，经弧形稳流板的稳流作用而向槽底周边运动，并在槽内均匀分布，同时使旋转的浆气混合流变成趋于径向放射状运动的混合流。经稳流的矿浆，均从槽底转向液面徐徐上升。于是，浆气混合物在槽内呈现一种特殊的 W 形运动轨迹，使矿浆液面比较平稳。矿化气泡上浮到泡沫区，刮出便得泡沫产品。

XJB 棒型浮选机适用于中、小型选矿厂处理密度大、粒度粗的金属矿石，在各种浮选作业中均可使用，尤其是对铜、铅、锌、钼、硫和硅砂的选别效果最好。

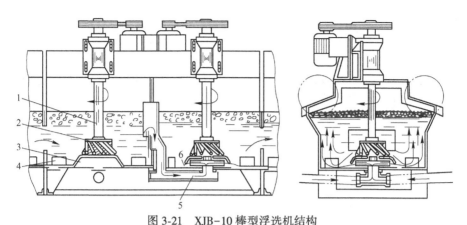

图 3-21　XJB-10 棒型浮选机结构

1—主轴；2—斜棒轮；3—凸台；4—稳流器；5—导浆管；6—底盘

3.4.3　充气机械搅拌式浮选机

3.4.3.1　XJC 型、BS-X、CHF-X 型充气机械搅拌式浮选机

该类浮选机是沈矿、北矿院和中国有色院分别于 20 世纪 70 年代后期研制成功的，他们的结构和工作原理基本相同，均类似于美国丹佛 D-R 型浮选机。沈矿研制的 XJC 型浮选机结构见图 3-22，中国有色院设计的 BS-X 型浮选机结构见图 3-23，北矿院设计的 CHF-X 型浮选机结构见图 3-24。这里以北矿院设计的 CHF-X 型浮选机为例介绍其结构及工作原理。

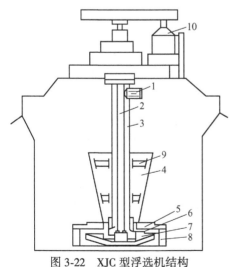

图 3-22　XJC 型浮选机结构

1—风管；2—主轴；3—套筒；4—循环筒；

5—调整垫；6—导向器；7—叶轮；8—盖板；

9—连接筋板；10—电动机

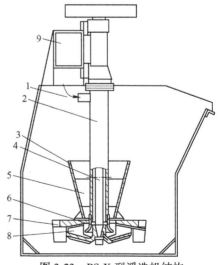

图 3-23　BS-X 型浮选机结构

1—风管；2—套筒；3—循环筒；4—主轴；

5—筋板；6—导向器；7—盖板；8—叶轮；

9—梁兼风筒

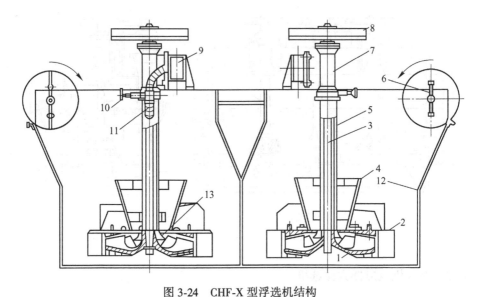

图 3-24 CHF-X 型浮选机结构

1—叶轮；2—盖板；3—主轴；4—循环筒；5—中心筒；6—刮泡装置；7—轴承座；
8—带轮；9—总风筒；10—调节阀；11—充气管；12—槽体；13—钟型物

北矿院设计的 CHF-X 型浮选机由两槽组成一个机组，每槽容积 $7m^3$，两槽体背靠背相连，组成 $14m^3$ 双机构浮选机，整个竖轴部件安装在总风筒上。

叶轮为带有 8 个径向叶片的圆盘。盖板为 4 块组装成的圆盘，其周边均布有 24 块径向叶片。叶轮与盖板的轴向间隙为 15~20mm，径向间隙为 20~40mm。中心筒上部的充气管与总风筒相连，中心筒下部与循环筒相连。钟型物安装在中心筒下端。盖板与循环筒相连，循环筒与钟型物之间的环形空间供循环矿浆用，钟型物具有导流作用。

该浮选机的主要特点是利用矿浆的垂直大循环和由低压鼓风机压入空气来提高浮选效率。矿浆运动状态如图 3-25 所示。矿浆通过锥形循环筒和叶轮形成的垂直循环所产生的上升流，把粗粒矿物和密度较大的矿物提升到浮选槽的中上部，可避免矿浆在槽内出现分层和沉砂现象。鼓风机所压入的低压空气经叶轮和盖板叶片而被均匀地弥散在整个浮选槽。矿化气泡随垂直循环流上升，进入浮选槽上部的平静分离区，于是同不可浮的脉石分离。矿化气泡上升到泡沫层的路程较短，也是该浮选机的一个特点。该浮选机适用于大、中型浮选厂的粗选、扫选作业。

3.4.3.2 KYF（XCF）型和 BSK 型充气机械搅拌式浮选机

这两种浮选机分别由北矿院和中国有色院于 20 世纪 80 年代中期研制成功，均与芬兰奥托昆普 OK 型浮选机类似，同时吸收了美国道尔-奥利弗型浮选机的优点。其结构示意图如图 3-26、图 3-27 所示。BSK 型浮选机是与 KYF 型浮选机配套使用，二者的结构特点相似，外形尺寸相同。现以 KYF 型浮选机为例介绍其结构及原理。

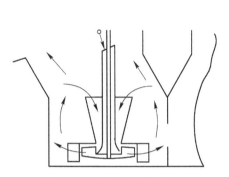

图 3-25 矿浆垂直循环状态

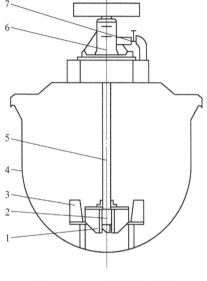

图 3-26 KYF 型浮选机结构

1—叶轮；2—空气分配器；3—定子；
4—槽体；5—主轴；
6—轴承体；7—空气调节阀

该浮选机采用"U"型槽体、空心轴充气和悬挂定子，尤其是采用了一种新式叶轮。这是一种叶片后倾一个角度的锥形叶轮，类似于高比转速的离心泵轮，扬送矿浆量大、压头小、功耗低且结构简单。在叶轮腔中还装置了多孔圆筒形空气分配器，使空气能均匀地分散在叶轮叶片的大部分区域，提供了较大的矿浆、空气接触界面。

在浮选机工作时，随着叶轮的旋转，槽内矿浆从四周经槽底由叶轮下端吸到叶轮叶片之间，同时由鼓风机给入的低压空气经空心轴和叶轮的空气分配器，也进入其中。矿浆与空气在叶片之间充分混合后，从叶轮上半部周边向斜上推出，由定

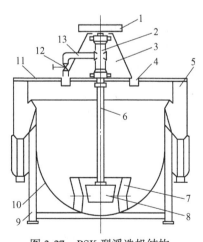

图 3-27 BSK 型浮选机结构

1—带轮；2—轴承体；3—支座；4—风管；
5—泡沫槽；6—空心轴；7—定子；
8—叶轮；9—槽体支架；10—槽体；
11—操作台；12—风阀；13—进风管

子稳流和定向后进入整个槽子中。气泡上升到稳定区，经过富集过程，泡沫从溢流堰自流溢出，进入泡沫槽。还有一部分矿浆向叶轮下部流去，再经叶轮搅拌，重新混合形成矿化气泡，剩余的矿浆流向下一槽，直到最终成为尾矿。

3.4.3.3 CLF-4 型粗粒浮选机

该浮选机由北矿院于 1989 年研制成功，并由江苏保龙机电制造有限公司（江苏保龙，原溧阳矿山机械厂）生产，其结构见图 3-28。

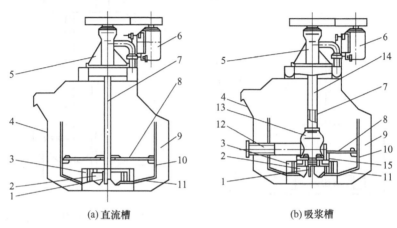

(a) 直流槽　　　　　　　　　　(b) 吸浆槽

图 3-28　CLF-4 型粗粒浮选机

1—空气分配器；2—转子；3—定子；4—槽体；5—轴承体；6—电动机；7—空心主轴；8—格子板；
9—循环通道；10—隔板；11—假底；12—中矿返回管；13—中心筒；14—接管；15—盖板

CLF-4 型浮选机有直流槽和吸浆槽两种形式，其主要区别在于叶轮结构（图3-29）。直流槽采用了单一叶片叶轮，它与槽体相配合可产生槽内矿浆大循环，分散空气效果良好。吸浆槽采用了双向叶片叶轮，它是在直流槽叶轮的基础上增加了起吸浆作用的上叶片。这两种叶轮的叶片都后倾一定角度，但吸浆式叶轮的下叶片高度比直流式的小。实践证实这种结构叶轮搅拌力弱，而矿浆循环量较大、功耗低，与槽体和格子板联合作用，充分保证了粗粒矿物的悬浮及空气分散。

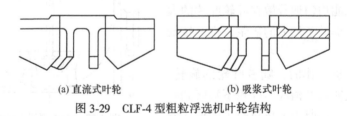

(a) 直流式叶轮　　　　　　　(b) 吸浆式叶轮

图 3-29　CLF-4 型粗粒浮选机叶轮结构

3.4.3.4 LCH-X 型充气机械搅拌式浮选机

该浮选机是北矿院于 20 世纪 80 年代上半期研制成功的，其结构见图 3-30。该机具有一个新型双面叶轮（图 3-31），叶轮和其他主轴零件构成上下两个叶轮腔。从主轴和中心筒之间充入空气，一部分空气充入上叶轮腔，另一部分空气通过梯形孔充入下叶轮腔，上下叶轮腔同时双向吸入循环矿浆，所以此叶轮能完成双向充气和双向循环。定子叶片由两段组成，一段顺叶轮转向与径向呈45°角，另一段呈径向排列，两段之间用圆弧过渡。这种断面形状的定子叶片，使被湍流分散了的气泡与矿浆一同流出定子后，沿接近径向进入浮选槽的湍流区，克服了矿浆的打旋现象。

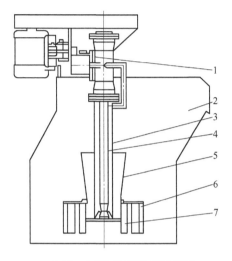

图 3-30　LCH-X 型浮选机结构

1—主风管；2—槽体；3—中心筒；4—主轴；
5—循环筒；6—定子；7—叶轮

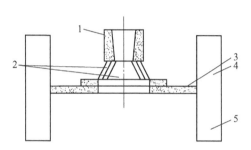

图 3-31　双面叶轮结构

1—轮毂；2—梯形孔；3—圆盘；
4—上叶片；5—下叶片

3.4.3.5　XHF 型和 BSF 型充气机械搅拌式浮选机

XHF 型和 BSF 型两种浮选机均为充气机械搅拌式浮选机，两种浮选机都属深槽型浮选机，其中 XHF 型浮选机即由"鑫海浮"三个汉字的第一个拼音字母组成，为鑫海矿机公司独家开发生产的产品，已申报国家专利。XHF 型浮选机有自吸矿浆能力，水平配置，不需泡沫泵，其叶轮直径大，主轴转速高。BSF 型浮选机单独使用可形成阶梯布置的浮选系统，与 XHF 型浮选机联合使用可形成水平布置的浮选系统。叶轮只起搅拌矿浆、循环矿浆和分散空气的作用；叶轮直径小，圆周速度低，叶轮与定子之间的间隙大，减轻了叶轮与定子的磨损。该机叶轮结构及叶片间隙流道设计合理，叶轮磨损较均匀，叶轮、定子使用寿命长。

3.4.3.6　YX 型浮选机

这是一种比较特殊的浮选机，由北矿院研制、生产，适用于在磨矿分级回路中处理分机设备的返砂，提前拿出部分已单体解离的粗粒有价矿物或有价矿物较多、较大的连生体，直接获得最终精矿产品或粗精矿进入下段再选，既可降低循环负荷，改善磨矿分机条件，提高磨机处理能力，又可减少矿物过磨，避免有价矿物细化和中间环节的损失，提高有价矿物特别是金、银等贵金属的回收率。

3.4.4　浮选柱

3.4.4.1　结构

浮选柱结构如图 3-32 所示。主要由柱体、给矿系统、喷枪、液面控制系统、泡沫喷淋水系统、排矿系统等构成。

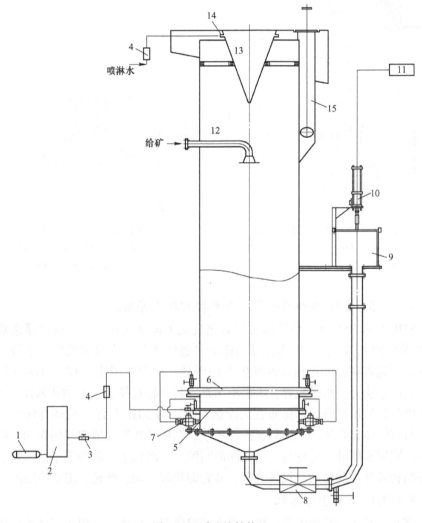

图 3-32　浮选柱结构

1—风机；2—风包；3—减压阀；4—转子流量计；5—总水管；6—总风管；7—喷枪；8—闸阀；
9—尾矿箱；10—气动调节阀；11—仪表箱；12—给矿管；13—推泡锥；14—喷水管；15—测量筒

3.4.4.2 工作原理

空气压缩机提供气源，经总风管到各个喷枪产生微泡，从柱体底部缓缓上升；矿浆距柱体顶部约 2m 处给入，缓慢向下流动；矿粒与气泡在柱体中逆流碰撞，被附着到气泡上的有用矿物上浮到泡沫区，经过二次富集后产品从泡沫槽流出。未矿化的矿物颗粒随矿流下降经尾矿管排出。

3.4.4.3 控制方式

液位高低和泡沫层厚度由液位控制系统进行调节，充气量大小可由充气量控制系统控制，可实现手动、自动的切换。浮选柱监控系统对液位和充气量均可进行监控，实时显示当前液位高度、充气量大小和阀门开度，同时还可以查询历史数据和历史曲线。

3.4.4.4 旋流-静态微泡浮选柱

中国矿业大学成功研制了引入离心力场的旋流-静态微泡浮选柱，借助其高选择性和高回收率的优势，缩短浮选流程，简化工艺等优点，在煤炭分选方面获得了成功应用，而且在磁铁矿反浮选、萤石浮选、铜精选、钨粗选及铅锌尾矿等回收方面都取得了优于传统浮选机分选的良好效果。

旋流-静态微泡浮选柱的分离过程包括柱体分选、旋流分离和管流矿化三部分，整个分离过程在柱体内完成，如图 3-33 所示。

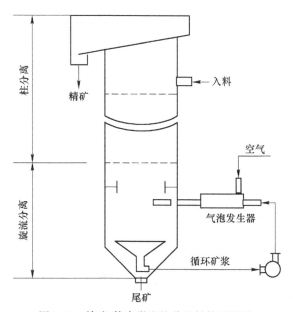

图 3-33 旋流-静态微泡柱分选结构原理图

旋流-静态微泡浮选柱将柱分离、旋流分离、高度紊流矿化有机地结合起来，实现了物料的梯级优化分选。柱分离段位于整个柱体上部，采用逆流碰撞矿化的浮选原理,在低紊流的静态分选环境中实现物料的分离,主要起到粗选和精选的作用。旋流分离段与柱分离段呈上、下结构连接,实现按密度的重力分离以及在旋流力场下的旋流浮选。旋流分离段的高效矿化模式使浮选粒度大大降低,浮选速度大大提高。旋流分离段以其强回收能力主要起到扫选柱分离中矿的作用。管流矿化段利用射流原理,通过引入气体并将其粉碎成泡,在管流中形成循环中矿的气固液三相体系并实现高度紊流矿化。管流矿化段沿切向与旋流分离段相连,形成中矿的循环分选。

旋流-静态微泡浮选柱提供了一种对微细颗粒分选效果好、提高浮选精矿品位和回收率的有效途径。旋流-静态微泡浮选柱在过程设计的理念和技术层面上实现了关键性的突破,并在大量实践的基础上不断优化设备系统,形成一套完善的技术体系,在微细粒级物料分选方面具有独特的优势,具有高富集比和高选择性。

旋流-静态微泡浮选柱浮选铜矿试验研究:中国矿业大学孔令同等人就某地微细粒含量高、易泥化的难选铜矿石,利用旋流-静态微泡浮选柱进行分选。该矿中主要金属矿物有黄铜矿、黄铁矿、闪锌矿和磁铁矿,非金属矿物主要是白云石、方解石、菱铁矿及滑石等,并且矿石中铜氧化率很高,黄铜矿的嵌布粒度很细,易泥化。利用旋流-静态微泡浮选柱对原矿进行了 72h 连选试验(试验条件:磨矿细度-0.045mm 含量占 75%、pH=12~13、循环泵工作压力 0.24MPa、处理量 1t/d、充气量 25%、泡沫层厚度 350mm、2 号油 6g/t、黄药 36g/t),最终获得铜品位 21.46%、回收率 30.04%的优质铜精矿。

3.5　药剂制度

3.5.1　浮选药剂概念

在矿物浮选过程中,为了改变矿物表面的物理化学性质,提高或降低矿物的可浮性,以扩大矿浆中各种矿物可浮性的差异,进行有效地分选,所使用的各种有机和无机化合物,称为浮选药剂。浮选药剂或用于调节矿物的浮选性质,或用来改善气泡的浮选性质,为矿物的分选创造有利条件。

3.5.2　浮选药剂在矿物浮选中的地位和作用

浮选是利用不同矿物表面的物理化学性质差异,在固-液-气三相界面分选各种矿物的工艺过程,所以固、液、气的界面性质及其调节,对这一分选过程将产生深刻的影响,特别是固相即矿物的界面性质及其调节具有决定性的影响。

矿物的化学组成与晶体结构特点决定了矿物表面的物理化学性质,因而决定了矿物的可浮性,这是决定矿物可浮性的内在因素。所以自然界有些矿物,例如辉钼矿、石墨以及自然硫等，它们的解理面常表现出较强的疏水性，天然可浮性较好；而绝大多数常见的矿物则表现出较强的亲水性，天然可浮性很差，或表现出可浮性相似。利用天然可浮性的差异，虽然也可以分选少数几种可浮性较好的矿物，但为了提高分选效率，通常仍须通过外因条件，人为地调节和控制矿物的浮选行为。至于绝大多数常见的矿物，则更需要通过外因条件，人为地提高它们的可浮性或扩大它们之间可浮性的差异，只有这样，才有可能实现各种矿物的有效分离。

浮选药剂是浮选法分离各种矿物的关键因素。一个浮选厂生产指标的好坏，与能否灵活地正确配合使用好各种药剂密切相关。另一方面，浮选技术的进步与发展，在很大程度上还依赖于浮选药剂的发展与应用，因为伴随高效浮选药剂的出现，使浮选技术出现新的突破，所以优良浮选药剂的出现与应用，可以大大推动浮选工艺的发展和技术水平的提高，而浮选技术的发展与进步反过来又促进和推动浮选药剂的研究和探索，二者相互促进、相互依存、共同发展。

3.5.3 浮选药剂的产生与发展

浮选药剂的产生和发展与浮选工艺紧密相连，二者基本是同步进行的，可认为它经历三个历史阶段，即早期的混合油类捕收剂时期，中期的离子型水溶性捕收剂为主时期和近期正在发展中的非离子极性特效捕收剂时期。

（1）油类捕收剂时期。在浮选工艺发展的初期，当时人们只知道使用几种烃类油（如柴油等）作为浮选药剂，因药剂条件简单，分选效率不高，能分选的矿物种类不多，尤其是不能使共生的各种有用矿物彼此分离，而且耗油量大。随后焦油与硫黄一起加热或用酸碱加热处理，或用二硫化碳进行处理等，加工后油中含有一定量的水溶性有机硫化物以及酚类和吡啶等，这些成分与矿物的作用活性较强，与未经加工的焦油相比，具有更好的捕收性能，所以在使用油类捕收剂的后期，便开始认识到油类中所含的可溶性"杂质"及含有硫、氮的有机物常具有良好的捕收性能。

（2）离子型水溶性捕收剂时期。1909 年发现可以用松油、醇类作为起泡剂；1924 年脂肪酸皂被用于浮选氧化矿；特别是 1925 年发现用黄药作为硫化物捕收剂可显著地提高浮选效果，且单耗仅为几十克/吨，使浮选工艺出现重大突破；1922~1925 年间又相继发现可以使用氰化钠、硫酸锌、硫酸铜及酸、碱作为调整剂，于是大大推动了各种复杂硫化矿物浮选的发展，使各种共生的硫化矿物彼此能有效地实现分离；烃基含氧酸类和胺类的出现，使浮选工艺从原来主要用于分选硫化矿物逐渐发展到分选各种金属氧化矿物、硅酸盐矿物、盐酸矿物及其他非金属矿物等。

（3）非离子极性特效捕收剂时期（又称配合捕收剂时期）。20 世纪 60 年代以来，除继续以黄药、黑药、脂肪酸皂作为主要捕收剂之外，相继出现硫氨酯、黄原酸酯及双黄药等非离子型极性捕收剂，也包括各种典型配合捕收剂。它们的特点是选择性更好，可以用少量抑制剂即可完成优先浮选；其次是用量更少，许多具有起泡性能或在常温下为液体，易于添加。

3.5.4 药剂种类及作用

浮选药剂按其作用可分为捕收剂、起泡剂和调整剂三大类，详细分类见表3-2。

表 3-2 浮选药剂分类

类别	系列	品种	典型代表
捕收剂	阴离子型	硫代化合物	黄药、黑药等
		羟基酸及皂	油酸、硫酸酯等
	阳离子型	胺类	混合胺等
	非离子型	硫代化合物	乙黄腈酯、Z-200
	非极性捕收剂	烃油类	煤油、焦油
起泡剂	表面活性物	醇类	松油醇、樟脑油
		醚类	丁醚油
		醚醇类	醚醇油
		脂类	脂油
	非表面活性物	酮醇类	酮醇油
调整剂	调整剂	电解质	酸、碱、无机盐
	活化剂	无机盐	金属阳离子
	抑制剂	气体	氧气
		无机化合物	硫化钠、硫酸锌
		有机化合物	淀粉、单宁
	絮凝剂	天然絮凝剂	石青粉、腐植酸
		合成絮凝剂	聚丙烯酰胺

3.5.4.1 捕收剂

A 捕收剂的类型

捕收剂的作用是使矿物表面疏水，提高矿物的可浮性。依据捕收剂极性基的成分和构造，一般把捕收剂分为离子型、非离子型及油类捕收剂等三类。

（1）离子型捕收剂。该类捕收剂大多是异极性物质。其特点是在水中易分解，以离子的形式与矿物表面发生作用，并固着于矿物表面，非极性基起疏水的作用。如果起捕收作用的是阳离子，就叫做阳离子捕收剂；如果起捕收作用的是阴离子,就叫阴离子捕收剂;此外,在水溶液中解离既有阳离子也有阴离子的叫两性(对极性)捕收剂。

(2)非离子型极性捕收剂。该类捕收剂在水中不能解离成为离子,但因整个分子具有不对称的结构而显示出极性,故通常称为非离子型极性捕收剂。

(3)油类捕收剂(非极性捕收剂)。该类捕收剂的整个分子是非极性的,其构造是均匀的。它们在水中不溶解、不解离,与矿物表面作用是属于不溶物质在矿物表面附着的一种类型。

B 硫化矿浮选常用的几种捕收剂

a 黄药

黄药是一种阴离子捕收剂。其成分为烃基二硫代碳酸盐,通式为 ROCSSMe,其中 R 为烷基,Me 为碱金属。以乙黄药为例,其结构式为:

$$CH_3CH_2-O-C \overset{\displaystyle S}{\underset{\displaystyle SMe}{\big\langle}}$$

(1)黄药的性质。黄药通常是呈淡黄色的粉剂,因含杂质而颜色变深,密度为 $1.3 \sim 1.7 g/cm^3$,具有刺激性臭味,有一定毒性,易溶于水、丙酮及醇中,在空气中易氧化。

1)黄药的溶解、水解和分解。黄药在水中不稳定,它首先解离成离子,解离后的黄原酸根与水进一步作用生成黄原酸,最后又分解成二硫化碳和醇,其反应式为:

$$ROCSSNa \Longrightarrow ROCSS^- + Na^+(解离) \tag{3-18}$$

$$ROCSS^- + H_2O \Longrightarrow ROCSSH + OH^-(水解) \tag{3-19}$$

$$ROCSSH \Longrightarrow CS_2 + ROH(分解) \tag{3-20}$$

为阻止黄药分解失效,常在碱性矿浆中使用;低级黄药比高级黄药分解快。黄药遇热容易分解,且温度越高分解越快。

2)黄药的氧化。黄药本身是还原剂,易被氧化,氧化后的产物是双黄药。其反应式为:

$$2ROCSSNa + \frac{1}{2}O_2 + CO_2 \Longrightarrow (ROCSS)_2 + Na_2CO_3 \tag{3-21}$$

双黄药为黄色油状液体,难溶于水,在水中呈分子状态。当 pH 值升高时,会逐渐分解为黄药。

为阻止黄药分解及氧化,要求将黄药储存在密闭的容器中,避免与潮湿的空气和水接触;不宜长期储存;配置的黄药溶液不要停置过久,更不要用热水配置。

3)黄药的捕收能力。黄药的捕收能力随其分子中非极性部分烃链的长度增长（即碳原子数增多）而增强，高级黄药比低级黄药的捕收性能强。在实际应用中，低级黄药适用于捕收易浮的硫化矿，高级黄药适用于捕收难浮的硫化矿和部分氧化矿物。

4）黄药的选择性。碱土金属（钙、镁、钡等）的黄原酸盐易溶。黄药对碱土金属矿物（如萤石、方解石、重晶石等）无捕收作用。

各金属与黄药生成的金属黄原酸盐难溶的顺序，按溶度积大小大致可排列如下：

第一类　　汞、金、铋、锑、铜、铅、钴、镍（溶度积小于 10^{-10}）；

第二类　　锌、铁、锰（溶度积小于 10^{-2}）。

该性质可用来粗略估计黄药对重金属及贵金属矿物（主要指硫化矿）捕收作用的顺序。同时也可以用来调节矿浆中的离子组成及药剂间的相互影响。如金属硫化矿中常有次生铜矿物，从而矿浆中就含有 Cu^{2+}，Cu^{2+} 与黄原酸离子生成难溶的黄原酸铜，并消耗掉部分黄原酸离子，其反应式为：

$$Cu^{2+} + 2ROCSS^- \rightleftharpoons Cu(ROCSS)_2 \downarrow \tag{3-22}$$

（2）黄药与硫化矿表面的作用机理。研究表明，表面很纯净的硫化矿物不能与黄药作用；只有轻微氧化后，表面生成了仍与晶格内部联系牢固的硫化矿物——黄原酸盐的表面化合物后，黄药才能固着在矿物表面上而起到捕收作用。

例如，经磨矿后的方铅矿（PbS），首先吸附空气和水中的氧，表面的硫原子很容易与氧生成硫酸根离子（SO_4^{2-}），反应式为：$PbS + 2O_2 = PbSO_4$。生成的 SO_4^{2-} 很容易溶解到水中而使矿物表面带正电，增强了极性。这样，存在矿物表面的 Pb^{2+} 具有更高的不饱和性，提高了对黄药阴离子的吸附能力，这一吸附作用可表示为图 3-34 的形式。

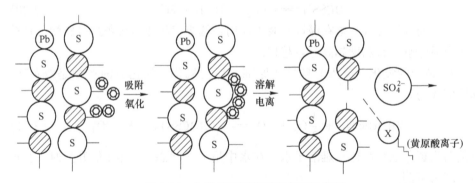

图 3-34　方铅矿吸附黄原酸离子示意图

但是，过分的氧化对矿物浮游不利，因为随着氧分子吸附量的增加，进一步发生了氧化反应，在矿物表面生成一层过厚的硫酸盐，不仅黄药与其作用后容易脱落，而且氧化后有强的亲水性，反而降低了矿物的可浮性。

其他硫化矿物与黄药都有类似的作用。按照矿物氧化的难易，据测定大致有如下规律：磁黄铁矿最易氧化，黄铁矿次之，然后是黄铜矿、闪锌矿和方铅矿。同样，过分氧化使磁黄铁矿、黄铁矿的可浮性降低也最明显。

另外，高级黄药与低级黄药相比，捕收力较强，但选择性差；低级黄药捕收力虽弱，但选择性较好。因此，在药量相同的情况下，混合用药常比单用一种黄药的浮选效果要好。

b　Mac-12

Mac-12 是一种硫脲型捕收剂，为浅黄色油状液体，密度为（1.15±0.05）g/cm³。

Mac-12 和黄药是一类化合物，其捕收机理一致，但 Mac-12 的螯合作用更强。溶液中 Mac-12 与 Cu^{2+} 和 Cu^+ 离子能发生化学作用而生成新物质，而与 Fe^{2+} 或 Fe^{3+} 离子之间不存在化学作用。能在矿浆 pH 值 11 以下实现硫化铜矿物与硫化铁矿物的分离。对黄铜矿等铜矿物具有强的亲固能力，同时对黄铁矿等硫矿物具有好的选择性，是硫化铜矿和部分氧化的硫化铜矿的优良捕收剂，可降低石灰用量，有利于硫化铜矿石中伴生金、银的回收。

c　硫氨酯

硫氨酯即硫逐氨基甲酸酯，化学名称为：O—异丙基—N—乙基硫逐氨甲基酸酯，属于非离子型极性捕收剂。其化学结构为：

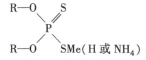

硫氨酯为琥珀色微溶于水的油状液体，使用时可直接加入搅拌槽或浮选机中。

硫氨酯是一种选择性能良好的硫化矿物捕收剂，对黄铜矿、辉铜矿和经活化的闪锌矿的捕收作用较强，对辉钼矿也有较好的捕收作用。它对黄铁矿的捕收能力弱，常作为分选铜、铅、锌等硫化矿物的选择性捕收剂，可降低抑制黄铁矿所需的石灰用量。对含金、银、钴等有价金属的硫化矿具有良好的捕收性能。

d　黑药类

黑药是二烃基二硫代磷酸盐，结构式为：

$$
\begin{array}{c}
R—O \quad S \\
\backslash \quad \| \\
P \\
/ \quad \backslash \\
R—O \quad SMe(H 或 NH_4)
\end{array}
$$

黑药是硫化矿物的有效捕收剂，捕收能力较黄药弱，同一金属离子的二烃基二硫代磷酸盐的溶解度积均较相应离子的黄原酸盐大，有起泡性。黑药在水中也会解离，但比黄药稳定，在酸性矿浆中，不像黄药那样容易分解。黑药较难氧化，氧化后生成双黑药。黑药的选择性较黄药好，在酸性矿浆中浮选时，适宜选用黑药。

丁铵黑药是一种白色或灰色粉状物，在水中的溶解度大，其学名是二丁氧基二硫代磷酸盐，结构式如下：

$$C_4H_9O \quad S \\ \backslash \parallel \\ P \\ / \quad \backslash \\ C_4H_9O \quad S—NH_4$$

丁铵黑药多用于铜、铅、锌硫化矿物的浮选。它具有稳定性、选择性良好，起泡性，适应的 pH 值范围宽等特点。在铜、铅、锌矿石的分选中可节省因使用黄药所需加的石灰、硫酸锌、氰化钠等调整剂的用量。

3.5.4.2 起泡剂

起泡剂的作用是使空气在矿浆中分散成微小的气泡并形成稳定的气泡。泡沫浮选对气泡的数量、大小及强度有一定要求。根据矿粒与气泡附着的需要，一般气泡的尺寸以 0.2~1mm 为好，并要求气泡还应有适当的强度（即稳定性）。为此，一方面向矿浆中充入大量的空气，另一方面加入适当的起泡剂。

A 起泡剂的作用机理

向水中充气，生成的气泡大，且一旦浮出水面就破裂。气泡大是因为水中的小气泡因碰撞而互相兼并，使气泡逐渐变大。当气泡升到气水界面时，两个气相界面间的水层，一方面受到上部水的表面张力及下部气泡浮力的挤压，另一方面由于水本身的重力作用，使水向下流动，这种界面间的水层先变薄，而后气泡顶部的水层破裂，而导致气泡的破灭。

这种仅由气体在液体中形成的泡沫叫做两相泡沫（图3-35），两相泡沫不稳定，不适合浮选的需要。为防止气泡过早地兼并，且有一定的强度，就必须加入适量的起泡剂。起泡剂是异极性的表面活性物质，它能大量吸附在气-液界面，并降低其表面张力。起泡剂分子的一端是非极性的烃基，另一端是亲水性的极性基，在气水界面上的定向排列如图3-36所示。

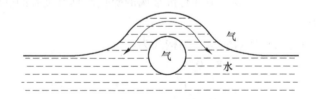

图 3-35 起泡剂分子在气水界面上的吸附

B 起泡剂的选择

实验结果表明，起泡剂的表面活性随其分子烃基含碳数目的增多而加大。但随烃链的增长，其溶解性却降低，而溶解度过低的起泡剂在浮选中是不便使用的。

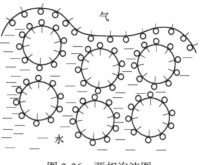

图 3-36　两相泡沫图

对于某一种起泡剂而言，适当的溶度是取得适宜泡沫的重要条件。加入的起泡剂溶度小，表面活性大，但因气泡表面分配到的起泡剂分子太小，极性基的水化作用弱，气泡的稳定性差；加入的起泡剂溶度大时，表面活性小，其气泡失去弹性而不稳定。

此外，矿浆 pH 值对起泡剂的起泡能力有较大影响。起泡剂是以分子状态吸附在气泡表面，其解离应越少越好。为此，酸性起泡剂应在酸性介质中使用（如酚类），碱性起泡剂应在碱性介质中使用（如醇类）。

C　常用的起泡剂

（1）2 号油（松醇油）。2 号浮选油的组成和松油相似，其主要成分也是萜烯醇。其含量比松油稳定，是由松节油经水合反应而制得的。

2 号浮选油为淡黄色油状液体，颜色比松油淡，密度 0.8~0.9g/mL，起泡性较强。与松油相比，起泡能力较松油稍弱，泡沫稍脆，同样无捕收性能。

（2）醚醇（3 号油）。醚醇是一类选择性较好的起泡剂。它是由石油裂化产品合成的，有代表性的是多丙 2—醇烷基醚，其结构式为：

$$R—(O—CH_2—CH)_n—OH$$
$$|$$
$$CH_3$$

它是淡黄色油状液体，无毒，有芳香气味，易溶于水，且不受矿浆 pH 值的影响。

1）MIBC。MIBC 的学名为 4—甲基—2—戊醇，其结构式为：

$$\begin{array}{ccc} CH_3 & & OH \\ | & & | \\ CH_3—CH—CH_2—CH—CH_3 \end{array}$$

2）BK-201 号和 BK-204 号。BK-201 号起泡剂的主要成分类似丁基醚醇，气味偏臭，经处理后好转。密度 0.84g/mL，性粘。BK-204 号起泡剂是在 BK-201 号起泡剂基础上改进的，起泡速度快，性能强，克服了 BK-201 号起泡剂的延时性。BK-204 号起泡剂为油状液体，浅黄色，微溶于水，可溶于乙醇等有机溶剂，密度为 0.82~0.85g/mL。性能稳定、起泡性能强、泡沫碎性好，来源广泛，价格合理，毒性较小。

3.5.4.3 调整剂

(1) 石灰（CaO）。见3.6节内容。

(2) 硫化钠（$Na_2S \cdot 9H_2O$）。硫化钠是强碱弱酸生成的盐，常用作氧化矿物的硫化剂（活化剂）、大多数硫化矿物的抑制剂、硫化矿物混合精矿的脱药剂、矿浆 pH 值的调整剂。除辉钼矿外，其他硫化矿物都受其抑制。

硫化钠在水溶液中易于水解生成 Na^+、OH^-、HS^-、S^{2-} 及 H_2S 分子等，其反应式为：

$$Na_2S + 2H_2O = 2Na^+ + 2OH^- + H_2S \tag{3-23}$$

$$H_2S = H^+ + HS^- \tag{3-24}$$

$$HS^- = H^+ + S^{2-} \tag{3-25}$$

硫化钠的抑制作用中，有效离子是 HS^-。而 S^{2-} 可起活化作用，又可起抑制作用（脱药）。

1) 硫化钠的活化作用。硫化钠溶液中的 S^{2-} 与氧化矿物表面作用生成硫化物，再与黄药发生化学吸附，形成疏水薄膜。

$$2CuCO_3 \cdot Cu(OH)_2 + 2Na_2S = CuCO_3 \cdot Cu(OH)_2 \cdot 2CuS + 2NaOH + Na_2CO_3 \tag{3-26}$$

2) 硫化钠的抑制作用。HS^-、S^{2-} 吸附在硫化矿物的表面，阻碍了捕收剂的离子吸附，从而增强了矿物表面的亲水性。当硫化矿物表面已生成黄原酸盐时，HS^-、S^{2-} 可以交换出黄原酸离子，使硫化矿物失去可浮性。

$$[MeS]MeX_2 + S^{2-} \longrightarrow [MeS]MeS + 2X^- \tag{3-27}$$

由于硫化钠的这些性质，在使用中要注意用量，保持适宜矿浆 pH 值，注意硫化作用的时间和搅拌的强度。

(3) 水玻璃（Na_2SiO_3）。水玻璃的化学组成通常以 $mNa_2O \cdot nSiO_2$ 表示，是各种硅酸盐（如偏硅酸钠 Na_2SiO_3、二硅酸钠 $Na_2Si_2O_5$、原硅酸钠 Na_4SiO_4、经水合作用的 SiO_2 胶粒等）的混合物，成分常不固定。化学式中，n/m 为硅酸盐的"模数"（或称硅钠比），浮选用的水玻璃模数是 2.0~3.0。

纯的水玻璃为白色晶体；工业用的水玻璃为暗灰色的结块，加水呈糊状。水玻璃是石英、硅酸盐、铝硅酸盐类矿物的抑制剂。

水玻璃是弱酸强碱盐，在矿浆中可以生成胶粒，也可解离和水解生成 Na^+、OH^-、$HSiO_3^-$、SiO_3^{2-} 等离子及 H_2SiO_3 分子，其反应式为：

$$Na_2SiO_3 + 2H_2O = 2Na^+ + 2OH^- + H_2SiO_3 \tag{3-28}$$

$$H_2SiO_3 = H^+ + HSiO_3^- \tag{3-29}$$

$$HSiO_3^- = H^+ + SiO_3^{2-} \tag{3-30}$$

水玻璃的抑制是由水化性强的 $HSiO_3^-$、SiO_3^{2-} 及硅酸胶粒吸附在矿物表面，从而生成亲水性薄膜，因此减弱了捕收剂（黄药等）在矿物表面的吸附。水玻璃的离子对硅酸盐及铝硅酸盐矿物有较大亲和力，故对它们的抑制作用较强。由于硅酸胶束（胶粒）的核心是 SiO_2，表面呈负电性，胶粒间因带有相同的电荷而互相排斥。如果矿粒表面吸附 $HSiO_3^-$ 及硅酸胶粒后，就会因荷负电、水化等因素呈分散悬浮而不团聚下沉，这就是水玻璃的分散矿泥作用。

由于水玻璃用途不同，其用量也变化很大。用作抑制剂时，其用量为 0.2 ~ 2kg/t；用作矿泥分散剂时，用量为 1kg/t 左右。一般配成 5% ~ 10% 的溶液使用。

（4）腐植酸钠。腐植酸钠是一种高分子量的聚电解质化合物。作为浮选抑制剂的腐植酸钠是褐煤用氢氧化钠处理后得到的腐植酸钠溶液，一般用于抑制铁矿物。

3.5.5 加药地点和顺序

（1）加药地点。为了充分发挥浮选药剂的作用效果，一般做法是调整剂、抑制剂和部分捕收剂（如煤油）加在球磨机中以便尽早造成一个适宜的浮选环境。捕收剂和起泡剂多加在浮选第一搅拌桶中。如果浮选作业有两个搅拌桶，则应在第一个搅拌桶中加活化剂，而第二搅拌桶中加捕收剂和起泡剂。根据药剂在浮选机中所起作用的不同，添加地点也不同。如硫酸铜、黄药、松醇油三种药剂，一般的加药顺序硫酸铜加在第一搅拌槽中心，黄药加在第二搅拌槽中心，松醇油则加在第二搅拌槽的出口处。

一般情况下，先添加 pH 值调整剂，把矿浆调整到一个适宜的 pH 值才能更好的发挥捕收剂与抑制剂的作用。添加药剂时要注意某些有害离子引起药剂失效的问题。

（2）加药顺序。一般的加药顺序是调整剂—捕收剂—起泡剂。对于原矿的浮选应为 pH 值调整剂—抑制剂或活化剂—捕收剂—起泡剂；浮选被抑制过的矿物时为活化剂—捕收剂—起泡剂。其中 pH 调整剂、抑制剂、活化剂可统称为调整剂。

3.5.6 加药方式与方法

加药方式通常有集中添加与分散添加两种。一般原则是：对于易溶于水、不易被泡沫带走、不易失效药剂可以集中添加，即在粗选之前把全部药剂集中一次加完；对于那些容易被泡沫带走、容易与细泥及可溶性盐类作用而失效的药剂，应分段添加。

为了提高药剂的效能，节约药剂用量，近年来，国内外在应用物理方法强化药剂效能方面进行了许多试验研究工作，其中有乳化、加温浮选、气溶胶法、电场与磁场的处理、利用紫外线照射、利用高能量辐射来强化浮选过程及药剂的作用等。

3.6　石灰制乳

3.6.1　石灰的性质

石灰又称白灰，是由石灰石焙烧而成，有效成分为 CaO，有强烈的吸水性，与水作用生成消石灰 $Ca(OH)_2$。在浮选矿浆中的反应如下：

$$CaO + H_2O \Longrightarrow Ca(OH)_2 \tag{3-31}$$

$$Ca(OH)_2 \Longrightarrow CaOH^+ + OH^- \tag{3-32}$$

$$CaOH^+ \Longrightarrow Ca^{2+} + OH^- \tag{3-33}$$

它是一种最廉价的 pH 调整剂，广泛应用于硫化矿浮选。除了调节矿浆的 pH 值以外还作为黄铁矿与磁铁矿的抑制剂。

石灰常用于提高矿浆 pH，可以使矿浆 pH 值提高到 $11\sim12$ 以上，抑制硫化铁矿物。主要是黄铁矿在含有大量 OH^- 的矿浆溶液中，表面易与 OH^- 生成亲水性的 $Fe(OH)_2$ 抑制性薄膜。由于 $Fe(OH)_2$ 的溶解度积比 $Fe(ROCSS)_2$（黄原酸铁）小，所以在有足够 OH^- 存在的矿浆溶液中，黄铁矿受到抑制。但若为抑制黄铁矿需要石灰时，应注意石灰用量，因为石灰对其他硫化矿物也同样有一定的抑制作用。Ca^{2+} 可以在黄铁矿表面生成 $CaSO_4$ 难溶化合物，也可以起到抑制作用。

实际生产中，石灰常采用磨机磨制配成石灰乳水溶液再加入浮选矿浆中。

3.6.2　石灰乳的主要成分及作用

石灰乳是氢氧化钙的悬浊液（即水溶液中还存在着没有溶解的氢氧化钙），一般通过氧化钙加水生成。

作为一种 pH 调整剂，石灰乳不仅可以调节矿浆的 pH 值，还作为黄铁矿与磁铁矿的抑制剂。石灰乳对浮选泡沫的性质有着明显的影响，特别是对松醇油类起泡剂的起泡能力有一定影响，当石灰用量适当时，泡沫有一定的黏度，较稳定。但用量过大时，由于微细矿粒的凝聚，而使泡沫发粘膨胀，甚至"跑槽"，影响浮选过程的正常进行。

3.6.3　石灰制乳实例

江西某选矿厂采用磨矿分级制乳和石灰消化机制乳两种工艺。

3.6.3.1　磨矿分级制乳

磨矿分级制乳工艺采用 0.8m×6.0m 铁板给矿机、φ2.1m×3.0m 格子型球磨机、φ2m 螺旋分级机、φ350m 旋流器等设备，生石灰和水在球磨机中反应并被细磨，再进行分级、除渣，得到浓度为 8%～10% 的石灰乳。

生石灰通过给矿铁板进入 φ2.1m×3.0m 格子型球磨机，同时在球磨机的入口处添加一定量的清水。在球磨机中，生石灰与水发生反应生成熟石灰，同时被细磨，粗砂通过螺旋分级机返回球磨机，螺旋溢流经旋流器分级，沉砂进入尾砂沟，溢流作为合格石灰乳进入 φ9.0m 搅拌桶，用泵扬送至生产现场。

3.6.3.2 石灰消化机制乳

石灰消化机制乳工艺采用 0.8m×6.0m 和 0.8m×12.0m 铁板给矿机、TSH-φ2.5m×20m 石灰消化机、螺旋提渣机等设备。采用由回转运动代替搅拌的制乳方法，生石灰块和水在筒体内接触吸水、消化，粗渣从筒体出口排出；石灰乳从出口筛网排出并进入锥形槽，从其溢流口流出，进入提升泵池；石灰渣由螺旋提渣机排出。

TSH-φ2.5m×20m 石灰消化机结构：石灰消化机主要由筒体、大齿轮、传动装置、托轮装置、滚圈、筛网等组成，筒体内部设为四个区，分别为缓冲区、消化区、均质区、乳渣分离区，设有排渣装置，见图 3-37。

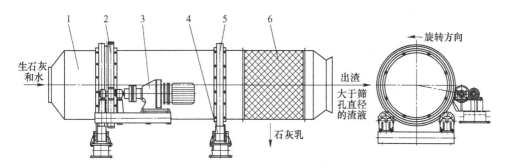

图 3-37 石灰消化机结构简图
1—筒体；2—大齿轮；3—传动装置；4—托轮装置；5—滚圈；6—筛网

3.6.3.3 注意事项

（1）由于生产中石灰会产生爆裂，石灰乳具有一定的腐蚀性，操作人员应按规定穿戴好安全帽、防护眼镜、乳胶手套等劳动防护用品才能进入生产现场。

（2）严格控制石灰给入量，防止涨肚现象。

（3）停车前，停矿不停水，运转 20min，排空筒体内石灰。

（4）班中观察石灰乳质量，及时对异常情况作出反应。

（5）定时检测石灰乳浓度，未达工艺要求及时调整补加水量。

3.6.3.4 石灰乳浓度的检测

石灰乳浓度采用浓度壶法进行检测，其计算公式为：

$$c = \left[Q/(Q + W) \right] \times 100\% = \left[Q / \left(Q + \frac{V - Q}{\rho} \right) \right] \times 100\% \tag{3-34}$$

式中　　Q——石灰乳中固体质量，g；

W——石灰乳中液体质量，g；

V——壶的容积，1000mL；

c——石灰乳浓度，即固体含量质量分数，%；

ρ——生石灰的密度，1.6t/m³。

3.7　检测技术

选矿是一个综合了多学科的复杂生产过程，随着矿产资源条件的恶化，矿石品位越来越低，为了得到更高品质的精矿产品，降低选矿过程中所需的成本及能耗，将检测技术应用于选矿过程是明智之选。选矿过程检测的目的是测定生产工艺过程参数，取得定量的结果，从而为优化控制选矿生产过程提供可靠的依据。

3.7.1　料量和矿浆浓度的检测

选矿厂的矿料有干湿之分，破碎前后的矿料及脱水后的精矿产品一般为粉状、块状的，为干矿料；而磨矿及选别过程中的矿料一般为矿浆。选矿厂矿料及产品的准确计量和检测，是选矿生产流程技术管理、金属平衡管理和经济核算的先决条件。

3.7.1.1　干料量的检测

电子皮带秤和地中衡是选矿厂最常用的干料量检测设备。

A　电子皮带秤

电子皮带秤可以准确检测入选矿料量，主要由秤架、测速传感器、高精度测重传感器、控制显示仪表等组成。其造价低、安装简单，不需要对原有设备做太大改动，能对固体物料进行连续动态计量，可计量瞬时量和累积量。

电子皮带秤（图3-38）称重桥架安装于输送机架上，当物料经过时，计量托辊检测到皮带机上的物料质量通过杠杆作用于称重传感器，产生一个正比于皮

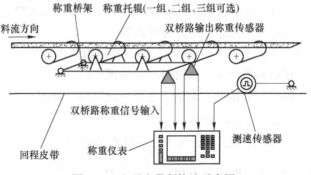

图 3-38　电子皮带秤构造示意图

带载荷的电压信号。在皮带秤上有一个称重传感器装在称重桥架上，工作时，将检测到皮带上的物料质量送入称重仪表，同时将测速传感器皮带输送机的速度信号也送入称重仪表，仪表将速度信号与称重信号进行积分处理，得到瞬时流量及累计量。速度传感器直接连在大直径测速滚筒上，提供一系列脉冲，每个脉冲表示一个皮带运动单元，脉冲的频率正比于皮带速度。称重仪表从称重传感器和速度传感器接收信号，通过积分运算得出一个瞬时流量值和累积质量值，并分别显示出来。

将由皮带移动速度决定的频率信号 f 作为测量电桥的输入电源 $u_\text{入}$（图 3-39），则在电桥上作用着两个变量：（1）随荷重变化的应变电阻 R_1；（2）随皮带移动速度变化的 $u_\text{入}$。因此，$u_\text{出}$ 是皮带运输机上瞬时矿量 W_t 的函数。

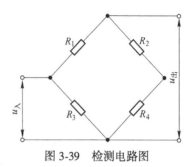

图 3-39　检测电路图

为了便于控制，常把电桥的输出电压 $u_\text{出}$ 经放大单元放大后，变换为 $0\sim10\text{mA}$ 的标准信号电流 I_t 输出。此时皮带上矿量的瞬时值与输出的标准电流信号 I_t 成正比，即：

$$W_t = K\,I_t \tag{3-35}$$

在 $0\sim t$ 时间内，皮带输送矿量的总量 W 为：

$$W = C\int_0^t W_t\mathrm{d}t = K\int_0^t I_t\mathrm{d}t \tag{3-36}$$

式中，C、K 为比例常数。

B　地中衡

地中衡广泛用于选矿厂购入原矿、产出精矿、购入原材料的计量。

地中衡按结构和功能分为机械式、机电结合式和电子式三类，以机械式为最基本型。机械式和机电结合式的秤体安放在地下的基坑里，秤体表面与地面持平。电子式的秤体直接放在地面上或架在浅坑上，秤体表面高于地面，两端带有坡度，可移动使用，又称无基坑汽车衡。

机械式地中衡由承重台、第一杠杆、传力杠杆、示准器、小游砣、大游砣、计量杠杆、平衡砣、调整砣和第二杠杆等部分组成（图 3-40）。传力系统全部由杠杆组成，其中第一杠杆和第二杠杆安装在地面下的固定基础坑里。机械式地中衡是按照杠杆平衡原理设计的，由多组不等臂杠杆以并列和纵列形式联结为一体。除可获得较小的传力比外，还可使承重台面具有足够的长度和宽度，能容纳卡车或载重拖车进行称重。为保证同一重物放置在承重台任何一角所得示值的一致性，所有承重杠杆的臂比必须相等。

电子式地中衡通常采用多个传感器结构，是一种易于拆卸、运输，并能在指

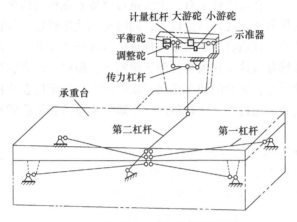

图 3-40　机械式地中衡结构示意图

定地点迅速组装的大型衡器。由承重台、传力机构、限位机构、接线盒、剪切式低外形传感器、显示控制器等部分组成。

承重台：由主梁、横梁和铺设在它们之间的承重钢板以及副梁等构成的网格状结构，主梁在上方，能降低台面距地面的高度和缩短秤两侧引道长度。传力机构：将被称物体的重力传递给传感器的球形传力装置，它能防止侧向力和偏载带来的计量误差。限位机构：允许承重台系统在一定范围内摆动，但限制它的水平位移。接线盒：它将多个传感器的输出信号叠加后送入显示控制器，并可通过调节保持每个传感器输出一致。剪切式低外形传感器：具有高度尺寸小、对力的作用点的微小位置变化不敏感、抗侧向力强等特点。显示控制器：能根据来自传感器的载荷信号准确、迅速、稳定地显示出被称物质量值，并向传感器输出激励电流。

电子式地中衡依称量可由 4~6 个传感器组成一次转换元件。通常用 4 个传感器分布在承重台下面的 4 个角上，构成一个传感器系统。为使 4 个传感器共用一个电源和提高抗干扰能力，4 组电桥接成并联方式。电子式地中衡计量时用键盘操作，具有自动调零、停电保护（在规定时间内存储内容不消失）、超载报警等功能，并可打印称重值、日期及时刻、次数、车号、总重、皮重、净重等。它不仅准确度高，而且还具有数据处理、运算等功能。

3.7.1.2　矿浆浓度检测

所有的选矿过程都是在一定浓度的矿浆中进行的。矿浆浓度显著地影响着磨矿效率和分机效率，影响着选矿产品的浓缩和过滤效果。在浮选过程中，矿浆浓度更是直接影响选矿产品的质量。

表示矿浆浓度的方式有：矿浆中固体的质量分数，即质量浓度 c；矿浆中固体的体积分数，即容积浓度 λ；单位体积矿浆的质量，即矿浆密度 ρ_g；矿石的密

度 ρ_s；矿浆过滤后滤液的浓度 ρ。它们的关系如下：

$$\rho_g = \lambda(\rho_s - \rho) + \rho \qquad (3\text{-}37)$$

$$\lambda = \frac{\rho c}{\rho_s(1-c) + \rho c} \qquad (3\text{-}38)$$

$$c = \frac{\rho_s}{\rho_s - \rho} \cdot \frac{\rho_g - \rho}{\rho_g} \qquad (3\text{-}39)$$

矿浆浓度的检测方法有：静压力法、重力法、浮子法、γ 射线法、超声波法、振动式法、电磁感应法、浊度计等。

（1）静压力法。利用流体静压力测量流体介质浓度（密度）的工作原理是基于一定高度的待测介质的静压力与其密度 ρ 成正比，即 $\Delta P = \rho g h$。测知液柱的静压力，即可得知介质的密度。常用的有水柱平衡式密度计及压差式浓度计，以压差式更佳。

（2）重力法。测量矿浆浓度的重力密度计就是连续测量某一段矿浆管的质量，当此段矿浆管的容积已定并已知时，便可求出矿浆的密度。

矿浆管可以是一段直管也可以是一段 U 形管，而且 U 形管式更常见。图 3-41 是一种测量石灰乳等溶液密度的重力式密度计，测量矿浆的 U 形管重力密度计与此相似。

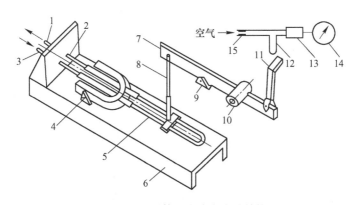

图 3-41　U 形管重力式密度计结构
1—出口管；2—软管；3—进口管；4—轴座；5—测量管；6，9—支座；7—秤杆；8—拉杆；
10—重锤；11—挡板；12—喷嘴；13—气动放大器；14—压力计；15—恒气阻

被测流体连续地通过 U 形测量管 5，此测量管可以绕轴座 4 上的轴作微小转动。进出口管通过软管与测量管相通，当被测流体密度变化时，测量管在重力作用下绕轴转动一个小角度，它通过拉杆 8 及秤杆 7 改变喷嘴与挡板间的距离，使气动测量系统得到信号，经放大后供指示和记录。重锤 10 可以移动，以平衡零位。这种仪器的结构较笨重，而且要安装在没有震动的场所。

（3）浮子法。浮子式密度计的工作原理是阿基米德定律，它分为漂浮式及沉浸式两种，其共同点是敏感元件都是浸在待测流体中的密封圆柱体或圆锥体。前者的浮子仅部分地浸没在流体中，后者的浮子部分则全部沉浸在流体中。

漂浮浮子式密度计的浮子部分浸沉在流体中。因为浮子的质量是固定的，所以当流体密度增大时，要保持浮子处于稳定的漂浮状态，就需要使浮子浸没于流体中的体积减小，因而浮子就上升，即浮子浸没的深度减小；同理，当流体密度减小时，浮子就下沉，即它沉没的深度增加。

浸没式密度计的浮子，全部浸没在被测流体（或矿浆）中的一定深度处。当流体的密度发生变化时，作用在浮子上的浮力即发生变化。与此浮力相平衡除本身质量外，还有专门装置的力。

（4）γ射线法。利用γ射线测量溶液和矿浆浓度（放射性同位素式浓度计）是根据由放射性同位素所辐射的γ射线在透过待测流体（矿浆）时，射线强度的衰弱和流体密度的有关原理。

（5）超声波法。超声波密度计也是一种非接触型在线检测仪器。它是利用超声波通过物质后，声学量的衰减与物质密度有关的原理设计的，这些声学量包括声速、声阻抗、声强等。

可以根据声速 $c = \lambda f$、声阻抗 $z = fc$ 的关系设计多种类型的超声波密度计，构成测速法、阻抗法、阻抗-测速法三大类超声波密度计。

（6）振动式法。振动式密度计的工作原理是当在一个已振动着的管子中流过被测液体时，此振动管的横向自由振动频率将随着此流体密度变化而改变。

振动式密度计一般由检测、转换和显示三部分组成。检测部分有 U 型管式、短管式和双管音叉式等。前一种主要用测量气体和液体密度，后两种还可以测量悬浮液密度。

（7）电磁感应法。当采用磁性重介质（磁铁矿、硅铁）时，可以用电磁感应式密度计测量重悬浮液的密度。

（8）浊度计。浊度计是测量液体浑浊程度的仪器，也称为浑浊度计，它主要用于对水质的监测和管理。浊度是水质最主要参数之一。选矿厂也常用浊度计来检测浓密机溢流及过滤机滤液中含固体颗粒的数量。

目前应用的浊度计大都是利用光的透射、散射原理构成透射光浊度计、散射光浊度计、散射透射光浊度计等，此外还有电容式浊度计及放射性同位素式浊度计。

3.7.2 矿料粒度检测

选矿产品的颗粒极少是窄级别的，更不是均一的或单一的，大部分是宽级别的连续分布，即一般是由 d_{max} 至零（即 $d_{max} \sim 0\mu m$）。因此，粒度检测既是对单个颗粒的检测，更主要的也是对连续粒群的测定。

矿料的粒度组成可分为质量粒度组成和数量粒度组成，前者是检测每种矿料的质量，后者是计量每种粒度的颗粒个数，总的都是检测各个粒度矿料在整个矿料中按粒度的分布，或占整个矿料量的百分率，即产率。对我们选矿工艺而言，更重要的是矿料的质量粒度组成。

颗粒粒度的检测方法较多，筛分法、沉降法和显微镜法是最经典的粒度测试方法，而在线粒度检测通常采用超声波测量法。

超声粒度仪在矿山湿式磨矿作业中，用来测量矿浆粒度分布（简称粒度）和固体质量百分比（简称浓度）。它是保证磨矿产品质量和实现磨矿系统自动控制的关键仪表。

超声粒度仪是应用超声衰减法来测量矿浆粒度和浓度的。当两组不同频率的超声在被测矿浆中传播时，所取得的两个超声衰减信号，经过电子装置信息处理后，得到矿浆的粒度和浓度指示。试验证明，气体对超声波的吸收很强，液体吸收很弱，固体则更弱。声波在介质中传播时，随着离声源的距离增大、介质中微粒对声波的散射以及介质对声波的吸收等，都使声强降低，其数学关系式为：

$$I = I_0 e^{-2\alpha x} \tag{3-40}$$

式中，I 为距声源 X 处的声强；I_0 为声源的声强；α 为衰减系数。超声波粒度分析仪就是根据这一原理而设计的。

3.7.2.1　OPUS 型超声粒度仪

德国新帕泰克公司研发的在线粒度和固含量监测系统 OPUS，能够实时地反映出在球磨过程、旋流器进出口等作业过程中的粒度和浓度（固含量）的变化情况。可对强酸强碱体系、腐蚀性浆料等能悬浮液、乳浊液和高浓度溶液中的颗粒进行测量，被测试物料的体积浓度可高达 70%。该仪器已在我国金川有色金属公司选矿厂成功应用。

如图 3-42 所示，超声波发生端（RF generator）发出一定频率和强度的超声波，经过测试区域，到达信号接收端（RF detector）。当颗粒通过测试区域时，由于不同大小的颗粒对声波的吸收程度不同，在接收端上得到的声波的衰减程度

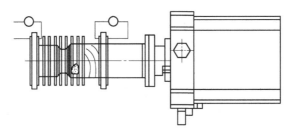

图 3-42　OPUS 型超声粒度仪的结构与工作原理

也就不一样，根据颗粒大小同超声波强度衰减之间的关系，得到颗粒的粒度分布，同时还可测得体系的固含量。

针对不同颗粒粒径有不同的适合测量超声波频率，为保证测量精度，OPUS在每次测量时采用31个超声波频率连续测量。OPUS 的技术参数见表3-3。

表 3-3　OPUS 技术参数

浓度范围	测试精度	压力范围	测试时间	测试范围	温度范围	溶液 pH 值
1%~70%（体积浓度）	$\sigma<1.0\%$	0~40bar①	<1min	0.01~3000μm	0~150℃	1~14

① 1 bar = 10^5Pa。

3.7.2.2　DF-PSM 型超声粒度仪

DF-PSM 型超声粒度仪作为在线检测仪器系统，具有能提供多种粒级输出的能力，能够提供丰富的磨矿粒度分布方面的信息，其精度和可靠性可以确保磨矿回路运行在最接近于期望的设定点上。磨矿回路运行于最大给矿量的情况下，DF-PSM 可用来控制磨矿回路运行在接近工艺允许的最大磨矿粒度，可以防止由于分级机和浮选机堵塞而导致代价高昂的停车和维修，提高矿物处理量和精矿回收率。DF-PSM 型超声粒度仪技术性能参数见表3-4。

表 3-4　DF-PSM 型超声粒度仪技术性能参数

工作方式	测量范围		测量精度		样品通道数	输出功率
	粒度	浓度	粒度	浓度		
载流，间断	≤1mm	4%~60%	<1.0%	<1.0%	3	5kW

该仪器测量准确性高、多粒级、多流道应用、取样代表性高、可靠性、可维护性强、参与闭环控制效果最好、产品不断升级。其凭借高可靠性和良好的工业现场适应性，成功参与自动化闭环优化控制，经多个企业应用现场报告反馈来看，引入磨矿浓粒度检测与自动化控制后，杜绝了分级溢流"跑粗"、"过磨"现象，金属回收率提高 0.5%，磨机处理量提高 7%以上。

3.7.3　矿浆 pH 值检测

矿浆 pH 值由矿浆中的 H^+离子含量决定。浮选矿浆的 pH 值是选矿过程很重要的因素，关系到选矿指标的好坏。

3.7.3.1　测量电极的选择

在铜矿选矿厂矿浆 pH 值检测中，电极的选择以及测量精度是极易被人忽视的问题。然而要在实际中应用好 pH 值检测系统，最重要的是要合理选择测量电极，并采取措施，尽可能提高其检测精度。在矿山企业的生产中，表征介质特性的理化指标有被测对象的 pH 值范围、介质的黏度、介质中是否有重金属离子、介质中是否有污染物、介质中是否有颗粒性杂质、介质中是否有悬浮物等，这些理化指标是选择测量电极的主要依据。

根据材质不同，测量电极可分为玻璃电极和金属电极两大类。

玻璃测量电极包括一个特殊机理玻璃，它可发出随 pH 值变化的 mV 信号。玻璃电极通常对 pH 值在 1~12 范围间线性度很好。玻璃电极的生产厂商一般会提供不同厚度的电极以适合各种温度条件，例如温度在 0~80℃ 或 20~110℃ 适用的玻璃电极。即便如此，厚玻璃电极也依然易碎，很容易破裂或断掉。在 pH ≥ 11 的溶液中使用玻璃电极会产生钠误差，这是因为相比氢浓度低的溶液，通常玻璃电极更易响应钠浓度高的溶液；其他如钾溶液，也容易造成这种反应。pH 计测量读数低于真实值一般出现在 pH=0.1~0.3 时。高温且高 pH 值的溶液会影响玻璃电极对 pH 的响应和缩短玻璃电极的使用寿命，较厚的玻璃电极用于高 pH 值和高温溶液中。相反，在低 pH 值溶液中，如 pH ≤ 1 时，玻璃电极会产生酸误差。因为溶液中，酸和水的比值高，玻璃膜和电极响应都会受到影响。除此之外，酸浓度高的溶液有可能出现影响精度的情况，还要注意氢氟酸会腐蚀并最终损坏玻璃电极，一个普遍的规律是氢氟酸或 pH ≤ 4 的溶液会缩短玻璃电极的寿命。更确切的说法是玻璃电极在 10mol/L 氢氟酸中测量不稳定，且会被腐蚀。相比玻璃电极，锑测量电极的抗氢氟酸腐蚀性要强很多。

在不能选用玻璃电极的场合，一般可选用金属电极，如锑电极、复合电极、金属钛电极等。但金属电极也具有一定的局限性，即测量范围有限。例如，锑电极适合在温度高、黏度高、半固体、胶状物以及需要用坚硬物体对电极表面进行机械清洗的介质与场合中测量，但所能测量的 pH 值范围为 1~10；锑电极不能用于与锑有取代作用或能生成多离子的介质，也不能用于介质中有超量铜、银或其他元素且比锑有更高正电位的金属存在的介质。因此，铜矿选矿厂不能选用锑电极来测量浮选矿浆的 pH 值。

离子敏感场效应晶体管（ISFET）测量电极从 20 世纪 70 年代开始就被用作传感器，但是仅仅到最近才被应用于工业测量中。主要原因是之前离子敏感场效应晶体管（ISFET）电极的设计经常产生测量误差，并且需要每天频繁标定。用于传感 pH 值的离子敏感场效应晶体管同传统场效应晶体管（FET）类似，只是在金属闸门位置多装一个氢敏绝缘体，这个绝缘体对 pH 值的响应与玻璃电极响应原理相同。离子敏感场效应晶体管 pH 值测量电极具有许多优于玻璃或锑电极的性能。与玻璃电极相比，它无钠误差，而且在低 pH 值的溶液中酸误差也远小于玻璃电极，氧化或变形反应也不会打断离子敏感场效应晶体管对 pH 值响应。事实上，到目前为止没有发现它会被任何情况打断。离子敏感场效应晶体管电极可以对 pH 值 0~14 范围作出正确的线性 mV 响应，而玻璃电极却只能在 pH 值 1~12 范围，锑电极也只能在

pH 值 2~11 范围作出响应。此外，它本质非常坚固，而玻璃电极却很易碎。在许多测量环境中，离子敏感场效应晶体管电极都比锑或玻璃电极不易受到化学腐蚀，或探头被污染，以及一般性损坏。然而，目前的设计仍然存在缺陷。它比玻璃电极受到高温腐蚀性溶液更迅速，尽管它比玻璃或锑电极更能够保持测量精度。氢氟酸也会很快损坏它，此外，一些化学腐蚀事实上对它的腐蚀要比对玻璃或锑电极的严重。

3.7.3.2　工业 pH 计

工业 pH 计又称工业酸度计，是用来测量水溶液或矿浆 pH 值的仪表，其作用原理和实验室中使用的酸度计完全相同。同时，pH 计配上相应的离子选择电极也可以测量离子电极电位 mV 值。

目前工业 pH 计上配套使用的电极大多数采用的是复合电极，以金属钛电极为好。但是为了适应于生产现场使用，保证测量结果的精确度，必须要考虑防止溶液冲击电极的措施、进样溶液的代表性、电极被玷污后的清洗装置、传送电缆的防电磁干扰措施等问题。工业 pH 计的电极安装方式有侧壁安装、顶部法兰式安装、管道安装、沉入式安装等几种方式，如图 3-43 所示。

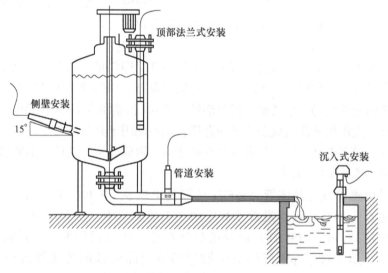

图 3-43　工业 pH 计的电极安装方式

3.7.4　流量检测

选矿厂流量包括粒状物料流量、矿浆流量、药剂和水流量，是选矿生产过程中需要进行控制的重要操作参量之一，对提高劳动生产率、保证产品质量、合理利用能源具有重要意义。

（1）冲量式流量计。冲量式流量计一般用来测量固体粒状物料流量，也可测矿浆等的流量。冲量式流量计的原理基于动量原理。当被测物料距检测板一定高度自由下落时，即有一个作用在检测板上的冲力，其水平分力的合力与被测物料的瞬时质量流量成正比。测量该水平分力的合力并转换成相应的电信号，即可实现流量的显示和计算。

如图 3-44 所示，粉粒物料沿 7 方向下落至检测板上，冲力的水平分力使横梁 8 绕轴心支点 1 水平位移，带动差动变压器的铁芯，铁芯的位移量正比于物料的质量流量，量程弹簧 9 能保持横梁复位，其大小根据量程不同来选择，阻尼器 3 内充以黏性流体以减少检测板的振动。

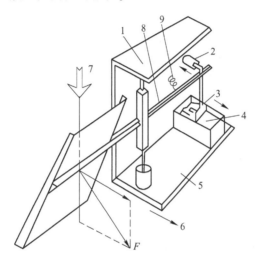

图 3-44　冲量式流量计结构原理
1—轴心支点；2—差动变压器；3—阻尼器；4—黏性流体；5—紧固架；
6—合成运动方向；7—料落方向；8—横梁；9—量程弹簧

（2）浮子式流量计（或称转子流量计，变面积流量计）。它具有灵敏度高、结构简单、指示直观、测量范围大、维修方便，而且价格比较便宜等优点，故得广泛应用。浮子式流量计就锥形管材料不同，分为玻璃管浮子流量计和金属管浮子流量计。

玻璃管浮子流量计一般用来测量低压常温、不带悬浮物的透明液体及气体。生产过程中，多采用金属管浮子流量计。金属管浮子流量计既能就地显示，又能远传指示，可实现记录、计算和自控。

（3）漩涡流量计。漩涡流量计是应用流体振荡原理测量流量的新型流量仪表。目前，已应用的有两种：一种是应用自然振荡的卡曼漩涡流量计，另一种是应用强迫振动的旋进式漩涡流量计。这类流量计的特点是管道内无可动部件，使用寿命长，流量测量范围大，几乎不受温度、压力、密度、黏度等变化的影响，压力损失小，精度高，仪表输出的是与体积流量成比例的脉冲信号，易于数字仪表显示和与电子计算机配用。

（4）超声波流量计。超声波在流动的液体中传播时，就载上流体流速的信息。因此，通过接收到的超声波就可以检测出流体的流速或流量。超声波流量计常用的方法为传播速度差法、多普勒法等。传播速度差法又包括直接时差法、相位差法和频差法。其基本原理都是测量超声波脉冲顺流和逆流时速度之差来反映流体的流速，从而测量流量。

（5）电磁流量计。电磁流量计是利用某些流体的导电性，并应用电磁感应的原理来测量流量。其特点是管道内没有活动部件，反应十分灵敏，流量测量范围大，不仅适于一般流量测量，也适于脉动流量及双向流量的测量。电磁流量计的输出电势与体积流量呈线性关系，而与被测介质的流动状态、温度、压力、比热、密度和黏度等均无关。只要电导率在 $20 \sim 50 \mu S/cm$ 以上的液体，包括矿浆、污水、酸、碱和盐溶液等流体均可用它测量流量。

3.7.5 物位检测

选矿厂里的料面和液面很多，比如原矿仓、粉矿仓和精矿仓的料面，破碎机破碎腔内的料面，分级机、浓密机、浮选机、重介质分选机的液面，以及贮药槽、贮水仓、高压水池的液面等。因为料位和液位（统称物位）实际上决定着矿量、流量以及压力等，因此，严格地控制物位是稳定选矿生产、提高选矿指标的重要方面。

按输出信号的方式，物位的检测方式可以分为两大类：一是用物位警报既定的一点或多点的物位，二是用物位计连续指示物位。检测物位的设备很多，以下列举几种适用于选矿厂而又比较先进的物位测试设备。

（1）浮筒式液位计。浮筒式液位计是在容器液面装设一个可以沿着导轨上下自由浮动的浮筒，利用浮筒始终保持在液面浮动的基本原理，指示标出容器液面。图 3-45 是最简单的浮筒标尺式液位计，浮筒位置的变化通过连接绳、定滑轮、重锤、标尺直观地显示出来，常用在选矿厂药剂配制车间。图 3-46 是浮筒差压变送器式液位计，浮筒位置的变化通过连杆带动铁芯在差压变送器中位移，产生相应的电压变化信号，指示出液面位置，常用于密闭容器液位测定。

（2）超声波液位计。超声波液位计是由微处理器控制的数字物位仪表。如图 3-47 所示，在测量中脉冲超声波由传感器（换能器）发出，声波经物体表面反射后被同一传感器接收，转换成电信号，并由声波的发射和接收之间的时间来计算传感器到被测物体的距离。声波传输距离 s、声速 c 和声传输时间 t 的关系可用如下公式表示：

$$s = c \times t/2 \qquad (3-41)$$

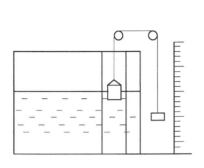

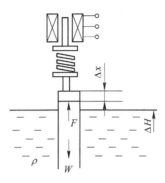

图 3-45　浮筒标尺式液位计　　　　图 3-46　浮筒差压变送器式液位计

由于采用非接触的测量，被测介质几乎不受限制，可广泛用于各种液体和固体物料高度的测量。安装时，变送器探头必须高出最高液位 50cm 左右，因为超声波液位计都有一个最小安装距离，也就是盲区 h，这样才能保证对液位的准确监测及保证超声波液位计的安全。

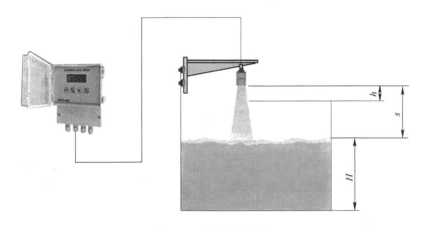

图 3-47　超声波液位计

（3）表面覆盖泡沫层的浮选机液位检测。当需要测定浮选机液位时，因浮选机表层覆盖较厚的泡沫层，为测定实际液位，必须排除泡沫层的影响。此时可采用如图 3-48 所示的方法，设置一穿过泡沫层和矿浆层的浮筒，浮筒内放置一浮球，浮球通过连杆与浮球连盘连接。这样，浮选机液面的变化将通过浮球连盘高度的变化而准确表示，超声波探头测定其与浮球连盘的距离，再经简单换算即可得到浮选机液面的高度。

我国铜陵有色金属公司冬瓜山铜矿引进的 Wemco 型 130m³ 浮选机，即采用了该种液面测定方法。

3.7.6 铜品位检测

选矿厂原料矿石及产品的准确计量和取样化验成分检测，是选矿生产流程技术管理、金属平衡管理和经济核算的先决条件。对于选矿生产过程中的原矿、精矿、尾矿矿浆进行在线品位检测，以实时指导生产过程的操作，一直是选矿技术人员追求的手段。

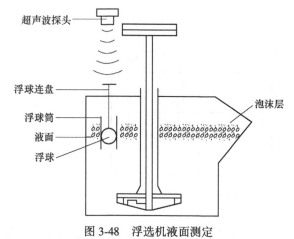

图 3-48　浮选机液面测定

物料成分的表示方法一般采用物料中的有价成分或有用成分的质量分数（%）表示。铜品位的测定一般用碘量法，而在线测定矿物品位的设备是 X 射线荧光分析仪。

3.7.6.1 碘量法测定铜品位

（1）方法要点：试样以盐酸-过氧化氢溶解，在磷酸溶液中，碘化钾与铜生成 Cu_2I_2 并析出定量的碘，以硫代硫酸钠标准滴定溶液滴定。

（2）主要反应：

$$2Cu^{2+} + 4I^- \Longrightarrow Cu_2I_2 \downarrow + I_2 \tag{3-42}$$

$$I_2 + 2S_2O_3^{2-} \Longrightarrow S_4O_6^{2-} + 2I^- \tag{3-43}$$

$$Cu_2I_2 + 2SCN^- \Longrightarrow Cu_2(SCN)_2 \downarrow + 2I^- \tag{3-44}$$

（3）试剂：盐酸溶液（1+1），氨水（1+1），30%过氧化氢，磷酸，碘化钾，淀粉溶液，硫氰酸钠溶液（100g/L），硫代硫酸钠标准滴定溶液（0.1mol/L）。

（4）分析步骤：称取 0.2000g 试样于 500mL 锥形瓶中，加入 5mL 盐酸溶液、5mL 过氧化氢溶液，加热溶解并煮沸 2~3min。冷却，加 30mL 水，用氨水溶液中和至有氢氧化铜出现，滴加磷酸至沉淀恰好溶解并过量 5mL，冷却至室温。加入 2g 碘化钾，稍摇动。加入 100mL 水，立即用硫代硫酸钠标准滴定溶液滴定至浅黄色时，加 2~3mL 淀粉溶液，继续滴至蓝色消失，再加 10mL 硫氰酸钠溶液，继续滴至蓝色恰好消失为终点。

（5）计算：

$$w(\mathrm{Cu}) = \frac{c \times V \times 0.06355}{m} \times 100\% \tag{3-45}$$

式中　c——硫代硫酸钠溶液的物质的量浓度；

V——消耗硫代硫酸钠溶液的体积；

m——称取试样的质量。

3.7.6.2 X射线荧光分析仪

（1）原理。X荧光射线与X射线有相同的性质，但强度低。X射线荧光分析又称X射线次级发射光谱分析。利用原级X射线光子或其他微观粒子激发待测物质中的原子，使之产生次级的特征X射线（X光荧光）而进行物质成分分析和化学态研究的方法。可对Ca(20号)到V(92号)之间元素进行在线或离线分析。

X射线荧光光谱分析仪的结构见图3-49，由以下几部分组成：X射线发生器（X射线管、高压电源及稳定稳流装置）、分光检测系统（分析晶体、准直器与检测器）、记数记录系统（脉冲辐射分析器、定标计、计时器、积分器、记录器）。不同元素具有波长不同的特征X射线谱，而各谱线的荧光强度又与元素的浓度呈一定关系，测定待测元素特征X射线谱线的波长和强度就可以进行定性和定量分析。本法具有谱线简单、分析速度快、测量元素多、能进行多元素同时分析等优点，是目前颗粒物元素分析中广泛应用的分析手段之一。

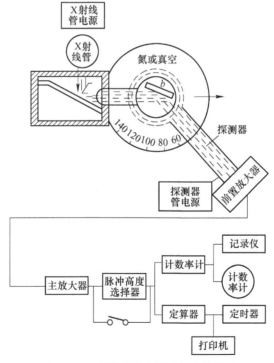

图3-49 X射线荧光光谱分析仪的结构

（2）标定。X射线荧光光谱分析仪在使用前需进行标定，使用过程中也应定期标定，标定方法为：1）用标准样品标定；2）收集大量的实物化验数据和相应的 X 射线荧光光谱分析仪观测数据，应用一元线性回归分析，建立分析仪探头测得的 X 荧光射线的强度与金属品位相对应的数学模型。

（3）库里厄（COURIER）型。COURIER 型 X 荧光分析仪为芬兰奥托昆普公司生产。我国凡口铅锌矿选矿厂于国内最早引进使用 X 射线荧光光谱分析在线检测技术，引进了 2 台 COURIER-30 型 X 荧光分析仪，分别检测 1、2 系列的原矿、铅精矿、锌精矿、尾矿，检测项目为铅、锌、银品位。检测周期为 12min，结果直接显示在现场的大屏幕上。操作工人通过检测数据及时直观地了解生产的动态，稳定了浮选作业，提高了生产指标。1995 年后，用该结果取代了以往的人工取样与人工化验，降低了生产成本。

我国江西铜业集团公司德兴铜矿、铜陵有色金属公司冬瓜山铜矿也引进使用了 COURIER-30 型 X 荧光分析仪，应用情况良好。云南驰宏锌锗股份有限公司会泽采选厂在新选厂扩建工程中引进了 COURIER-6SL 分析仪。

（4）ZPF 微机多点多道 X 荧光品位分析仪。由马鞍山矿山研究院研发，20 世纪 90 年代即成功应用于河南省桐柏县大河铜矿，其投资仅为同类进口仪器的 1/6~1/10，特别适合国内中小选厂。

本机可对冶金矿山、水泥配料、水冶溶液、地质、金属材料等物料中的 Ca（20 号）到 V（92 号）之间元素进行在线或离线分析（对 Ca、Ti、V、Mn、Fe、Ni、Cu、Zn、Mo、Sn、Sb、Pb 等更为成功）。

产品特征有：1）可检测多达 16 个采样点，测量点数可根据用户需求灵活配置，能满足不同规模的用户需求；2）国内首创的自校正装置的软件，有效地提高了仪器的稳定性和分析精度；3）多道分析软件技术、基于控制的新模型设计，更好的精度；4）能谱直显、分析、记录；5）探头就地安装、信号数码传输，抗干扰能力强；6）取样采用自吸分布式装置，除掉了复杂的以泵为动力的集中式长距离管路输送装备，安装灵活，维护费用低。

硫化铜矿石的选矿

4.1 概述

4.1.1 硫化铜矿的可浮性

铜及其合金是一种重要的基础材料和战略物资，而对于铜资源的获取，主要是从硫化铜矿石中提取出来。生产实践上一般是根据硫化铜矿石可浮性差异采用浮选法来进行选别。

常见的硫化铜矿物有辉铜矿、黄铜矿、斑铜矿、铜蓝、砷黝铜矿等。就世界而言，硫化铜矿物中，辉铜矿分布最为广泛，其次是黄铜矿、斑铜矿。

（1）辉铜矿（Cu_2S）是含铜最高的硫化铜矿物，也是最常见的次生硫化铜矿物，纯的辉铜矿物 $w(Cu) = 79.86\%$、$w(S) = 20.14\%$，一般含 Ag，性脆容易过粉碎泥化。氧化产生的大量铜离子会活化闪锌矿、黄铁矿等，使浮选过程的控制复杂化，这是选矿过程中需要注意的问题。

在所有铜矿物中，辉铜矿可浮性最好。黄药和黑药为其良好的捕收剂，在 pH = 1~13 时，采用乙基黄药，乙基黑药和乙基双黑药为捕收剂时，辉铜矿能全部浮出。

辉铜矿的抑制剂有亚硫酸钠、硫代硫酸钠、铁氰化钾以及亚铁氰化钾等。大量的硫化钠和重铬酸钾对辉铜矿也有抑制作用，但氰化物对辉铜矿的抑制效果较弱，主要是因为辉铜矿表面的铜离子会与氰化物作用，使得氰化物失效。只有不断加入氰化物，才能达到抑制的目的。辉铜矿对碱的作用不敏感，在用乙黄药对辉铜矿进行捕收时，高碱条件下，辉铜矿仍然上浮，这是由于乙黄原酸亚铜比氢氧化铜更稳定，因此，常将碱与其他抑制剂联合使用抑制辉铜矿。

辉铜矿成因如下：

1）内生型。也就是热液型，产于富铜贫硫的晚期热液矿床中，常与斑铜矿共生。

2）表生型。也就是风化型，主要产于硫化铜矿床的次生富集带，是绝大多数辉铜矿的成因。

当原生铜矿床氧化时，渗滤的硫酸铜溶液与原生的黄铜矿、黄铁矿、斑铜矿等相互作用，可生成辉铜矿，反应如下：

$$5CuFeS_2 + 11CuSO_4 + 8H_2O \longrightarrow 8Cu_2S\downarrow + 5FeSO_4 + 8H_2SO_4 \quad (4\text{-}1)$$

$$14CuSO_4 + 5FeS_2 + 12H_2O \longrightarrow 7Cu_2S \downarrow + 5FeSO_4 + 12H_2SO_4 \quad (4-2)$$

$$CuSO_4 + Cu_5FeS_4(斑铜矿) \longrightarrow 2Cu_2S \downarrow + 2CuS \downarrow (铜蓝) + FeSO_4$$
$$(4-3)$$

并且，辉铜矿很不稳定，易氧化分解为赤铜矿（Cu_2O）、孔雀石（$CuCO_3 \cdot Cu(OH)_2$）及自然铜，反应如下：

$$4Cu_2S + 9O_2 \longrightarrow 4CuSO_4 + 2Cu_2O(赤铜矿) \quad (4-4)$$

$$2Cu_2S + 2CO_2 + 4H_2O + 5O_2 \longrightarrow 2[CuCO_3 \cdot Cu(OH)_2] + 2H_2SO_4$$
$$(4-5)$$

$$Cu_2S + 2O_2 \longrightarrow CuSO_4 + Cu \quad (4-6)$$

（2）黄铜矿（$CuFeS_2$）通常为原生矿，其中 $w(Cu) = 34.56\%$、$w(Fe) = 30.52\%$、$w(S) = 34.92\%$。黄铜矿可浮性比较好，在较宽的 pH 值范围内，采用黄药类捕收剂就可轻易实现黄铜矿的上浮。电化学研究以及红外光谱测定表明，吸附产物是黄原酸铜和双黄药同时并存，作用机理属于化学吸附。

黄铜矿是硫化铜矿物中对氧最稳定的，不易被氧化，在中性和弱碱性介质中可长时间保持天然可浮性。只有在 pH>10 时，其表面会形成氢氧化铁薄膜，从而使得其天然可浮性下降，但用苏打或者硫化剂等可使其得到改善。

黄铜矿在碱性介质中，容易受氰化物及氧化剂的作用而被抑制。如在铜铅分离中常用氰化物抑制黄铜矿，在铜钼分离中使用氧化剂来抑制黄铜矿等。被抑制的黄铜矿可用铜盐进行活化，从而可恢复其可浮性。亚硫酸盐、连二亚硫酸盐、重铬酸盐和铬盐实际上都不抑制黄铜矿。

黄铜矿的成因通常有四种：

1）岩浆型。这种类型大量存在于与超基性火成岩及基性岩有关的铜镍硫化矿中，比较常见的是经常与镍黄铁矿和磁黄铁矿密切共生。

2）中温热液型。这种类型通常呈交代脉状或者与闪锌矿、方铅矿、斑铜矿、黄铁矿和辉铜矿等矿物一起共生。

3）接触交代型。存在于酸性火成岩和石灰岩的接触带，常常与闪锌矿、方铅矿、磁黄铁矿及石榴子、绿帘石、透辉石等矽卡岩矿物共生。

4）沉积型。偶尔见于沉积岩，系含铜水溶液与有机物分解产生的硫化氢气体相互作用的产物。

因为黄铜矿作为一种非常重要的原生硫化铜矿物，所以很多不同种类的次生硫化铜矿物都是通过黄铜矿各种物理、化学、生物变化而生成的产物。

黄铜矿在经过长时间的风化氧化作用下，会很快分解为易溶于水的硫酸铜。黄铜矿和氧气反应变成硫酸铜和硫酸亚铁。

硫酸铜溶液在氧化带遇到含碳酸盐的水溶液或石灰石、方解石等碳酸盐矿物时，通过相互作用可以生成蓝铜矿或者孔雀石这两种相似矿石的其中一种。具体化学反应过程就是硫酸铜通过和碳酸钙、水反应生成孔雀石或蓝铜矿、二氧化碳气体和硫酸钙。若硫酸铜溶液与硅质岩石或者与含二氧化硅的水溶液相遇时，相互作用就可以生成孔雀石。其反应式为：

$$CuSO_4 + CaCO_3 + H_4SiO_4 \longrightarrow CuSiO_3 \cdot 2H_2O \downarrow (硅孔雀石) + CaSO_4 + CO_2 \uparrow$$

$$(4-7)$$

如果氧气和二氧化碳不足或者完全不足的情况下，硫酸铜和原生的硫化物（比如方铅矿、闪锌矿、黄铁矿、黄铜矿等）相互作用，可生成次生富集带中许多次生硫化铜矿物。

然而在低碱介质中，黄铜矿则可以长时间保持它的天然可浮性。当黄铜矿在 pH = 6.0 的弱碱介质中氧化时，其氧化产物为 SO_4^{2-}、Fe^{3+}、H^+、Cu^{2+}、Fe^{2+} 等，这些离子皆进入到矿浆中。在高碱介质中（pH > 10）氧化时，可生成 SO_4^{2-}、$S_2O_3^{2-}$ 等离子，不可能生成 Cu^{2+}、Fe^{2+}、Fe^{3+} 等金属离子。黄铜矿在高碱介质中受 OH^- 的作用而生成氢氧化铁等化合物覆盖于黄铜矿矿物表面上，此时黄铜矿的晶格结构被破坏，导致其可浮性降低。因此，对黄铜矿来说，在低碱介质中浮选中，其天然可浮性远高于在高碱介质中的可浮性。

（3）斑铜矿（Cu_5FeS_4）中 $w(Cu) = 63.33\%$、$w(Fe) = 11.12\%$、$w(S) = 25.55\%$，有原生和次生两种，大都是次生矿物，性脆，磨矿时易过粉碎。斑铜矿对氧的稳定性优于辉铜矿，但比黄铜矿差，其可浮性介于辉铜矿和黄铜矿之间。用黄药做捕收剂时，在酸性及弱碱性介质中均可浮，但在强酸强碱条件下，其可浮性明显降低，且容易被氰化物抑制。由于斑铜矿较黄铜矿易被氧化，因此捕收剂用量较黄铜矿要多，但加入硫化钠或少量硫酸，可以改善其可浮性。

（4）铜蓝（CuS）中 $w(Cu) = 66.5\%$、$w(S) = 33.5\%$，其可浮性与辉铜矿相似，属于次生硫化铜矿物，常与黄铁矿、斑铜矿、黄铜矿及其他沉积带矿物共生，很少有单独的矿床。性脆且极软，容易过粉碎，这个不利于对其进行选别。成因有如下三种：

1）风化型。铜蓝的主要成因，常见于硫化铜矿床的次生富集带。

2）热液型。一般呈脉状与黄铁矿共生，极为少见。

3）火山型。可见于火山熔岩中，为硫质喷气作用的产物。

（5）砷黝铜矿（$3Cu_2S \cdot As_2S_3$）中 $w(Cu) = 30\% \sim 50\%$，属于原生铜矿。硬度小，脆性高，容易过磨泥化。用丁黄药浮选砷黝铜矿时，最适宜的 pH 值是 11~12。介质调整剂用碳酸钠比用石灰好。在硫化钠用量较低时，由于硫化了氧化的表面，则可以改善其可浮性，但提高用量，可以完全抑制砷黝铜矿的浮选。

对于硫化铜矿物的可浮性，有以下几条规律：

1）对于不含铁的铜矿物，氰化物、石灰对它们的抑制作用较弱。

2）对于含铁的铜矿物，在碱性介质中容易受氰化物和石灰的抑制。

3) 黄药类捕收剂为阴离子捕收剂，主要与阳离子 Cu^{2+} 起化学吸附，所以表面含 Cu 多的矿物与黄药作用强。作用强弱的顺序为：辉铜矿>铜蓝>斑铜矿>黄铜矿。

4) 硫化铜矿物的可浮性还与矿物的结晶粒度、嵌布粒度和原生、次生等因素的影响。次生硫化铜矿容易氧化，比原生铜矿物更难选别。

4.1.2 影响硫化铜矿石浮选的因素

影响硫化铜矿石浮选的因素主要有：矿石的矿物组成、矿石的结构和构造、原生矿泥等。

(1) 矿石的矿物组成。对于有用矿物来说，其浮选性能与矿石种类有关。同是硫化铜矿物，它们各自在浮选中的行为也不尽相同。当矿石中含有氧化铜矿物时，会使选矿过程复杂化，选别指标也受到影响。

如果矿石中存在多种有用组分时，由于需要回收其中几种单独的精矿，致使过程更加复杂。因为各种硫化物可浮性都大体相近，要使它们彼此分离是颇为困难的。矿石中脉石组分一般不会给选别过程造成很大的困难，但如果是滑石、云母、石墨等易浮脉石，则会对浮选过程产生很大的影响。

(2) 矿石的结构。有用矿物的充分单体解离是浮选的重要前提，这取决于矿石的结构和构造。从结构上来说，粒状结构、带状结构对浮选有利，其他结构较为不利，尤其是乳状结构最为不利。从构造上来说，带状构造、片状构造较为有利，它可以在粗磨的条件下分出大部分脉石，而致密构造对浮选最为不利，它使得必须将全部的脉石磨的很细。

总之，矿石的结构和构造主要是影响破碎和磨矿工艺，从而也影响到了整个选矿流程。

(3) 原生矿泥。此为矿石高岭土化、绢云母化、绿泥石化的直接后果，它对浮选的危害很大。第一，它恶化矿浆的物理性质，破坏浮选过程的选择性，其本身进入精矿也会影响精矿指标；第二，它会罩盖在矿物颗粒表面，使得矿物颗粒失去与药剂作用的能力以及阻碍矿物颗粒与气泡的附着，并且还会消耗大量的药剂，恶化浮选过程；第三，泥化严重时甚至影响整个流程的畅通。

除此之外，矿浆浓度、矿浆温度、矿浆酸碱度、水质等都对硫化铜矿石的浮选有着重要的影响。

4.2 单一硫化铜矿石的选别

单一硫化铜矿石，指的是目前只能从中回收出单独的铜精矿的硫化铜矿石。从矿石的工业类型来说，脉状铜矿中的含铜石英脉、层状铜矿和砂岩铜矿多属单一铜矿石。此外，斑岩铜矿当其中的钼品位过低而不能回收成单独的钼精矿时，它们也属于单一铜矿石。并且即使斑岩铜矿需要回收钼，它的铜钼混合浮选工艺实际上也与单一铜矿石相似。

4.2.1 单一硫化铜矿石的物质组成及结构特点

单一硫化铜矿石的矿物组成较为简单。铜矿物主要有黄铜矿、辉铜矿、斑铜矿、铜蓝及少量的氧化铜矿物。脉石矿物随矿床类型而异，主要有石英、方解石、长石、白云石、绢云母、绿泥石等。单一硫化铜矿可分为脉状和浸染状两大类。脉石中的硫化铜矿物的浸染嵌布粒度较粗，原生矿泥和次生硫化铜矿物含量很少，硫化铁矿物含量较少，且未被硫酸铜活化，属于易浮选分离的硫化铜矿石；浸染矿中的硫化铜矿物的浸染嵌布粒度较细，需要较高的磨矿细度，浮选简单。

4.2.2 单一硫化铜矿石的选别特点

这类矿石的矿物组成简单，而且硫化铜矿物天然可浮性较好，有着以下特点：

（1）选矿方法比较单一。只需要进行浮选作业就可达到分选目的，不需要采取浮选、重选、磁选、水冶等方法联合处理。

（2）浮选工艺简单。这类矿石主要是将硫化铜矿物与脉石分离即可，既不需要采用复杂的工艺流程，也不用采用复杂的药剂制度。

（3）选矿指标较高。处理此类矿石，一般都可得到95%以上的回收率，精矿品位也可达到20%以上。

4.2.3 单一硫化铜矿石选矿实例

4.2.3.1 赞比亚谦比西铜矿

赞比亚—刚果金铜矿带是世界上最大的铜矿带之一，因其丰富的铜矿资源和高的铜产量而闻名于世。赞比亚谦比西铜矿是该矿带上一个典型的砂页岩型大型铜矿床，位于非洲赞比亚铜矿带的中部，矿区范围内共探明铜金属储量和资源量501万吨，平均含铜品位2.19%。谦比西主矿体主要铜矿物是斑铜矿（约占铜矿物的65%），另外有少量的辉铜矿。斑铜矿和黄铜矿主要以浸染状存在于矿石中。铜矿物的嵌布粒度为：小于0.1mm占50%，0.1~0.5mm占30%，0.5~2mm占15%，大于2mm占5%，属于粗细粒不均匀嵌布。矿石中主要矿物相对含量（%）为：斑铜矿、黄铜矿、辉铜矿2%~3%，石英20%~35%，长石15%~30%，方解石、白云石5%~15%，黑云母3%~10%，其他云母20%~35%。

根据嵌布特性，采取粗磨浮选、尾矿分级粗粒中矿再磨流程。一段磨矿细度为65%-0.074mm。添加石灰1000g/t以改善铜矿物的可浮性，选用丁基黄药与丁基铵黑药混合使用，捕收剂总用量70g/t，起泡剂为松醇油，浮选流程为一粗两精两扫。粗选矿浆浓度过高会降低粗选回收率，以26%为宜。对浮选尾矿分级，+0.154mm粒级粗粒中矿返回再磨再选。获铜精矿品位41.87%，铜回收率为 95.56%。

4.2.3.2　吉林通化铜矿

吉林通化铜矿位于我国吉林省通化县境内，属于含铜石英脉矿床。黄铜矿除分布在矿脉以外，还有大部分呈浸染状分布于目岩中，结晶致密。金属矿物主要有黄铜矿、黄铁矿、磁黄铁矿、毒砂及少量方铅矿和闪锌矿等。脉石矿物主要有长石、角闪石、斜长石、石英、方解石及少量云母等。该矿不断革新，由原来的无精选作业增加两段精选，大幅提高了精矿品位；将一段磨矿一次选别改为二段磨矿一次选别和部分中矿再磨，解决了该矿易浮难解离的问题；不断改进药剂制度在提高精矿品位及回收率同时，降低了砷等有害杂质含量，最终可获得 Cu 品位 25.3%、回收率为 96.3% 的铜精矿。

4.3　铜-硫矿石的选别

4.3.1　铜硫矿石的物质组成及结构特点

在实际的生产实践中，矿物很少是以某种单一物相存在，大多数情况下是与其他的矿物共生存在。各种硫化铜矿石中都不同程度地含有硫化铁矿物（主要为黄铁矿），但在铜硫矿石中，硫化铁矿物的含量比较高，选矿厂往往都是将它们选成单独的硫精矿来出售。最典型的铜硫矿石是含铜黄铁矿，而且也是最重要的铜硫矿石，它在世界铜产量中仅次于斑岩铜矿和层状铜矿而居第三位。该类矿石主要由硫化物组成，矿石中有价元素除铜外，还含有硫、锌、金、镉、铅等；硫化矿物主要有黄铁矿、黄铜矿、闪锌矿、方铅矿、磁铁矿等；脉石矿物主要为石英、绢云母和绿泥石等。

在铜硫矿中，根据其含硫量的多少主要分成两大类：一类是致密块状含铜黄铁矿（又称为块矿）；另一类是浸染状含铜黄铁矿（又称为浸染矿）。致密块状含铜黄铁矿的特点是，矿石中主要是黄铁矿，其含量可以达到 50%~95%，脉石矿物很少，相对密度 3.5~4.5，硬度系数 8~12，呈致密块状构造，铜矿物嵌布粒度很细。浸染状含铜黄铁矿中，铜和铁的硫化矿物含量较低，硬度系数 8~12，在深部发生硅化作用的浸染矿，硬度系数可高达 15。浸染矿中铜矿物与黄铁矿紧密共生，它们成集团或粗细不均匀的粗状浸染于脉石中，含铜品位也较块矿低。

在含铜黄铁矿中，当其表部氧化层中含有铜矿物的可溶性氧化物的水渗透到下部后，在缺氧的情况下就会与其中的黄铜矿作用生成辉铜矿和铜蓝，有时还会有斑铜矿，形成所谓的次生富集带。次生富集带含铜品位高，这对于选矿是有利的，但是它也给选矿带来了不利影响，因为次生铜矿物由于过磨而增加了有价金属的损失；次生铜矿物常在黄铁矿颗粒表面生成薄膜而难以分离；更严重的是次生铜矿物容易氧化和溶解，使其矿浆中出现了大量铜离子，活化了其中的黄铁矿和闪锌矿，从而破坏了选矿过程的选择性，使本来就较难分离的铜硫分离更加复杂化。因此，含铜黄铁矿次生富集带矿石的选矿是一个比较复杂的过程。总之，由于要进行铜硫分离，而两者共生紧密，其可浮性又相近，因此，铜硫矿石的选矿比单一铜矿石困难，选别指标也更差一些。

4.3.2 铜硫矿石选别工艺及药剂

4.3.2.1 浮选工艺

铜硫矿石的选别实质上就是将硫化铜和硫化铁分离富集的过程，铜硫矿石可分为两种类型：一类是致密块状铜硫矿石，另一类是浸染状铜硫矿石。致密块状铜硫矿石中黄铁矿含量高，脉石少，这类矿石一般采用抑硫浮铜的优先浮选工艺，浮铜尾矿即是硫精矿；或者当脉石含量高时，再进行铜尾选硫。浸染状铜硫矿中铜和硫的含量低，铜硫比相对较大，对此类矿石一般采用"铜硫混浮—铜硫混合精矿再磨分离"的选矿工艺流程。常用铜硫浮选流程如下：

（1）分离浮选。在致密块状铜硫矿石中由于脉石少，因此可以看作是铜硫混合精矿，且黄铁矿占绝大多数，故只需进行分离浮选，加大量石灰抑制黄铁矿，浮出黄铜矿，得到的尾矿即可作为合格硫精矿，浮选流程如图4-1所示。

（2）混合—优先浮选。如果致密块状铜硫矿石中非硫化物含量超过 10% ~ 15%，或者是浸染状铜硫矿石，则可用"混合—优先浮选"流程，如图4-2所示。在混合浮选回路中废弃了大部分脉石，因而可以提高精矿品位。

（3）部分混合浮选。部分选矿厂采用"部分混合浮选"流程，即粗选时采用低 pH 值，使铜矿物与黄铁矿的连生体及部分易浮黄铁矿进入泡沫产品中，所得精矿再磨再选，进行铜硫分离，分离尾矿作为硫精矿，流程如图4-3所示。

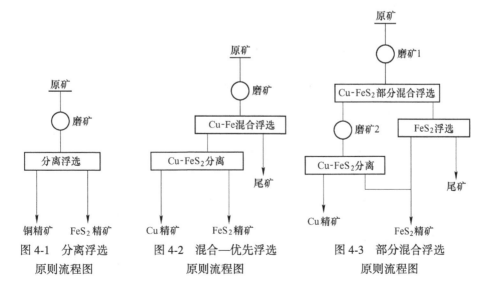

图 4-1　分离浮选　　　图 4-2　混合—优先浮选　　　图 4-3　部分混合浮选
原则流程图　　　　　　原则流程图　　　　　　　　　原则流程图

（4）直接优先浮选。对于浸染状铜硫矿石则采用"直接优先浮选"流程，流程如图4-4所示。由于在选铜时所用抑制剂量较小，所以在选硫时只需加入少量的活化剂，甚至不用加活化剂就可将硫选上来。

（5）泥砂分选。有的选厂会采用一种"泥砂分选"流程，矿石在棒磨机中磨后进行分级，泥、砂两部分分别进行浮选，大部分脉石进入细泥部分并在浮选中成为尾矿废弃。矿泥的浮选泡沫与细磨的矿砂合并后选出铜精矿，其尾矿即为硫精矿，该流程改善了粗砂回路的浮选，又可在适宜的条件下单独浮选矿泥。流程如图4-5所示。

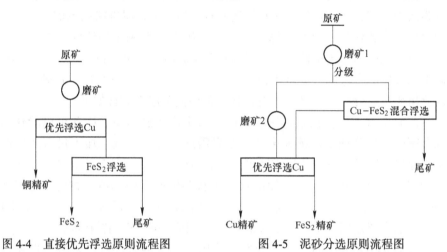

图 4-4 直接优先浮选原则流程图   图 4-5 泥砂分选原则流程图

4.3.2.2 药剂制度

铜硫矿石的选别，其实就是硫化铜矿物与黄铁矿的分离富集的过程，其常用药剂制度如下：

（1）石灰法。该方法是铜硫分离最传统也是最常用的方法，此方法最突出的特点就是石灰用量大，矿浆pH值高。采用石灰法进行铜硫分离时，矿浆的pH值或矿浆中的游离CaO含量能明显的影响分离效果。一般的规律是，处理含黄铁矿量多的致密状块矿时，需要大量石灰，使矿浆中的游离CaO含量达到$900g/m^3$左右才能抑制黄铁矿。这样大量加入石灰，会恶化矿浆的物理性质，泡沫发粘，而且还会抑制铜矿物，最终造成铜精矿质量不高，并且设备及管道容易结钙。

（2）石灰-氰化物法。对于浮游活性大的黄铁矿，用石灰加氰化物法抑制是有效的，但由于氰化物有毒，会污染环境，故人们力图用石灰加亚硫酸盐法取代。适用于黄铁矿活性较大、不易被石灰抑制的矿石，对抑制后的黄铁矿再浮选，可采用降低pH值及添加硫酸铜活化等方法。

（3）石灰-亚硫酸盐法。这种方法是广泛使用的无氰抑制黄铁矿的方法。对于原矿含硫高或含硫虽然不高，但含泥高，或黄铜矿活性较大不易被石灰抑制的铜硫矿石，可采用石灰加亚硫酸盐抑制黄铁矿进行铜硫分离的方法。此法的关键是要根据矿石性质控制合适的矿浆 pH 值及亚硫酸盐的用量，并注意适当加强充气搅拌。有研究指出，在 pH = 6.5~7 的弱碱性介质中，采用石灰加亚硫酸盐法抑制黄铁矿较有效。石灰加亚硫酸盐法与石灰法比较，具有操作稳定、铜指标好、硫酸等活化剂用量低的优点。

（4）石灰-有机抑制剂法。如 DY-1 等有机抑制剂对黄铁矿有较好的抑制作用。通过有机抑制剂对黄铜矿、黄铁矿可浮性影响试验可知，在矿浆 pH = 8 的低碱度条件下，乳酸、单宁酸、水杨酸、焦性没食子酸、淀粉几乎都不改变黄铜矿的可浮性，但都能一定程度地抑制黄铁矿。焦性没食子酸、单宁酸作黄铁矿的抑制效果更明显。

（5）高选择性捕收剂法。在铜硫分离浮选中，采用选择性好的捕收剂，不仅可以减少抑制剂和活化剂用量，而且操作稳定。浮选硫化铜矿最常用的捕收剂为黄药、黑药及乙硫氮等药剂。黑药类作为硫化矿捕收剂单独使用较少，由于在生产实践中黑药对硫化矿捕收能力及捕收速率均低于黄药，但选择性比黄药好。因此，一般与其他捕收剂联合使用，可获得较高的选择性和捕收性。

（6）加温法。用于难分离的铜硫混合精矿。加温可使黄铁矿表面氧化，抑制黄铁矿。研究表明，单用蒸汽加温矿浆，在温度为 34~42℃ 范围内，可进行铜硫分离，但对黄铁矿的抑制比用石灰时弱一些，铜精矿品位较低。加石灰调整 pH = 11，再用蒸汽加温到 60~70℃，铜硫分离效果最好。

除了在铜硫分离浮选工艺流程上进行优化外，国内技术人员在选别药剂上也做了大量的工作。选别药剂在开发高效低毒新药剂的同时，注重药剂复配、混合用药和预处理技术的研究，使选矿药剂的用量和成本大幅度降低，对环境的污染也有所降低。

硫化铜矿石浮选一般在碱性介质中进行，这时黄药等捕收剂比较稳定，有利于它与有用矿物的作用。同时，这也是为了防止可溶性盐特别是重金属阳离子的有害影响。此外，矿石中所含的黄铁矿也必须抑制，以免它贫化精矿，因而也需要根据矿石中含黄铁矿的多少，控制不同的碱度。不过，如果黄铁矿中含有金、银等贵金属，则需要将它回收到铜精矿中去，这时矿浆碱性应适当降低。单金属硫化铜矿石浮选的 pH 值一般为 8~10，个别情况下也可达到 11 以上。

实践中主要使用石灰作碱性调整剂。这不仅因为它价格低廉，来源广泛，而且也由于它对黄铁矿的抑制作用比其他碱性调整剂（如苛性钠、苏打等）强。石灰一般加在磨矿中，因为这样它可以保护硫化矿物不致过分氧化，较好地抑制黄铁矿和消除重金属离子特别是磨矿介质产生的铁离子的有害影响。石灰用量一般在 0.5~3kg/t 的范围内。

　　要获得铜硫浮选分离的高指标，很大程度上取决于对铜矿物选择性好、效能高的捕收剂。因此，大量的对铜矿物有强捕收力和高选择性的捕收剂问世。常见的硫化铜矿物捕收剂见表4-1。具体可分为以下6种类型：

　　(1) 黄药类。我国以丁基黄药为主，美国以异丙基黄药用得较多，以及戊基黄药，黄药一般都是临时配成10%的溶液加入，日本常用的黄药主要是乙基黄药。新型黄药 Y89 属于长碳链和同分异构体的黄药类捕收剂，工业试验表明，在确保铜的浮选指标的前提下，可以提高硫化铜矿中伴生黄金的回收率。

　　(2) 黑药类。黑药类是次重要的硫化矿捕收剂，它在碱性介质中对硫化铁的捕收作用比黄药弱，因此当矿石中含有黄铁矿时比较有效。国外常用的黑药有 208 号（乙钠黑药和丁钠黑药 1:1 的混合物）、238 号（丁钠黑药）以及 242 号。我国生产的丁钠黑药浮选效果也较好，国内铜选厂用丁基铵黑药与黄药混合作用，效果很好，黑药常加在磨矿中。美国 CY-TEC 工业公司研制了两种黑药类药剂，分别是二硫代磷酸盐（代号为 AeroPHin3418A）和一硫代磷酸盐（代号为 Aero5383）。

　　(3) 硫醇类。硫醇和二硫化物（硫醇反应产物）有时作为辅助捕收剂，以增强矿物表面疏水性。新硫醇类是结构为 R_1—S—R_2（R_1 和 R_2 是烃基）的硫醇衍生物，属硫醚类捕收剂，它消除了低级硫醇的臭味，在冷水中能溶解，浮选试验证明，它对铜矿石的选择性优于黄药。

　　(4) 硫氮类。氨基二硫代甲酸盐常见的有乙硫氮和丁硫氮。二硫代氨基甲酸—α—羰基丁酯及二硫代氨基甲酸—α—羰基乙酯是硫氮酯类捕收剂，对铜的捕收力较强，对黄铁矿及未活化的闪锌矿捕收力弱，可用于铜硫浮选分离，浮选指标高于丁基黄药，据报道用它们代替黄药浮选辉铜矿和金，可以减少石灰用量，并取得很好的铜硫分离效果。

　　(5) 硫胺酯。在使用乙氧基羰基硫逐氨基甲酸酯（ECTC）作捕收剂时，pH＝8.5 左右，浮铜抑黄铁矿能得到很好的指标，ECTC 对铜捕收力很强，而对黄铁矿捕收力很弱，是铜硫分离的良好捕收剂。新型硫逐有烯丙基硫代氨基甲酸异丁基酯（代号为 Aero5100）和乙氧基羧基硫代氨基甲酸异丁酯（代号为 Aero5415），用这些药剂与戊基黄药混用，对硫化铜等矿石进行浮选试验取得了很好的指标。E. P. Tropman 等报道了用肼基硫逐甲酸酯取代硫氨酯（Z-200）作为有色金属硫化矿捕收剂，浮选指标优于硫氨酯。

　　(6) 杂环类捕收剂。此类捕收剂效果较好的有 2—巯基苯并恶唑及其衍生物，这类捕收剂能选择捕收硫化铜矿，对黄铁矿也有良好的选择捕收性；巯基苯并噻唑有一个混合的脂肪族——芳香族结构和一些能与铜离子形成螯合物的官能团，如果在它的苯环上接上烷基可形成新的捕收剂，巯基苯并噻唑的衍生物对铜、铅、锌硫化矿物和黄铁矿也有良好的捕收力，合成的 5—甲苯— 2—巯基苯并噻唑对硫化铜有很强的捕收选择性。

表 4-1 常用的硫化铜矿捕收剂

名　　称	结构式	备　注
烷基二硫代碳酸盐(黄药)	$ROCSS^- M^+$	$R = C_2 \sim C_6$
烷基或芳基二硫代磷酸盐(黑药)	$(RO)_2 PSS^- M^+$	$R = C_2 \sim C_6$
二硫代氨基甲酸盐	$(R)_2 NCSS^- M^+$	$R = C_1 \sim C_3$
一硫代氨基甲酸酯(硫氮)	$R_1 O(==S) N(R_2)^2$	$R = H, C_1 \sim C_6$
硫代均二苯脲(白药)	$(C_6 H_5 NH)_2 C(==S)$	
烷基双黄原酸酯	$(ROCS)_2 S$	$R = C_2 \sim C_5$
黄原酸酯	$ROCSSR'$	$R = C_2 \sim C_6, R'$ 有多种选择
巯基苯并噻唑	$C_6 H_4 (—N==)(—S—)C—SH$	
烷基或芳基二硫代磷酸盐	$(R)_2 PSS—M^+$	$R = C_2 \sim C_6$
烷基硫醇	RSH	$R = C_{10} \sim C_{12}$
二烷基二硫化物	$RSSR$	$R = C_4 \sim C_8$
烷基三硫代碳酸盐	$RSCSS—M^+$	$R = C_2 \sim C_6$

除此之外还有以代号表示的铜矿石捕收剂：PL411 是新型无臭硫化矿捕收剂，具有合成所用原料来源广，生产方便等特点，对硫化矿既有捕收性能又有起泡性能。ZJ-02 捕收剂对硫化铜矿和贵金属捕收力强，对黄铁矿捕收力弱。Wg 对硫化铜矿具有很好的选择性，在粗选中加入 20g/t 的 Wg，可有效地回收硫化铜矿物，获得合格精矿。BK-330 捕收剂是北京矿冶研究总院与俄罗斯合作开发的一种高效铜捕收剂，选择性好，选矿富集比高，粗选富集比一般在 10 以上，对铜硫分离十分有利，并且用量少。JT-235 是一种淡黄色略带鱼腥味兼有一定起泡性能的捕收剂，主要用作硫化矿、次生硫化矿及氧化铜矿物的浮选捕收剂，对伴生 Au 和 Ag 亦能有效捕收。

硫化铜矿物浮选中使用的新型捕收剂见表 4-2。这些新的捕收剂目前应用范围不广，但是已表现出了卓越的性能，它们能将更多的硫化铁矿物丢弃到浮选尾矿中，对 pH 值不敏感，选择性高。

表 4-2 硫化铜矿浮选中使用的新型捕收剂

名　　称	结构式	备　注
烷基或芳基一硫代磷酸盐	$(RO)_2 PSO—M^+$	$R = C_2 \sim C_6$
烷基或芳基亚磷酸盐	$(R)_2 PSO—M^+$	$R = C_2 \sim C_6$
N—烯丙基一硫代氨基甲酸酯	$ROC(==S)NHCH_2 CH==CH_2$	$R = C_2 \sim C_5$
烷氧羰基烷基一硫代氨基甲酸酯	$R_1 OC(==S)NHCH_2 CH==CH_2$	$R = C_2 \sim C_6$

名　　称	结构式	备　　注
烷氧羰基烷基硫脲	$R_1NHC(\!=\!S)NHC(\!=\!O)OR_2$	$R = C_2 \sim C_6$
二烷基硫化物	RSR	$R = C_2 \sim C_{10}$
烷基硫代胺	$RSR'NH_2$	$R = C_4 \sim C_8, R' = C_2 \sim C_3$
二硫代氨基甲酸—α—羰基酯	$RC(\!=\!O)SC(\!=\!S)NH_2$	$R = C_1 \sim C_3$
MIG—4E 捕收剂	$HC\!=\!CH\!-\!CH\!-\!O\!-\!C_4H_9$	

新型黄药类捕收剂主要为 Y-89 系列，它们属于长碳链和带支链的黄药类捕收剂，是硫化铜矿石中铜和硫的强捕收剂，也有利于提高硫化铜矿中伴生金的回收率，但它们的选择性较丁黄药差，铜硫分离消耗的石灰量大，且铜精矿中铜品位有所下降。

新型黑药类捕收剂以美国 CYTEC 工业公司研制的二烷基单硫代磷酸盐和单硫代膦酸盐为代表。前者为真正的酸性流程捕收剂，而后者则在中性和弱碱性条件下才有效，它们是硫化铜和金银矿物的有效捕收剂。

新型硫醇类捕收剂为硫醇衍生物硫醚类捕收剂，消除了低级硫醇的臭味，在冷水中能溶解，它们对铜矿物的选择性优于黄药，有工业应用前景。

新型硫氮类有二硫代氨基甲酸—α—羰基丁酯及二硫代氨基甲酸—α—羰基乙酯等，它们对铜的捕收力较强，对黄铁矿及未活化的闪锌矿捕收力弱，可用于铜硫浮选分离，浮选指标高于丁基黄药，也可以减少石灰用量，取得很好铜硫分离效果。

新型硫氨酯以美国 CYTEC 工业公司最近报道烯丙基硫代氨基甲酸异丁基酯（代号为 Aero5100）和乙氧基羰基硫代氨基甲酸异丁基酯（代号为 Aero5415）以及烷氧羰基硫脲为代表。用这些药剂与戊基黄药混用，对硫化铜等矿石进行浮选试验取得很好指标。美国氰胺公司用黑药和 N—丙烯基—O—异丁基硫代氨基甲酸酯混合物浮选铜、金、银及铂族金属矿物，用二甲基、丙基、异丙基和二丁基的二硫代氨基甲酸酯浮选硫化铜矿石，也有应用芳酰基硫代氨基甲酸酯衍生物浮选硫化铜等硫化矿的报道。栾和林等研制的 PAC 属于烯丙基硫氨酯类的硫化矿浮选药剂，该药对硫化铜具有良好的选择性。Lewellyn 等用 N—烯丙基硫氨酯浮选含 Cu、Mo、Pb、Zn 矿物的硫化矿石取得了比 IPETC 更好的结果。这是基于碳碳双键能与 Pt、Pd、Cu 生成配合物，因为硫氨酯中引入烯烃双键将会改善其活性。

4.3.3　铜硫分离

4.3.3.1　铜硫分离概述

铜硫分离是获取铜金属的重要环节，铜硫分离过程中涉及的铜矿物主要有黄铜矿、辉铜矿、斑铜矿等,硫矿物主要有黄铁矿、磁黄铁矿和白铁矿等,而其中黄铁矿几乎存在于一切硫化铜矿石中。在铜硫矿石中,黄铁矿是主要组分之一,而且差不多总希望将其抑制而与其他矿物分离。因此,它的浮选行为对整个选矿过程有着重要的影响。

4.3.3.2 铜硫分离影响因素

黄铁矿属易浮矿物,氧化不强烈时可用脂肪酸及其皂类以及浮选硫化矿石所用的捕收剂,如黄药、黑药等很好地浮选。最近的研究表明,黄铁矿氧化不强烈时,其可浮性随氧化程度的增加而改善;而一旦氧化过度,其可浮性就显著下降。

石灰是黄铁矿的优良抑制剂。它不仅价格低廉,而且抑制作用也比其他碱类抑制剂(包括苛性钠)强。研究指出,石灰对黄铁矿的抑制作用是通过提高矿浆 pH 值使其表面生成 $Fe(OH)_3$ 亲水膜及 Ca^{2+} 吸附于黄铁矿表面而产生抑制作用,利用放射性 Ca(45) 研究黄铁矿表面吸附 Ca^{2+} 的行为,表明 Ca^{2+} 的吸附和 pH 值及溶液中含氧量有关。溶液化学计算也表明,在溶液中,pH = 7~11 时 Ca^{2+} 组分占优势。Plaskin 等人用辐射技术和 X 射线显微技术研究表明,石灰对黄铁矿的抑制可大量减少捕收剂在黄铁矿表面的吸附,并指出表面钙的水合物或氧化物薄膜是抑制黄铁矿的主要原因。Abramov 等人则指出石灰抑制黄铁矿是由于表面形成 $CaSO_4$、$CaCO_3$ 等亲水性薄膜点。动电位测试表明,当溶液中有 Ca^{2+} 存在时,黄铁矿表面动电位正移。Fuerstenou 等人研究表明 OH^- 的作用不容忽视。

苏打作为碱性调整剂对黄铁矿的作用具有两重性:它是 OH^- 的来源,对黄铁矿起抑制作用,然而它水解产生的 HCO_3^- 和 CO_3^{2-} 又可以使黄铁矿活化。在 HCO_3^- 和 CO_3^{2-} 的作用下,黄铁矿表面的氢氧化铁可以转变为碳酸盐,它的参数与黄铁矿晶格参数相差很大,因而易从矿物表面剥落,这就除去了亲水的氢氧化铁膜而露出能与捕收剂作用的新鲜表面,从而活化了黄铁矿。

对于难以用 CaO 抑制的黄铁矿,氰化物可取得较好抑制效果。氰化物对黄铁矿的抑制机理有几种不同的假说。D. Brion 等人采用化学分析、电子光谱等方法分析测定了经 NaCN 作用过的黄铁矿表面,没有检测到铁氰化物的存在,他们认为氰化物与矿浆中铁离子作用生成铁氰化物,这些物质对黄铁矿具有抑制作用。Janetsky 等人用循环电位扫描法研究表明,氰化物能够减慢黄药氧化成双黄药的速度。Gaudin、M. C. Fuertenou 等人认为氰化物抑制黄铁矿是氰化物和黄铁矿表面形成配合物,清除了矿物表面的黄药而实现的。由于氰化物剧毒,在生产中已被其他药剂代替不再使用。

因此,在铜硫分离实践中,基本上是采用石灰作抑制剂。石灰的用量根据矿石中黄铁矿的含量及所采用的流程而定。在个别情况下,例如当矿浆中含有大量铜离子造成黄铁矿不应当的活化时,如果条件许可,可以加入少量氰化物强化抑制作用。

当用直接优先浮选流程处理铜硫矿石时，为了从铜浮选尾矿中复活被石灰抑制过的黄铁矿，可以采取多种办法。

使用酸性介质是复活黄铁矿很有效的方法。这时常用的酸是硫酸，显然从黄铁矿表面脱除了氢氧膜而造成黄铁矿最有利的浮选条件。实践还发现，当矿浆 pH 值降到 4 左右时，黄铁矿的可浮性显著提高，而 pH 值在 3 以下时，几乎仅用起泡剂就可使黄铁矿全部上浮，这可能与下述氢化反应有关：$FeS_2 \rightarrow FeS + S$。黄铁矿表面元素硫的存在增加了它的疏水性，从而促进了它的浮选。这个方法的缺点是酸耗太大，而且使用时也不安全。实践中可用苏打活化浮选被抑制的黄铁矿，也有用硫酸铜活化黄铁矿的，此外，有时还可用硫化钠来活化它。

在抑制剂用量不大的情况下，将含黄铁矿的矿浆浓缩以脱除矿浆液相中的大部分游离碱，然后加新鲜水稀释并用大剂量捕收剂来浮选它，这看来也是可取的。

总的来说铜硫浮选分离的难点有以下几方面：

（1）黄铁矿的可浮性变化很大。不同矿床甚至是同一矿床中，因产出地段不同，黄铁矿的可浮性会有很大变化，这是因为不同产出地的黄铁矿，其表面结构不均匀，以及晶格缺陷不同所致。

（2）磁黄铁矿。磁黄铁矿具有磁性，常混入 Cu、Ni、Co 等元素。易氧化，在矿浆中氧化时生成大量的 $FeSO_4$，并消耗矿浆中的氧，从而妨碍了硫化铜矿物对捕收剂的吸附，造成浮选速度降低。

（3）含泥量。国内铜硫多金属硫化矿石中含泥严重，特别是长江中下游地区更为突出。采用脱泥设备，会损失部分金属，影响回收率，若加入分散剂效果也不佳。

（4）原矿中可溶性盐的影响。铜硫矿石的氧化带和次生带中，由于铜矿物及大量硫化铁矿物的氧化，其自然 pH 值有时低到 4，此时难免金属离子含量较多，铁离子对铜矿物有抑制作用，铜离子对黄铁矿浮选有活化作用，与抑硫浮铜的需要相反。所以，溶盐对铜硫浮选分离影响很大。

（5）有价值伴生金属综合回收问题。浮选是最主要的回收有价值伴生金属的方法，在铜硫浮选中要顾及伴生金属的综合回收，使其富集到铜精矿产品中。因此，在铜硫分离浮选时要尽可能地使伴生矿物进入铜精矿，所以在使用浮选药方时要充分考虑捕收剂的选择性以及硫矿物抑制剂对伴生金属矿物的影响。

4.3.3.3　铜硫浮选分离的研究方向

虽然在铜硫分选工艺和药剂方面取得了较大的进展和较多的创新，但依然面临诸多铜硫分离的难题，并且这些难题决定了今后铜硫浮选分离的研究方向。

（1）传统浮选分离方法的继续深入研究。浮选的三大基本理论（润湿理论、吸附理论、双电层理论）已初步形成，今后将更加细致地研究铜硫浮选分离理论，尤其是药物与黄铜矿或黄铜矿表面的作用机理。

（2）硫化矿浮选电化学仍是铜硫分离乃至整个硫化矿浮选研究领域的重要内容。包括研究硫化矿的电化学特征、无捕收剂浮选、电化学调控浮选技术以及各类药剂与硫化矿作用的电化学机理的解释和应用。黄铜矿和黄铁矿是开展浮选电化学研究的常用典型矿物。

（3）黄铜矿和黄铁矿的微生物浮选研究。微生物及其代谢产物能降解有机物，这一性质可用来改善常规浮选药剂的性能或处理其他有机物使其具有选矿药剂的功效。此外，用微生物作用于矿物，使矿物的表面改性，例如黄铁矿、黄铜矿等硫化矿物经氧化亚铁硫杆菌或脱硫弧菌作用后，其表面亲水性增加，可达到抑硫浮铜的良好效果。

4.3.4 铜硫矿石选矿实例

4.3.4.1 甘肃白银有色金属公司

位于甘肃省白银市，1960 年建成 9900t/d 铜硫矿选矿厂，同时处理两种矿石：块矿中黄铁矿占 89%~91%，只有少量的石英、阳起石和绿泥石等脉石；浸染矿中黄铁矿占 22%~29%，脉石是火山砾和凝灰岩。铜矿物主要是黄铜矿，有少量辉铜矿、斑铜矿和铜蓝。

浸染矿铜硫混浮时，少加石灰，矿浆中游离 CaO 的含量，控制在 $100g/m^3$ 左右，加捕收剂丁黄药 100~200g/t、起泡剂松醇油 60~70g/t。得到的铜硫混合精矿，进入块矿二段磨矿前的预先分级。块矿浮铜时，加大量石灰，用量 10~15kg/t。矿浆中的游离 CaO 在 800g/t 左右，浮出硫化铜精矿。槽底是黄铁矿精矿。

4.3.4.2 津巴布韦某铜矿

津巴布韦某铜矿石铜品位 4.08%，94.86%的铜以硫化铜的形式存在，主要金属矿物为黄铜矿和黄铁矿，主要脉石矿物为石英。矿石中矿物的结晶程度较高，主要呈现粗粒结晶结构和斑晶状构造，其中黄铜矿嵌布粒度较粗，较易单体解离，矿石可选性较好。

在条件试验确定的磨矿细度-0.074mm 占 52.33%、pH 值调整剂氧化钙用量 1000g/t（pH =11.50）、捕收剂丁基黄药用量 80g/t、起泡剂 MIBC 用量 21g/t 的最佳条件下，经一粗二精一扫闭路浮选流程选别，可获得产率18.67%、铜品位 20.95%、回收率 95.87%的铜精矿，有效回收了铜，对此类进口铜矿石及国内同类铜矿资源的综合利用具有一定的指导作用。

4.3.4.3 永平铜矿

江西铜业公司永平铜矿位于江西省铅山县，属大型矽卡岩铜矿床，主要矿物为黄铜矿、黄铁矿，伴生有金、银等可综合回收的有益元素，1984 年建成 1000t/d 选矿厂。永平锡矿铜硫浮选工艺经历了全混合浮选、分步优先浮选工艺到等可浮（或称部分混浮）工艺的技术改造，指标稳步提高。浮选药剂为石灰 3000g/t、选铜捕收剂为丁铵黑药 70g/t，选硫捕收剂为丁黄药 70g/t，2000 年生产指标为：原矿品位含铜 0.604%、硫 8.25%，铜精矿品位 22.50%，铜回收率 82.92%。2004 年试验了铜快速-开路优先浮选工艺流程，配用高效选择性铜捕收剂 EXP，铜精矿品位可提高到 24.50%，铜回收率可提高到 88.10%。

4.4 铜-硫-铁矿石的选别

4.4.1 铜-硫-铁矿石的物质组成及结构特点

在铜铁矿石中主要的金属矿物有黄铜矿、磁铁矿、磁黄铁矿、黄铁矿、少量辉铜矿、方铅矿、闪锌矿、白钨矿、锡石等。脉石矿物以石榴子石、透辉石为主，次为透闪石、绿帘石、硅灰石、石英、方解石、蛇纹石、滑石、绢云母等。伴生有益组分有铁、硫、钼、钨、钴、金、银、镓、铟、铊、锗、镉以及铂族元素等。

铜硫铁矿石主要产于石英闪长岩与石灰岩接触所成的矽卡岩中或其边缘的矽卡岩矿床，其次为火山岩矿床和变质岩矿床。矿体以似层状、透镜状、扁豆状为主，还有筒状、囊状、脉状等不规则形状。矿石结构多以块状、浸染状为主，也有细脉状、条带状的。黄铜矿是构成矿石的主要含铜硫化物，多为粗细粒嵌布。黄铜矿与黄铁矿、磁黄铁矿紧密共生，形成致密状或浸染状，亦有少量呈乳浊状；磁黄铁矿、黄铜矿浸染于磁铁矿及矽卡岩之中；磁铁矿呈细粒状或结晶较大的集合体，有的被后期金属硫化物和脉石矿物充填交代和胶结。

4.4.2 铜-硫-铁矿石的选别工艺及指标

矽卡岩型铜矿作为铜硫铁矿主要的矿石类型，在我国辽宁、河北、湖北和安徽均有分布。通过研究发现，此类矿石的特点是：铜品位不高，储量较小，以中小型居多，在我国分布较广，铜矿物主要以黄铜矿为主，铁矿物则以磁铁矿、黄铁矿和磁黄铁矿为主。

铜硫铁矿石与铜硫矿石相比，两种矿物的可选性相似，选矿指标也大致相近。由于下列原因，它的浮选要比单一铜矿石困难：

（1）矿物组成复杂，既有原生硫化铜，又有次生硫化铜，还有氧化铜矿物。

（2）硫化铜矿物嵌布细而不均匀，与黄铁矿、磁黄铁矿紧密共生。

（3）次生硫化铜矿物常在黄铁矿及磁黄铁矿表面形成包裹层，有时还呈固溶体存在，以致单体不易分离，而次生铜产生的大量铜离子又活化硫化铁，造成铜硫分离的困难。

（4）原生矿泥较多。

目前，关于铜硫选出的方案主要有优先浮选和铜硫混合浮选后分离两种方向。在实际生产过程多优先浮选。磁铁矿用弱磁选机选出，有先磁后浮，或先浮后磁的方案。生产实践表明，先磁后浮问题较多，铁精矿含硫易超标，同时也容易增加铜在铁精矿中的损失，故采用先浮后磁，即先浮完硫化铁以后，再进行磁铁矿磁选。矿石中磁黄铁矿的存在，会影响铁精矿的质量。弱化磁黄铁矿的浮选，是提高硫回收率、降低铁精矿含硫量的关键。基本上硫化铜铁矿石的选矿流程可整理如下：

（1）优先浮铜—磁选磁铁矿流程（图4-6（a））。适用于矿石中含硫量较低的铜硫铁矿石，其选矿流程与浮选单一硫化铜矿物相同。

（2）铜硫混合浮选—混合精矿再磨—铜硫分离浮选混合尾矿磁选磁铁矿流程（图4-6（b））。此流程适合于矿石中硫含量低的硫化铜硫铁矿石，其选矿流程与浮选浸染状硫化铜相同。

（3）优先浮铜—浮选硫—磁选磁铁矿—铁精矿脱硫浮选流程（图4-6（c））。

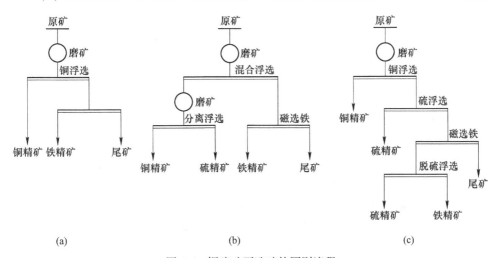

图 4-6 铜硫矿石选矿的原则流程

铜硫铁矿石中浮选铜、硫和铜硫矿石的浮选较为相似，主要是在浮选流程和药剂制度方面上。同时，铜硫铁矿石的阶段浮选流程与铜硫矿石有些不同，由于其结构主要以有用矿物浸染粒度细为特征，所以一般是采取中矿再磨，再磨后可以单独浮选，也可以返回粗选。当然，阶段浮选会使流程复杂化，因此一般认为只有比较大型的选厂才适于采用阶段浮选。我国处理这类矿石的选厂目前采用阶段浮选还不够普通，但是其中一些选厂的阶段浮选实践，肯定了它在改善工艺指标上是优越的。

　　铜硫铁矿石生产实践中需要解决的主要问题是铜精矿品位不高和铁精矿含硫过高。实践证明，造成这一现象的重要原因是磁黄铁矿的分选不清。问题的关键是铜-磁黄铁矿和磁黄铁矿-磁铁矿的分离。因此，磁黄铁矿的浮选问题也就成了提高浮选指标的重要方向，但目前尚未找到完善的解决方案。磁黄铁矿与黄铁矿有许多不同之处，但总的说来它的可浮性要比黄铁矿差得多。

　　磁黄铁矿极易氧化，氧化后生成一系列的化合物，其中主要是 $Fe(OH)_2$ 和 $FeSO_4$，这不但妨碍本身的浮选，而且干扰其他硫化物的浮选。磁黄铁矿氧化时，甚至可以将矿浆中的氧耗尽（而在矿浆中未出现游离氧以前铜矿物的浮游是困难的），因此，浮选前矿浆预先充气会有显著效果。磁黄铁矿性脆而易泥化，这更促进了它的氧化。

　　磁黄铁矿是最易抑制和最难浮的硫化铁矿物，但当矿浆中存在大量铜离子时，它又大量吸收铜离子而变得难以抑制，从而贫化了铜精矿。未氧化的磁黄铁矿可在弱酸性矿浆中用大量高级黄药或脂肪酸捕收。在弱碱性介质中可先用硫酸铜或硫化钠或两者活化之，再用高级黄药捕收。使用烷基磺酸盐可有助于它的浮选。

　　苏打、石灰、氰化物对磁黄铁矿都有抑制作用，高锰酸钾的抑制作用特别强，加入少量高锰酸钾后甚至可用硫酸铜或硫化钠等活化剂将黄铁矿、砷黄铁矿或镍黄铁矿浮出而与磁黄铁矿分离。

　　同黄铁矿一样，磁黄铁矿的可浮性也随原子比率 S/Fe 的增加而加强，就是说，S 越高的磁黄铁矿的可浮性越好，Fe 越高的磁黄铁矿可浮性越差。而 Fe 越高的磁黄铁矿磁性越强，换言之，磁性越强的磁黄铁矿可浮性越差，这也正是降低铁精矿合硫的主要困难所在。

　　鉴于磁黄铁矿的这种可浮性，强化铜-磁黄铁矿和磁铁矿-磁黄铁矿分离的关键在于加强对磁黄铁矿可浮性的抑制，主要应从以下几个方面入手。

　　混合—优先浮选流程有利于铁精矿降硫，但是要在混合精矿能够有效分离时才是可取的。就是说，必须寻求硫化铁（包括磁黄铁矿）的有效抑制剂。加强充气及使用目前通用的石灰等抑制剂虽有一定效果，但铜精矿质量仍不够理想。氰化物因本身的弱点而使用受到限制。因此，寻求综合抑制剂是一个值得注意的方面，表 4-3 为几种综合抑制剂配方可供参考。

表 4-3　几种综合抑制剂配方

综合抑制剂类型	浮选/抑制
CO_2+$Ca(OH)_2$+糊精+栲胶	Cu/Pb、Zn、S
SO_2+糊精，pH=5.8	Cu（易浮的）/Cu（难浮的）、Pb、Zn、S
$NaHSO_3$+糊精	Cu/Pb、S

直接优先浮选流程应选用选择性强的捕收剂，即对铜矿物捕收力强而对硫化铁捕收力弱的新型捕收剂，如硫逐氨基甲酸酯、黄酸氰乙酯、硫脲、丁基铵黑药、酯-105 等一类药剂，以便在优先选铜的时候可以少用抑制剂，有利于下一步浮硫。浮硫时最好能采用有效的活化剂以强化硫化铁，特别是磁黄铁矿的浮选。

如果铁精矿含硫较高，可对铁矿再实现脱硫浮选，即采用所谓浮—磁—浮流程。铁精矿脱硫浮选时也应添加活化剂来改善黄铁矿的浮选。

磁黄铁矿的活化剂，国内主要是使用硫酸、CO_2（可用石灰窑废气代替）、硫酸铜等，国外报道过硅氟酸钠、工业草酸、铵离子、铜氨配合物的硫酸盐、单基取代的磷酸钠等。

矽卡岩铜铁矿石中常有大量矿泥，尤其是我国长江中下游多数矽卡岩铜铁矿普遍泥害严重。它恶化浮选条件，降低选别指标，污染精矿并大量消耗药剂，更有甚者还阻碍流程畅通，使生产难以进行。因此，矿泥的处理是这类选厂迫切要解决的共同问题。

如果所含矿泥不太多，可以用分散剂（主要是水玻璃）处理矿浆，这样可以防止矿泥絮凝及其在大颗粒上沉淀，既阻止了矿泥进入精矿，又可避免矿泥污染有用矿物颗粒而影响其回收。但是，当矿泥含量较大时则必须预先洗矿脱泥，这样可以从根本上改善浮选条件，有利于浮选的正常进行和工艺指标的改善。如表 4-4 所示是我国某些硫化铜铁矿石选矿厂的原则生产流程及生产指标。

表 4-4　我国某些硫化铜铁矿石选矿厂的原则生产流程及生产指标　（%）

原则流程	生 产 指 标					
	同名精矿品位			同名精矿回收率		
	Cu	S	Fe	Cu	S	Fe
Cu/Fe	16.65		66	68		89
Cu/Fe	12		60	80		75
Cu/Fe	26~29		58	95~97		40
Cu/Fe	23		63	93		10~20
Cu/Fe	15~16		55	92~95		40~50
脱泥/Cu/S/Fe	21	30	58	82	15	20
Cu-S(Co)Fe-S	18	38	64	75	55	90
脱泥/Cu/S/Fe-S	15.6	27	62	86	56	39
Cu/S/Fe-S	13	38	56	85	40	76

注：1. Cu/Fe 为先浮铜，后磁选铁；

　　2. Cu/S/Fe 为先浮铜，后浮硫，最后磁选铁；

　　3. Cu/S/Fe-S 先浮铜，后浮硫，最后磁选铁，铁精矿脱硫；

　　4. Cu-S(Co)Fe-S 为混合浮选 Cu-S(Co) 得混合精矿、再磁选铁，Cu-S(Co) 混合精矿分离浮选得铜精矿和硫（含钴）精矿。

4.4.3 铜-硫-铁矿石选矿实例

4.4.3.1 湖北铜绿山铜铁矿

湖北铜绿山铜铁矿为露天地下联合开采的大型矿山，是我国的大型铜铁基地。近年来，由于二期-245、-305、-365m 三个中段资源量减少，矿山后续开采需要向井下深部-425m 中段拓展。而井下深部矿石与先前开采的矿石相比，性质有很大变化，选矿厂按照原有工艺生产，很难达到理想的选别指标。为此，武汉科技大学受大冶有色金属公司委托，在工艺矿物学研究的基础上，按照先浮选铜、浮铜尾矿再回收铁、金银随铜一起富集的技术路线，对铜绿山铜铁矿深部矿石进行了可选性研究。

显微镜鉴定、X 射线衍射分析和电子探针分析结果表明，铜绿山铜铁矿深部矿石的矿物组成比较复杂，主要金属矿物为磁铁矿、黄铜矿、赤铁矿，有少量的闪锌矿、黄铁矿、斑铜矿、辉铜矿、铜蓝等；脉石矿物有石英、斜长石、透辉石、蒙脱石、玉髓、高岭石、方解石、黑云母、白云母、石榴石等，但以石榴石、石英、碳酸盐矿物为主。矿石中还含有少量的贵金属矿物自然金以及银金矿，但显微镜观察很难发现。经过矿石的化学多元素分析后可知矿石中主要有价元素铜含量为 1.135%，铁含量为 31.60%，金和银的含量分别为 0.704、4.87g/t，表明该矿石属于含金银贵金属的铜铁矿石。

对矿石中的铜和铁进行化学物相分析，可知铜在矿石中主要以硫化物的形式存在，氧化率很低，仅 4.29%。铁主要以磁铁矿、赤铁矿和褐铁矿的形式存在，磁铁矿中铁的占有率为 63.80%，赤铁矿和褐铁矿中铁的占有率为 30.35%。由于赤铁矿和褐铁矿中铁的占有率较高，因此生产上应重视对赤铁矿和褐铁矿的回收，以提高铁的回收率。

改善现场现有磨矿制度是处理铜绿山铜铁矿深部矿石的关键。将磨矿细度从目前现场生产所采用的-0.074mm 占 63%～70%提高到-0.074mm 占 85.9%，按异步浮选流程和常规浮选流程均能获得较好的选铜试验指标，但异步浮选流程更有利于金的综合回收。

在-0.074mm 占 85.9%的磨矿细度下，以单一丁黄药为捕收剂，异步浮选流程获得的铜精矿含铜 22.85%、含金 14.27g/t、含银 85.69g/t，相应的铜、金、银回收率分别为 93.72%、94.83%、82.34%；采用丁黄药和丁胺黑药组合捕收剂，可使铜、金、银的回收率提高 1～2 个百分点，但铜、金、银品位略有降低。

4.4.3.2 羊拉浮选一厂

羊拉浮选一厂尾矿含铜 0.22%，其中硫化铜分布率为 72.73%，主要以微细粒嵌布于铜矿物尾矿中，另外，该尾矿中还含少量铁、铋、钼、金、银等有价元素。研究矿样性质基础上，试验采用浮选流程对其中的铜矿物进行回收，为了能够充分回收其中的强磁性矿物，采用弱磁选对浮选尾矿进行选别。对于试样中的其他有价元素，考虑到经济成本，不采用单一工艺对其回收，而是与铜矿物一并富集，在后续工艺中进行集中回收处理。

羊拉铜矿尾矿矿物成分复杂，铜矿物是主要回收的对象，尾矿铜主要以硫化铜矿物为主，可利用浮选工艺进行回收，最终获得了铜品位为1.43%、回收率为30%左右的较好指标，为后续的工艺提供了原料。

该尾矿中含铁15.31%，主要以硅酸铁矿物为主，分布率高达58%，磁铁矿等强磁性矿物含量较低。由于先磁选后浮选流程，处理矿量较大，而且磁选后的尾矿浓度较低，不利于后续的浮选工序，所以，试验采用先浮选后磁选流程，浮选尾矿进行一段弱磁选，得到铁品位为60.87%、回收率为6.47%的铁精矿产品。由于尾矿中的有用矿物品位较低，矿物组成复杂，所以尾矿的选别难度极大，单独的选矿工艺不能有效地回收其中各种有价成分，因此需要联合冶金工艺处理浮选富集的精矿使该尾矿资源得到综合利用。

4.4.3.3　云南河口铜矿

云南河口铜矿石含铜仅0.50%～0.80%，属低品位硫化铜矿石，但矿石中还伴生铁和硫。河口铜矿石中的铜矿物主要为黄铜矿，硫矿物主要为黄铁矿，铁矿物主要为磁铁矿；脉石矿物主要为石英，其次为方解石、重晶石、白云石等。

矿石的铜、硫、铁含量分别为0.59%、4.57%、36.98%，铜有98.31%赋存于硫化物中，属于伴生铁、硫的低品位硫化铜矿石。矿石因长期暴露而风化，含泥较多。黄铜矿多呈他形粒状，以集合体的形式分布于脉石矿物中，嵌布粒度一般为0.01～0.2mm，并且与磁铁矿、脉石矿物的嵌布关系较复杂，需细磨才能使其解离。黄铁矿呈自形-半自形粒状，多与石英共生，粒度较大，一般在0.08～0.2mm。铁矿物主要呈致密块状构造，质地较硬，以磁铁矿为主；磁铁矿常呈粗粒斑晶或由粒状集合体组成的团块嵌布，粒度相对较粗，一般为0.08mm左右。

电子探针分析结果显示，黄铜矿和黄铁矿单矿物的成分含量接近理论值，但从显微镜下观察发现，有少部分黄铜矿与黄铁矿呈固溶体形式存在，这势必增加铜硫分离的难度。

矿石中的铜主要以黄铜矿形式存在、硫主要以黄铁矿形式存在，可以通过浮选得到较好的回收；铁矿物以磁铁矿为主，可以通过弱磁选得到较好的回收。为确保铁精矿中的硫含量不超标，决定采用先浮选后弱磁选的工艺流程，即先对原矿进行铜硫混合浮选和铜硫分离浮选得到铜精矿和硫精矿，然后对铜硫混浮尾矿进行弱磁选获得铁精矿。

采用铜硫混合浮选—铜硫分离浮选—浮选尾矿弱磁选流程处理该矿石，较好地实现了铜、硫、铁的综合回收，获得了铜品位为18.03%、铜回收率为93.07%的铜精矿，硫品位为52.02%、硫回收率为56.34%的硫精矿以及铁品位为

61.90%、含硫 0.05%、铁回收率为 27.38%的铁精矿，但黄铜矿和黄铁矿固溶体的存在导致了硫精矿中仍含有 0.57%的铜。

4.5　铜-硫-钴矿石的选别

钴是一种银白色金属，属于铁族元素。钴的矿物或钴的化合物一直用作陶瓷、玻璃、珐琅的釉料。直到 20 世纪，钴及其合金才在电机、机械、化工、航空和航天等工业部门得到广泛的应用，且消费量逐年增加。而今，钴已经成为一种全球的战略物资。根据国家有关部门《2009~2015 年中国氢氧化钴市场预测与投资建议分析报告》，钴金属价格为 32 万~33.8 万元/吨，是铜价的 5 倍左右。我国钴资源非常稀缺，2007 年对外依存度达到 90%，是对外依存度最高的有色金属元素。

我国钴资源多以伴生矿为主，且品位低，其中伴生于铁、铜矿的钴资源分布在四川、青海、山西、河南、广东、安徽等地。因此，加大对钴矿石的选别利用具有重要的意义。

铜钴矿石是获得钴金属最普遍的矿源，世界钴产量的绝大部分是从这种铜钴矿石中作为副产品回收的。

4.5.1　铜-硫-钴矿石中常见钴矿物及可浮性

为了解决铜钴矿石的选矿问题，除了人们所熟知的铜矿物外，还应了解其中常见的钴矿物。有工业价值的钴矿物有：硫钴矿 Co_3S_4、硫镍钴矿（Co，Ni$)_3S_4$、硫铜钴矿 $CuCo_2S_4$、辉钴矿 $CoAsS$、砷钴矿 $CoAs_2$、方钴矿 $CoAs_3$ 钴土矿 $m($Co，Ni$)O \cdot MnO_2 \cdot nH_2O$ 等。

在上述钴矿石中，钴还以类质同象或呈固溶体富集在镍和铁等的硫化物和砷化物中而使之成为含钴矿物。它们虽然含钴品位很低，但却是提取钴金属的主要来源，其在工业上的意义往往超过单独形态的钴矿物。常见的含钴矿物主要有：黄铁矿、磁黄铁矿、毒砂、镍黄铁矿、辉砷镍矿、针硫镍矿等。其中含钴黄铁矿作为钴的工业矿物，近年来已为国内外普遍重视。并且它主要是存在铜钴矿石中，而其余的含钴矿物则多见于镍矿石中。我国目前综合回收铜、钴的生产矿山中，绝大部分的钴是赋存在含钴黄铁矿中的，具有很大工业意义。

浮选法是目前为止从含钴矿石分选钴矿物的最主要方法，其次是重选和磁选，但应用范围有限，如处理低硫的铜钴矿石时如果钴品位很低，可用摇床来精选浮选所得的钴精矿。

由于对单独钴矿物的可浮性很少研究，文献中几乎没有关于研究钴矿物浮选性能、钴与阴离子捕收剂化合物的物理化学性质及这些化合物与抑制剂作用的资料。但是从钴在元素周期表中的位置可以推测它的浮选行为会与铁的对应化合物相似。

从浮选实践中也发现，常见钴矿物采用一般硫化物浮选实践中所使用的黄药和黑药就足以很好地浮选。这时钴矿物的可浮性稍优于黄铁矿、闪锌矿，但不及方铅矿和黄铜矿。用石灰和氰化物等抑制钴矿物比抑制黄铁矿稍困难些，但它们在铜-钴分离中也广泛用来抑制钴矿物。硫酸铜可作为被抑制过的钴矿物的活化剂，而硫化钠则因用量的多少而对钴矿物起活化（量小时）或抑制（量大时）作用。

至于含钴矿物的可浮性与原矿物则只有程度的差异，并无本质的不同，因此对黄铁矿的所有抑制及活化措施同样都适用于含钴黄铁矿。

4.5.2 铜-硫-钴矿石的选别工艺

选矿处理的铜钴矿石主要是硫化矿石，氧化和混合铜钴矿石虽然也经常碰到，但它们很少经过选矿。富矿石直接送去火法冶炼，而较贫的矿石或者水冶处理，或者一般不开采。目前已知选别氧化和混合铜钴矿石的唯一一个稍大的选厂是科里维兹选厂（扎伊尔），只能得到铜-钴混合精矿，没有分选成单独的铜精矿和钴精矿。

硫化铜钴矿石按其中钴的赋存状态可以分为两种情况：一种是钴呈单独形态钴矿物（辉钴矿、砷钴矿、硫铜钴矿、硫钴矿等），另一种是钴大部或全部为含钴黄铁矿。前者可以得到含钴10%～18%以上的高品位钴精矿，后者因钴与黄铁矿不可能机械地分离，而只能浮出含钴很少的钴硫精矿，其钴品位取决于含钴黄铁矿中的含钴量。我国目前选矿处理的铜钴矿石基本上都属于后一种情况，所得钴硫精矿的钴品位约0.2%～0.4%。至于有的选厂由于原矿钴品位太低或钴与铜矿物的共生关系太密切，只能选出含钴的铜精矿，而不能用选矿方法分离出单独钴精矿或钴硫精矿，这在选矿工艺上仍然属于处理单一硫化铜矿石的范围，因此不拟在此讨论。

处理硫化铜钴矿石时，钴精矿的回收率因为原矿的物质组成、钴品位、钴与铜的相对含量及钴的赋存状态等的不同而呈现很大差别，一般在35%～80%之间。

由钴矿物的可浮性不难想到，硫化铜钴矿石的浮选事实上可以看作硫化铜-黄铁矿矿石的浮选。只是由于钴的伴生提高了黄铁矿的工业价值，因而在处理铜钴矿石时往往在黄铁矿含量较低的情况下也需要把它与铜矿物分离而单独作为精矿。

在我国铜钴矿石的浮选实践中常采用下列浮选流程：

（1）直接优先浮选流程。优先浮铜，钴被抑制，浮铜尾矿再选钴，如图4-7所示。铜尾矿进入钴回路前一般都经浓缩以脱除过剩药剂，然后加新鲜水稀释、浮选，浮选时最好能加入活化剂，如 $CuSO_4$、H_2SO_4、CO_2、Na_2SiF_6 或其他能降低矿浆 pH 值的药剂。使用 CO_2 可在黄药用量较低的情况下得到比较满意的结果，利用冶炼厂排出的烟气通入选钴矿浆则是这种方法的一个更为简便易行的变例。

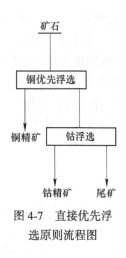

图 4-7　直接优先浮
选原则流程图

优先选铜时应严格控制药剂用量，捕收剂和起泡剂过量会导致钴在铜精矿中金属量增加，并降低铜精矿的质量。

该流程的主要优点在于能充分保证主金属铜的回收，精矿质量也较高，而且生产比较容易控制。但是，它需用浮选机多、占地面积大，并且选钴黄药用量较高，因而影响其经济效果。

陈代雄等研究了广西某硫化铜钴矿的浮选。针对矿石性质，根据黄铜矿可浮性好、含钴硫化矿可浮性较黄铜矿稍差的特点，采用对含钴硫化矿有良好抑制效果的漂白粉（次氯酸和石灰）抑制钴矿物、硫酸铜活化铜矿物的优先浮选工艺，在确保铜精矿回收率的前提下，提高铜精矿品位，减少钴在铜精矿中的损失。结果表明：随 pH 值增大，精矿铜品位提高，钴含量降低。采用 3kg/t 石灰做调整剂，优先浮选适宜的 pH 值在 12 左右。

刘志斌研究了某铜钴矿石的选矿分离。试验结果表明：铜矿物易浮，采用少量乙基黄药即可获得较好的选矿指标；随乙基黄药用量增加，铜品位下降，而铜回收率略有提高，铜精矿中钴含量明显提高；浮铜作业采用一次粗选、一次精选、一次扫选，浮铜尾矿选别钴，钴浮选作业采用一次粗选、二次精选、二次扫选，小型闭路试验获得铜品位 21.12%、回收率 86.21% 的铜精矿，钴品位 0.32%、回收率 41.63% 的钴精矿。

谭欣等针对某铁矿中伴生的丰富铜、钴矿物，研发了以新型浮选剂 TF-3 为核心的新药剂。在低碱度下分别浮选铜、钴矿物，显著降低了药剂用量。在浮选铜和钴药剂成本分别降低 48%、13% 的情况下，铜浮选指标相当，钴精矿品位提高 0.70%，钴回收率提高 3.23%。

（2）混合—优先浮选流程。矿石经磨矿后进行铜-钴混合浮选，混合精矿浓缩再磨，然后进行铜-钴分离，如图 4-8 所示。分离时一般采取抑钴浮铜。

混合浮选时通常使用黄药或黑药作捕收剂。为保证下一步的铜-钴分离，混合浮选时用低级黄药比用高级黄药好，并且加入少量石灰造成适宜的 pH 值以利浮选。

混合浮选的制度对分离浮选的成绩有很大影响。为保证良好的指标要求准确地遵守药剂

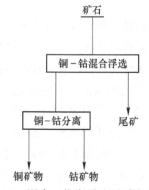

图 4-8　混合—优先浮选原则流程图

制度和正确刮取泡沫。混合浮选回路如果药剂过剩，将会破坏分离作业的选择性，使之难于控制，且分离效果不佳，铜和钴在异名精矿中损失都较大。因此，能否有效地控制分离作业，是混合—优先浮选流程的关键。

混合—优先浮选流程可以节省大约 30%~40% 的浮选机，药剂用量也较低。因此，如果运用得当，它在经济上要比直接优先浮选优越。

我国的铜钴选厂中，混合—优先浮选流程一般用于原矿铜、钴品位都较低的场合。

杨菊研究了莱芜铁矿马庄选厂浮选工艺流程。原矿中伴生有铜、钴矿物，钴部分以类质同象形式存在于黄铁矿中，部分存在于铁矿物与脉石中，原矿钴质量分数 0.017%。采用混合捕收剂（乙基黄药和丁基黄药或高级黄药组合），以松醇油为起泡剂，用适量石灰调整矿浆 pH 值至 8~9，抑制硫化铁矿物，用组合抑制剂水玻璃和石灰抑制脉石，分散矿泥。经过两次粗选两次精选，得到铜钴混合精矿，混合精矿用水玻璃和石灰抑钴浮选铜，经过一粗一扫浮选，分别得到铜精矿和钴精矿。

郭历华研究了某铜矿辉钴矿、硫钴镍矿和含钴黄铁矿的浮选。矿石中，64.04% 的钴分布于硫化物中，其余存在于硅酸盐中。采用阶段磨矿、部分混浮再分离浮选工艺，将矿石磨细至 -0.074mm 占 60%~70%，在石灰介质（pH = 9.7）中进行铜钴混浮，其尾矿再抑硫浮钴，最后采用抑钴浮铜法选别钴精矿中的铜，钴精矿的钴品位达 0.505%，回收率 50.19%。

厉广军等研究了徐州铁矿集团的废弃赤铁矿及伴生铜钴的回收。采用铜钴混浮法，经过一粗两扫选出铜钴混合精矿，再抑钴浮铜，分别得到铜精矿和钴精矿。

混合浮选可以有效回收铜、钴，保证铜的回收，但铜精矿中钴的含量较高会造成钴精矿回收率偏低。

（3）部分优先浮选流程。除了上述两种基本的浮选流程外，值得注意的是，我国有的选厂还采用了一种部分混合浮选流程，即在流程的首部先选出易浮铜矿物，产出部分合格铜精矿，然后将选铜尾矿浓缩（或不经浓缩）进行铜钴混合浮选，选出其余少量的难浮铜矿物（如氧化铜矿物及某些次生硫化铜）和可浮性与之相近的钴矿物以及铜与钴的连生体作为含铜钴产品（铜-钴混合精矿），混合精矿再磨后进行脱铜浮选（铜-钴分离），泡沫产品与已得的铜精矿合并作为最终铜精矿，槽内产品即为铜精矿。如图 4-9 所示。

这种流程以矿物的可浮性来划分回路，实质上是一种等可浮性流程，它兼有前两种流程的优点，应该说是处理多金属矿石的一种值得重视的浮选流程，它尤其适用于矿石中含有同种元素的几种可浮性和浸染特性不同的矿物的情况。我国大冶铁矿铜-钴浮选就是采用这种流程。

4.5.3 铜-钴分离和钴-硫分离

铜钴矿石在选别过程中面临的问题就是铜-钴分离。同时，铜钴矿石都不同程度地伴生有黄铁矿，它与钴矿物可浮性相近，当钴是以单独钴矿物存在时，为了得到单独钴精矿，还应该解决钴-硫分离问题。

4.5.3.1 铜-钴分离

铜-钴分离用冶炼和选矿方法可以实现。但是，选矿分离一般要比冶炼分离经济得多，而且工艺指标也最合理。北罗德西亚思康选厂的生产就很能说明这一点。该厂从含铜 3.2%、含钴 0.14%的矿石中可以选出铜品位 45.45%、钴品位 1.59%的混合精矿。由于矿石中钴矿物为硫铜钴矿，其纯矿物含钴 38%、含铜 21%，因此不能用机械方法得到较纯的钴精矿。尽管如此，该厂仍然用选矿方法将混合精矿分离成含铜

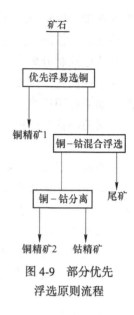

图4-9 部分优先浮选原则流程

56.8%、含钴 0.65%的铜-钴精矿及含铜 35.7%、含钴 2.4%的钴-铜精矿，然后分别送冶炼处理。实践表明，这样做的结果比将混合精矿直接送去冶炼分离要合算得多。由此可见，铜-钴分离应尽可能用选矿解决。

铜-钴选矿分离基本采用浮铜抑钴，这是因为铜矿物的可浮性一般都优于钴矿物，而且原矿中铜品位一般都比钴品位高得多，钴经常是作为副产品产出的。

我国选矿实践中铜-钴分离的方法有：

(1) 石灰法。石灰对钴矿物抑制效果较好，使用也较简便，这是迄今我国几乎所有的铜钴选厂都采用这种方法的主要原因。在球磨机（直接按优先浮选流程）或分离浮选作业（混合—优先浮选流程）中加入适量石灰以抑制含钴矿物，即可达到铜-钴分离。石灰的用量应视矿石中含钴黄铁矿的多少和使用的捕收剂种类来加以控制。用量不足则钴矿物抑制不好而混入铜精矿，既造成钴的损失，也影响铜精矿质量。用量过高则又抑制铜而使之损失于钴精矿中。对于直接优先浮选流程，石灰用量过高还会造成钴的抑制过深而增加其尾矿损失。实践中使用黄药作捕收剂时铜-钴分离的石灰用量应控制在 pH 值为 11~12，或游离 CaO 达 800~1000g/m³，混合精矿分离时在精选作业中石灰用量可稍大一些，但也不宜超过 1000~1100g/m³ 的游离 CaO。

(2) 石灰-氰化物法。氰化物是黄含钴铁矿最有效的抑制剂，并且，其抑制效果在碱性介质中最为显著，因此氰化物常与石灰配合使用。该法的分离效果比单用石灰更好。但氰化物稍大时亦抑制黄铜矿，所以必须非常严格地控制其用量，否则就会导致铜的损失。氰化物的剧毒也限制了它的应用。此外，它还溶解

矿石中伴生的金、银等贵金属而使之随浓密机溢流损失，因此，如果不是十分必要，一般都尽量避免使用氰化物。

顺便指出，上述方法并不总是能成功地分离铜和钴矿物。这样就不得不寻求其他的分离方法。例如，国外在个别情况下有使用硫化钠抑铜浮钴的。不过这种方法有很大的局限性，它只适用于含黄铁矿少的黄铜矿-辉钴矿矿石，而且，所含的钴要比铜少得多。由于钴矿物的可浮性不及铜矿物，优先选钴时需要很长的浮选作业线，相应的浮选时间为 40~60min。同时要求很准确添加硫化钠和黄药，并且硫化钠应加到球磨机及每次加在黄药之前。因此，虽然此法也能在较高的铜回收率下得到高质量的铜精矿，但并没有得到广泛的应用。只有在某种原因不能使用石灰和氰化物时，才可以考虑这个方法。

（3）萃取分离。溶剂萃取法具有低成本、低能耗、高效益、流程短、操作方便、易于实现自动控制等特点，近年来在湿法冶金中得到了广泛应用，低品位铜矿的浸出—萃取—电积和钴镍的萃取分离是比较典型的例子，在镍、钴提取过程中，主要用于氨性或酸性浸出液，钴、镍电解液的净化等。

在氨性溶液中，低浓度铜、镍、钴的萃取分离和富集研究的比较少，有报道用Lix-84 从大洋锰结核氨浸液中分离和富集铜、镍、钴。从氨性溶液中分离铜、镍、钴的萃取剂主要有科宁（Cognis）公司的 Lix 系列产品和 Avecia 公司的产品。Lix64N 是早期的铜萃取剂，在氨性溶液中对氨的共萃严重，且易降解；Lix54 是双酮萃取剂，对铜的萃取容量大，但不适合从含氨较高的溶液中萃取铜、镍，在用浓氨水调水相 pH 值时，Lix54 对铜、镍的萃取率反而下降；Lix84 是一种羟酮肟类萃取剂，萃镍后的负载有机相，洗氨分相速度较慢，且镍的反萃取困难。北京矿冶研究总院冶金研究所配制的 PT5050 是从氨性溶液中萃取分离铜、镍、钴的优秀萃取剂，萃取镍后的反萃取比较容易，分相速度快，洗氨分相速度也较快。

（4）微生物浸出。微生物浸出是利用某些微生物或其代谢产物对某些矿物的还原、溶解、吸附特性，从矿石中浸出金属或从水中回收金属。微生物浸出钴适用于处理贫矿、尾矿、炉渣等，从砷钴矿和辉钴矿中浸出钴，投资少、无污染、金属提取率高，是一个很值得重视的研究方向。

4.5.3.2 钴-硫分离

钴-硫分离要比铜-钴分离困难得多，因为钴矿物与黄铁矿的可浮性很相近。但是两者毕竟是有区别的，这就提供了分离的基础。

对于钴矿物与黄铁矿分离的问题，各国的研究工作者进行了相当长时间的研究积累了有益的资料。矿浆预先充气分离钴矿物和黄铁矿是一种方法：在碱性矿浆长时间充气时钴矿物与黄铁矿都发生氧化，但黄铁矿上的氧化膜不牢固，在搅拌和浮选过程中容易脱落，而钴矿物上的氧化膜牢固得多，因而它们能很好地被抑制，从而达到分离。

4.5.4 选别铜钴矿石药剂

我国铜钴矿石选矿实践中，过去一直沿用黄药作捕收剂。由于它选择性较差，以至选钴指标不够理想。近年来，为寻求高效能的选择性捕收剂，进行了广泛的试验研究工作，并已初见成效。目前在我国的试验研究和生产实践中对处理铜钴矿石表现出良好选择性的新药剂有以下几种。

（1）二烷基硫逐氨基甲酸酯。这是一类非离子型极性油状捕收剂，由相应的黄药与一氯乙酸（国外用一氯甲烷）和一乙胺反应制取。其通式为：

$$R_1-O-\overset{\overset{\displaystyle S}{\|}}{C}-NHR_2$$，其中 R_1、R_2 为烷基

它可以看作是黄药的衍生物，由烷基胺—RNH 取代了黄药分子中的巯基—SH。它的特点是对铜矿物有较强的捕收力而对硫化铁矿物的捕收能力比较弱，因此其选择性远优于黄药。用于铜-黄铁矿（从而对铜-钴）分离时，即使在较低的 pH 值下可表现出良好的选择性。

该类药剂中的 O—异丙基，N—乙基硫逐氨基甲酸酯（Z-200）和 O—异丙基，N—甲基硫逐氨基甲酸酯（HTK）是其中应用最广、效果最好的两种。实践证明，它具有选择性好、用量小、可降低其他药剂特别是石灰用量等优点，对提高钴指标尤为有利。

（2）烷基黄酸氰乙酯。这也是一类非离子型极性油状捕收剂，可由相应的黄药与丙烯腈反应制取。其通式为：

$$R-O-\overset{\overset{\displaystyle S}{\|}}{C}-S-CH_2-CH_2-CN$$

显然，这一类药剂也是黄药的衍生物，黄原酸分子中的—H 被—CH_2—CH_2—CN 所取代。

黄酸氰乙酯类型捕收剂，特别是其中的丁黄酸氰乙酯（我国代号 OSN-43）和乙黄酸氰乙酯（OSN-23）对于磁黄铁矿、黄铁矿、含钴黄铁矿以及未活化的闪锌矿等的捕收力均较相应的黄药为弱，而对于黄铜矿、方铅矿等的浮选捕收性能则大体接近（或稍低于）黄药，因此是一类硫化矿选择性捕收剂。硫化铜-含钴黄铁矿矿石的浮选试验中表明，它能改善过程的选择性并降低浮选剂的消耗，取得与 Z-200 相近的工艺指标。同时试验指出，黄酸氰乙酯与黄药混用较之单用效果更好。

（3）丁基铵黑药。学名二正丁基二硫代磷酸铵，是一种阴离子型捕收剂，性质较稳定，并具有一定的起泡性。其结构式为：

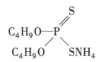

在酸性溶液中铵盐转化为磷酸酯，易与重金属离子生成难溶性盐类。丁基铵黑药可由正丁醇、五硫化二磷和液氨合成。

丁基铵黑药选择性较黄药好。比子沟矿用以处理铜钴矿石（钴主要呈类质同象存在于黄铁矿和磁黄铁矿中）作优先选铜的捕收剂，与丁基黄药相比，在铜精矿品位和回收率相近的情况下，选铜石灰用量可由 8~10kg/t 降低到 1~2kg/t，从而使铜尾矿（选钴原矿）的 pH 值由 12~13 降至 7~8，大大改善了选钴的条件。

4.5.5 铜-硫-钴矿石选矿实例

4.5.5.1 刚果（金）加丹加省某铜钴矿

某铜钴矿位于刚果（金）南部的加丹加省境内，该矿床属于闻名于世的赞比亚—刚果（金）铜矿带的西延部分，铜钴矿资源丰富。矿区内矿石属于发生强烈氧化的铜钴多金属共生矿石，铜矿石氧化率高达70%以上，矿物组成种类较为复杂，脉石矿物结构松疏，磨矿后产品细泥含量高，严重影响矿物分选。

该矿石为铜钴多金属共生矿石，铜品位 2.73%，钴品位 0.16%，矿石中可供回收的有用元素主要是铜和钴，镍、铅、锌、银等其他有价元素均因含量太低，综合回收的价值不大。

矿石中较常见的铜矿物为黄铜矿、斑铜矿、辉铜矿和孔雀石，其次是蓝辉铜矿、铜蓝、赤铜矿和自然铜；钴矿物仅见硫铜钴矿；脉石矿物以石英和滑石居多，次为白云石、菱镁矿、白云母和绿泥石等。矿石中铜的氧化程度较高，原生硫化铜和次生硫化铜所占比例分别为10.99%和11.72%，而以孔雀石为主产出的自由氧化铜的分布率则达 61.17%，同时还有 10.62%的铜以自然铜的形式存在；矿石中硫化钴仅占 10.63%，而呈氧化物产出的钴占 75.62%，采用浮选工艺时该部分钴矿物较难回收。

根据矿石性质，采用先浮选分离硫化铜钴矿、再浮选分离氧化铜钴矿的原则，流程见图 4-10。在此流程的基础上对磨矿粒度进行考察后发现，磨矿粒度达到-0.075mm 粒级占 75%时浮选指标较好，但指标均不理想，推测是药剂制度不合理，因此在此磨矿粒度基础上逐步考察硫化矿及氧化矿浮选的药剂制度，确定了合适的药剂制度后再对磨矿粒度进行重新考察。

刚果（金）某铜钴矿属发生强烈氧化的铜钴多金属共生矿石，采用先浮选硫化铜钴矿后浮选氧化铜钴矿的工艺可以有效地回收其中的铜钴金属。该矿石属易磨矿石，磨矿粒度对浮选指标的影响并不明显，磨矿粒度达到-0.075 mm 粒级占80%时即可获得较好的浮选指标。

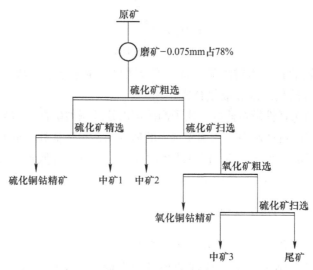

图 4-10   试验原则工艺流程图

适合该铜钴矿石浮选的药剂制度为：硫化铜钴矿浮选中，抑制剂采用 CMC，用量 60g/t，捕收剂采用 MB 和 Mac-12 组合，用量分别为 140g/t 和 40g/t；氧化矿浮选中硫化剂采用硫氢化钠，用量为 4000g/t，捕收剂同样采用 MB 和 Mac-12 组合，用量分别为 150g/t 和 50g/t。

全流程闭路试验可以获得含铜 19.1%、含钴 0.28% 的硫化铜钴精矿以及含铜 5.07%、含钴 0.31% 的氧化铜钴精矿，铜、钴总回收率分别达到 89.63% 和 73.47%。

4.5.5.2   广西某硫化铜钴矿

该矿矿石中主要金属矿物有黄铜矿、黄铁矿、毒砂、闪锌矿、磁黄铁矿、磁铁矿、赤铁矿、斑铜矿、方铅矿、金红石等。主要脉石矿物有石英、玉髓、绿泥石、绢云母、高岭石等，少量的方解石、蛇纹石、滑石等。

铜矿物主要为黄铜矿，钴在绝大多数情况下是分散元素，极少形成独立矿物（如辉钴矿，辉砷钴矿），一般以类质同象赋存于黄铁矿、毒砂、磁黄铁矿、镍磁黄铁矿、辉砷镍矿等硫化矿中（约占 40%）；大部分钴（约占 60%）分散赋存于含镍柱状、片状硅酸盐矿物中（如绿泥石、绢云母、蛇纹石等）。

从浮选理论矿物可浮性可知，黄铜矿可浮性好，含钴硫化矿可浮性较黄铜矿差，试验流程适合采用抑钴浮铜的优先浮选工艺。在确保铜精矿回收率的前提下，尽可能提高铜精矿品位，减少钴在铜精矿中的损失。

钴的赋存状况比较复杂，含钴的硫化矿为回收钴的主要对象。硫化铜钴矿选矿，在工艺流程确定以及捕收剂选择上尤为重要。试验研究浮铜在碱性介质中进行，添加石灰和漂白粉抑制含钴硫化矿，采用选择性好、捕收力强的 LD 和乙丁黄药组合用药,进行浮铜。浮铜后采用硫酸铜作为含钴硫化矿活化剂,在弱碱性介质选用强力捕收剂 YBJ 浮选钴。由于含钴矿物嵌布粒度比较细,宜采用二段磨矿、二段浮选工艺流程,可获得良好试验指标。

依据主要各种因素条件,进行全流程开路。在开路试验基础上,经过多次闭路试验以及相关药剂用量调整后确定的试验流程。获得硫钴精矿含钴为 0.31%、回收率为 20.27%,镜下观测尾矿中还有少量微细粒含钴硫化矿,需进一步再磨,才能得到充分解离,二段磨矿钴可以将回收率提高 8.23%。

试验采用抑钴浮铜的优先浮选工艺流程。选用 LD 作为铜矿物捕收剂,石灰和漂白粉为含钴矿物抑制剂,在碱性介质中浮铜。浮选钴采用硫酸铜作为活化剂,YBJ 作为捕收剂,在弱碱性介质中进行。浮选闭路试验取得良好试验效果。最终铜精矿含铜 29.07%、铜回收率达到 95.78%,硫钴精矿 1 含钴 0.31%、回收率 20.74%,硫钴精矿 2 含钴 0.25%、回收率 8.23%。

4.6 铜-钼矿石的选别

钼随着钼矿山的不断开发,钼矿山矿石品位越来越趋于贫化,直接影响选矿的钼精矿品位和回收率。而对于低品位铜钼矿石,除了要保证钼精矿的品位和回收率,还要考虑铜的综合回收。钼矿物中,分布最广、最具有工业价值的是辉钼矿,目前世界上钼产量中 99% 是从辉钼矿中获得的。由于辉钼矿具有良好的天然可浮性,因此,在选矿过程中,多采用浮选工艺对其进行处理。

钼矿床主要有三种工业类型:

(1) 细脉浸染型铜钼矿床。此类型也是铜矿床的主要类型,世界三分之一的钼矿产量产自此矿床类型。矿床中硫化铜矿物和硫化钼矿物紧密共生,当钼含量高时,即为钼矿,铜为副产品;反之,若矿床中铜含量高时,即为铜矿床,钼为副产品。此类矿床具有特殊的细脉浸染状、细网脉状构造。主要金属矿物为辉钼矿、黄铜矿、黄铁矿。原矿中的铜钼含量虽然很低,但矿床规模大,常为巨型矿床,经济价值大。

(2) 矽卡岩型钼矿床。从世界范围考虑,此类矿床属于次要地位,但在我国则较为重要。此类矿床的钼矿化明显晚于矽卡岩阶段,因而钼矿体与矽卡岩矿体不完全一致。辉钼矿常呈小颗粒散存于矽卡岩内,或沿着裂隙呈细脉状贯穿于矽卡岩体内,或与黄铁矿、黄铜矿等金属硫化矿物一起,分布于矽卡岩内石英脉中,有时与分散于矽卡岩中的白钨矿共生。此类矿床规模虽然不大,但矿床中的钼含量较高,在国内具有很大的工业价值。

(3) 热液石英脉型辉钼矿矿床。在钼矿床中,此类型为次要类型,常与高温热液型石英-黑钨矿矿床共生,与花岗岩侵入体密切相关。此类矿床常产于花岗岩、花岗闪长岩及附近围岩中,矿床属于高-中温热液型。

铜钼矿石是金属铜、钼的重要来源之一，尤其对钼而言，总量的48%来源于铜钼矿石中伴生回收。我国大多斑岩型铜钼矿石品位低、嵌布粒度细、组分复杂等，造成铜钼分离困难，致使部分低品位铜钼矿资源未能得到较好的综合回收，造成宝贵的资源浪费。所以加大对铜钼矿石的开发研究，提高钼资源的综合利用率具有广阔的研究前景。

4.6.1 铜-钼矿石中常见钼矿物及可浮性

钼的主要工业矿物是辉钼矿（MoS_2），此外还有钼钨钙矿 $Ca(Mo, W)O_4$、钼酸铅矿 $PbMoO_4$ 和铁钼华 $Fe_2(MoO_4)_3 \cdot 7H_2O$，其余的铜矿物都无工业价值。辉铜矿是最普遍和工业上最重要的铜矿物，据统计，世界90%的铜是来自辉钼矿。因此，研究辉钼矿的浮选性质是制定铜钼矿石浮选制度的重要依据。

辉钼矿（MoS_2，$w(Mo) = 60\%$）属于六方晶系，是典型的层状矿物，每一层内 S—Mo—S 中钼原子与硫原子以共价键结合，结合力极强，而层面相邻硫原子间的键合为范德华键，键合较弱，易被剪切，产生 001 解理面，层面十分疏水，从而使得辉钼矿显示良好的天然可浮性。

由于层片状表面由疏水的硫原子组成，辉钼矿表面具有天然的疏水性，为易浮矿物。但在层状片体断裂所形成的边部，钼原子和硫原子之间为强键，亲水，故"边部效应"将提高辉钼矿的亲水性，因此磨矿时应避免辉钼矿的过磨。晶体边部表面积与疏水性层片的表面积相比，亲水的晶体边缘所占比例很小，所以它具有天然可浮性，是最易浮的矿物之一，加非极性油甚至只加起泡剂就能浮游。但是也已发现少数矿区辉钼矿难浮，X 射线分析指出，难浮的辉钼矿晶格间距较大。

纯辉钼矿的可浮性及 ξ 电位与 pH 值有密切的关系，如图 4-11 所示。

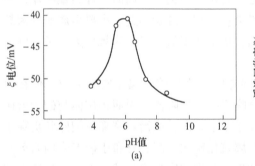
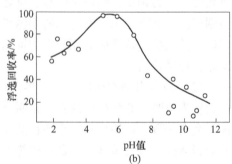

图 4-11 辉铜矿的 ξ 电位及浮选回收率与 pH 值的关系

辉钼矿的氧化反应进行得很慢，在矿石的开采和浮选的准备过程中，辉铜矿的氧化程度要比其他硫化物小。辉铜矿在低温氧化时生成可溶于水的表面氧化物，它可能是 $MoO_{2.5 \sim 3}$，对辉钼矿的可浮性影响较小。相反，在高温氧化时生成不溶于水的表面氧化物 MoO_3，它降低了辉钼矿对水的接触角，用 KOH 洗涤时，可从表面除去 MoO_3，这时接触角复原。

在辉钼矿的浮选实践中，主要使用非极性碳氢油——煤油、变压器油、机油等作捕收剂，而以煤油用得最广。不同馏分的碳氢油浮选效果不同，沸点较高的馏分得出的回收率也较高。研究煤油浮选辉铜矿还指出，煤油中的所有石蜡都是浮选辉钼矿的有效成分，并且在沸点较高的煤油中其含量大大增加。为了得到最高的辉钼矿回收率，煤油中 C8~C14 石蜡的含量应不小于 80%~85%。同时煤油的浮选性能还随石蜡中 CH_2 和 CH_3 个数之比的提高而改善。

许多研究表明，用非极性油浮选辉钼矿时将其预先乳化（化学乳化或物理乳化）是有益的。常用的乳化剂有椰子油甘油硫酸盐、脂肪酸聚甘油酯、酚烷基经甘油醚等，也可用超声波乳化。

辉铜矿也吸附黄药和黑药（图 4-12）。黑药的吸附量随 pH 值的增加而降低，在 pH=2~10 的范围内均符合下列公式：

$$\Gamma = a - b_{pH} \tag{4-8}$$

式中 Γ——被吸附的黑药量；

a，b——常数。

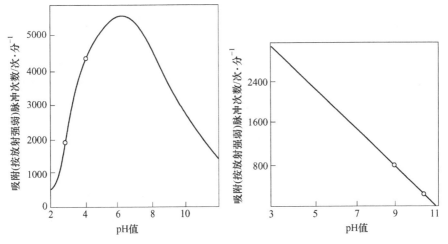

图 4-12 不同 pH 值时辉钼矿对黄药和黑药的吸附图

黄药在 pH=6 时吸附量最大，它在酸性介质中吸附且降低显然与它的分解有关。现在许多具体矿石的研究中和工业实践中发现，用非极性药剂浮选辉钼矿时添加黄药和黑药可提高挥铜矿的回收率。其原因可能有两方面：

（1）辉钼矿表面对巯基捕收剂（黄药和黑药）的催化氧化使之呈双黄药和双黑药牢固吸附在辉钼矿表面，提高了它的可浮性；

（2）辉钼矿与重金属硫化物连生体的存在或是辉钼矿含有杂质，因而被黄药和黑药所浮游。

黄药和黑药的吸附还与加药次序有关。先用碳氢油处理辉钼矿,其吸附膜就阻止了黄药或黑药与辉钼矿表面作用,因而它们的吸附量就大大降低。反之,如果先加黄药或黑药然后再加碳氢油,则后者吸附在黄药或黑药的吸附膜上而保护它不受解吸剂的作用。

辉钼矿难于被抑制。文献指出,硫化钠和氰化物都不能抑制辉钼矿,它们被用来分离铜-钼产品。但是又指出高浓度的硫化钠($>0.8g/L$)对细磨的辉铜矿有某些抑制作用,这可能与细粒的比表面积增大及辉钼矿解离侧面的亲水性作用增加有关。为此,有人建议在向矿浆加入硫化钠的同时或之前用碳氢油进行处理。

关于石灰对辉钼矿浮选的作用有不同的看法。有人认为,对于辉钼矿来说,Ca^{2+}是表面活性很高的离子,它对辉锡矿的 ξ 电位和回收率有很明显的影响,加入适量 Ca^{2+} 使辉钼矿 ξ 电位变为 0 时,此时的回收率最高。但另一方面,几乎可以肯定,由于石灰的絮凝作用以及它对一些重金属硫化物如黄铁矿等的抑制作用,在用量较大时它会对细磨的辉钼矿(易絮凝)及辉钼矿与黄铁矿或脉石等的连生体产生抑制,特别是当矿石中含有大量原生矿泥时。因此,虽然在许多情况下我们使用石灰作为与辉铜矿伴生的硫化物的抑制剂和 pH 值调整剂,但必须注意防止过量。而当矿石中含有大量原生矿泥时,建议使用苛性钠代替石灰作矿浆 pH 值调整剂。

硫酸铜对辉钼矿有活化作用。利用放射性同位素进行的研究表明,铜离子为辉钼矿所吸附,且在低浓度的 $CuSO_4(1\sim5mg/L)$ 中,黄药,特别是黑药的吸附量增加。

4.6.2　铜-钼矿石的选别工艺及药剂

4.6.2.1　铜钼硫混浮-粗精矿再磨抑硫分离

这是目前绝大部分铜钼矿,特别是斑岩铜矿普遍采用的方法。斑岩铜矿储量大、品位低,其铜钼硫等硫化矿物多呈粗粒集合体嵌布,可浮性较好,采用常规硫化矿捕收剂如黄药和起泡剂即可浮出。矿石经一段粗磨(-0.074mm 占 90% 左右)后加入大量石灰(相对于粗精矿石灰用量在 10kg/t 以上)抑制黄铁矿,得到含铜大于 20%、含钼 0.5%~1% 的铜钼混合精矿。在粗磨条件下抛弃占 90% 以上产率的尾矿,可节约磨矿成本。粗精矿再细磨后加石灰浮选抑制分离硫得铜钼混合精矿和硫粗精矿,如图 4-13 所示。

在选铜循环的铜硫分离作业中,由于磨矿粒度细、石灰用量大,严重影响辉钼矿的浮选,在选铜作业中铜的回收率只有 50% 左右或者更低,个别矿石由于原矿钼品位低,回收率可达到 80% 左右。此外铜钼混合精矿中钼含量过低,使铜钼分离，生产钼精矿在经济上不合理。

造成钼回收率低的主要原因有：磨矿粒度过细、游离氧化钙吸附及矿泥罩盖。

铜钼混合精矿分离。一般采用抑铜浮选工艺，其关键是使铜矿物表面的捕收剂疏水物质解吸，从疏水变为亲水，并在铜钼浮选分离过程中保持亲水性。硫化铜矿（黄铜矿、辉铜矿）是在以黄药为捕收剂时可浮性最好的矿物之一，需要大量的抑制剂才能使它受到抑制。如用硫化钠进行铜钼分离时，用量至少要在 10kg/t（原矿），有时甚至要达到 50~70kg/t（原矿）才能使铜钼混合

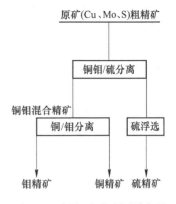

图 4-13 铜钼矿选矿原则流程

精矿分离。抑制剂的费用约占钼成本 80%~90%，有时由于药剂费用过高，选钼亏损，造成由于经济原因使铜钼矿中的钼不能回收。

因而，开发新型有效的硫化铜的抑制剂及铜钼混合精矿分离的新工艺及新设备，仍然是一个具有长远意义的研究课题。

4.6.2.2 铜钼混浮—抑硫浮选分离

该方法用于细粒嵌布、黄铁矿含量不高和可浮性一般的铜钼矿。

4.6.2.3 铜钼混合精矿脉动高梯度磁选分离

脉动高梯度磁选分离是 20 世纪 80 年代初发展起来的一种分离细粒弱磁性矿物的有效方法，已广泛用于弱磁性铁矿、锰矿和黑钨矿等有用矿物的选别。由于黄铜矿是弱磁性矿物（比磁化系数约为 $0.844 \times 10^{-6} \, m^3/kg$），辉钼矿为非磁性矿物，中南大学扬鹏等人将这一新技术引入铜钼分离。但铜钼混精中铜、钼矿物粒度很细，且铜矿物磁性很弱，分选分离较困难。对德兴铜矿铜钼混精进行分选小试，产品互含较严重，钼回收率仅为 70.93%，富集比较低（2.68），有待进一步研究。

铜钼矿石（主要是斑岩铜矿石）中铜的品位往往超过钼几十倍，无疑在混合浮选回路中主要是注意提高铜的回收率。因此，铜钼选厂一般是按单一硫化铜矿石的浮选工艺制度进行铜钼混选。由于辉钼矿易浮，当用普通的巯基捕收剂和起泡剂浮选铜矿物时，辉钼矿能够很好地回收到泡沫产物中。

铜钼矿石中黄铁矿含量高时，混合浮选如使用黄药（即使少量的）会使黄铁矿大量上浮，造成铜钼分离的困难。这时应考虑选用对硫化铁捕收力弱的捕收剂，如丁基铵黑药、烷基黄酸烯丙酯、异硫脲、二烃基硫逐氨基甲酸醋、烷基硫酸盐等。

如果辉钼矿是与非金属矿物共生，那么为了提高它在混合浮选回路的回收率可添加少量碳氢油。但是在许多情况下发现添加碳氢油对回收铜不利（它使泡沫

强度变坏），因此当矿石中的有价成分是以铜为主时，为了照顾铜的回收而宁可不加碳氢油来提高钼的回收率。

某些情况下（如我国一些含钼较富的矽卡岩铜矿石），矿石中钼品位接近甚至超过铜，铜在矿石中的相对重要性下降，乃至仅作为副产品回收。这时混合浮选回路主要使用碳氢油作捕收剂，同时加入少量铜矿物捕收剂。如我国闲林埠铁矿混合浮选回路以煤油为主要捕收剂，并加入少量（5~8g/t 左右）丁基铵黑药作辅助捕收剂。

当矿石中含有大量泥质脉石矿物时，可加入适量的硅酸钠（水玻璃），尤其是 $w(SiO_2):w(Na_2O)=2:1$ 时有良好效果，但是过量的硅酸钠会显著恶化辉钼矿的可浮性。我国河北铜矿在处理一种透辉石含钼矿石时，由于它硬度小、易泥化，加上透辉石一类硅酸盐脉石有良好的可浮性，它们大量上浮而破坏了正常的浮选过程。现场针对这种情况采用低浓度、低碱度、高水玻璃用量的"两低一高"工艺条件，使得选指标大为改善，表 4-5 是处理该类矿石的不同工艺条件的一些统计资料。

表 4-5　不同工艺条件处理透辉石含钼矿石指标比较　　　　　　　　（%）

工艺条件	原矿品位		精矿品位		回收率		铜精矿含钼	
	Cu	Mo	Cu	Mo	Cu	Mo	品位	分布率
浮选浓度 23%~25% pH=9.5~10 水玻璃 0	0.341	0.121	16.45	39.21	77.07	21.42	0.575	7.604
浮选浓度 20%~21% pH=9.0~10 水玻璃 1kg/t	0.333	0.092	16.25	43.55	86.45	51.17	0.261	5.027
浮选浓度 20%~21% pH=9.0~10 水玻璃 3~4kg/t	0.346	0.120	14.47	47.87	86.43	71.23	0.299	5.517

为了提高混合浮选的钼回收率，也可添加少量 $CuSO_4$ 以促使辉钼矿的活化。$CuSO_4$ 通常在第二、三次精选时与水玻璃一起加入。

混合浮选的药剂添加量应严格控制，过量的捕收剂和起泡剂会恶化以后的分离浮选，严重时甚至使分离作业无法进行。

4.6.3　铜-钼分离

铜钼矿石选别出来的铜钼精矿如何进行铜钼分离是目前铜钼选矿重要的研究内容，而具体则可以分为分离药剂、分离强化措施和钼精矿化学除杂等三个方面。

4.6.3.1 铜钼分离药剂方法

铜钼分离方法有两种：一是抑铜浮钼，二是抑钼浮铜。目前世界上只有两座铜钼选厂（美国的宾厄姆和银铃）是采用第二种，大部分铜钼选厂则是采用第一种。铜钼分离时可用的浮钼抑铜药剂方案有：Na_2S 法、石灰蒸汽加热法、低温焙烧法、诺克斯法、亚铁氰化物和铁氰化物法、糊精法、其他药剂抑制法。

A Na_2S 法

Na_2S 是分离铜钼混合精矿时最常用的铜铁硫化物抑制剂。我国的铜钼选厂基本上都采用硫化钠法。该法是在碱性介质中（$pH = 9 \sim 10$）加入大量 Na_2S，使溶液中 Na_2S 的浓度不低于 $0.2 \sim 0.3 g/L$，这时 Na_2S 起着双重作用——它既解吸铜矿物表面吸附的捕收剂，同时本身又与铜矿物表面作用而增加其亲水性。过量 Na_2S 对硫化铜矿物起抑制作用的主要是它水解生成的 HS^- 离子。为了加强抑制效果，有时还加适量的水玻璃和少量氰化物，也可将 Na_2S 处理过的混合精矿在分级机中洗涤或加活性炭来吸附矿浆中被解吸下来的黄药。

由于 Na_2S 水溶液的不稳定性（它容易被空气中的氧催化氧化及在 CO_2 作用下发生水解），欲保持必需的 Na_2S 浓度，要求在分离过程中多次补加。因此，该法的最大缺点是 Na_2S 用量大，特别是当混合精矿中还含有硫化铁或氧化铜矿物时。大量使用 Na_2S 既不经济，也不利于钼的回收，因此必须努力降低 Na_2S 用量。逐点计量添加 Na_2S 并最大限度地缩短浮选时间，分出矿泥，在高矿浆浓度下用 Na_2S 处理粗粒部分，然后矿砂和矿泥合并浮选辉钼矿，将石灰与 Na_2S 配合使用等都有一定效果，指标也有所改善。

但是，节省 Na_2S 用量并强化其抑制效果的最有成效的办法是将它与蒸汽加温结合起来（图4-14）。例如，巴尔哈什铜选厂用 Na_2S 分离铜钼时在整个浮选作

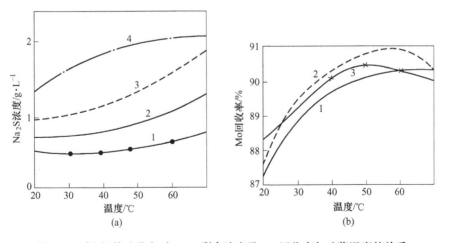

图 4-14 铜-钼精矿分离时 Na_2S 剩余浓度及 Mo 回收率与矿浆温度的关系

1—5kg/t Na_2S；2—6kg/t Na_2S；3—7kg/t Na_2S；4—8kg/t Na_2S

业线直接向浮选槽通入蒸汽, 结果 Na_2S 用量由 22kg/t 减少到 1.7kg/t, 水玻璃用量减少一半, 还节省了捕收剂, 同时钼的回收率提高到 93% (按粗精矿计), 精矿中铼的回收率也有提高。阿尔玛雷克钼选厂推广此项工艺获得更为显著的效果, 不仅药剂用量大幅度降低, 而且同其他措施一起将钼的回收率提高 8%~12%。

B 石灰蒸汽加热法

这是一种比较古老的方法, 也是破坏重金属硫化物上捕收剂膜的最简单的方法之一, 适用于混合浮选用黄药作捕收剂的情况。方法是通蒸汽加热含石灰的铜钼混合精矿矿浆, 然后充气冷却, 调浆后用碳氢油浮选辉钼矿, 尾矿即为铜精矿。加热的温度和时间视具体情况而定, 一般是在接近沸点下加热 2h 左右。

该法的实质是覆盖在硫化铜及其他重金属硫化物表面的黄药薄膜由于在热的作用下解吸和分解而被破坏, 并有难溶的硫酸钙沉淀在硫化物表面, 从而使之受到抑制而与辉钼矿分离。

该法的缺点是基建投资和生产费用高、耗费燃料、劳动条件较差, 并且对黄药以外的捕收剂效果不大。

C 低温焙烧法

将铜-钼混合精矿在带有搅拌器的多膛焙烧炉中低温焙烧, 然后用碳氢油浮选辉钼矿。焙烧温度一般在 260~330℃, 因为在这个温度下辉钼矿的氧化还不明显而捕收剂已从其他硫化矿物表面充分脱除。这种方法在抑制铜矿物方面比前法更为有效, 而且不限于用黄药作捕收剂的情况。

低温焙烧在投资、生产费用及劳动条件上比蒸汽加热问题更多, 这就限制了它的应用, 尤其是当混合精矿量比较大时。

D 诺克斯 (NOKES) 法

诺克斯 (NOKES) 法是分离铜-钼精矿常用的方法, 过去所使用的硫化钠、氰化物、次氯酸钠等都属于这一类药剂。这里所说的诺克斯药剂是专指其中由硫代磷氯、五硫化二磷、硫化砷或三氧化二锑等与 NaOH、KOH、$Ca(OH)_2$、Na_2CO_3 及其他碱性试剂反应的产物。而其中用得最广的是由 10%P_2S_5 与 13%NaOH 水溶液配制成的。诺克斯药剂特别适用于含钼很低的铜-钼混合精矿的分离, 智利、美国等的许多铜选厂都采用此法。我国江西德兴斑岩铜矿为分离含钼很低的铜钼矿石而选择的两种方案中, 诺克斯法有着明显的优越性见表4-6。

加入诺克斯药剂前应先将混合精矿浓缩, 尽量脱除其中残存的药剂, 否则抑制效果会减弱。此时如用活性炭来脱药, 则又可能贫化钼精矿。为了提高选择性,

表 4-6 我国德兴斑岩铜矿铜钼分离指标 (%)

分离方法	产品	产率	品位		分离作业回收率		总回收率	
			Cu	Mo	Cu	Mo	Cu	Mo
低温焙烧法	铜精矿	1.445	32.902	0.071	99.97	44.77	82.256	29.22
	钼精矿	0.080	1.359	24.138	0.03	55.23	0.024	36.04
	混合精矿	1.525	31.189	0.228	100.00	100.00	82.280	65.26
	尾矿	98.475	0.104	0.0019			17.720	34.74
	原矿	100.00	0.578	0.00533			100.00	100.00
诺克斯法	铜精矿	1.634	34.195	0.135	99.75	34.14	88.67	29.91
	钼精矿	0.150	9.070	23.920	0.25	65.86	0.22	50.63
	混合精矿	1.784	31.391	0.321	100.00	100.00	88.89	80.54
	尾矿	98.216	0.071	0.0014			11.11	19.46
	原矿	100.00	0.630	0.00709			100.00	100.00

有人建议在使用诺克斯的同时加入二甲基聚硅氧烷（硅油）：

$$H_3C-\underset{\underset{CH_3}{|}}{\overset{\overset{CH_3}{|}}{Si}}-\left[-O-\underset{\underset{CH_3}{|}}{\overset{\overset{CH_3}{|}}{Si}}-\right]_n-O-\underset{\underset{CH_3}{|}}{\overset{\overset{CH_3}{|}}{Si}}-CH_3$$

硅油配成 5%~30% 浓度的水乳浊液。当诺克斯用量 0.9~2.3kg/t 时硅油的用量为 50~230g/t。这种方法可以不用加温矿浆和加入活性炭而得到高的工艺指标。

诺克斯药剂抑制黄铁矿效果较差，当铜钼矿石黄铁矿含量较高时，可使用少量氰化物以加强对黄铁矿的抑制。

E 亚铁氰化物和铁氰化物法

当铜-钼混合精矿中的铜矿物是不含铁的辉铜矿和铜蓝时，使用亚铁氰化物抑制铜矿物非常有效，在介质 pH=6~8 时效果最佳。如果铜矿物主要为含铁的黄铜矿和斑铜矿时，则宜将铁氰化物与亚铁氰化物配合使用方可奏效，也可将亚铁氰化物与氧化剂（如次氯酸钠）同时使用，适量的次氯酸钠可将部分亚铁氰化物氧化成铁氰化物。

加温同样能强化亚铁氰化物的抑制作用，这主要是因为对黄药的解吸增加。研究表明，在较高温度（85~90℃）下亚铁氰化物可从各种硫化物（除辉钼矿外）表面充分地解吸黄药，如图 4-15 所示。

F 其他药剂抑制法

在铜-钼分离实践中用作铜铁硫化物抑制剂的还有次氯酸钠、高锰酸钾、重

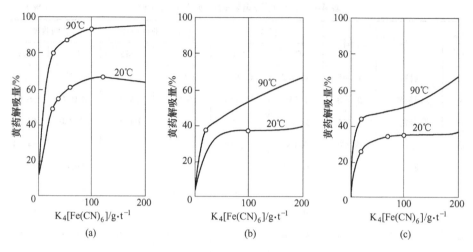

图 4-15　不同温度下 $K_4[Fe(CN)_6]$ 用量对黄药表面解吸的影响

(a) 黄铁矿；(b) 辉铜矿；(c) 黄铜矿

铬酸钾、氰化物、硫化铵等。此外，最近还有人提出用硫醇如甘油丙一硫醇 $HSCH_2CH(OH)CH_2OH$ 等药剂作为重金属硫化物的抑制剂来实现铜-钼分离。这些药剂，或破坏或解吸铜矿物表面捕收剂膜，或在其表面生成亲水膜而被抑制。

　　以上都是抑铜浮钼，它们充分利用了辉钼矿良好的天然可浮性及硫化铜矿物较易抑制也较易活化的特性，因而其工艺制度相对说来较为简单，应用也较广泛。但是由于矿物组成的千差万别以及铜钼矿物相对可浮性受多种因素影响，因此也不能排除抑钼浮铜的分离方法。

　　G　糊精法

　　目前的抑钼浮铜法就是糊精法，过程比较复杂。先把铜-钼混合精矿浓缩，然后在搅拌槽内添加糊精或淀粉抑制辉钼矿，同时加少量石灰浮铜，得到铜精矿。浮铜尾矿（贫钼产品）浓缩、过滤并低温焙烧以破坏辉钼矿表面的糊精覆盖层。焙烧颗粒用新鲜水调浆，然后加碳氢油和起泡剂浮辉钼矿。这时因焙烧中细颗粒焙烧过度使矿浆呈酸性而引起铜、铁矿物活化，需加苏打或石灰使 pH 接近 7。浮出的钼精矿尚含有少量铜和铁，还要经过几次精选，才能得到合格钼精矿。

　　分离操作的好坏，直接影响到分离效果。而分离方法的选择又受多种因素制约，如矿石的矿物组成、铜和钼矿物的相对可浮性、混合浮选使用的药剂及方法本身的适应性等。一般地说，混合浮选用巯基捕收剂时，分离可用石灰蒸汽加热、低温焙烧、硫化钠、诺克斯等法；矿石含硫化铁高时可用氰化物；对原生铜矿物主要使用诺克斯、硫化物、氧化剂等，对次生铜矿物主要用亚铁氰化物和铁氰化物；当混合精矿中含有较多氧化铜矿物时，不宜使用 Na_2S。同时，分离方法的选用还往往带有区域的性质，例如，我国的铜钼选厂基本上采用硫化钠法；美国仍以石灰蒸汽加热法为主，糊精法也只有美国有几家选厂采用；俄罗斯以硫化钠法和石灰蒸汽加热法较多，目前则有改用硫化钠加温法的趋势；智利多用诺克斯药剂；加拿大使用氰化物。总之，每一种分离方法都只在一定条件下有效，有时还需联合应用几种方法。

因此，对于每一种具体的矿石对象，根据矿石性质、分离方法的适应性及采用某种方法的现实可能性，通过试验确定合理的分离方案，这是处理铜钼矿石的关键。主要的铜钼分离方法见表 4-7。

硫化钠、氰化物、砷或诺克斯药剂抑制黄铜矿、斑铜矿为主的铜矿物较有效，硫化铵、铁氰化物及亚铁氰化物、氧化剂次氯酸盐及双氧水抑制次生硫化铜矿物有效，巯基乙酸等有机抑制剂是新研制的无毒高效非钼硫化物抑制剂。

表 4-7　铜钼分离主要方法

浮钼抑铜							
方法	典型选厂	方法	典型选厂	方法	典型选厂	方法	典型选厂
Na_2S	临江，闲林埠	石灰+蒸汽加温	（俄）阿尔勉宁	KCN加温	（加）加斯佩	As_2O_3+NaOH加温	（保）美其特
$NaHS$+$(NH_4)_2S$	（美）皮马	$K_4Fe(CN)_6$+KCN	（美）希尔佛尔	NaClO	（美）曼努尔	P_2S_5+NaOH	（智）依尔
Na_2S+蒸汽加温	（俄）巴尔哈什	$K_4Fe(CN)_6$+H_2S	（美）莫伦西	As_2O_3+NaOH	（智）丘奇卡马	P_2S_5+NaOH加温	（美）迈阿密
浮铜抑钼							
方法	典型选厂		方法	典型选厂		方法	典型选厂
糊精	（美）友他马格		焙烧	（美）银铃		木质素+石灰	（美）比尤特

4.6.3.2　铜钼分离强化措施

为了改善铜钼浮选分离效果，常采用的措施有：

（1）浓缩脱药。混合精矿分离之前，先进行浓缩脱药，脱去混合精矿中的过剩药剂，保证搅拌和分离粗选在适宜的浓度下进行。

（2）蒸汽加温。国外一些铜钼浮选厂在分离前对混合精矿进行蒸汽加温（80~90℃），有时还加入适量的石灰、鼓入氧气或空气，目的是通过解析和分解破坏混合精矿表面的捕收剂膜，当使用硫化物抑制铜矿物时也可沿浮选作业线用蒸汽直接加温（60~75℃）矿浆，此法效果好，但工艺复杂，成本高。铜钼分离的加温工艺，近年来有所发展。

除了前面提到的硫化钠加温外，还特别需要指出如下两点：首先，在加温方式上，现在采用直接向浮选槽通蒸汽加热。它除了具有通常的加温浮选所共同的优点外，其先进之处还在于通入浮选槽的蒸汽一部分转化为气泡，它不仅具有空气气泡的浮选性能，而且因本身的高温而在它与矿物接触面上发生捕收剂选择性解吸，这显然有利于铜钼的分离。其次，出现了蒸汽-苏打这一加温新工艺。在蒸汽加温分离铜-钼精矿时加入苏打，它与辉钼矿表面的氧化产物 MoO_3 作用：

$$MoO_3 + NaCO_3 \longrightarrow NaMoO_4 + CO_2 \uparrow \qquad (4\text{-}9)$$

反应产物 Na_2MoO_4 进入溶液，从而从辉钼矿表面除去了阻碍浮选的 MoO_3 氧化膜，露出疏水的辉钼矿新鲜表面，同时产生的 CO_2 气泡又选择性地在净化的辉钼矿表面析出，被这些微泡覆盖的辉钼矿颗粒，即使不被它们浮游，也更容易黏附其他大气泡而进入泡沫层。

（3）钝化工艺。钝化是让矿浆长时间置于搅拌储存槽并充入空气。钝化的作用机理，其一，铜钼混精中的黄铜矿比辉钼矿容易表面氧化而亲水，黄铜矿表面在通入空气中氧的作用下氧化生成 SO_4^{2-}、$S_2O_3^{2-}$ 等离子，可浮性下降。其二，铜钼混精中的黄铜矿表面及矿浆中的黄药在低 pH 值、高温、时间长和充气等条件下均易分解氧化失效，从而降低黄铜矿可浮性。

（4）分段添加硫化钠。加 Na_2S 是铜钼分离常用的方法，可以抑制所有非钼硫化矿物。我国实践证明用一部分 Na_2S 溶液加入搅拌槽中，另一部分以固体形式加入粗选和精选泡沫槽中，利用 Na_2S 溶解放出的热量增高矿浆温度，可增强抑制作用。

（5）用氮气浮选。由于铜钼分离循环中精选次数多（6~8 次），作业线长，使加入的硫化钠、五硫化二磷等抑制剂易氧化失效，为防止药剂氧化，降低药用量，美国、加拿大等国用充入氮气代替空气进行 Cu-Mo 分离取得了显著经济效果，可使 NOKES 药剂用量降低 50%~70%。

（6）采用浮选柱精选。由于浮选柱的泡沫层后、精选效率高，可减少铜精选次数。

（7）采用阶段磨矿和中间浮选。铜钼矿石中，各矿物的硬度和浸染粒度差别很大，在一段磨矿条件下容易产生过磨和欠磨。尤其是辉钼矿性脆，很容易泥化并絮凝，结果或者随脉石一起被抑制，或者污染其他矿物表面而将它们带入精矿，从而对金属回收率和精矿品位都产生不良影响。

采用阶段磨矿可以在相当程度上克服这些弊病。如在磨矿回路中设置中间浮选，则效果更好。阶段磨矿有多种形式，铜钼选厂多数情况是混合粗精矿再磨。值得指出的是，再磨前预先分级，只对粗粒部分再磨，这样要比使全部物料都经过再磨更合理。

（8）浮选—水冶联合流程。有些情况下用选矿方法不能得到合格钼精矿，只能产出半成品，或者为得到合格钼精矿而在多次精选过程中钼的损失太大，经济上不合理，还有的情况是在铜钼分离过程中产出的一部分贫钼产品返回浮选回路时不能受到选别，反而在回路中循环积累，影响工艺指标。在这些情况下将不合格精矿或难选中矿送往水冶处理是可取的。

（9）加强泥质矿石的处理。众所周知，细泥对浮选有着十分有害的影响，消除矿泥危害的一个比较有效的措施是用水力旋流器脱除矿泥，然后矿砂和矿泥分别处理。

对于细泥矿浆，添加颗粒状矿物以改善其物理性质对浮选是有利的。其中最简单实用的方法是将尾矿粗粒级的一部分循环送矿泥浮选给矿，可以提高精矿的品位和回收率。

4.6.3.3 钼精矿化学除杂

由于钼精矿对质量要求高，单用浮选往往还不能使杂质含量降低到要求的标准。此时可采用化学除杂方法。

钼精矿除杂，通常先加盐酸或氯化物浸出除去铜、铅、钙等，然后加 HF 或（NH_4）HF 和硫酸浸出除去 SiO_2。

4.6.3.4 铜钼分离研究方向

A 巯基乙酸钠

巯基乙酸钠因在其分子结构中含有能参与吸附 SH—活性基、1 个亲水的 COO—基和两个碳原子，所以在巯基化合物中，巯基乙酸及其钠盐对铜硫化矿物抑制能力更强，由于 HS—在矿物表面上的吸附活性比黄原酸离子更强，造成表面的高负电荷，因此即使有黄药存在，也能抑制钼矿物。无机抑制剂如硫化钠被氧化后效能减弱而使其用量增加，巯基乙酸在高氧浓度条件下，形成双巯基乙酸二聚物，反而强化了其抑制作用，因此用量较小。

金堆城寺坪选矿厂用巯基乙酸钠代替氰化钠，用量为后者的 1/2，并且改善了钼精矿沉降性能，使之易于过滤。小寺沟铜矿和闲林埠铜钼矿用巯基乙酸钠代替硫化钠，药剂成本大幅度下降。

国外有人进行了巯基乙酸钠与活性炭混合使用试验，先加活性炭吸附和解吸粗选时添加的药剂，特别是捕收剂和起泡剂（这会影响巯基乙酸钠的抑制效果），然后加巯基乙酸钠，取代铜矿物表面已有的黄药等捕收剂，二者比例 1:1 时，可获得良好的选别效果。德兴铜矿铜钼混精中含有丁黄、乙黄、2 号油等，现用 Na_2S（101kg/t）和 NaHS（5.7kg/t），其费用占药剂总费用的 80% 以上，如采用活性炭和巯基乙酸钠，有望降低药剂成本，改善钼精矿过滤效果，改善废水质量。

B 多硫化钠

硫化钠仍是铜钼分离中使用最广泛的抑铜（尤其是黄铜矿）药剂，其抑制机理是硫化钠中 HS^- 排挤掉铜矿物表面的黄药等，吸附在铜矿物表面，使其疏水。由于硫化钠易水解，易氧化失效，故用量较大，有人介绍了多硫化钠代替硫化钠用于硫化氧化铜矿物，多硫化钠水解度比硫化钠低许多（如五硫化钠 5.7%、硫化钠 86.4%），硫化剂在副反应（沉淀、难免离子的凝聚等）的消耗量将成比例地减少，可大幅度降低硫化钠用量，多硫化钠也能缓慢地水解出 HS^-，有必要研究其抑制作用，以便用于铜钼分离。

C　浮选柱

脉动高梯度磁选机是利用磁力、脉动流体力和重力的综合力场进行分选的设备。德兴铜矿铜钼混精中铜、钼矿物粒度很细，且铜矿物磁性很弱，分选时产品互含严重，钼回收率仅为 70.93%，富集比较低（2.68），获得的钼精矿浓度小，需浓缩，其预先富集、抛尾不如 1、2 次浮选精选，如仅是为了降低处理量，以便同时处理来自大山和泗洲两选厂的混精，其经济技术指标有待研究。

选钼流程的特点之一是精选次数多，采用 2 台浮选柱分别取代 1~3 次和 4~8 次精选作业，可望降低生产成本，更易实现自动化作业。因此，宜在小试基础上进一步解决好工业试验中存在的问题，力争早日投入使用。

D　钝化工艺

钝化是指铜钼混精矿中铜矿物表面氧化而疏水，或是铜矿物表面及矿浆中的黄药分解、氧化失效。黄药在低 pH 值、高温、时间长等条件下均易失效，黄铜矿在 pH = 10~11 时氧化成 SO_4^{2-}、$S_2O_3^{2-}$ 等离子，可浮性下降，在空气中氧的作用下，比辉钼矿容易氧化。

墨西哥索诺拉州，拉卡里达德选矿厂，日处理矿石 9 万吨，入选矿石含 Cu 品位 0.6% ~ 0.8%，Mo 品位 0.02% ~ 0.04%，铜钼混精经浓密，底流扬送到 ϕ9.2m×9.2m 的搅拌储存槽中，每个班充满，即 8h 装料、8h 钝化和 8h 卸矿，矿浆钝化 24h，在钝化时向矿浆中充气降低矿浆 pH 值，明显降低铜矿物的可浮性。若利用黄药、铜矿物的自然性质，采用充空气搅拌储存钝化方法来降低黄铜矿可浮性，其经济技术指标有可能优于活性炭吸附、硫化钠解吸等其他方法。

4.6.4　铜-钼矿石选矿实例

4.6.4.1　安徽某铜钼矿

对安徽某铜钼矿石进行可选性试验研究，该矿石的结构多呈细粒状、鳞片状结构，矿石构造主要为网脉状、细脉状、浸染状构造。矿石中矿物种类较多，其中主要金属矿物为辉钼矿、黄铜矿，其次还有辉铋矿、辉铜铋矿、辉铅铋矿、闪锌矿、黄铁矿、白铁矿、磁黄铁矿等。金属矿物含量较少，合计为 0.8%；主要脉石矿物为钙铝石榴石、镁铝石榴石、方解石、钾长石、钠长石、榍石、磷灰石、阳起石等。

辉钼矿在矿石中分布极不均匀。多呈鳞片状集合体产出，主要嵌布特征大体有两种情况：一种是呈不规则的粗粒状充填于脉石矿物的裂隙、颗粒间隙中或多颗粒集合体产出；另一种是呈细粒状、细鳞片状嵌布于脉石矿物中，且多分布于粗粒辉钼矿附近的脉石中。在粗粒辉钼矿中易见细粒脉石矿物的包裹体，偶见黄铜矿、自然铋、磷灰石等包裹体。

采用铜、钼混选，粗精矿经一段再磨，铜、钼分离，八次精选的浮选工艺流程，采用煤油作捕收剂，BK301C 为辅助捕收剂，其中 BK301C 能强化煤油对钼的捕收作用，同时又对硫化铜矿物有较好的捕收作用，能综合回收矿石中的铜矿物。闭路试验获得含钼 50.76%、回收率 90.26% 钼精矿。

4.6.4.2　赤峰某大型斑岩型低品位铜钼矿床

赤峰某大型斑岩型低品位铜钼矿床，铜钼矿物主要以硫化物形式存在，且嵌布关系密切、嵌布粒度微细。为高效开发利用该贫矿资源，对矿石进行了选矿工艺技术条件研究。结果表明，铜钼混浮适宜的磨矿细度为 -0.074mm 占 70%，铜钼分离适宜的磨矿细度为 -0.043mm 占 80%；采用一粗二精一扫、中矿顺序返回闭路流程混浮铜钼，一粗五精二扫、中矿顺序返回闭路流程分离铜钼，最终获得了铜品位为 17.51%、铜回收率为 81.25% 的铜精矿，以及钼品位为 42.41%、钼回收率为 88.35% 的钼精矿。

4.6.4.3　乌努格吐山铜钼矿

乌努格吐山铜钼矿地处呼伦贝尔大草原中部，是一座处在高纬度、高寒地区的矿山企业。原矿铜品位 0.3426%、原矿钼品位 0.0416%，铜金属储量 267 万吨、钼金属储量 54 万吨，储量巨大。矿山项目分三期规划，一期工程于 2007 年 8 月开工建设，一期规模年处理矿石 990 万吨，日处理矿石 3 万吨，采用大规模露天开采总投资 27.18 亿元，建设工期一年半，建设过程中，以"建一流项目、创国优工程"为目标，采用了"SABC"碎磨流程（半自磨—顽石破碎—球磨工艺）、深锥浓密、尾矿膏体排放等九项国内和世界先进技术，具有节能、环保、劳动生产率高等优势，同时坚持"在建设中绿化，在剥离中复垦"，走出了一条绿色矿山建设新路子。

目前采用了"SABC"碎磨流程，强化了以优先浮铜为主的浮选工艺，铜回收指标好，但低品位伴生钼的综合回收不尽人意。一是现有的碎磨流程工艺入选粒度较粗，而钼矿物嵌布粒度相对较细，造成铜浮选精矿中钼富集比不高，回收率较低，仅能达到 70% 左右；二是由于铜精矿含钼品位低，并且由于铜矿物已受捕收剂的强力作用，造成铜钼分离困难而影响分离效率。现场铜钼分离工艺中，虽然采用了常规的硫化钠并加入适量高锰酸钾进行氧化，但由于受铜矿物中铜次生率较高加上湖水的不良影响，现场铜钼分选指标不理想，药剂用量大、钼精矿含铜超标。因此，亟须研究开发斑岩铜矿伴生低品位钼的浮选新工艺和新药剂，以提高钼的综合回收率；采用强化再磨作业、脱药、调浆工序等措施，提高选别指标是降低选钼成本的关键所在。

通过开展了 111 起泡剂取代 2 号油试验及 DTX 系列新捕收药剂组合新工艺试验研究，试验结果表明：采用新药剂组方并选用优先选钼工艺流程，可获得含铜 23.67%、含钼 0.539% 的综合铜钼精矿，铜、钼回收率分别为 92.64% 和 50.41%，铜、钼精矿品位与现场工艺流程相比，分别提高了 1.03 和 0.019 个百分点。新工艺也为将来矿山开发 A_2 钼矿体具有指导作用。

探索试验采用强化再磨作业、选用新药剂脱药等铜钼分离技术，试验结果表明：采用两次再磨、五次精选作业，使用新药剂脱药工艺，钼精矿中钼品位为 39.16%、铜的含量为 4.88%，而使用高锰酸钾脱药工艺，钼品位仅为 33.07%、铜的含量高达 9.05%。

4.7 铜-镍矿石的选别

镍的主要来源有镍黄铁矿、紫硫镍矿和红土镍矿等，而全球约有 60% 的金属镍来自于硫化铜镍床。铜镍硫化矿不仅是一类有工业价值的铜矿石，尤其是重要的镍矿石，它是世界产镍的主要来源。我国的硫化铜镍矿主要分布在甘肃金昌、辽宁磐石、新疆富蕴等地。

针对硫化铜镍矿物，通常采用浮选进行选别分离，但在实际的选别过程中，由于硫化矿物的矿石性质差异和含钙镁的脉石矿物影响，其分离效果很难达到预期效果，矿山的经济效益难以提高，也给后续冶炼造成了不利影响

铜镍矿石中，含镍 3% 以上的富矿石直接送去冶炼，含镍 1% 以下的贫矿石要先经选矿处理，而含镍 1%~3% 的矿石则应视其中铜的含量而定，含铜较高时也要进行选矿，含铜较低可直接送去冶炼。总的来说，很大一部分铜镍矿石都得先经过选矿。

4.7.1 铜-镍矿石的物质组成及结构特点

铜镍矿石基本上属于硫化矿石，它与基性和超基性岩关系极为密切。矿石中主要金属矿物为磁黄铁矿、镍黄铁矿和黄铜矿三种，其中又以磁黄铁矿最普遍，此外还有磁铁矿、黄铁矿、钛铁矿、铬铁矿、闪锌矿和铂族矿物以及少量辉铁镍矿、铜蓝、辉铜矿、斑铜矿等。脉石矿物有橄榄石、辉石、斜长石以及滑石、蛇纹石、绿泥石、阳起石、角闪石、云母等，有时还有石英和碳酸盐。

目前将硫化铜镍矿床的矿石类型大致分为以下几种：

（1）基性-超基性母岩中的浸染状矿石。稠密状浸染状矿石以海绵晶铁矿石最为经典，孤立的硅酸盐脉石矿物被互为连接的硫化矿物所包围。稀疏浸染状矿石，硫化矿物散布于脉石矿物中。

（2）角砾状矿石。在硫化矿物中包裹有岩状的破碎角砾。

（3）致密块状矿石。几乎由金属硫化矿物所组成。致密块状矿石与角砾状矿石关系密切，实际为角砾很少的角砾状矿石。

（4）细脉浸染状矿石。由金属硫化矿物细脉、透镜体和条带所组成。

（5）接触交代矿石。在高温气化作用下，围岩（如钙镁碳酸盐）发生化学组分变化，除形成浸染状、细脉状矿化外，还产生如硅灰石、透闪石、石榴石等接触交代矿物。

铜镍矿石中的铜几乎都是以黄铜矿的形态存在。镍主要有三种类别：主要部分为游离硫化镍（镍黄铁矿、针硫镍矿、辉铁镍矿等），同时还有很大一部分呈类质同象杂质（固溶体）存在于磁黄铁矿中，此外还有一些硅酸镍。

铜镍矿石中的有用组分除镍和铜外，比较重要的还有铂、钴及少量金、银、硒、碲等。

4.7.2　铜-镍矿石中常见镍矿物及可浮性

目前已发现有二十多种镍矿物，加上类质同象混合等形成的镍矿物则更多，但常见的镍矿物不多。在所见的镍矿物中，由于常发生离子置换，镍矿物实际化学组分常与矿物的分子式不相符。

常见的镍矿物有镍黄铁矿、紫硫镍矿、铜镍铁矿、针硫镍矿、四方硫铁矿、磁黄铁矿、次生黄铁矿、白铁矿、黄铜矿、墨铜矿以及方黄铜矿。

镍黄铁矿为最重要和最普通的硫化镍矿物，世界上75%的镍产自镍黄铁矿。镍黄铁矿的理论化学成分为$w(Fe)=32.55\%$，$w(Ni)=34.22\%$、$w(S)=33.23\%$，镍铁的比例接近1.0，常含类质同象的钴（含量0.4%~3%）等。镍黄铁矿的天然可浮性比黄铁矿的天然可浮性好些。镍黄铁矿是最不稳定的硫化铜镍矿物，与黄铁矿相似，表面易被氧化生成相应的氧化膜和可溶盐。在氧化带和浅成蚀变过程中，镍黄铁矿将转变为紫硫镍矿、针镍矿等。在浮选过程中，其氧化速度随矿浆pH值的提高而增大，故在高碱介质中可以抑制镍黄铁矿的浮选。在酸性或弱碱性介质中，可溶去镍黄铁矿表面的氧化膜，露出新鲜的含镍、硫的矿物表面。因此，低碱介质可提高镍黄铁矿的天然可浮性。

紫硫镍矿的可浮性较为复杂，既与矿物组成有关，也与表面特性有关，我国金川镍矿富矿的紫硫镍矿可浮性与矿物晶格成分的关系见表4-8。

表 4-8　紫硫镍矿可浮性与矿物晶格成分的关系　　　　　　　　　（%）

矿物	可浮性	元素含量				镍铁的比例	镍铁的比例（原子数）
		Ni	Fe	Co	S		
紫硫镍矿 K_1	良好	35.00	20.90	0.79	43.20	1.67	1.59
紫硫镍矿 K_2	好	30.64	27.80	0.72	40.38	1.10	1.05

矿物	可浮性	元素含量				镍铁的比例	镍铁的比例（原子数）
		Ni	Fe	Co	S		
紫硫镍矿 K_3	一般	30.60	29.10	0.72	39.60	1.05	1.00
紫硫镍矿 K_4	较差	26.30	31.91	0.60	40.30	0.82	0.77

从表中数据可以看出，晶格中镍铁原子数比值越高，紫硫镍矿的可浮性越好；相反，紫硫镍矿晶格的铁含量越高，其可浮性越差。由镍黄铁矿蚀变生成的紫硫镍矿含镍高、含钴高、含铁低，由镍黄铁矿蚀变生成的紫硫镍矿的可浮性较好，而由磁黄铁矿及黄铁矿蚀变生成的紫硫镍矿的可浮性差。对该矿贫矿石中的紫硫镍矿的浮选试验表明，强蚀变矿石中的紫硫镍矿比弱蚀变矿石中的紫硫镍矿具有明显的铁高、镍低、硫低的特点，强紫硫镍矿的浮选回收率仅为 40% 左右，弱蚀变矿石中的紫硫镍矿的浮选回收率可达 60%~70%。

紫硫镍矿的可浮性与其表明特性密切相关，紫硫镍矿的表层及内部晶格元素成分和含量见表 4-9。

表 4-9   紫硫镍矿的表层及内部晶格元素成分和含量   （%）

项　　目			元　素　成　分					
			Fe	Co	Ni	Cu	O	S
表面氧化膜	1	质量	46.24	0.89	11.96	1.90	23.13	15.80
		原子数	27.30	0.50	6.70	1.10	47.80	16.40
	2	质量	42.03	0.91	11.35	1.99	23.57	20.15
		原子数	24.20	0.50	6.20	1.00	47.50	20.30
紫硫镍矿晶格	强蚀变	质量	48.20	0.95	22.61	2.06	5.91	20.27
		原子数	37.50	0.70	16.70	1.46	16.10	27.30
	弱蚀变	质量						
		原子数	20~26	0.50	28~36			40~43

从表中数据可知，紫硫镍矿表层的成分较复杂，尤其是存在相当数量的氧。与内层比较，表层具有铁高、镍低、硫低的特点。表层存在氢氧化铁、氢氧化镍及在解理中存在磁铁矿及脉石矿物的穿插，更增强了紫硫镍矿的天然亲水性。

为了提高紫硫镍矿的可浮性，曾采用"磁选—酸洗—浮选"的联合流程进行试验，利用紫硫镍矿具有磁选进行磁选和酸洗溶去其表面氧化膜，以露出新鲜的含镍、硫高和铁低的较为疏水的表面，然后采用浮选法回收镍矿物。试验表面经过酸洗后的镍矿物可浮性明显提高。

铜镍铁矿为镍黄铁矿与黄铜矿的复合相，其化学成分为 $w(S) = 32\% \sim$ 33.3%、$w(Fe) = 29.3\% \sim 31.4\%$、$w(Cu) = 8\% \sim 22.7\%$，$w(Ni) = 17\% \sim 28.1\%$，其硫、铁含量稳定，铜、镍含量变化较大，但比较稳定，常与镍黄铁矿、磁铁矿、黄铜矿、蛇纹石等共生，其天然的可浮性差，具有磁性，性脆。

在镍矿物和含镍矿物中，最重要的是镍黄铁矿、针硫镍矿和含镍磁黄铁矿，其中来自镍黄铁矿的镍约占世界镍产量的90%。这三种矿物都可用高级黄药（实践中主要用丁基和戊基黄药）浮选。镍黄铁矿和针硫镍矿的可浮性在黄铜矿与磁黄铁矿之间。镍黄铁矿在中性和弱碱性介质中浮选最好。针硫镍矿在弱酸性、中性甚至弱碱性介质中也可用丁基黄药浮选。含镍磁黄铁矿只能在弱酸性和酸性介质中浮选，而且浮选较慢，需要设置很长的浮选作业线。

这三种矿物都可用石灰抑制，但程度不一样。磁黄铁矿比较容易抑制，抑制镍黄铁矿和针硫镍矿则要求石灰过量。与磁黄铁矿及黄铁矿不同，其他的碱不抑制镍黄铁矿和针硫镍矿。只用石灰镍黄铁矿和针硫镍矿分离不够好，通常还需添加少量氰化物来抑制镍黄铁矿，但这样抑制以后镍黄铁矿很难活化，因此这一方法只能用于铜-镍混合精矿的分离，镍精矿是作为铜浮选的尾矿得到的。

镍黄铁矿能较快地被空气中的氧所氧化而在其表面生成氢氧化铁膜使之抑制。磁黄铁矿比镍黄铁矿被空气中的氧氧化得更快。硫酸铜是镍黄铁矿，尤其是磁黄铁矿的活化剂，在被石灰（而不是氰化物）抑制后也可以用它来活化这些矿物，特别是磁黄铁矿。为了改善硫酸铜对镍矿物的活化，有时预先加入少量硫化钠。当使用黄药作捕收剂时，这一措施很有效。

硅酸镍矿物目前还不能用工业浮选选出，因此，矿石中硅酸镍含量的多少将是影响镍回收率高低的重要原因。

4.7.3　铜-镍矿石的选别工艺及药剂

浮选铜镍矿石采用硫化铜矿石的常用捕收剂和起泡剂，它的一个基本原则，就是宁可使铜进入镍精矿，而要尽量避免镍进入铜精矿，因为铜精矿中的镍在冶炼时几乎全部损失，但镍精矿中的铜几乎可以完全回收。

4.7.3.1　铜镍矿石浮选的基本流程

A　直接优先浮选或部分优先浮选流程

当矿石中含铜比镍高的多时，可以采用这种流程，以便把铜选成单独精矿。为了充分利用铜、镍矿物可浮性的差别，优先浮铜时药剂采取大量添加，并且浮选机是过负荷工作，即矿浆以较快的速度通过，浮选时间短，一般不超过5min。选铜尾矿再浮镍，这时浮选时间较长，所得精矿视其中含铜的多少而作为镍精矿或铜-镍精矿。见图4-16。

叶雪均等采用部分优先浮铜—铜镍混浮—铜镍分离的优先浮选工艺处理某高

铜低镍的硫化矿石，在原矿铜品位 2.02%、镍品位 0.70%的条件下，得到的两种铜精矿合计铜品位 32.26%、回收率 91.66%，镍精矿中镍品位 4.60%、回收率 80.63%的理想指标。

阿孜古丽等采用优先选铜—铜镍混选工艺处理新疆喀拉通克铜镍矿石，在原矿铜品位 1.29%、镍品位 0.71%的条件下，取得了铜精矿铜品位 31.53%、回收率 94.94%，镍精矿镍品位 3.85%、镍回收率 82.33%的理想指标。

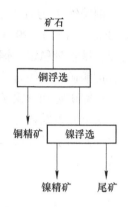

图 4-16 铜镍优先浮选原则流程

该工艺的优点是可以直接得到含镍较低的铜精矿和合格的镍精矿，成本较低；缺点是铜浮选时被抑制的镍黄铁矿和紫硫镍矿在后续浮选中难以活化，导致镍回收率不高，造成镍资源浪费。随着我国铜镍矿资源逐渐趋于贫、细、杂化，优先浮选工艺在铜镍硫化矿生产实践中应用也越来越少。

B 混合浮选流程

它用于矿石中含铜低于镍的情况，所得的铜-镍混合精矿直接送去冶炼成高冰镍，见图 4-17。它的流程和药剂制度都较简单，镍矿物也不需要先抑制后活化，因此，比较容易得到良好的回收率。

C 混合—优先浮选流程

铜镍混合浮选—混合精矿抑镍浮铜的浮选工艺是目前硫化铜镍选厂最常用的铜镍选矿工艺，见图 4-18。该流程是先通过铜镍混浮得到铜镍混合精矿，混合精矿经过再磨脱药后，采取抑镍浮铜的方法分离得到铜精矿和镍精矿。

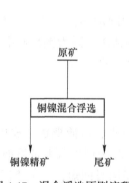

图 4-17 混合浮选原则流程

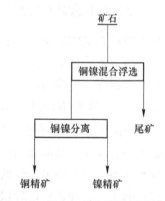

图 4-18 混合—优先浮选原则流程

李玉胜针对某含铜较高的铜镍矿，采用石灰和硫酸铜作抑制剂，丁基黄药和丁铵黑药作粗选组合捕收剂，采用"铜镍混浮—铜镍分离"的工艺，得到了 Cu 品位

19.44%、$w(Ni) = 0.3\%$、铜回收率 77.96% 的铜精矿和 Ni 品位 4.57%、$w(Cu) = 1.33\%$、镍回收率 72.62% 的镍精矿，采用此工艺得到的铜、镍精矿指标良好。

邓伟等人采用铜镍混浮—铜镍分离的工艺流程对四川某低品位硫化铜镍矿进行了选矿试验研究，在原矿 $w(Cu) = 0.18\%$、$w(Ni) = 0.43\%$ 的条件下得到了铜品位 20.11%、铜回收率 55.86%，镍品位 5.57%、镍回收率 73.96% 的良好指标。

混合浮选和混合—优先浮选两种流程都可比较经济地利用浮选设备，因为大量脉石已在混合浮选时废弃，同时镍的回收率都比较高。

D 混合—优先浮选并从混合浮选尾矿中再回收部分镍。

当矿石中各种镍矿物可浮性相差较大时，只用混合浮选就不太合理，这时还应从混合浮选尾矿中再浮选可浮性较差的那部分镍（主要是含镍磁黄铁矿），这样得到的是贫镍精矿，它可与混合精矿分离得到的富镍精矿合并。见图 4-19。

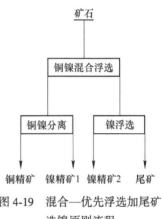

图 4-19　混合—优先浮选加尾矿选镍原则流程

4.7.3.2 硫化铜镍矿浮选药剂研究

在铜镍分离过程中，要获得良好的铜镍浮选分离指标，很大程度上取决于铜镍矿物高选择性和捕收性的捕收剂和相关调整剂。因此，国内外研究了大量对铜矿物具有较强选择性和捕收性的捕收剂，对镍矿物具有有效抑制作用的抑剂，同时还进行了不同药剂的组合使用研究。实践证明，采用两种或两种以上药剂组合在一起产生了协同效应，对浮选指标的提高有很大帮助。

A 捕收剂研究进展

现阶段硫化铜镍矿的捕收剂研究主要以高选择性和捕收剂能力强的不同捕收剂组合使用为主，同时也在不断开发对硫化镍矿物具有高选择性的捕收剂。

师伟红等选别内蒙古某高品位铜镍硫化矿时，选用丁基黄药和 Z-200 作为组合捕收剂，采用"抑镍浮铜"的工艺流程，在实验室小型试验中可得到 Cu 品位 30.26%、$w(Ni) = 0.89\%$、铜回收率 88.10% 的铜精矿和 Ni 品位 4.89%、$w(Cu) = 0.25\%$、镍回收率 98.89% 的镍精矿。

黄建芬等以新疆某低品位铜镍硫化矿石为研究对象，在铜镍混合浮选时采用水玻璃和 CMC 为脉石矿物抑制剂，异丁基黄药和 A8 药剂为组合捕收剂，在铜镍分离浮选时，采用活性炭为脱药剂、石灰和 T12 为镍矿物的组合抑制剂、Z-200 为捕收剂，在原矿 $w(Cu) = 0.61\%$、$w(Ni) = 0.37\%$ 的条件下获得了 Cu 品位

27.03%、铜回收率为67.79%的铜精矿和Ni品位5.59%、镍回收率70.82%的铜镍混合精矿。

西北矿冶研究院研发的J622铜镍矿高效捕收剂是一种以酯类捕收剂为主，配合螯合捕收剂和起泡剂组成的复合药剂，在金川二矿区使用后，与使用丁基黄药作捕收剂相比，铜镍精矿的回收率略有提高，氧化镁的含量下降了0.25%。

江西理工大学合成的高效捕收剂LP-01对硫化铜矿物具有很好的捕收能力，但对硫化镍矿物的捕收能力较差，在浮选过程中采用电位调控技术，可以很好的实现铜镍矿物的分离，有效的避免了传统的铜镍分离工艺中由于分离不彻底，导致的铜镍回收率不高，铜镍精矿互含严重的问题。

B　调整剂研究进展

硫化铜镍矿中的脉石矿物多为含MgO的硅酸盐矿物，如绿泥石、滑石、橄榄石等，在选别过程中极易泥化上浮，进入精矿对后续的冶炼造成不利影响。因此降低铜镍精矿中的镁硅酸盐类脉石的含量是铜镍硫化矿的调整剂研究的重点。

龙涛等对六偏磷酸钠在硫化铜镍矿浮选过程中的分散作用机理进行了研究，指出镍黄铁矿易与蛇纹石发生异相凝聚，降低镍黄铁矿的可浮性，六偏磷酸钠能够提高其分散性，实现镍黄铁矿与蛇纹石浮选分离。

李福兰等使用新型铜镍分离抑制T-15对新疆某铜镍矿石进行选别，在磨矿细度为-0.074mm占70%时，可得到铜品位22.36%、铜回收率65.33%的铜精矿和镍品位6.11%、镍回收率71.25%的镍精矿。

陈文亮等针对新疆某铜镍矿采用组合抑制剂FY并采用"铜镍混浮—混合精矿脱药再磨—铜镍分离"的工艺，极大地降低了铜镍混合精矿中的氧化镁含量，最终可得到Cu品位22.07%、$w(MgO)=2.65\%$、铜回收率73.23%的铜精矿和Ni品位6.01%、$w(MgO)=5.51\%$、镍回收率82.11%的镍精矿，实现了铜镍精矿的高效降镁和铜镍的有效分离。

4.7.4　铜-镍分离

在镍冶炼过程中，铜是作为一种有害杂质而存在的，而在铜镍矿石中，铜的品位又使它具有工业回收的价值，因此，铜-镍分离是铜镍矿石选矿中的一个重要问题。

铜-镍分离目前均采用抑镍浮铜，而且为了尽量减少镍在铜精矿中的损失，铜精矿要精选两次以上，而铜粗选的尾矿就直接作为镍精矿，一般不必扫选。

4.7.4.1　铜-镍混合精矿的分离

铜-镍混合精矿的分离方法与铜-硫分离及铜-钴分离有许多相似之处。目前最主要的分离方法仍然是石灰-氰化物法，此外还有亚硫酸氢盐法等。也可以采用石灰-硫化钠法，即用硫化钠从矿物表面解吸捕收剂，然后在石灰介质中浮选铜矿物。不过这需要很高的硫化钠用量，硫化钠的初始浓度应在2~3g/L。

铜-镍分离只用石灰一般认为效果不好，但如果镍主要存在于磁黄铁矿中，石灰法却很有效。有人指出用石灰从磁黄铁矿和黄铜矿表面相当完全地除去黄药的可能性，并且肯定从磁黄铁矿上解吸捕收剂的速度要比从黄铜矿上快得多（图4-20）。他们认为，用石灰处理混合精矿时钙离子选择性的吸附在磁黄铁矿上，这可能是石灰抑制它的最重要的因素之一（图4-21）。

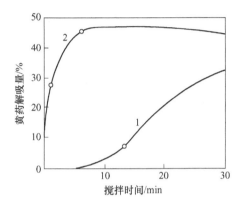

图4-20 用石灰（初始浓度1.1g/L）解吸黄药与搅拌时间的关系
1—黄铜矿；2—磁黄铁矿

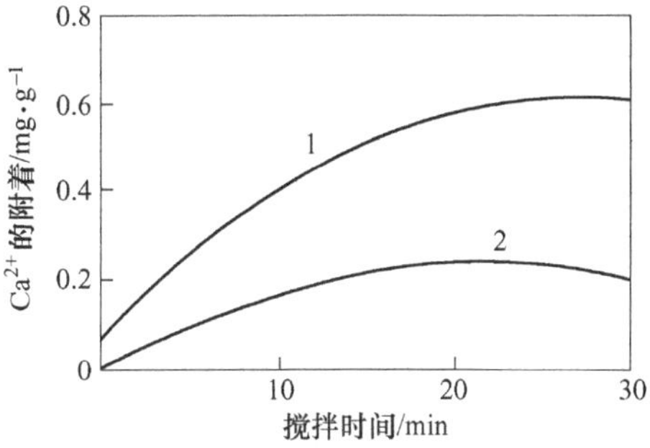

图4-21 Ca²⁺的附着与在CaO（初始浓度1.1g/L）下不充气搅拌时间的关系
1—黄铜矿；2—磁黄铁矿

用石灰解吸后排去溶有捕收剂的液相可提高过程的选择性，这可通过依次用水稀释再浓缩来实现。研究及选厂生产经验表明，3~4次洗涤实际上可保证药剂被排除到必要的程度。这样，硫化铜可在浮选的头几分钟有效地回收，镍矿物和磁黄铁矿则在很大程度上被抑制而要经过10~14min才开始浮游。

4.7.4.2 高冰镍的分离

高冰镍是铜镍矿石的混合精矿冶炼得到的半成品。在矿石或精矿熔炼的过程中，其中的脉石都进入炉渣而去掉，所得的高冰镍实际上是一种"人造富矿"，其中的有价组分在冷却的过程中成为"人造矿物"，这时高冰镍较脆，因而破碎不十分困难，然后用浮选处理，得到铜精矿和镍精矿两种产品（没有尾矿），它们分别送去再次冶炼处理。

高冰镍也可用分离熔炼或水冶处理，但是它们都不及浮选法经济。高冰镍浮选工艺的提出，不仅降低了高冰镍本身的处理成本，也扩大了铜镍矿石混合浮选的应用范围，同时对铜-镍混合精矿分离的要求也不再苛刻，就是说可以允许一些铜进入镍精矿，只有这样能提高镍的回收率。

A   高冰镍的组成特点及影响因素

高冰镍主要由硫化铜（Cu_2S）和硫化镍（Ni_2S_3）组成，其次是 Cu-Ni-Fe 合金，除这三个基本相外，还有一些作为杂质的铁以及铂族元素。大致含铜 21%～24%、镍 49%～54%、硫 22%～23%、研究证明，Cu_2S 相为四方晶系，Ni_2S_3 相六方晶系。

含铁量、含硫量、铜镍比、冷却速度以及晶体特性是高冰镍浮选的重要因素，对浮选分离产生极大地影响。

B   高冰镍的浮选制度

高冰镍浮选分离捕收剂主要采用黄药类、酯类。金川公司自从采用浮选分离以来，一直以丁黄药作为捕收剂，NaOH 作 pH 值调整剂，在高碱度下实现抑镍浮铜。研究表明，单独使用以下捕收剂：异戊基黄药、丁基黄药、异丙基乙基硫代氨基甲酸酯、ZEDM、乙基黄药，均对 Cu_2S、Ni_3S_2 矿有较强的捕收能力，且其顺序为异戊基黄药>丁基黄药>异丙基乙基硫代氨基甲酸酯>ZEDM>乙基黄药。同时进行了混合捕收剂的研究，认为混合捕收剂丁基黄药与乙基黄药物质的量比 1:1 混合，在高 pH 值下显示出对 Cu_2S 矿有较好的选择性捕收作用，而对 Ni_3S_2 矿捕收能力较弱，有利于 Cu_2S 与 Ni_3S_2 的分离。

在高冰镍浮选分离时采用下列捕收剂：二苯胍乙基黄药（IBEX）、异丙基乙基硫代氨基甲酸酯（IEC）、Minerec1661 及异丙基钠黄药试验结果表明，在 pH=12.4 时，Minerec1661 和 IEC 显示出良好的选择性，并能产生合格精矿。用硫逐氨基甲酸酯对铜镍矿石进行了一系列试验，其中包括异丙基乙基硫代氨基甲酸酯和美国道公司推荐的铜矿物高效捕收剂 DFC-40、二乙基二硫代磷酸甲酯，试验表明，铜矿物的有效捕收剂是异丁基黑药。

在高冰镍浮选分离生产实践中，通常是通过矿浆 pH 值来抑制镍。为改善分选效果，降低铜精矿中含镍量，高冰镍浮选分离抑制剂的研究，国内外报道不多。

C   高冰镍再磨浮选分离工艺

高冰镍再磨浮选分离工艺是指先采用铜镍混浮的方式得到铜镍混合精矿，然后混合精矿再通过电炉冶炼方式形成低冰镍，然后再经转炉吹炼转变为人造高冰镍矿石，最后对高冰镍矿石再磨浮选分离。

该工艺主要是针对铜镍伴生关系复杂且粒度极细，采用直接浮选铜镍分离法无法完成铜镍分离的矿石。高冰镍主要由 Ni_3S_2、Cu_2S、铜镍铁合金及少量铂族元素组成，高冰镍的含铁量、含硫量、铜镍比是影响后续浮选分离工艺的重要因素。

邱廷省等对在高冰镍浮选分离中丁黄药、乙黄药以及丁黄药和乙黄药的混合用药对六方硫镍矿和辉铜矿的捕收性能进行了研究，结果表明丁黄和乙黄的混合用药显示出较高的选择性，特别是在高 pH 值条件下选择性更强。

高红等采用高效捕收剂 C14 和抑制剂 D5 对高冰镍进行分离试验，小型试验结果表明：在高碱条件下，C14 对 Cu_2S 的捕收能力较强，对 Ni_3S_2 的捕收能力较差；而 D5 在对 Ni_3S_2 有很好的抑制作用，两种药剂配合使用后能有效降低铜精矿和镍精矿的互含率。

高冰镍的浮选分离工艺与分层熔炼法、电解法、浸出法相比，具有流程短、能耗低等优点，降低了分离成本，减少了互含率。但浮选分离仍有一些难以解决的缺陷，高冰镍的浮选分离通常是在高碱条件下抑镍浮铜，当矿浆 pH 值过高时 Cu_2S 也会有一定的抑制作用，且在高冰镍的制备过程中，Ni_3S_2、Cu_2S 相互包裹，捕收剂多选用黄药，对两种矿物的选择性较差，得到的精矿铜镍互含仍不够理想。因此针对高冰镍的选别近年来多采用化学选矿的方法进行分离。

D 其他浮选工艺

闪速浮选法是一种利用特制的浮选机快速回收粒级较粗的有用矿物的浮选技术。刘元科介绍了国内外闪速浮选机的应用现状，并对金川公司龙首铜镍矿进行了选矿试验。试验结果表明，闪速浮选机对提高龙首铜镍矿回收率较为明显，推广应用前景好，有利于降低生产成本。

4.7.5 铜-镍矿石选矿实例

世界上选矿处理铜镍矿石的国家不多。在我国，这些年来铜镍矿石的选矿有较大的发展。

4.7.5.1 四川会理某低品位混合铜镍矿

低品位混合铜镍矿石的浮选一直是国内外选矿研究的难题之一，因为该类矿石不但铜、镍品位低，组成复杂、互相包裹、分离困难，且还有部分铜、镍被氧化，给浮选和分离带来较大的困难。四川会理低品位混合铜镍矿选厂在铜、镍分离过程中采用活性炭脱药，在浮选前对矿浆进行充气搅拌，使铜镍分离获得理想的效果。

铜镍矿石浮选分离有一个基本原则，即在铜、镍难以分离时，可使铜进入镍精矿而尽量避免镍进入铜精矿。因为铜精矿中的镍在冶炼过程中一般不回收，而镍精矿中的铜在镍冶炼过程中是可以得到较完全回收的。该矿原矿含铜 0.51%、含镍 0.35%，品位均较低。根据目前对低品位铜、镍矿研究和生产实践，对该矿宜采用混合浮选—铜镍分离试验方案。

试验结果表明，对于低品位铜镍混合矿石，采用铜镍混合浮选工艺流程及工艺条件，即在铜镍混合精矿分离前加入活性炭脱药，浮选前进行较长时间的充气搅拌，能够取得比较满意的分离效果。

4.7.5.2 广西某低品位铜镍矿

广西某低品位铜镍矿石含铜0.25%、含镍0.43%，镍主要以镍黄铁矿形式存在，铜主要以黄铜矿形式存在，铜、镍矿物均有一定程度氧化且关系密切。

为了给该矿石的开发利用提供依据，对其进行了选矿工艺研究。通过对优先浮铜再浮镍方案、铜镍混合浮选方案、铜镍混合浮选再分离方案以及磁选—铜镍混合浮选方案的对比，决定采用铜镍混合浮选方案处理该矿石。按该方案进行详细的试验研究，结果表明，在-0.074 mm占74%的磨矿细度下，以碳酸钠为矿浆调整剂、丁黄药为捕收剂、2号油为起泡剂，经一粗选二扫选二精闭路浮选，可获得铜品位为5.77%、镍品位为8.31%、铜回收率为86.33%、镍回收率为76.60%的铜镍混合精矿。

4.7.5.3 辽宁岫岩某低品位含铜镍矿

辽宁岫岩某低品位含铜镍矿石铜、镍品位分别为0.15%、0.24%，矿物成分复杂，金属矿物含量较少。87.41%的铜和80.08%的镍均以硫化矿的形式存在，主要目的矿物镍黄铁矿嵌布粒度较细。为回收利用矿石中的铜、镍，在分析矿石性质的基础上，采用铜镍混浮—铜镍分离浮选原则流程进行浮选条件试验。以CMC高效分散矿泥并抑制脉石上浮，以$CuSO_4$为活化剂、Na_2CO_3为矿浆pH值调整剂、丁基黄药为捕收剂进行铜镍混合浮选；铜镍混合精矿经活性炭脱药后，用抑制剂石灰以铜浮镍，在调整剂亚硫酸钠用量为200g/t、捕收剂Z-200用量为10g/t条件下进行铜、镍分离浮选试验。

按铜镍混浮—铜镍分离原则流程进行浮选试验。结果表明，在磨细度-0.074mm占85%的条件下，原矿经二粗三精二扫铜镍混浮—铜镍混合精矿再磨至-0.038 mm 80%——粗三精三扫铜、镍分离浮选，最终获得了镍品位2.98%、含铜0.74%、镍回收率57.12%的镍精矿和铜品位16.05%、含镍1.36%、铜回收率51.59%的铜精矿。

4.8 铜-锌多金属硫化矿石的选别

铜锌硫化矿类型的矿石在世界各地的分布比较广泛。这类矿石多数产于矽卡岩型、热液型矿床中，矿物种类较多，矿石结构也较复杂，属难选矿石。

铜锌矿石不但是生产铜、锌金属的主要来源之一，而且也是生产硫或硫酸的主要原料。此外，在这类矿石中的硫化铜矿物以及黄铁矿、闪锌矿中还常常伴生有金、银等贵金属和一些稀散元素，如镓、铟、铊、锗、镉、钴等。在分选过程中它们能被富集到铜、锌精矿中，然后可在冶炼过程中予以回收，所以应重视对这类矿石的综合回收工作。

这类矿石在世界上的分布不如硫化铜矿石广，俄罗斯的盖依斯克、巴什基尔、乌恰林斯克矿、加拿大的布伦兹维克、西南非的楚梅布、西德的腊梅利思贝克以及日本所谓"黑矿"等都属于此类矿石。在我国此类矿石的数量不多，且多系中、小型，如东北、西北、西南、中南等地区都有此类矿石。

4.8.1 铜-锌多金属硫化矿石的组成特点

铜锌硫化矿石多数产于矽卡岩型、热液型或热液充填交代型矿床中。铜锌矿石中的矿物组成较为复杂，一般金属矿物以闪锌矿、黄铜矿、黄铁矿为主。其次为磁黄铁矿、斑铜矿、铜蓝、黝铜矿、孔雀石、方铅矿、磁铁矿、褐铁矿等。脉石矿物按其类型不同其组成也各异。矽卡岩型的脉石以石榴子石、透辉石、蛇纹石等为主。中温热液型以绿泥石、石英、绢云母、方解石为主。热液充填交代型以黑云母、长石、石英、透闪石为主。

矿石的结构也较复杂，一般有致密块状型和浸染型。铜、锌、硫化铁等各种金属矿物致密共生，互相嵌镶，嵌布粒度很不均匀，形成各种结构，如粒状、斑点状、乳浊状、纹象结构以及熔蚀交代等。这给磨矿至单体解离带来困难，是难达的主要原因之一。

此外，这类矿石含有一定数量的次生矿物，原生矿泥也较多，矿石易氧化变质；由于氧化，在矿浆中会生成较多的金属离子，特别是铜离子，而使矿物浮选性质发生变化，导致浮选过程更加复杂化。所以对此类矿石采用一般简单的浮选方法是难于使各种金属矿物互相分离的。

4.8.2 铜-锌多金属硫化矿石选别流程

铜锌多金属硫化矿性质复杂，各种矿物往往致密共生，嵌布粒度不均。并且矿物种类多，其可浮性各有差异，加之大多数矿石中含较多的可溶性盐类，矿石泥化严重等各种复杂因素，所以往往需要采取比较复杂的流程。

在磨矿、分级方面，因矿石结构致密，金属矿物常呈集合体嵌布，故必须采用多段磨矿，在多数选厂都有再磨矿作业。有的采用混合精矿再磨，粗精矿再磨；有的采用中矿再磨或中矿单独处理；有的采用阶段磨矿阶段浮选。这些做法有利于矿物之间的充分单体解离，并在一定程度上避免了过粉碎，还有脱药作用，从而给分选作业打下了良好的基础。

孟克礼等对红透山铜矿的硫化铜锌矿石进行选矿工艺研究。发现用阶段磨矿、部分混合浮选流程处理铜锌多金属硫化矿石，铜锌分离效果差，锌回收率低。改用两段磨矿，铜锌硫顺序优先浮选，辅以铜中矿再磨、锌精矿脱硫、锌尾矿浓缩等技术措施，实现了无抑制剂铜锌分离，使锌回收率大幅度提高，如果进一步加强细磨，使用混合捕收剂，技术经济指标还会有新的突破。

有些选厂由于原生矿泥含量多，可采取洗矿、脱泥、矿泥单独浮选的流程。矿泥浮选的精矿有的可直接作为精矿，有的则需送入主回路，这样做可以避免矿泥对浮选的影响。

随着选矿工艺的发展，铜锌硫化矿分离方法越来越多。主要有浮选法，包括优先浮选流程、混合浮选流程、部分优先—混合浮选流程等；其次是选冶联合工艺流程，主要处理复杂难的铜锌矿石，一般采用全混合浮选获得多金属混合精矿，然后采用冶金工艺分离提取各种有价金属，其主要代表性工艺主要有焙烧—脱硫—酸浸工艺、加压浸出工艺、氯化物湿法冶金、氯化焙烧水浸；同时生物浸矿技术、细菌氧化技术等工艺近年来得到不断发展，使铜锌硫化矿分离技术日趋成熟。

4.8.2.1　铜锌硫化矿石的优先浮选流程

铜锌硫化矿石的优先浮选原则流程如图4-22所示。这种流程是按矿物可浮性好坏，先浮铜，再浮锌、硫。如硫含量较高时，则进行锌硫分离浮选，分别得出锌精矿和硫精矿；如含硫量较低，则仅得出锌精矿。

这种流程适合于矿石简单、闪锌矿未活化，铜、锌、硫三种矿物可浮性差异较大时，才可获得较好的指标，对于复杂的矿石难以获得较好的选别指标。其不利的是锌、硫都经强烈抑制，而后活化再选时，其可浮性就大为降低。

俄罗斯的乌拉尔铜锌矿石的特点是嵌布粒度很细，铜矿物和锌矿物与黄铁矿和脉石

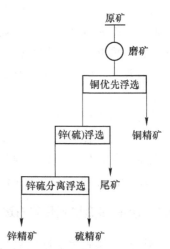

图 4-22　铜锌矿石优先浮选原则流程图

矿物紧密连生，黄铁矿含量高达 70%，黄铁矿易浮。B. A. 古恰叶夫对该选矿工艺进行了研究，研究结果表明，采用半自磨技术，确定了快速优先浮选铜后，在添加石灰乳的高碱度矿浆中用戊基黄药和起泡剂进行铜锌混合浮选、铜锌混合粗精矿再分离的流程。应用这项技术，对两个矿床进行了试验，都获得了良好的浮选指标。

乌泽里斯克矿床铜锌矿石中含有 60% 的磁黄铁矿，选别时难以获得合格的锌精矿。M. A. 阿鲁斯塔米缅等对该矿石进行了研究，并研制了优先浮出可浮性好的铜的主工艺流程，即先浮选分离出高质量铜精矿，再进行铜粗选，得到的铜粗精矿再磨再选，对铜粗选尾矿进行磁黄铁矿浮选，选硫尾矿再选锌的流程。该流程最终获得了较好指标，铜精矿含铜 15.01%、含锌 2.23%、铜总回收率为80.6%、锌精矿含锌 52.57%、锌回收率为 53.2%，已应用于乌恰林斯克选矿厂。

杨国锋对某铜锌矿石以黄铜矿、闪锌矿为主进行了浮选和分离工艺试验研究，根据该矿石的特点，试验最终确定了优先浮铜、铜粗精矿再磨再选、选铜尾

矿再选锌的工艺流程。在良好的条件试验及合理的药剂制度下，进行了闭路试验，结果获得了含铜 18.45%、含锌 5.81%、铜回收率 71.54% 的铜精矿和含锌 50.95%、锌回收率 95.95% 的锌精矿。

建德铜矿多金属矿石矿物种类繁多、嵌布关系复杂、铜锌分离困难，试验研究确定采用组合抑制剂和混合捕收剂快速优先浮选得出部分优质铜精矿后，再进行铜锌优先浮选，使铜锌得以良好分离，闭路结果获得了含铜 23.33%、含锌 3.61%、铜回收率 94.35% 的铜精矿，含锌 48.17%、锌回收率 49.64% 的锌精矿。

4.8.2.2　铜锌硫化矿的混合—优先浮选流程

混合—优先浮选流程如图 4-23 所示。此流程是首先将铜、锌硫全部浮出，得到混合精矿和废弃尾矿。将混合精矿再磨或脱药，然后进行优先浮铜（抑制锌硫）得出铜精矿。以后，再在选铜尾矿中进行锌硫分离浮选，分别得出锌精矿和硫精矿。

此流程适于原矿较贫、性质简单的矿石。混合精矿需经脱药，以利于分离浮选。分离方法及操作条件要求严格控制，才能获得较好指标。

阿舍勒铜矿是一大型铜锌黄铁矿多金属矿床，矿石结构和矿物之间嵌布关系均复杂。刘文华对该矿石进行了铜锌分离的研究，最终确定采用铜锌混合浮选、混合精矿再磨再分离的工艺流程，流程简单易操作，指标稳定，成本较低，并获得了良好的选矿指标：铜精矿含铜 25.39%，含锌 2.21%，铜回收率为 94.05%；锌精矿含锌 52.30%，锌回收率为 73.21%。

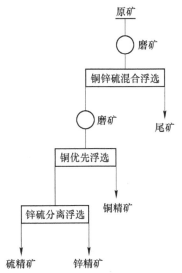

图 4-23　铜锌矿混合—优先浮选原则流程

4.8.2.3　铜锌矿石的部分混合浮选流程

这种浮选原则流程如图 4-24 所示。此流程考虑锌矿物可浮性较差，在不加或少加抑锌药剂条件下，选出铜、硫、锌矿物则在铜矿混选尾矿中加活化剂选出。得到的铜硫混合精矿可经再磨，脱药后，优先浮铜，槽中产物则为硫精矿，但当矿石中有易浮锌部分混入铜硫中，使硫精矿含锌较高时，可进行锌硫分离，再得出部分锌精矿。

斯崇达对浙江平水铜矿铜锌多金属硫化矿浮选流程进行了改造，原流程经过多次改造后，最终确定了原矿经过粗磨后，部分优先浮选铜、铜锌再混合浮选、混精再磨分离的流程，现场生产指标良好、稳定，获得了含铜 18.02%、含锌

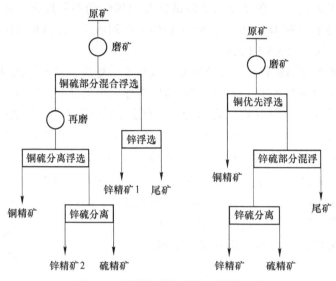

图 4-24　铜锌部分混合浮选原则流程

4.76%、铜回收率 80.26% 的铜精矿，含锌 49.88%、锌回收率 68.36% 的锌精矿。

　　某矽卡岩型复杂铜锌硫化矿石嵌布关系密切，闪锌矿易受次生 Cu^{2+} 活化，于雪针对该矿石的特点，提出了采用部分优先选铜、铜锌混合浮选、混精再磨再分离的工艺流程，并以 Na_2S 去除矿浆中多余的 Cu^{2+}，同时也可适当的抑制闪锌矿和黄铁矿，采用选择性强的 SK9011 为铜捕收剂，以 $ZnSO_4$ 和 Na_2SO_3 组合抑制闪锌矿，成功解决了该矿石铜锌难以分离的问题，并获得了良好的结果。

4.8.2.4　铜锌硫化矿石的等可浮流程

　　铜锌矿石等可浮原则流程如图 4-25 所示。当矿石中台有易浮和难选两部分锌矿物时，无论是采用直接比先浮选或是混合浮选流程，都难获得较好的分选指标。精矿互含量高，使回收率降低。这是因为在优先浮选时，要抑制易浮的闪锌矿必须加大量的抑制剂才行，但此时对难浮的锌则受抑制过甚，在下一步难于活化而损失。如用混合浮选则对难浮的锌矿物需加大量的活化剂，但此时对易浮的锌矿物活化太强，在下一步分离浮选时难于抑制，而混入铜精矿中损失了，并使铜精矿质量降低。所以这两种流程均难获得较满意的分选指标。

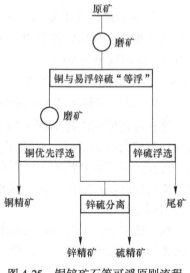

图 4-25　铜锌矿石等可浮原则流程

等可浮流程特点是利用矿石中易浮的锌矿物与铜矿物可浮性相近，在等浮作业中不加或少加锌矿物的活化剂，而与铜矿物一起浮游，得铜锌混合精矿。在等浮作业中也只加少量捕收剂，最好是采用选择性较强的捕收剂，以免下一步分选时产生困难。处理难浮的锌矿物则在第二段混合浮选中加入较多的活化剂和捕收剂，这样将可浮性难、易的锌矿物分别在不同的作业中浮选，以利于控制分选条件，可获得较佳的分选指标。

等可浮流程适用于处理复杂难选的多金属硫化矿，现国内外都广泛采用。如我国白银公司选冶厂处理浸染状的铜锌矿石，就是采用这种流程的。

4.8.3 铜-锌多金属硫化矿石分选方法

浮选是铜锌矿石的最主要选别方法，这是由于该类矿石中的各种硫化铜矿物的可浮性都很好。矿石中的锌矿物主要是闪锌矿，还有少量含铁、铜固溶体变种的铁闪锌矿和镉闪锌矿。它们的浮选性质视不同情况差异很大，未活化的闪锌矿和含铁的闪锌矿较难浮，但对活化了的闪锌矿，其浮选性质就与某些硫化铜矿物的浮选性质相近，使铜锌难于分离。

由于铜锌矿石分选很困难，故国内外对铜锌矿石分选的药剂及方法研究较多，但生产指标尚不能令人满意，需待解决的问题仍很多。

在捕收剂方面大都使用选择性强的捕收剂。当采用混合浮选流程时，为避免混合精矿中的药剂给下一步分选作业带来困难，多数选厂在混合浮造作业中部考虑使用选择性较好的捕收剂，如乙基黄药，黑药，丁基铵黑药，硫氨酯（如美国称为 Z-200 药剂）。在国外还用 208 号黑药（二乙基和二丁基磷酸盐的混合物）、钠黑药、异丙基黄药、巯基苯胼噻唑（AP404 号药剂）、二苯硫脲系化合物（AP3501 和 AP3477）、十六烷基硫酸钠（SHS）等，高级黄药（如丁基和戊基黄药）只少量配合使用。

B. A. 依格纳特金娜等在浮选乌拉尔地区硫化矿中，采用改性二硫代磷酸盐作为捕收剂，结果可提高铜、锌、金的回收率，且对黄铜矿、闪锌矿具有较好的选择性。H. H. 马克西莫夫等对萨费亚诺夫斯克矿床铜锌矿石进行浮选试验的过程中，混合浮选采用 AeropHine3418 作为捕收剂，优先浮选采用 AeropHine3418A 和丁基黄药作为混合捕收剂，均获得了较好的结果。针对乌拉尔选厂处理的铜锌矿石含有大量黄铁矿的特点，K. M. 阿松奇克等采用 HMA-414-1 和丁基黄药作为混合捕收剂，并通过提高粗选矿浆游离氧化钙的浓度，铜锌混合精矿分离指标良好。

阿舍勒铜矿在生产实践中采用选择性较强的 BK404 捕收剂，结果表明，技术指标显著提高，铜金属回收率提高 10% 左右，锌金属在铜精矿中的损失率降到 22% 左右。

针对不同矿石的特点，研究人员开发了许多新型药剂，例 TU-32、QP-02 等。

试验表明，这些新型捕收剂对铜矿具有较强的捕收能力，且对黄铜矿的选择性好，在铜锌分离中取得了较好的效果。

硫化锌矿浮选中存在的主要问题是：加入的活化剂 Cu^{2+} 活化黄铁矿矿物，使一部分可浮性好的黄铁矿在选锌过程中进入锌精矿，从而降低了锌精矿的质量。因此，闪锌矿选择性捕收剂的研究与应用对于提高精矿质量非常重要。

研究发现，N—氢化肉桂酰基—N—苯基氰胺对加拿大北部某铜锌矿具有较好的适应性，可明显提高闪锌矿的回收率。D. HamiLton 对闪锌矿进行的浮选实验同样验证了这一结论，发现其不仅提高了闪锌矿的回收率，而且提高了浮选速率。I. Nirdosh 采用 P—庚基铜铁灵作为捕收剂，对加拿大某铜锌硫化矿选铜尾矿进行了选锌浮选试验。结果表明，在矿浆 pH=9.0 条件，锌的回收率达到了 93%。

在抑制剂方面，D. S. Makunga 在浮选纳米比亚 Rosh Pinah 铜铅锌硫化矿石时，采用氰化钠和硫酸锌作为闪锌矿的组合抑制剂。研究结果表明，铜精矿、铅精矿中锌的含量有明显降低，取得了较好的指标。

研究表明，亚硫酸及其盐类对于闪锌矿具有较好的抑制作用。G. I. DaviLa 等人采用多种方法研究了亚硫酸氢钠对闪锌矿的抑制作用机理。此外，研究发现，多磷酸钠、乙二胺四乙酸、二甲基二硫代氨基甲酸盐对于活化的闪锌矿也有较好的抑制效果。

针对铜锌混合精矿嵌布粒度微细、残留药量大、次生铜离子活化闪锌矿的特点，陈建华等对铜锌混合精矿进行了浮选分离试验研究。在铜锌混合精矿中铜品位 7.88%、锌品位 22.45% 的条件下，采用活性炭和硫化钠配合脱药，乙硫氮作捕收剂，新型抑制剂 FS 与硫酸锌、亚硫酸钠组合闪锌矿抑制剂，经过一次粗选获得含铜 16.85%、含锌 7.53%、铜回收率 62.50% 的精矿。

王奉刚、袁明华等在进行铜锌硫化矿浮选试验时，采用亚硫酸钠和硫酸锌作为组合抑制剂，锌精矿的品位和回收率指标良好。

青海某铜锌矿石中的次生硫化铜含量约占总铜的 18.64%，导致部分锌矿物过早活化，造成铜精矿中锌的含量偏高，从而致使锌精矿的回收率偏低。骆任等采用新型高效锌抑制剂 YS-2，有效降低了铜精矿中锌的损失，确保了锌精矿中锌的回收率，为该矿后续的工业试验提供了依据。

随着矿石性质的复杂化，各类组合抑制剂不断应用在铜锌分离试验中。研究表明，XY-09、T-16+硫酸锌、T9+硫酸锌、YN、CY 组合抑制剂对闪锌矿具有很好的抑制作用，在处理复杂铜锌硫化矿中取得了较好的指标。

刘文华在铜铅锌多金属硫化矿石浮选分离中，采用以氧化钙为主的组合抑制剂，用混合捕收剂实现快速优先浮选铜，然后进行铜铅混选、锌硫等可浮、再浮选分离的工艺流程。可分别获得合格的铜、铅、锌和黄铁矿精矿，并综合回收了伴生的金银。

在起泡剂方面也是尽量采用起泡性好，泡沫性脆的起泡剂，以利于多金属的分离作业。但在国内绝大多数是使用 2 号油，仅在个别选厂中采用重吡啶。在国外则用甲基异丁基甲醇（MIBC）和聚丙基甲基醚醇、艾罗弗洛斯 71 药剂（Aero froth 71）等醇类起泡剂，少数使用松油和甲酚。

活化闪锌矿的药剂通常都采用硫酸铜；抑制剂和调整剂，则视铜、锌分离方法不同而多种多样。

4.8.4 铜-锌多金属硫化矿石选矿实例

4.8.4.1 西北某铜锌矿

西北某铜锌矿石矿物种类繁多、铜锌矿物及其与脉石矿物嵌布关系复杂，单体解离难度大且锌矿物极易上浮，属于典型的难处理铜锌矿。为了合理开发利用该矿石资源，采用优先浮选工艺进行了选矿试验。

最后矿石在磨矿细度为-0.074 mm 占85%的情况下，采用一粗一扫选铜、铜粗精矿再磨至-0.045mm 占85%后再三次精选、选铜尾矿一粗一扫一精选锌、中矿顺序返回闭路流程处理，可获得铜品位为 20.15%、含银 576.40 g/t、含锌4.66%、铜回收率为 77.32%、银回收率为 46.67%的铜精矿，以及锌品位为45.21%、含银 153.80g/t、含铜 0.52%、锌回收率为 86.15%、银回收率为44.73%的锌精矿。试验取得了理想的铜锌银回收效果。

4.8.4.2 湖南某地尾砂

湖南某地尾砂中铜、锌品位低，锌矿物可浮性好，铜锌分离难，采用铜锌混合浮选、铜锌分离的工艺流程，以石灰、硫酸锌、亚硫酸钠为锌硫矿物的抑制剂，乙硫氮为铜矿物的捕收剂，实现了铜锌矿物的有效分离，以及资源的最大化利用。该尾砂属于低品位铜锌矿石，可供选矿回收的有价元素为铜、锌，矿石的矿物组成较为复杂，且铜、锌的氧化率均较高。

金属矿物间嵌布关系复杂，锌矿物的可浮性较好，导致金属矿物间浮选分离困难。通过不同方案对比，最终确定采用铜锌混合浮选—铜锌硫分离的工艺流程，尾矿中的硫可通过浮选进一步回收。该工艺流程及药剂制度对有类似矿石性质的矿山具有一定的推广应用价值。

试验采用铜锌混浮、混合精矿再磨、铜锌硫分离的工艺流程，获得的选别指标为：铜精矿含铜 17.84%，回收率 61.47%；锌精矿含锌 45.43%，回收率59.73%；硫精矿含硫 27.32%，回收率50.46%。

4.9 铜-铅-锌多金属硫化矿石的选别

常将硫化铜铅锌矿称为多金属硫化矿。此类型矿石中，除含铜、铅、锌、硫的金属硫化矿物外，还常含有金、银、镉、铟、铋、锑、钨、锡、碲、硒、锗、镓等元素。因此，硫化铜铅锌矿石是提取有色金属铜、铅、锌和贵金属及稀有金属、稀散金属的重要矿产资源。

4.9.1   铜-铅-锌多金属硫化矿石组成特点及可浮性

硫化铜铅锌矿矿石中，主要的金属矿物为黄铜矿、方铅矿、闪锌矿，其次为黄铁矿、磁黄铁矿、斑铜矿、辉铜矿、黝铜矿、磁铁矿和毒砂等。地表氧化带含有孔雀石、蓝铜矿、白铅矿、铅矾及褐铁矿等。脉石矿物主要为石英、方解石、绿帘石、透闪石、矽灰石及石榴子石等，有时还含一定量的重晶石、萤石和绢云母等。矿石中的金呈自然金形态存在或伴生于黄铁矿与黄铜矿中，银与矿石中的方铅矿、砷黝铜矿及黝铜矿共生，镉、锗、镓一般含于闪锌矿中。

硫化铜铅锌矿矿石主要产于热液型和矽卡岩型矿床，有时也产于其他类型矿床。矿石的矿物组成和化学组成因成矿条件和矿床类型而异，产于不同矿床类型的硫化铜铅锌矿的特性有差异。

硫化铜铅锌矿矿石的特点为：矿石中的有用金属硫化矿物以方铅矿、闪锌矿为主，硫化铜矿物含量较低，黄铁矿含量一般也较低，但有的铅锌矿石原矿含硫可高达 30% 左右。选厂一般产出铜精矿、铅精矿、锌精矿三种产品，有时也产出硫精矿。次生铜矿物在磨矿过程中易产生铜离子活化闪锌矿，使有用金属硫化矿物的分离较困难。

在复杂多金属硫化矿浮选分离实践中需要了解相关的铅锌矿物的可浮性。主要的硫化铅矿物为方铅矿，主要的硫化锌矿物为闪锌矿。

(1) 黄铜矿（$CuFeS_2$）。纯矿物 $w(Cu) = 34.56\%$、$w(Fe) = 30.52\%$、$w(S) = 34.92\%$，密度为 $4.1 \sim 4.3 g/cm^3$，莫氏硬度为 $3.5 \sim 4.2$。在中性和弱碱性介质中可较长时间保持其天然可浮性，但在高碱介质中（pH>10），其矿物表面结构易受 OH^- 侵蚀，生成氢氧化铁薄膜，使其天然可浮性下降。可用硫化矿物的捕收剂作硫化铜矿物的捕收剂，硫化铜矿物的抑制剂为氰化物、硫化钠和氧化剂，现生产中已不用氰化物，主要采用氧化剂或硫化钠作抑制剂，起泡剂一般可用常用起泡剂。但采用低碱介质浮选工艺路线，在矿浆自然 pH 值条件下浮选时，常用起泡剂的起泡能力无法满足浮选的要求，当浮选的有用矿物量大时更是如此。

(2) 方铅矿（PbS）。纯矿物 $w(Pb) = 86.6\%$、$w(S) = 13.4\%$，密度为 $7.4 \sim 7.6 g/cm^3$，莫氏硬度为 $2.5 \sim 2.7$。方铅矿中常含银、铜、锌、铁、锑、铋、砷、钼等杂质。试验表明，方铅矿的可浮性与矿浆 pH 值密切相关。方铅矿的天然可浮性较好，属易浮的硫化矿物。当矿浆 pH 值大于 9.5 时，捕收剂（如黄药、黑药等）在方铅矿表面的吸附量明显下降，其可浮性明显下降。因此，在低碱介质中浮选可提高方铅矿的可浮性，可大幅度降低捕收剂的用量。在高碱介质中浮选时，为获得较高的铅浮选回收率，只能采用高捕收能力的浮选捕收剂（如高级黄药、硫氮等）和提高捕收剂用量。因此，高碱介质浮选的药剂成本较高。可用硫化矿物的捕收剂作方铅矿的捕收剂，方铅矿的抑制剂为重铬酸盐、硫化钠等。生产中常用重铬酸盐（红矾）作方铅矿的抑制剂。

浮选方铅矿最适宜的 pH 值为 7~8，一般用碳酸钠或石灰调节，石灰对方铅矿有一定抑制作用。重铬酸盐或铬酸盐是方铅矿特效抑制剂，它们在方铅矿表面形成难溶的铬酸铅多分子层，使表面亲水受抑。被重铬酸盐抑制过的方铅矿，要用盐酸或在酸性介质中，用氯化钠处理才能活化。硫化钠对方铅矿有强烈抑制作用，这是由于硫化铅的溶解度积远小于黄原酸铅；另外 S^{2-} 离子还能从矿物表面解吸已吸附的黄药阴离子。氰化物对方铅矿几乎无抑制作用，只有某些受铁污染或变质方铅矿，用氰化物抑制才能奏效。

（3）闪锌矿（ZnS）。纯矿物 $w(Zn)=67.0\%$、$w(S)=33.0\%$，密度为 3.9~4.1g/cm³，莫氏硬度为 3.5~4.0。闪锌矿中常含铁杂质形成铁闪锌矿，铁闪锌矿表观颜色有灰黑色和灰白色两种，常见的为灰黑色铁闪锌矿，其中铁含量为 5%~10%，有的甚至高达 16%。闪锌矿的天然可浮性与其中铁含量密切相关，随闪锌矿中铁含量的增加，其可浮性下降。闪锌矿的天然可浮性与矿浆 pH 值密切相关，在酸性介质中，闪锌矿易浮，在碱性介质中，须采用 Cu^{2+} 活化后，才能采用硫化矿物捕收剂进行浮选。Cu^{2+} 活化闪锌矿的效果与矿浆 pH 值有关，当 pH 值为 6 左右时，闪锌矿表面对 Cu^{2+} 的吸附量最大，在酸性和碱性介质中，闪锌矿表面对 Cu^{2+} 的吸附量均下降。因此，采用低碱介质浮选可以降低硫酸铜的用量，提高闪锌矿的可浮性。可用硫化矿物的捕收剂作闪锌矿的捕收剂。黄药是闪锌矿浮选的捕收剂，用短链黄药直接浮选闪锌矿，多数情况下不浮或只有较低回收率，只有含 5~6 个碳的高级黄药在 pH 值不高时可获得较高回收率，但经 Cu^{2+} 活化后的闪锌矿可用低级黄药浮选。黄药在闪锌矿上吸附产物是黄原酸锌吸附层。除黄药外，黑药也是闪锌矿的捕收剂。闪锌矿的抑制剂为石灰、硫酸锌、硫酸亚铁、亚硫酸盐、二氧化硫气体等。生产中常用石灰与硫酸锌作闪锌矿的抑制剂。常用起泡剂均可作浮选闪锌矿的起泡剂，但在低碱介质和闪锌矿含量高时，常用起泡剂常无法满足浮选的要求。

4.9.2　铜-铅-锌多金属硫化矿石分选方法

目前，对铜铅锌矿石的选别主要是采用浮选法，在个别情况下，还配合应用重力选矿法，其中特别是重介质选矿法得到广泛的应用。例如，对于嵌布粒度较细，并且脉石易于单体解离的矿石，采用重介质选矿法，将粗粒脉石选出，这样可提高选矿的生产率和入选原矿品位，因而可降低选矿费用。近年来，国外一些选厂对铜铅锌硫化矿配合应用重介质选矿法的实例很多，对提高生产指标、降低选矿成本，取得一定成效。

当硫化矿物呈粗细粒不均匀嵌布时，为了及时有效地回收粗粒方铅矿及铜矿物，在磨矿循环中加设跳汰机、摇床或溜槽。也有应用独立浮选槽选出单体的粗粒铅精矿，有利于提高金属回收率。

对于含铁高的闪锌矿，在用浮选法不能有效的分离时，采用磁选法获得成效。国外一些选矿厂用磁选法从混合精矿中选出锌铁尖晶石；用磁选法从锌精矿中除铁，得出高质量的锌精矿。

4.9.2.1 铜锌分离、铜铅分离工艺

A 铜锌分选流程与工艺

未经氧化的硫化铜锌矿石的选别是较容易的，浮选流程相对也比较简单。对于矿物组成复杂，有用矿物嵌布粒度不均匀，且相互间共生致密，矿石又受到不同程度的氧化，以致矿石中含有一定数量的难免离子及矿石泥化严重等的矿石就要采用较复杂的流程和药方。当矿石中含有大量黄铁矿或磁黄铁矿时，更会导致流程的复杂化。

硫化铜锌矿石的浮选流程通常有优先浮选、混合—优先浮选、部分混合浮选、等可浮选等，目前最常用的是优先浮选分离。

铜锌矿浮选分离与铅锌浮选分离很相似，一般都采用浮铜抑锌。在复杂多金属硫化矿的浮选实践中，铜锌浮选分离目前还是一个较为困难的课题。其原因在于：

(1) 铜锌矿物致密共生。如高温型矿床，黄铜矿常呈细粒浸染状存在于闪锌矿中，其粒度常在 $5\mu m$ 以下，造成单体解离和浮选困难。

(2) 闪锌矿受铜离子活化。活化后的闪锌矿可浮性与铜矿物相近。此外，其他重金属离子如 Hg^+、Ag^+ 和 Pb^+ 等，也可活化闪锌矿。

(3) 铜锌矿中往往黄铁矿含量高，对浮选过程干扰大。

铜锌分离方法有浮铜抑锌和浮锌抑铜两类，见表 4-10，后者在生产实践中应用较少。我国处理铜锌矿石的选厂，主要应用亚硫酸钠、硫酸锌、硫化钠等药剂进行浮铜抑锌的工艺，或先浮铜硫抑锌再进行浮铜抑硫分离的工艺。

表 4-10 铜锌分离主要方法

浮铜抑铅	浮锌抑铜
氰化物+硫酸法	加温浮选法
亚硫酸盐法	赤血盐法
硫酸锌+硫化钠法	热水浮选法

B 铜铅分离工艺

硫化铜、铅矿物的浮选分离包括复杂多金属矿石中铜、铅矿物的优先浮选分离和铜、铅混合精矿的浮选分离。硫化铜、铅矿物的优先浮选捕收剂一般为

硫化铜矿物的选择性捕收剂，如 O—异丙基—N—乙基硫逐氨基甲酸酯（Z-200）、BK901J、BK905、OSN43 等；铜、铅混合浮选的捕收剂一般有乙基黄药、异丙基黄药、丁基黄药、戊基黄药、31 号与 242 号黑药、巯基苯并噻唑、硫醇、均二苯硫脲和硫逐氨基甲酸酯等以及这些药剂的混合使用。在铜、铅混合浮选中，分批添加捕收剂是必要的。铜铅混合精矿的浮选分离一般是首先进行脱药，然后进行分选。

（1）混合精矿的脱药。混合精矿的分离经常是比较困难的，困难的原因在于混合精矿含有过量的药剂，分离前脱除这些药剂可以明显改善分离效果。脱药方法我国实践上常用的方法有：1）混合精矿进行浓缩，浓缩溢流丢弃，底流加入清水后再浮选；2）混合精矿浓缩，浓缩产品经再磨，以擦洗矿物表面后再进行分离浮选；3）用硫化钠脱药，用硫化钠使矿物表面捕收剂薄膜解吸，再经浓缩过滤将药剂脱除后浮选；4）加入活性炭，使之吸附矿浆中过剩的药剂。活性炭脱药是一比较简便而很有效的方法，得到广泛的应用。

（2）铜铅分离的方法。铜铅混合精矿中的矿物组分，是选择分离方法的基础，据此可将铜铅分离方法分为：1）方铅矿与黄铜矿为主的铜矿物的分离；2）方铅矿与斑铜矿、辉铜矿为主的铜矿物的分离。铜铅混合精矿中，Cu 比 Pb 少时，多采用抑铅浮铜的方法；3）Cu 与 Pb 含量接近时，则可考虑用抑铜浮铅的方法。铜-铅分离方法见表4-11。

表 4-11　方铅矿与黄铜矿、斑铜矿、辉铜矿分离方法

方铅矿与黄铜矿分离方法			
方法分组	分离方法举例	方法分组	分离方法举例
氧化剂法 抑制方铅矿	重铬酸盐法 双氧水法 高锰酸盐法	氧硫法 抑制方铅矿	亚硫酸+淀粉法 亚硫酸钠+铁盐法 硫代硫酸钠+铁盐法
磷酸盐法 抑制方铅矿	磷酸盐法	加温法抑制方铅矿	蒸汽加温法
氰化物法抑制黄铜矿	氰化物+硫酸锌法 氰化物+硫化钠法	联合法	氰化物+重铬酸盐法 重铬酸盐+氰化物法
高分子有机物 抑制方铅矿	CMC+水玻璃		
方铅矿与斑铜矿、辉铜矿分离方法			
方法分组	分离方法举例	方法分组	分离方法举例
氰化物法 抑制铜矿物	氰化物法 锌氰化物法 铁氰化物法	高分子有机物 抑制方铅矿	淀粉或者糊精法
		硫化钠抑制方铅矿	硫化钠法

4.9.2.2   抑铅浮铜

A   重铬酸盐法

重铬酸盐是方铅矿的最重要的抑制剂，它们对铜矿物的浮选没有影响，因此常用来分选铜、铅混合精矿，用量一般为 1~1.25kg/t，搅拌时间一般为 0.5~1h 左右。这也是研究最多的药剂之一。铬盐——二亚硫酸亚铁酸钠、在碱性介质中的亚硫酸盐和重铬酸钾的混合物，用硫化钠调整介质使 pH = 8~8.6，然后用重铬酸钾处理精矿，均是早期铜铅分离常用的方铅矿抑制剂。值得指出的是，用重铬酸盐法抑制的方铅矿虽然可以用硫酸亚铁、盐酸或亚硫酸钠等还原剂使之活化，但一般而言，活化是很困难的。

据报道，重铬酸钠与水玻璃按质量比 1:1 配制成的混合物也是铜、铅分离时方铅矿有效的抑制剂。郭月琴在铜、铅分离试验中曾试过单一石灰法、重铬酸盐—水玻璃法、CMC—焦磷酸钠法、单一 CMC 法、CMC—亚硫酸钠—重铬酸盐法、CMC—重铬酸盐法等，其中以 CMC—重铬酸盐法效果最好。铬盐有毒，为了减少重铬酸盐用量，应采用组合抑制剂。CMC 对方铅矿有较强的抑制作用，但用量多时，对铜矿物的浮选也有一定的影响，其优点是无毒。采用 CMC—重铬酸盐组合制剂，则兼有两种药剂的优点。

美国焦矿公司所属的维伯努和弗莱切尔选厂对于铅铜比 30:1~50:1（极端情况下为 10:1~100:1）的混合精矿采用"淀粉—SO$_2$—重铬酸钾法"进行铜、铅分离。首先加苛性淀粉（约 250~500g/t 混精）和 SO$_2$（1.25~2.45kg/t 混精），搅拌 3~5min，抑制方铅矿浮出黄铜矿。加重铬酸钾 250g/t 混精，预先搅拌 5~10min，使铜精矿含铅下降 1%~2%。铜的粗选和精选采用较强的搅拌，改善矿泥覆盖和铅的抑制，使铅精矿中含铜降到 0.4%，铜的回收率提高 10%~15%。铜第 5 次精选时加入少量重铬酸钾，有助于抑制仍然上浮的方铅矿。加 SO$_2$ 使 pH 降到 4.5~5.0，可以控制分选回路。SO$_2$ 用量加大，分选速度降低。SO$_2$ 可以除去黄铜矿表面的污染膜，提高铜的浮选回收率，抑制铅矿物的浮选。淀粉是普通的抑制剂，如果 SO$_2$ 用量不足，它会抑制铜的浮选。在一定 pH 值范围内，增大淀粉的用量，会使泡沫结构从适度稳定和矿化好，变成脆而矿化差。

陈代雄等对含铜 5.52%、铅 52.10% 的铜、铅混合精矿采用抑铅浮铜法进行了研究。利用重铬酸盐加水玻璃法，获得了较好的铜、铅分离效果。铜、铅分离一次粗选、两次精选、一次扫选，得到铜精矿含铜 22.27%、含铅 5.12%，铅精矿含铅 67.24%、含铜 1.87% 的好指标。倪章元等对新疆某难选铜、铅、锌多金属矿石，首先利用 Na$_2$S 消除了矿浆中铜离子的影响，利用组合捕收剂浮铜、铅、粗选轻拿、扫选重压，达到了既降低互含，又保证铜、铅回收率的目的，获得了满意的选矿指标。消除铜离子前，重铬酸钾用量为每吨矿 1.5kg，消除铜离子后，用量仅为每吨矿 500g。试用氧硫法也能达到相近的指标。王宁和韩潮等对于国内某企业原来铜、铅混合精矿利用氰化物抑铜浮铅工艺存在的不足，通过试验研究对铜、铅混精分离采用浮铜抑铅法，分离前使用活性炭脱药，抑制铅矿物使用重铬酸钾，用量为 25g/t，代替了原来使用氰化钠抑铜浮铅工艺，使工艺指标得到改善，降低了精矿互含。

B　亚硫酸（盐）法

在 1957 年的国际选矿会议上，首先报道了在复杂硫化矿石的优先浮选中用亚硫酸钠或二氧化硫气体作抑制剂，国际选矿界开始在复杂多金属矿石的浮选分离中使用亚硫酸（盐）类药剂，并根据矿石的不同性质研究出许多新型的方铅矿的抑制剂。

（1）亚硫酸法。二氧化硫是铅的良好抑制剂，在一定条件下还能抑制闪锌矿、黄铁矿，并对铜矿物有活化作用，对轻微氧化的硫化矿物有较好的分选性能。据研究，亚硫酸盐对已被铜离子活化的闪锌矿的抑制作用，并不是从闪锌矿表面排除硫化铜薄膜及黄原酸盐，而是在闪锌矿表面上沉积了亲水性的亚硫酸锌引起的，亚硫酸法对方铅矿、黄铁矿的抑制作用可以解释为相应金属的亲水性亚硫酸盐在矿物表面上沉积的结果。

（2）亚硫酸—淀粉法。此法先通入二氧化硫，使矿浆 pH 值调整为 4，然后加石灰将 pH 值调到 6，再加淀粉，抑铅浮铜（闪锌矿也被抑制）。美国的马格芒特选矿厂应用亚硫酸和淀粉实现铜铅混合精矿的浮选分离，可以得到 95.78% 的铅作业回收率，并且使铜精矿含铅由 13.19% 降低到 6.40%。加拿大布伦兹威克选厂用二氧化硫（295g/t）和淀粉（90g/t）抑铅浮铜，改善了浮选指标，使得铅锌精矿品位提高 8%。

（3）硫酸—亚硫酸—淀粉法。日本中龙选厂在 pH = 6.8 的条件下，用硫酸 2kg/t、亚硫酸 100g/t、淀粉 10g/t 抑铅、锌浮铜，铜铅分离作业的铅作业回收率达到 97.9%。

（4）石灰—亚硫酸—硫化钠法。小铁山多金属矿选矿系统自投产以来，国内外多家科研机构如前苏联、芬兰奥托昆普、北京矿冶研究总院、沈阳矿冶研究所、西北矿冶研究院以及白银公司研究所和公司选矿厂都就其选矿工艺进行了大量的试验研究。所有的研究都采用部分混合浮选流程取代全混合浮选，尽可能地在混合浮选尾矿中抛除脉石和部分黄铁矿。确定亚硫酸—硫化钠分离法是小铁山多金属矿铜与铅锌分离最成熟、最有效的方法。在优先选铜的闭路试验中，增加了腐植酸钠。新调整剂的引进，进一步提高了亚硫酸—硫化钠分离法的选别效果。试验中发现分离作业所采用的亚硫酸的药效时间短，坚持"早出、快出、多出"的原则是必要的。分离作业前的脱水、脱药技术是影响分离效率的关键环节。

（5）亚硫酸钠—硫酸锌—CA 法。利用无机抑制剂 Na_2SO_3、$ZnSO_4$、有机抑制剂 CA，配合铜矿物（黝铜矿为主）的选择性捕收剂 OSN-43，成功实现了硫化铜矿物（黝铜矿）与硫化铅锌的浮选分离，药剂用量分别为 CA 200g/t、Na_2SO_3、$ZnSO_4$ 各 1000g/t，扩大试验得到的指标为铜精矿含铜 15.91%、含铅 6.88%、含锌 7.80%，铜回收率为 73.67%。

（6）亚硫酸钠—硫酸锌法。通过采用铜矿物的选择性捕收剂 BK905，配合使用亚硫酸钠和硫酸锌组合抑制剂，成功实现了硫化铜矿物与方铅矿和闪锌矿的浮选分离。扩大试验得到的浮选铜精矿含铜 18.25%、含铅 12.31%、含锌 9.31%，铜回收率 93.09%。

（7）硫代硫酸钠—硫酸亚铁法。首先用硫化钠与活性炭对混合精矿进行脱药，然后在酸性矿浆中（加硫酸）用二者抑铅浮铜。其作用机理可能是硫代硫酸钠与硫酸反应析出二氧化硫，对方铅矿产生抑制作用。硫酸亚铁通常是硫化矿物的抑制剂，但生产中常作为黄铜矿的活化剂。另外，该法也可用亚硫酸钠与硫酸亚铁来代替。

C　其他方法

（1）羧甲基纤维素（CMC）—水玻璃法（简称水玻璃合剂）。广西河三佛子冲铅锌矿，对铜、铅混合精矿浮选分离用水玻璃与 CMC 的混合剂（质量比 100:1）、焦磷酸钠与 CMC 的混合剂（质量比 10:1）抑铅浮铜的工业试验表明，二者均比单用水玻璃或单用 CMC 效果好。

（2）CMC—亚硫酸钠—水玻璃法。CMC 和亚硫酸钠是无毒低价的选矿药剂，用 CMC、亚硫酸钠和水玻璃配制成合剂（此合剂简称为 CNAS），可以取代重铬酸盐，实现无毒铜、铅分离。经过大量配比条件试验，确定 CNAS 合剂的最佳配方为 CMC:亚硫酸钠:水玻璃 = 1:5:2。对含铜 5.52%、铅 52.10% 的铜铅混合精矿，加入硫化钠 300g/t 进行脱药处理，然后加入 CNAS 1700g/t，搅拌 8~10min。浮铜用 PB 作为捕收剂，试验流程为一次粗选、两次精选、一次扫选，得到的铜精矿含铜 22.82%、含铅 4.82%。

（3）加温浮选法。日本小坂内之岱选厂用于铜、铅混合精矿（铜、铅混浮用 208 号黑药作捕收剂，SO_2 抑制锌、硫矿物）的分离，抑铅浮铜。先用蒸汽将铜、铅混合精矿加温到 60℃，在酸性和中性矿浆中，黄铜矿的可浮性提高（辉铜矿和铜蓝有受抑制的倾向，但无明显影响），而方铅矿被抑制，分选时不添加其他药剂，所得铜精矿品位较高、含铅锌低。

（4）改性马铃薯淀粉法。DBM 糊精是将马铃薯淀粉在 256℃ 加热 1h 生成的产物，这种糊精对铅有较好的抑制作用，铜铅分离试验结果表明，在用这种糊精 2500g/t 作抑制剂，乙基钾黄药 50g/t 作捕收剂，松醇油作起泡剂，pH = 8.0~8.2 的条件下，浮选含铜 18.5%、含铅 5.5% 的混合精矿，泡沫产品含铜 38.1%，回收率 77%，槽内产品为铅精矿，含铅 7.3%，回收率为 83%。

（5）$ZnSO_4$— THB 组合抑制剂。采用选择性捕收剂 BK901 配合使用 $ZnSO_4$ 和 THB 组合抑制剂浮选处理小茅山银铜矿石，解决了原来生产铜精矿质量不稳定、铅锌含量大的问题。小型试验取得了铜精矿中铜品位 22.12%、回收率 97.31%，铜精矿中银品位 551.00g/t、回收率 82.46% 的指标。工业生产实践的指标为铜精矿中铜品位 23.89%、回收 94.31%，铜精矿中银品位 784.80g/t、回收率 79.01%。

4.9.2.3 抑铜浮铅

抑铜浮铅法一般采用氰化物或以氰化物为主的混合物作为抑制硫化铜矿物的抑制剂，由于环保压力和氰化物对贵金属的溶解作用，目前应用较少。主要有氰化物—硫酸锌法和氰化钠—氧化锌法。

（1）氰化物—硫酸锌法。氰化物是黄铁矿、闪锌矿及黄铜矿的有效抑制剂，对方铅矿则几乎没有抑制作用。所以氰化物法是抑铜浮铅的主要方法，分选效果好，精矿质量和回收率均较高。矿石中含有次生硫化铜矿物时，氰化物抑制效果较差，可与硫酸锌配合使用（具有 7 个结晶水的硫酸锌常以 3 份对 1 份氰化物的比例使用），生成亲水性 $Zn(CN)_2$ 胶体或它们的配合物 $K_2Zn(CN)_4$，抑制效果比二者单用都更为有效。氰化物法不适于处理含金银的矿石。

（2）氰化钠—氧化锌法。把氧化锌与氰化钠按质量比 1:2 配合，反应后生成可溶性氧化锌配合物，然后加硫酸铵混合使用，能有效抑制斑铜矿和砷黝铜矿，但对辉铜矿没有抑制作用。

我国主要铜铅矿选厂的铜铅分离工艺制度如表 4-12 所示。

表 4-12 我国铜铅分离选矿厂的工艺制度

选厂	矿石中铜铅比	分离方法	分离药剂及用量/g·t^{-1}	捕收剂 /g·t^{-1}	pH 值
小铁山	1:4~1:6	抑铅浮铜	亚硫酸 840 Na_2S 230~500	丁黄药 10~30	6.0~6.5
吴县	1:8	抑铅浮铜	亚硫酸 800~1200 Na_2S 400~600	丁黄药 150	6.2~6.6
恒仁	1:1.5	抑铅浮铜	亚硫酸钠 60，硫酸锌 140，重铬酸钾 6~10，活性炭 15		7~7.5
香夼	1:9	抑铅浮铜	亚硫酸 50~80，硫代硫酸钠 240，磷酸亚铁 120~180，活性炭 117	丁黄药 4	5.5
八家子	1:14	抑铅浮铜	亚硫酸 440，活性炭 120，重铬酸钠 3，蒸汽加温到 40~55℃	ONSO12	5.5~6.0

选厂	矿石中铜铅比	分离方法	分离药剂及用量/g·t^{-1}	捕收剂/g·t^{-1}	pH 值
桃林	1:7~1:9	抑铅浮铜	重铬酸钠 65~75 活性炭 100~130		7~8
天宝山	1:12	抑铜浮铅	NaCN75，CaO：pH=7， 精选 pH=11		
河三		抑铅浮铜	水玻璃 200，羧甲基纤维素 10	丁铵黑药 10~30	

特别注意的是有以下几种分离工艺：辽宁八家子铅锌矿选厂使用单一亚硫酸经蒸汽加温到 40~55℃进行分离的工艺，广西河三铅锌矿选厂使用水玻璃和羧甲基纤维素的分离工艺，小铁山等的亚硫酸与硫化钠合用的分离工艺。

4.9.3　铜-铅-锌多金属硫化矿石选别流程

处理铜、铅、锌多金属硫化矿的浮选流程，在以前主要是采用优先浮选流程，当时对矿石中的铜、铅、锌、硫等矿物的综合回收还没有获得满意的解决，各种有用成分的回收率常常很低，精矿中亦因各种组分相互含量高，而造成质量低劣。近年来，由于矿石性质复杂化，浮选流程的研究有较大的进展；由原来的优先浮选流程改为混合或部分混合浮选流程，有的选厂还根据所处理的矿石中，同一种矿物有难浮和易浮的、而采用了等可浮流程。这些流程的采用、充分利用和满足了矿物的浮选性能，故减少了药耗，改善了分选工艺条件，从而大大地提高了分选指标。取得了良好的成效。现将这些浮选原则流程分述如下。

4.9.3.1　铜-铅-锌硫化矿的优先浮选原则流程

流程如图 4-26 所示，根据矿石中铜、铅等硫化矿物的可浮性，采用有针对性的药剂制度，依次从矿浆中把它们浮选分离出来，分别得到单独的精矿和废弃的尾矿。

该法的优点是现场易于控制，容易得到合格精矿；缺点是流程较长，浮选时间长，药剂种类多及用量大。

近年来，铜、铅、锌优先浮选工艺在实验室小型试验、扩大连续浮选试验和工业试验中均获得了较好的浮选指标。流程特点是在铜、铅、锌优先浮选过程中配合使用选择性抑制剂和选择性捕收剂，同时利用矿石中有用矿物的嵌布特性，结合流程结构的优化，实现了铜、铅、锌矿物的优先浮选分离，具有指标高、易于操作等特点。

4.9.3.2　铜-铅-锌硫化矿的混合浮选原则流程

混合浮选原则流程如图 4-27 所示。其特点是第一段磨矿后将铜、铅、锌、硫全部浮出，抛弃了尾矿。然后将混合精矿再细磨，进行铜铅浮选及其分离，锌（硫）则在铜铅浮选的尾矿中得出。原矿中含硫较高时，在锌硫分离中选出硫精矿。

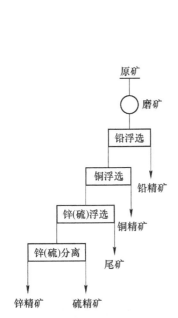

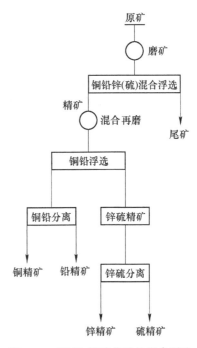

图 4-26　铜-铅-锌硫化矿优先浮选　　　图 4-27　铜-铅-锌硫化矿的混合浮选
　　　　原则流程图　　　　　　　　　　　　　原则流程图

一般全混合浮选流程适用于处理有用矿物呈不均匀嵌布、或彼此致密共生、或一种有用矿物在另一种有用矿物中呈细粒嵌布，而它们的连生体较粗的嵌布在脉石（组成矿石的大部分）中的多金属矿石，或较贫的多金属硫化矿石。前苏联的列宁诺戈尔斯克和别洛乌索夫斯克选厂、保加利亚克尔查理选厂、日本释迦内选厂、西南非楚梅布选厂和国内的白银公司小铁山多金属选矿厂曾采用了铜、铅等硫化矿物全混合—优先浮选分离流程。

混合—优先浮选流程具有可节省磨矿费用、减少浮选机磨损及浮选药剂用量等优点，但由于在混合精矿中有过剩的药剂，在矿粒表面覆盖有捕收剂膜，因而常使下一步选择性地抑制一种矿物浮出另一种矿物的分离作业发生困难，不易获得较好的分选指标，使其应用受到一定的限制。在利用硫化钠、活性炭或其他方法使混合精矿脱药后才能使该法得以应用。

4.9.3.3 铜-铅-锌硫化矿的部分混合浮选原则流程

流程如图4-28所示，其特点基本是将可浮性相近的各种矿物选成混合精矿后再行分离。例如常常是将易浮的铜铅矿物与难浮的锌、硫矿物分别浮出得到混合精矿，然后再进行铜铅和锌硫的分离。

这种流程兼有优先浮选和混合浮选两种流程的优点，浮选分离的工艺条件方便于控制，故被广泛采用。如我国大多数的铜铅锌硫化矿选厂现都应用此流程；国外也有很多选厂是采用部分混合浮选流程。

4.9.3.4 铜-铅-锌硫化矿的等可浮原则流程

流程如图4-29所示。把可浮性相近的有用矿物选到混合精矿中，然后进行分离浮选。如把易浮的硫化铜、铅矿物与较难浮选的锌、硫矿物分别选到铜、铅混合精矿和锌、硫混合精矿中，然后进行铜、铅分离和锌、硫分离，或者抑制锌、硫矿物，混合浮选铜、铅矿物，得到铜、铅混合精矿，然后进行铜、铅分离浮选，并从尾矿中回收锌、硫矿物，分别得到铜、铅、锌、硫精矿产品。这种流程兼具有优先浮选和混合浮选流程的优点，浮选分离的条件易于控制。该流程可免去对易浮的锌矿物的活化和随后分离时的强抑制，也可免去对难浮锌矿物的抑制和随后浮选时的强活化。其特点是按有用矿物的浮游难易程度在不同的工艺条件下进行浮选，可以节省药剂用量，但浮选作业时间较长，工艺过程操作复杂。

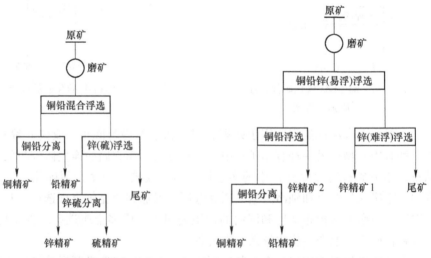

图 4-28 铜-铅-锌硫化矿的部分混合   图 4-29 铜-铅-锌硫化矿的等可浮
　　　　　浮选原则流程图　　　　　　　　　　　　　原则流程图

不管采用上述哪种流程，都会面临铜、铅、锌、硫分离问题，根据矿石性质的不同，分离难度各有不同，尤其是铜、铅分离的问题更是突出，这也是选别这类矿石的关键性问题。

通常铜在铅精矿中并不认为是有害杂质，但铅精矿含铜量是有要求的。因为铜的存在降低了铅精矿的质量，降低了铅在冶炼过程中的回收率，并使冶炼操作过程复杂化，成本增加。因此，铜与铅矿物的分离具有重要的意义。

4.9.4 铜-铅-锌多金属硫化矿石选矿实例

4.9.4.1 阿勒泰铜铅锌矿

阿勒泰铜铅锌矿金属矿物以闪锌矿、方铅矿、黄铜矿及黄铁矿为主，脉石以石英、长石、云母等较多，矿石嵌布粒度不均，其中黄铜矿嵌布粒度较粗，但铅锌相互包裹，致密共生，嵌布粒度细。以石灰、硫化钠抑制黄铁矿及部分难免离子、硫酸锌、亚硫酸钠抑制锌矿物，乙硫氮和 Z-200 浮选铜铅矿物，在铜铅粗精矿再磨细度为 $-38\mu m$ 占 85% 时，获得合格的铜、铅精矿，使铅精矿中杂质锌的含量由 15% 降低到 7.54%，较好地实现了铅锌有效分离。采用硫化钠、活性炭联合脱药，组合抑制剂重铬酸钾—CMC 抑制铅矿物，铜高效捕收剂 Z-200 浮选铜矿物，抑铅浮铜，获得含铜 20.13%、含铅 6.02%、铜回收率 85.09% 的铜精矿及含铅 48.56%、含铜 1.44%、铅回收率 77.35% 的铅精矿，实现铜铅分离。

4.9.4.2 四川会理锌矿选矿厂

四川会理锌矿选矿厂日处理矿石量 1000t，采用优先浮选工艺流程，原矿经粗碎—中碎—细碎进入磨矿系统，再经两段闭路循环磨矿进行浮选。铜浮选采用"一粗两扫四精"工艺流程，产出铜品位 20% 左右的铜精矿，其尾矿进入铅锌浮选回路。但随着开采深度的加大，资源储量越来越少，矿石贫化现象严重，因此提高资源利用率显得尤为重要。

随着一批低品位难选铜铅锌矿的开采，原有选矿工艺流程不能适应现有矿石性质。在一个月的实际生产中，在原矿铜品位 0.5% 的情况下，铜精矿铜回收率仅为 40.26%，铜精矿铜品位 17.61%，铅锌杂质品位高达 24.21%，严重超过了铜精矿质量标准，造成资源浪费。

在现有流程和磨矿细度不变的情况下进行铜矿选别试验。分别对水质、捕收剂、抑制剂和硫化钠进行了试验，试验得出如下结论：

（1）水质对于铜矿浮选影响不大，采用生产回水比用新水更经济。

（2）硫化钠对于方铅矿和闪锌矿有较明显的抑制效果，活化了部分铜原矿，在铜入选之前添加硫化钠，不但提高了铜精矿的铜品位，而且降低了铜精矿中铅锌杂质的含量，提高了铜的回收率。

（3）当采用硫化钠 2000g/t、亚硫酸钠和硫酸锌各 1000g/t、LP70g/t、乙基黄药 10g/t 时，获得了较佳的选矿指标。

（4）通过技改，多回收 11.5t 铜金属量（银品位 14.3kg/t），损失到铜精矿中的铅金属量减少 10.3t、锌金属量 20.6t，为公司创造了大约 115 万元的经济效益。

4.9.4.3　江西七宝山铅锌矿

江西七宝山铅锌矿是一座以铅锌为主,并伴生有少量铜、银的多金属硫化矿矿山,矿石中矿物嵌布特征复杂、单体解离性差,属低品位复杂难选多金属硫化矿。矿山自 20 世纪 90 年代建成投产以来,选矿厂几经改革,目前采用以 Z-200 作铜矿物捕收剂、253 号黑药作铅矿物捕收剂、丁黄药作锌矿物捕收剂的铜铅锌依次优先浮选生产工艺,生产规模由原设计的 250t/d 发展到 500t/d,但因矿石性质复杂,选矿指标不理想,表现在锌精矿的品质较差、回收率较低,而铜精矿的回收率仅 30% 左右。针对七宝山铅锌矿的矿石性质,进行了浮选新工艺研究,并获得了良好的分选指标,为选矿厂今后的进一步优化改造提供了依据。

矿石中铜铅锌矿物分别主要以黄铜矿、方铅矿和闪锌矿的形式存在,其他金属矿物有黄铁矿、磁铁矿、磁黄铁矿、银砷黝铜矿、铜蓝、白铁矿等,非金属矿物以石英、方解石、白云石和绢云母为主。

经物相分析,铜铅锌矿物均有一定程度的氧化,其中铜的氧化率为18.03%,铅的氧化率为 17.7%,锌的氧化率为 17.63%。

铜铅锌矿物在矿石中呈中粒为主的中细粒嵌布,包裹交代等现象较为明显,其中方铅矿、黄铜矿普遍被闪锌矿和黄铁矿包裹,有些方铅矿和黄铜矿则与闪锌矿、黄铁矿组成相互间致密连生的集合体。这些嵌布特征决定了铜铅锌矿物的单体解离性能较差,对选矿不利。

最后试验以 LP-01 和 LP-11 分别作铜矿物和铅矿物的捕收剂,以丁黄药作锌矿物的捕收剂,以硫酸锌和亚硫酸钠作铅锌矿物抑制剂,进行铜铅锌依次优先浮选试验,获得了铜品位为 19.84%、铜回收率为 60.25% 的铜精矿,铅品位为 72.34%、铅回收率为 73.04% 的铅精矿,锌品位为 50.55%、锌回收率为 88.46% 的锌精矿,使铜铅锌得到了较好的回收。

4.10　铜-金矿石的选别

铜金矿石是中国非常重要的一类矿产资源,国内的产金大省山东、河南、贵州储存有大量的含铜金矿石。在当前中国矿产资源形势日趋严峻的背景下,提高矿产资源的利用效率,对铜金矿石中的铜和金进行综合回收显得尤为重要。相对于铜而言,金为贵重金属,具有更高的经济价值,因而在制定工艺流程时首先应该确保金的顺利提取,但铜的回收也同样重要。目前,国内外从铜金矿石中回收铜的工艺主要有浮选回收工艺、预处理提铜工艺、铜氰配合物回收提铜工艺。由于铜金矿石工艺矿物学性质的变化,每种工艺都有不同的适用性,而铜的回收效果、生产成本及对周围环境的影响都是关系到各工艺实际应用价值的重要因素。

4.10.1 铜-金矿石的赋存状态及其可浮性

此类矿石中有部分金与硫化铜或硫化铁矿等硫化物共生，或以黄碲矿形式存在；另一部分金则呈自然金嵌布在石英、方解石等脉石中。

金对其他元素的化学亲和力很小，不易氧化。自然界存在的金矿物主要有游离的自然金、含金硫化矿、碲化矿，但其中最常见的是自然金，其相对密度为16~19.3。自然金并不是化学纯的，它或者含有夹杂物，或是同其他金属形成合金，有时则罩有一层表膜。金中常见的杂质是铜和银，其次是铁、铋、铂等。

经常与金共生的硫化矿有黄铜矿、黄铁矿、砷黄铁矿、辉锑矿等，有时也与方铅矿和其他硫化物共生。游离金的可浮性同金粒的尺寸，形状和表面状态有关，片状的金比浑圆形的易浮，粗粒由于太重不易浮起。表面罩有氧化物薄膜或被脉石污染的金，可浮性很差。

浮选金常用的捕收剂是黄药类和黑药类，最近研究 Z-200、硫脲与黄药、黑药混用，浮选效果较好。起泡剂是松油、甲酚酸等。浮选矿较适宜的 pH 值为 7~10。石灰能强烈抑制金，所以常用苏打作 pH 值调整剂。对一些含金黄铁矿和砷黄铁矿的矿石，在弱酸性矿浆中浮游较好。

有人研究表明，硫化钠能降低金的可浮性，当硫化钠的浓度在 1g/L 左右。金就不能吸附黄药，但对氧化的矿石，添加适量的硫化钠是有好处的。

氰化物对金和含金硫化矿都有抑制作用，仅对金的硫化物有活化作用。氰化物浓度和碱度均较高时，氰化物还能溶解金，所以在优先浮选含金的多金属矿石时，不宜采用氰化物作抑制剂。金中含银和铜，能减弱氰化物的抑制作用，并使之较容易氧化，因而可浮性下降。金中含铁时，可浮性下降很显著。

金以含金硫化矿形式存在时，则其可浮性与这些硫化矿相当。矿石中含黏土质和氧化铁矿泥都不利于金的浮游。滑石和含碳物质易浮入泡沫中而降低精矿品位，为此可采用淀粉抑制它们。

此外，由于金的相对密度很大，在选矿过程中很容易聚集到返砂溜槽、分级机、磨矿机等衬板的缝隙中，以及各处积存的矿砂和木屑中，故应注意回收。

4.10.2 铜-金矿石选别方法及工艺流程

4.10.2.1 铜-金矿石选别方法

难处理含铜金矿石金的提取工艺，一般可分为以下几类：

(1) 矿石或浮选精矿直接浸出。这种方法由于含铜、铁、锑等矿物会溶解于氰化物溶液中，消耗大量氰化物和氧，效果一般不好。采用各种强化措施可改善直接氰化效果，如采用多段浸出工艺、采用非氰化浸出工艺，如硫脲、硫代硫酸法浸出等。

（2）矿石经浮选将金、铜一起富集后产生精矿送冶炼厂，在冶炼铜的过程中回收金。我国伴生金铜矿石主要采用这种方法处理。这种方法存在增加运输费用，不可避免产生精矿损失，金的回收率一般都较低，不能产出成品金等不足。

（3）金矿石或选别后的精矿经预处理脱去铜、铅、锑等贱金属后再用氰化物或其他浸出剂浸出。这种方法尽管会使工艺复杂一些，但预处理脱除铜、铅、锑等金属后，金的浸出率能够获得较大改善，同时还可回收其他有价金属。主要预处理方法有焙烧氧化法、细菌氧化法、压力氧化法等。

A　焙烧氧化法

焙烧氧化法是通过焙烧使矿石中包裹金的硫化矿物氧化为氧化物或硫酸盐。焙烧在焙烧炉中进行，矿石焙烧前一般要经破碎、磨矿。矿石焙烧后的焙砂用水或酸浸出铜等贱金属后，再氰化浸金。废气经处理去夹带的固体、二氧化硫及可能存在的挥发分，如果经济上有利，这些成分可加工成商品。含铜金矿石的焙烧一般在低温下进行，生成铜的硫酸盐，同时减少 SO_2 的生成。采用硫酸化焙烧铜精矿或氧化焙烧法处理浮选金精矿提金，已经工业实践多年。我国招远黄金冶炼厂和中原黄金冶炼厂均采用硫酸化焙烧-氰化浸金工艺流程。焙烧温度在 670 ~ 720℃范围内，用酸性水溶液浸取焙砂中的铜，生成的 SO_2 制造硫酸，脱铜后的焙砂经氰化提取金银。

焙烧氧化法是最传统的预处理方法。随着技术的进步和市场的需求，此法近年来得到了新的发展，从单膛炉发展到多膛炉，从固定床焙烧发展到流态沸腾焙烧直至闪速焙烧，从利用空气焙烧到富氧焙烧等。

为了提高铜的浸出率，国内一些单位研究加氯盐或硫酸盐焙烧，取得很好的试验结果。陈庆邦等对广东某金矿的含铜金精矿进行加硫酸钠焙烧预处理浸出研究，铜浸出率达95%以上，金的浸出率达97%，这表明加硫酸盐焙烧可同时提高金铜的浸出率。薛光对山东某矿浮选金精矿加氯化钠进行焙烧预处理浸出研究，结果表明铜、金、银的浸出率比一般焙烧分别提高 8.5%、2.31%、44.07%，同时，该工艺可大大降低酸耗，易实现对金铜硫精矿综合回收，并且工艺污染少，流程简单，易于工业化。

焙烧氧化法具有处理速度快、适应性强（对含硫砷碳的难浸金矿石均适应）、技术可靠、操作简便、副产品可回收利用等的优点，缺点是对操作参数和给料成分变化比较敏感、容易造成过烧或欠烧。过烧时焙砂出现局部烧结使焙砂的孔隙被封闭，致使金矿物二次被包裹，从而导致金的浸出率下降。焙烧过程中会释放出大量的 SO_2 等有害气体，从焙烧过程中去除有害气体的费用较高，如综合回收不利时，会严重污染环境。焙烧氧化法正在受到对环境更友好的预处理工艺的挑战。

B　微生物氧化法

微生物氧化预处理在众多金属的硫化矿原料中去除铜、锌等金属时，需氧的硫杆菌类嗜酸细菌起着十分重要的作用。它们强化了电化学相互作用并使硫化矿物首先氧化成硫，然后再氧化成硫酸盐。在细菌氧化过程中产生的硫酸、硫化物和二价铁可作为细菌的能源，这一过程将包裹金的铜等金属硫化物氧化为硫酸盐、碱式硫酸盐等溶解，从而暴露出金矿物，铜等金属离子从而得以浸出，浸出渣再用湿法冶金方法回收金。

在细菌氧化的一般工艺流程中，生物培养反应器用来补充生物反应器中的细菌。矿浆一般在 pH = 1.5~2.5、保持一定温度、常压、充气良好的条件下加入生物反应器，确保矿浆中有足够生物生长所需的营养。停留时间长达数日，需要很大的反应器。为缩短反应时间，常常细磨矿石或精矿加速细菌氧化。由于硫化物氧化为硫酸根是放热反应，矿浆需要冷却以维持操作温度。

细菌浸出技术在铜浸出工业应用有很长的历史，在处理含砷金矿石方面也有很大的进展，有不少的工业实践，但仍然存在着不少的理论和应用方面的问题。现在使用的菌种绝大多数是不同来源的氧化铁硫杆菌。在菌种选育、不同菌种的基因研究和高温细菌工业化研究方面国内的研究明显不足；在工业上使用的菌种效率不够高，特别是缺乏对大型生物反应器、曝气器等方面的研究工作。近年来，微生物浸出技术有很大的发展，已经分离出耐热菌种；在生物反应器方面也有很大的进展；从而能在某种程度上克服上述的缺点。随着用生物氧化的方法处理铜精矿的研究，微生物氧化预处理含铜金矿石会有很好的工业前景。

C　加压氧化法

加压氧化法被人们认为是最具有发展前景的难处理金矿石的预处理方法，发展较快。根据介质的酸碱性，铜金矿石或精矿的加压氧化预处理方法可以分为酸性加压氧化法、碱性加压氧化法。

酸性加压氧化法在铜的湿法冶金中已经有不少的工业应用，铜矿石中的伴生金，从湿法浸出铜后浸渣中提取。根据酸性压热氧化过程中要求温度的高低，可分为高温（200℃以上）、中温（130~170℃）、低温（120℃以下）。

在高温加压条件下，大部分硫被氧化成为硫酸根。在中温和低温加压条件下，硫主要生成单质硫；铜等贱金属溶解在溶液中；硫酸铁水解，在不同的 pH 值和温度下，产生不同的沉淀，以褐铁矿或碱式硫酸铁沉淀，或以铁矾沉淀。大部分铜等金属浸出后的矿浆经洗涤后，固体送去氰化。这种方法适合处理含硫较高而含铜不高的矿石或金精矿，当铜含量较高时要保持矿浆中较高的酸度，不然铜以碱式硫酸盐沉淀于浸出渣中而不能去除，影响金的浸出。

在中温加压氧化过程中产生单质硫会对金产生二次包裹，对金的氰化浸出不利。研究表明，在加压氧化过程中加入某些化合物作为表面活性剂或分散剂，如少量煤粉、木质素磺酸钠等，可减少硫对硫化矿物及金的包裹和团聚。低温氧化由于温度低，反应速度往往较慢，所以在加压氧化预处理过程前须细磨物料，或者加压过程中加入氧化剂进行催化氧化（如加入硝酸或硝酸盐），这样可以大大加快反应速度。另外，一个很重要的方法是在加压氧化过程中加入溶解剂（如氯的化合物），溶剂有利于铜等贱金属的溶解，减少铜等贱金属沉淀于渣中，从而有利于金等贵金属浸出。这种方法可综合回收 S、Cu、Ag、Au 等，同时温度较低，对设备腐蚀较少，对处理物料的适应性强，是比较有前景的处理方法。目前，对该方法国内研究较多，有望能实现在我国的工业化。

亚美尼亚佐德金矿矿石含铜 1.3%、硫 11.8%、金 69g/t，在 160~180℃ 温度和 0.5~1MPa 氧压下进行加压氧化，氧化 2~3h，金回收率达 98%~98.5%。谢洪珍等采用 O_2-H_2SO_4-NaCl 体系，在低温低压下处理含铜 19.50%、13.48% 的铜金精矿，浸出时间 2~4h，结果 Cu 浸出率在 98% 以上，Au 浸出率分别为 85%、96.3%，同时可回收 S。

碱性加压氧化法：含铜硫化物金矿石的碱性加压氧化法主要是指加压氧氨法。在碱性氨介质中的加压氧化预处理过程中，硫化矿物被氧化，其中的硫及大部分金属分别转化成硫酸盐和氨的配合物而溶解于溶液中，铁则以赤铁矿的形式留在矿渣中，铜等金属离子通过过滤洗涤被大部分清除，可通过萃取电积或蒸馏工艺回收铜，氨水循环利用，渣可用湿法浸出金银。加压氧氨法适合用于处理含铜的金精矿，能获得较高的金浸出率。用该工艺于生产时，提高磨矿细度、加强搅拌强度、提高反应温度、氧气分压以及氨的浓度都有利于铜等贱金属的浸出效果，从而提高金的浸出率。

黄怀国等对高品位铜矿石进行加压氨浸研究，矿石中金属矿物主要是蓝辉铜矿，其次为黄铁矿、铜蓝、硫砷铜矿等。这些矿物紧密共生，嵌布关系复杂，呈集合体产出，矿石为难处理铜金矿石。矿石在氧分压 0.5MPa、温度 100℃、氨用量 252kg/t 下，加压氨浸 4h，Cu 的浸出率可达 96.1%。

铜金矿石中铜的回收主要包括铜硫浮选分离工艺和氰化浸金尾渣浮铜工艺。在采用浮选法处理铜金矿石时，多数情况下是为了将铜和金富集得到铜金混合精矿，再对混合精矿进行后续处理分离得到铜和金。而铜硫浮选分离工艺则是用于处理某些性质比较特殊的铜金矿石，通过浮选法能够直接得到铜精矿。氰化浸金尾渣提铜工艺虽然也能直接得到铜精矿，但浮选处理的对象是氰化提金后的尾渣。

铜硫浮选分离工艺适用于同时含有硫化铜矿和其他金属硫化矿的铜金矿石，且金的主要载体矿物不是硫化铜矿物。采用此工艺处理该类矿石，可最大限度地将铜和金尽早分离。这不但有利于铜的快速回收，避免其在后续作业中流失，而且能简化金的提取工艺，只需直接氰化即可。

该工艺的最大优点是采用简单的浮选工艺便可实现铜、金分离，但工艺的适用性差，仅适用于金不以硫化铜为主要载体矿物的矿石。

金尾渣浮铜工艺：虽然大部分铜矿物都是氰化可溶的，但也有少部分铜矿物在氰化溶液中的溶解性较差，如黄铜矿常温下在氰化溶液中的溶解率仅为 5.6%。因此，对于这种以氰化难溶型铜矿物为主的铜金矿石，可先氰化提金，再对浸金尾渣进行浮选以回收铜。

广东高要河台铜金矿矿石浮选后的混合精矿含铜 3.7%，且主要为黄铜矿。在氰化浸金过程中采用价格低廉的特殊添加剂 A 来抑制铜金精矿中铜的溶解，所得浸渣中含铜为 3.47%，铜的浸出率仅为 6.22%，大部分铜残留在了浸金尾渣中；对尾渣进行物相分析，黄铜矿占总铜的 73.02%，其他均为氧化铜矿。而后采用浮选法回收氰化尾渣中的铜，为了消除氰化物对铜浮选的抑制作用，特别添加了活化药剂 B 来提高铜的回收率。将该工艺应用到生产中，由于尾渣中氧化铜采用常规硫化矿浮选法较难回收，铜回收率最高也仅能达到 78.87%，工艺流程还有待于进一步的完善。

由于氰化物对铜浮选的抑制作用非常强，要想获得理想的铜回收指标，通常需要进行脱药处理，从而增加了工艺的复杂性和生产成本，因此氰化尾渣浮铜工艺虽然也可以直接得到铜精矿，并实现了就地产金，但若无法很好地消除氰化物对铜浮选的抑制，其实用价值也就无法体现。

4.10.2.2 选别流程

铜-金矿石处理方法的选择需根据其中金的嵌布粒度、形状和与其伴生的矿物不同而异。粗粒金因太重不易上浮，宜用重选法或混汞法。细粒金适用浮选法和氰化法，又如叶片状的金用浮选或氰化法就比用重选法或混汞法易于回收。外表罩有薄膜的金难于用混汞法回收。与硫化物伴生的金多采用单一浮选法，得出混合精矿。总之，需视此类矿石性质的不同，而采取不同的处理方法，通常有如下几种：

（1）浮选—重选法。其原则流程如图 4-30 所示，此法适用于矿石组成简单，部分自然金呈粗粒嵌布。原矿经粗磨后（避免金粒变形打成片状及污染，难于回收），用跳汰或摇床选出部分金；尾矿再细磨后用浮选法，选得铜-金混合金矿，以后在炼铜过程中提取金。

（2）浮选—氰化法。其原则流程如图 4-31 所示。此法适用于矿石组成为硫化矿物（硫化铜矿与硫化铁矿）中含金，且金粒嵌布较细，矿石经细磨后浮选得出铜-金精矿；浮选尾矿含金较高，难于选收，还需进行氰化提金，以提高金的回收率。

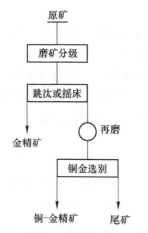

图 4-30   浮选—重选法原则流程图

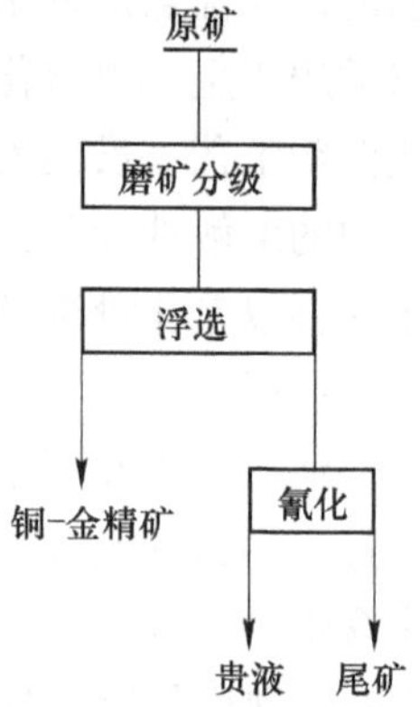

图 4-31   浮选—氰化法原则流程图

（3）混汞—浮选法。其原则流程如图 4-32 所示。此法适用于矿石中部分自然金呈粗细不均嵌布于脉石中，经废细后，单体金可用混汞法回收，其他金与硫化矿物共生，需用浮选法再加以选收。

（4）混汞—浮选—氰化法。其原则流程如图 4-33 所示。此法适于矿石组成性质复杂、金粒嵌布极不均匀，经混汞—浮选后，尾矿含金仍高，需经氰化处理提取其中难选金粒。

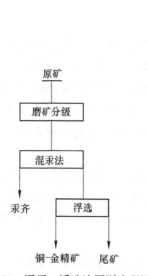

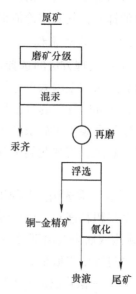

图 4-32   混汞—浮选法原则流程图

图 4-33   混汞—浮选—氰化法原则流程图

为了提高黄金产量，目前金矿山多数选厂只产出含金的混合精矿，一般不产出单一精矿。当混合精矿中金含量低时，可将某有用组分分离为金含量低的单一精矿，产出金含量较高的金精矿和金含量低的某单一精矿。

4.10.3 铜-金矿石选矿实例

4.10.3.1 甘肃某高硫铜金矿

甘肃某高硫铜金矿石含铜 0.39%、含金 4.17g/t、含银 9.00g/t、含硫 5.21%，为黄铁矿型铜金矿石。矿石中主要金属矿物为黄铁矿、黄铜矿，辉铋矿、辉碲铋矿等少量，主要脉石矿物为石英、云母及长石等。矿石中主要有用矿物黄铜矿和银金矿呈细粒及微细粒嵌布于黄铁矿及脉石矿物中。该矿厂中的主要有价元素为金、铜，银可作为综合回收对象。铜主要以原生硫化铜形式存在，金主要以自然金和硫化物中的金形式存在。

根据该矿石的特点，采用铜硫等可浮—铜硫混合精矿再磨分离流程对铜、金、银等有价金属及硫进行回收试验。在磨矿细度为 $-74\mu m$ 占 60% 的情况下采用一粗一精一扫流程等可浮铜硫，铜硫混合精矿再磨至 $-37\mu m$ 占 70% 的情况下采用一粗一精一扫流程分离铜硫，最终可获得铜品位为 28.58%、金品位为 293.79g/t、银品位为 627.05g/t，铜、金、银回收率分别为 93.80%、90.18%、89.18%的铜金精矿，以及硫品位为 44.78%、硫回收率为 88.01%的硫精矿。

4.10.3.2 内蒙古铜金矿

内蒙古铜金矿储量较大，选厂原采用浮选工艺生产金精矿，1990 年后改为全泥氰化炭浸提金流程，自投产以来，金浸出效果一直较好，1990~1991 年金回收率达 89%。该矿石中除含金外，银含量达 22g/t、铜品位达 0.54%、硫品位 10.86%，具有较大的综合回收利用价值。但已建生产工艺仅回收了金，铜、硫等有价元素进入尾矿被丢弃。为了充分利用矿产资源，实现资源利用率的最大化，对该矿石进行了综合回收试验研究，试验采用尼尔森选矿机回收粗粒金—浮选分离—精矿再磨—浸金工艺流程，浮选分离以 CFS 和石灰为硫铁矿的高效抑制剂，经阶段磨矿后选别可获得铜品位 21.87%、回收率 90.27%的铜精矿，硫品位 44.33%、回收率 85.76%的硫精矿，金综合回收率达到 91.11%。

4.10.3.3 紫金山金铜矿

紫金山金铜矿为金铜多金属矿床，矿体在空间分布上呈上金下铜的垂直分布，金矿产于 600m 以上的氧化带中，铜矿产于 600m 以下的原生带中。随着紫金山金矿的不断开发利用，从 2009 年初开始，矿石的性质发生了较大的变化，原来单一的金矿逐步过渡到低品位含铜金矿。紫金山金铜矿铜矿物以辉铜矿和蓝铜矿为主，这些铜矿物易与氰化物反应。这些氰化可溶铜在金氰化浸出同时，会与金"竞争"氰化物和氧，从而妨碍了金的溶解。随着金矿中铜含量的升高，铜对氰化提金工艺的影响将越来越凸显，使得堆浸—炭浸提金工艺难以正常运行。

含铜金矿堆浸过程中，氧化铜和辉铜矿与氰化物发生反应，生成铜氰配合物，铜氰配合物在一定条件下会生成 CuCN 沉淀。铜氰配合物的稳定性主要与游离氰化物浓度和 pH 值有关。游离氰化物浓度较低时，铜氰配合物转化为氰化亚铜沉淀。

在现有的工艺参数下，紫金山含铜金矿堆浸中期铜的浸出量较大，堆浸前期和末期铜的浸出量降低，部分喷淋液中的铜氰配合物形成了 CuCN 沉淀，沉淀在矿堆里。

在含铜金矿堆浸生产中，应根据实际情况优化工艺参数，尽量降低浸出液中的游离氰化物浓度，减少铜矿物的浸出，同时增加喷淋液中铜氰配合物转化为氰化亚铜的量，从而降低含铜浸出堆浸—炭吸附体系的铜浓度，减小铜对金浸出和吸附的影响，降低 NaCN 的用量。

4.11　含铜复杂多金属硫化矿的选别

4.11.1　含铜复杂多金属硫化矿的组成特点

含铜复杂多金属硫化矿的矿物组成较为复杂，而其中具有回收的价值的矿物则高达 5~6 种，经济价值极大，从中不仅可以选收铜、铅、锌、硫（黄铁矿或磁黄铁矿）、磁铁矿等，而且还有钨（黑钨矿和白钨矿）、铅、铋（自然铋，辉铋矿）等金属矿物，它们在矿石中的含量也都达到回收的程度，有些选厂还是作为主要产品选收。除此以外，还含有一些非金属矿物，如萤石，毒砂等，有时它们的含量较高，也具有回收的价值。

矿石的矿体多赋存于花岗岩中，或是在花岗岩与大理岩的接触带中，与矽卡岩交错出现。大多数矿石中的有用矿物为不均匀的集合体嵌布，其中的硫化矿物（主要是黄铁矿和磁黄铁矿，毒砂及少量的黄铜矿和闪锌矿等）约占矿石总量的50%，它们是呈集合体嵌布于脉石矿物中，各种硫化矿物彼此之间的嵌布粒度又较细，其中铜含量在 0.5%~1.0% 左右。铜矿物主要是原生硫化矿，氧化铜不多，所以这类矿石的分选较为复杂。这类矿石在我国分布和生产的有云南，广西及湘赣的一些地区，在国外也有此类似的矿石，数量较少。

4.11.2　含铜复杂多金属硫化矿选别方法及工艺流程

从物质组成来看，该类矿石组成成分复杂，其中可供选收的有用矿物种类较多，并且嵌布粒度粗细不均，使用单一的选矿方法和简单的流程是难以达到目的。大多数情况下都采取使用几种选矿方法的联合流程来处理此类矿石。主要是因为其中含有相当一部分硫化矿物（如黄铜矿、黄铁矿、磁黄铁矿、闪锌矿等),可浮性好,宜用浮选法选收。对于其他一些氧化物(如锡石、黑钨矿、自然铋等)可浮性差,但相对密度大,适用重选法回收。还有些矿物(如磁铁矿)以重、浮选得出的混合精矿则需用磁选法进行分离较好。

因此,分选此类矿石的工艺流程比较复杂,需要根据矿石中有用矿物的种类、含量、共生关系以及回收的有用矿物的可选性不同而分别采用先浮后重,或先重后浮以及重—磁—浮的联合处理流程。

4.11.3 含铜复杂多金属硫化矿选矿实例

江西某含铜多金属矿含铜0.35%,含锌1.68%,含钨0.17%,具有较好的开发利用价值,为了合理开发利用该资源,确定选矿工艺流程和药剂制度,对该含铜多金属矿石进行了选矿工艺流程试验研究。

矿石中金属矿物主要有黄铜矿、铜蓝、闪锌矿、黑钨矿、辉铅铋矿、自然铋、辉钼矿、磁铁矿、黄铁矿、褐铁矿、锆石、软锰矿等,其中铜、锌矿物含量较高,具有回收价值,钨矿物具有综合利用价值;非金属矿物有石英、长石、铁锂云母、黑云母、绿泥石、绢云母、碳酸盐、电气石、黄玉等。

矿石中黄铜矿呈团块状、脉状、星点状、浸染状、乳滴状等形式产出。黄铜矿呈脉状穿切黑钨矿,有的黄矿石中黄铜矿呈团块状、脉状、星点状、浸染状、乳滴状等形式产出。黄铜矿呈脉状穿切黑钨矿,有的黄铜矿包裹有固溶体分离结构的闪锌矿,有的包裹黑钨矿、黄铁矿。黑钨矿呈柱状、矛头状、浸染状、星点状分布于石英、云母中,黑钨矿解理裂纹发育,有的被黄铜矿穿切,有的黑钨矿充填于铁锂云母片间。闪锌矿呈不规则状、浑圆状等形态产出,多被黄铜矿包裹连生,有的在黄铜矿的边缘分布,有的交代黄铜矿呈港湾状。

黄铜矿、闪锌矿、黑钨矿的单体解离度总体良好,黄铜矿全样单体解离度为82.12%,+0.074mm 粒级样已达到96.77%的单体解离,这与黄铜矿嵌布特征较简单、嵌布粒度以中粒为主有关。闪锌矿粗颗粒中连生体较多,但 +0.045 mm 粒级样达到98.00%的单体解离,说明该试样磨矿后闪锌矿基本单体解离。黑钨矿全样单体解离度达79.49%,解离度较高,+0.074mm 粒级样已达到96.15%的单体解离。

采用"铜锌优先浮选—浮选尾矿重选收钨"工艺流程处理该矿石,铜锌浮选闭路试验结果表明,在原矿含铜0.35%、含锌1.69%的情况下,可获得含铜23.18%、含锌1.12%、铜回收率87.89%的铜精矿和含锌56.57%、锌回收率67.15%的锌精矿;采用摇床重选回收铜锌浮选尾矿中的钨矿物,在原矿含钨0.17%的情况下,可获得含钨54.51%、作业回收率65.11%的钨精矿。

氧化铜矿石的选矿

5.1 概述

铜是一种典型的亲硫元素，在自然界中主要形成硫化物，只有在强氧化条件下形成氧化物，在还原条件下可形成自然铜。

氧化铜矿是我国铜矿资源的重要组成部分，储量比较丰富。我国大多数硫化矿床的上部都有氧化带，有的矿床被氧化而成为大中型的氧化矿床。因此，开发和处理氧化铜矿，对于铜冶金工业的发展具有重大意义。随着硫化矿床不断的开发利用，资源不断减少，氧化矿的处理将具有越来越重大的意义。

氧化铜矿一般较硫化铜矿难选，处理方法比较复杂。除浮选外，有时还必须采用联合流程或化学方法（水冶）处理，才能获得较好的技术指标。选矿成本也较硫化铜矿高。因此，寻求技术上可行、经济上合理的氧化铜矿处理方法，是当代选矿技术的重大课题之一。

5.1.1 氧化铜矿物的可浮性

氧化铜矿一般见于矿床上部的氧化带，它的组成比较复杂，结构松散易碎，其矿物表面或节理面具有较大的表面张力，可与水分子产生强烈的作用。其水化性比硫化矿物强，可浮性较硫化矿物差，并经常含有大量矿泥。因此，氧化铜矿的浮选比硫化铜矿困难得多，并且浮选指标一般均较硫化铜矿低。氧化铜矿石的可浮性取决于铜的天然存在形态、脉石组成、矿物与脉石的共生关系以及含泥量的多少等因素。其中，铜的碳酸盐和氧化物比铜的硅酸盐易浮，硅孔雀石、可溶性矾类等氧化铜矿物较难浮。

现将主要氧化铜矿物的可浮性进行简要叙述：

（1）孔雀石。经过预先硫化以后，可以采用浮选硫化矿的捕收剂（例如黄药）进行浮选；不进行预先硫化，也可以用不低于 5~6 个碳的黄药在高用量下浮选。

孔雀石也可以被脂肪酸（如油酸、棕榈酸等）及其皂类捕收。但是，用这类捕收剂时，矿石中的碳酸盐脉石（如方解石、白云石）具有与铜矿物相近的可浮性，因而浮选过程的选择性较差。所以，这类捕收剂只适用于含硅酸盐脉石的氧化铜矿。

孔雀石还可以用长碳链的伯胺浮选，此时也需要用硫化钠活化。

（2）蓝铜矿。浮选条件与孔雀石基本相同。其不同点仅在于用脂肪酸及其皂类浮选时，比孔雀石的浮选性好；硫化浮选时，则需要与药剂有较长的作用时间。

有研究表明，用 D2 活化剂（活性组分：二硫酚硫代二唑）或硫化钠活化、黄药浮选蓝铜矿时，即使在强酸性介质中，也只受到较小程度的抑制，pH 值为 3 左右时，浮游率仍接近 50%。在强碱性介质中，pH 值为 13 左右时，蓝铜矿仍能很好浮游。从活化效果来看，D2 的活化效果优于硫化钠。

另有研究表明，蓝铜矿可用 5—丁醇醚—2—氨基噻吩钾盐作为捕收剂进行浮选，在很窄的 pH 值范围内（pH = 5.5~6）浮选效果达到最好，在 pH = 5 时，浮选效果急剧下降。红外光谱研究表明，在浮选条件下，捕收剂中的硫、氨与蓝铜矿表面的铜形成了螯合链。

（3）赤铜矿。其可浮性说法不一。有资料指出，处理此类矿石使用硫化法的效果比用脂肪酸好，因为后者对脉石的选择性差；也有资料指出，它在不预先硫化的情况下可以用黄药或脂肪酸浮选；也有资料认为赤铜矿难以硫化，实际上不可浮。说明不同产地和不同生成条件下产出的赤铜矿，在其浮选性质上差异较大。

（4）硅孔雀石。硅孔雀石在 KCN 溶液及饱和溴水中，仅少量溶解。按通常的化学分相方法，硅孔雀石中的铜也大都进入"结合氧化铜"物相中。硫化—黄药浮选处理氧化铜矿石时，硅孔雀石是一种极难浮选的氧化铜矿物。这类矿物浮选的主要困难，在于它们是一大类组成和产状很不稳定的胶体矿物，其表面具有很强的亲水性，捕收剂吸附膜只能在矿物表面的孔隙内形成，而且附着极不牢固。

浮选行为受 pH 值的影响极为显著，并且浮选的 pH 值范围很窄，在工业生产上难以满足其对 pH 值的严格要求。在实验室条件下已有许多浮选成功的实例，但是至今没有实现工业规模的浮选。

尽管硅孔雀石难以浮选，但并不是不可浮，其浮选的关键有两点，一是严格控制 pH 值，二是良好的活化。大量的试验研究表明，硅孔雀石的可浮必须在弱酸性条件下，而且浮选的 pH 值范围很窄，有研究表明，硅孔雀石在介质 pH 值为 5 左右的条件下，可浮性极好，单加丁基黄药，就能使近 70% 的硅孔雀石浮游。如同时再添加 D2 活化剂，将显示良好活化效果，硅孔雀石浮游率达到 90%。但在相同条件下，添加硫化钠，不仅没有活化效果，反而抑制硅孔雀石浮游。而在实践中硫化—黄药浮选氧化铜矿石时，矿浆 pH 值一般都达到 8~9 左右。在弱碱性矿浆中，硅孔雀石可浮性极差。添加与上述相同用量的丁基黄药浮选时，硅孔雀石浮游率不会超过 13%。而且在碱性介质中，即使添加 D2 或硫化钠等活化剂，都不产生活化效果。这也就是通常的氧化铜矿石硫化—黄药浮选工艺中，难以回收硅孔雀石的主要原因。

另有试验研究表明，在用黄原酸盐直接浮选硅孔雀石时，试样需在400℃的蒸汽中预热，或采用乳化的黄原酸盐和中性油进行浮选。为了改进硫化—浮选，曾进行过先添加四氯化钛，在pH=4的条件下实现硫化，然后调节硫化剂，除去过量的可溶性硫化物，再在pH=9时进行浮选。也有研究表明，用辛基氧肟酸钠可以浮选硅孔雀石，在pH=6时，硅孔雀石的浮选回收率可达到100%。

（5）水胆矾。水胆矾是一种微溶于水的矿物，对其可浮性说法不一。有文献指出，水胆矾很难浮选，一般都损失于尾矿中；也有研究表明，水胆矾的可浮性极好，单加丁基黄药（50mg/L），在自然pH值条件下，就使70%的水胆矾浮游。而且水胆矾浮选行为与某些孔雀石相似，在强酸、强碱介质中，其浮游将受到明显抑制。活化剂过量，特别是硫化钠，将强烈抑制水胆矾浮游，但如果使用D2活化剂，将收到良好的活化效果。

（6）胆矾。属于可溶性矿物，在浮选时溶解于矿浆中，可浮性很差，完全损失于尾矿中。由于胆矾矿物的溶解，增大了矿浆中铜离子的浓度，还会破坏浮选过程的选择性，增加药剂的消耗。

（7）氯铜矿。对氯化铜的可浮性的说法也不一，有文献认为其可浮性与胆矾类似，很难浮选；也有试验表明，以含氯铜矿为主的氧化铜矿石的浮选用常规硫化浮选法即可进行回收，且流程简单。

（8）结合氧化铜。"结合氧化铜"不是一种矿物，而是一类矿物的总称。氧化铜矿中通常都含有一定量的结合氧化铜，只是结合率（结合率=结合氧化铜含量÷总铜含量×100%）有所不同。在过去的很多年中，一直都认为结合氧化铜是不可浮（选）的，但通过近年对结合氧化铜的深入系统研究，在观念上有了很大的突破和转变，提出了"结合氧化铜可选（浮）"的科学论断，并经实践证明。

尽管原苏联专家提出了结合氧化铜不可选的观点，但通过对氧化铜矿原矿及产品工艺矿物学、工业试验及生产上浮选精矿和尾矿中"结合氧化铜"的深入系统研究，全面查明了矿石中"结合氧化铜"的类型、结构和形态。总结得出"结合氧化铜"有三种类型、三种结构、九种形态。同时发现"结合氧化铜"不仅可选，而且在浮选精矿中最高有40%以上的回收率。比如单用黄药浮选闭路试验中，结合氧化铜有27.5%的回收率；羟肟酸钠和黄药混用浮选闭路试验中，结合氧化铜有40.15%的回收率；在云南东川汤丹选矿厂生产上使用磷酸乙二胺作为活化剂的浮选精矿中，结合氧化铜的回收率高达40.79%。上述数据鲜明地揭示："结合氧化铜"是可浮或是可选的，而且在添加各种新型药剂后能显著提高"结合氧化铜"的回收率，其实质是显著地改善了硅孔雀石、含铜褐铁矿和被铜浸染的脉石矿物的可浮性。

5.1.2 氧化铜矿的选别方法

浮选法仍然是目前处理氧化铜矿的主要方法之一。孔雀石、蓝铜矿均可用浮选法进行选别，而硅孔雀石、各种磷酸铜矿及含氢氧化铁和铝硅酸盐的氧化铜矿都比较难选。根据氧化铜矿的性质和所用捕收剂性质的差异，浮选氧化铜矿的方法又可分为直接浮选法、硫化浮选法、螯合剂—中性油浮选法、胺类浮选法、离析浮选法、选冶联合法及其他浮选法。

5.1.2.1 直接浮选法

直接浮选法是在矿物不经过预先硫化的情况下，直接用高级脂肪酸及其皂类、高级黄药、硫醇类、（异）羟（氧）肟酸（盐）等捕收剂直接进行浮选的方法。该法是最早应用于浮选氧化铜矿的方法，仅适用于以孔雀石为主，脉石成分简单、性质不复杂、品位高的氧化铜矿石。其优点是能够保证较高的回收率，缺点是选择性差，如矿石中含有碱土金属离子和重金属离子，易使石英活化，另外，矿泥也可使该法失效，对于复杂的氧化铜矿石该法至今仍无突破性进展。特别是当矿石中含有钙、镁的碳酸盐矿物时，不能采用该法，因而该法适用的范围很窄。由于该法的选择性较差，所以很快被硫化浮选法所取代。近些年国内外学者研究了许多改善其性能的方法，如添加脂肪酸增效剂，但效果并不是很理想。直接浮选法研究的焦点集中在寻求高效的选择性捕收剂上。

5.1.2.2 硫化浮选法

硫化浮选法就是用硫化钠或硫氢化钠等可溶性硫化剂将氧化矿物预先硫化，然后采用浮选硫化矿的捕收剂进行浮选的方法。该方法是国内外处理氧化铜矿和混合铜矿的主要浮选法。在一般情况下，氧化铜矿石大都具有氧化率高、结合率高、含泥量大、原矿品位低、细粒不均匀嵌布、氧硫混杂等特点，决定了氧化铜矿石选矿的难度。因此，硫化过程进行的好坏，在这一种方法中起着关键的作用。对以孔雀石、蓝铜矿、赤铜矿为主的氧化铜矿石可以得到较好的指标。这是浮选氧化铜矿最广泛采用的一种方法，也是研究最多的一种方法。

5.1.2.3 螯合剂—中性油浮选法

所谓"螯合剂—中性油浮选法"是指用某种螯合剂与中性油组成混合捕收剂，对氧化铜矿物进行浮选的方法。螯合剂是具有环状结构的配合试剂，由于其结构的特殊性而具有选择性和稳定性好、分选指标高、消耗低、适于处理难选氧化铜矿石的优点，而且很多螯合剂都是氧化铜矿的高效活化剂。因而，有机螯合剂浮选是近年来受到广泛关注的一种方法。据报道，作为捕收剂应用于氧化铜矿浮选研究和实践中的螯合剂就有 30 多种，但目前在氧化铜矿浮选中得到推广应用的仅有少数几种，如氧肟酸类和咪唑类等。使用受到限制的主要原因除浮选效果外，主要是使用螯合剂的成本较高。

5.1.2.4　胺类浮选法

胺类浮选法又称阳离子捕收剂浮选法，是有色金属矿常用的浮选法，适用于处理孔雀石、蓝铜矿、氯铜矿等。胺类是氧化铜矿的有效捕收剂，但其选择性差，对许多脉石也有捕收作用，所以胺法往往要预先脱泥。但对于泥质氧化铜矿，预先脱泥又会引起铜的损失，因此胺法的关键是如何寻找脉石的有效抑制剂。当前脉石的有效抑制剂有海藻粉、木素磺酸盐或纤维素木素磺酸盐、聚丙烯酸等。用胺浮选孔雀石，所要求的 pH 值比黄药更高。试验结果表明：pH 值在 10~11 之间，硫化钠的硫化作用最好。此外，用胺作捕收剂比用黄药的方法浮选速度快。目前使用的胺类捕收剂有月桂胺和椰子油胺，或者用带有两个 NH_2^- 基的 10~14 个碳的脂肪胺及胺类混合物。使用时，添加柴油作乳浊液可大大提高浮选效率。

5.1.2.5　离析—浮选法

离析—浮选法是一种火法化学处理与浮选相结合的方法。例如难选氧化铜矿石的离析—浮选就是将矿石破碎到一定的粒度以后，混以少量的食盐（0.1%~1.0%）和煤粉（0.5%~2.0%），隔氧加热至 900℃ 左右，矿石中的铜便以金属状态在碳粒表面析出，将焙砂隔氧冷却后经磨矿进行浮选，即得铜精矿。

离析—浮选法最大的优点是能解决那些不能用常规选矿方法处理的矿石，它可以综合回收矿石中的有用金属。例如铜矿石中，当矿石中含有大量的硅孔雀石、赤铜矿及结合铜时，或是含有大量的矿泥时，这类矿石用浮选法往往指标很低，而用离析法则是比较有效的。离析法还能处理氧化铜矿石与硫化铜矿石的混合矿石，并能综合回收金、银、铁等有用金属。此外，金、银、镍、铝、钴、锑、钯、铋、锡等几种金属的化合物是易于还原的并且易于生成挥发性的氯化物，也适应于用离析法处理。

离析法的缺点是成本较高，基建投资较大，生产费用也较高。估计离析法的基建投资约为同样能力浮选厂的两倍，生产费用也要高 2~3 倍。所以用离析法处理难选的氧化铜矿石时，认为原矿中的铜品位应大于 2% 方能得到较好的经济效果。所以离析法仅用于解决那些不能用其他方法处理的矿石。因此在采用此法之前，应对处理的矿石作全面的研究，若能用其他方法处理，就不宜用离析法。

5.1.2.6　选冶联合法

选冶联合法是指将选矿方法和冶金方法相结合并充分发挥两种方法各自的优势来处理氧化铜矿的一种方法。该法是近年来研究较多，且对难处理氧化铜矿的回收是非常有效的方法。如前所述，氧化铜矿石是指氧化率大于 30% 的铜矿，所以通常的氧化铜矿石中，既含有氧化铜矿物，又含有硫化铜矿物，但两种矿物的物性差异很大，氧化铜矿物难浮选易浸出，而硫化铜矿物则易浮选难浸出，所以采用单一的常规浮选法或者单一的湿法冶金法，常常无法获得满意的效果和指标。而根据矿石中不同矿物的不同物性，采用浮选法回收易浮难浸的硫化铜矿物，又采用湿法冶金法回收难浮易浸的氧化铜矿物，由此，充分发挥了两种方法的优势，实现了两种方法的有机集成、扬长避短、优势互补，达到了全流程回收效果的最佳。近些年来，采用"常温常压氨浸—萃取—电积—浸渣浮选"的选冶联合新方法处理云南东川难选氧化铜矿，取得了显著的技术经济指标，该法已获国家发明专利授权。

5.1.2.7 其他浮选法

A 深度活化浮选法

深度活化浮选法最先由胡绍彬基于氧化铜矿中存在难浮铜矿物而提出的，通过加强搅拌强度和适当延长浮选调浆时间来达到深度活化难浮氧化铜矿物的目的。通常而言，深度活化浮选的过程，应略微增加乙二胺磷酸盐的用量，硫化钠和丁黄药的用量可适当降低。针对云南东川汤丹氧化铜矿，使用乙二胺磷酸盐作为活化剂，进行了小型、工业性浮选试验及实际生产实际应用。小型闭路试验比常规浮选的精矿品位提高1.82%，全铜回收率提高3.92%，同时银的回收率也提高了9.37%；工业试验精矿品位提高了1.89%，全铜回收率提高了3.29%。

B 分支串流浮选法

分支串流浮选法是早在1956年由苏联专家提出的。所谓"分支串流浮选"，是基于提高入选矿石品位，即将入选矿浆流分支，并将其中一支的富集产物串流给另一支的浮选作业，借以提高后一支入选品位，从而达到改善选别过程及提高选矿指标的目的。刘素英对东川落雪混合铜矿，进行了分支串流浮选试验及试生产，结果是提高了混合铜矿石的选矿指标，降低了药耗、电耗，取得了较好的经济效益。

C 微波辐照浮选法

本方法是在不改变现有工艺流程和现有设备的基础上，将微波这一技术应用于选矿领域，对进入浮选机的难选氧化铜矿预先进行微波辐照硫化，再进行常规铜矿浮选。结果表明，用硫化钠作为硫化剂，在微波辐照硫化时间较短时，对铜精矿的品位有一定的提高。

5.2 氧化铜矿的直接浮选法

如前所述，氧化铜矿的直接浮选，是指在不经过预先硫化的情况下，用一种或一种以上的捕收剂直接浮选氧化铜矿物。当然，在实际应用中，还需配合使用适当的起泡剂以及必要的调整剂。可以直接浮选氧化铜矿的捕收剂有不少于 4 个碳的高级黄药、脂肪酸及其皂类、硫醇及其盐类等，近年来用烷基氧肟酸盐、咪唑以及一些螯合剂直接浮选氧化铜矿的试验，也取得了较好的成效。

5.2.1　浮选药剂及作用机理

5.2.1.1　黄原酸盐和氧化铜矿物的作用

实验证明，孔雀石、蓝铜矿等碳酸盐类氧化铜矿物，在不经过预先硫化的情况下，是可以直接和黄原酸盐发生反应而获得不同程度的可浮性的。如图 5-1 是不同碳链的黄原酸钾浮选孔雀石的试验结果。它表明，浮选孔雀石最有效的是正戊基黄原酸钾。但是，必须在用量相当高的条件下（1.35 kg/t）才能使矿物获得比较完全的浮游。用较低级的黄药直接浮选孔雀石，实际上是不可能的。

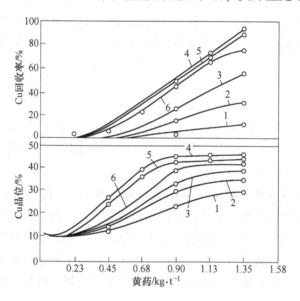

图 5-1　孔雀石、方解石的分离（混合物料比例 1∶4，粒度 -100+600 目）
1—乙基黄原酸钾，16℃；2—正丙基黄原酸钾，16℃；3—正丁基黄原酸钾，18℃；
4—正戊基黄原酸钾，18℃；5—正己基黄原酸钾，18℃；6—正己基黄原酸钾，20℃

关于用低级黄药不能有效地直接浮选氧化铜矿的原因，有两种解释。

一种解释是由于捕收剂和矿物反应时，在矿物表面上形成的黄原酸盐的晶格参数和氧化铜矿物本身的晶格参数差别太大，以致捕收剂薄膜不可能牢固地附着在矿物表面，容易脱落，致使矿物不能浮游。持这种观点的人举出了磨剥实验的观察结果来证明这一论点：在加入过量的戊基黄原酸钾的情况下，将孔雀石在砾磨机中长时间磨矿。结果，捕收剂薄膜被从孔雀石表面上剥离下来，团成小球状，像油污一样黏附在砾石上。

持另一种观点的人对此提出异议。他们指出：在这样长时间磨矿的条件下，哪怕是硫化矿物，其表面的捕收剂薄膜也同样是会脱落的，并且已经有实验证实了这一点。因此，用捕收剂薄膜在机械磨剥作用下的不稳定，解释不了氧化矿物和硫化矿物在黄药浮选行为上的差别。他们认为，应该从氧化矿物表面的亲水本性和捕收剂的吸附形式上来认识这个问题。

于是，有人用含有示踪原子 S^{35} 的丁基黄药和丁基双黄原酸研究了捕收剂在纯孔雀石表面上的吸附量、吸附形式、固着强度以及这些因素与矿物可浮性的关系。实验结果证实，即使在浮选过程常用的药剂浓度下，孔雀石对捕收剂的吸附量实际上也是相当高的。计算起来，可以达到若干个假想分子层的厚度（图 5-2），而这样高的吸附量并没有赋予矿物足够的可浮性（图 5-3）。这就是说，孔雀石之所以不可浮，并非捕收剂的吸附量不足。

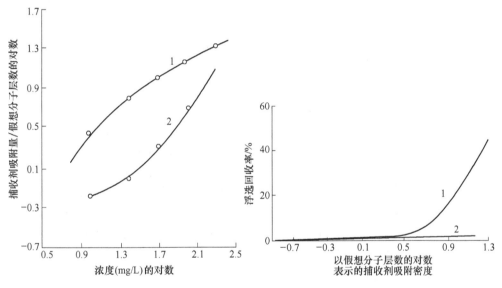

图 5-2 丁基黄原酸盐和双黄原酸的浓度
对他们在孔雀石上的吸附量的影响
（pH=8.5±0.5，在蒸馏水中）
1—丁基黄原酸盐；2—双黄原酸

图 5-3 丁基黄原酸盐和双黄原酸吸附密度
对孔雀石浮选回收率的影响
1—丁基黄原酸盐；2—双黄原酸

另一方面，实验又证明，捕收剂的吸附层对于在矿浆中的磨蚀作用具有相当高的抵抗力。有人将 1g 与捕收剂作用过的孔雀石（-0.147+0.044mm）和 9g 石英砂（-0.417+0.295mm）在蒸馏水中强烈搅拌 20min 后，发现孔雀石表面上的黄原酸盐吸附量仅仅减少了 15.2%（从 20.5 个假想分子层减为 17.2 个假想分子层）。

既然捕收剂吸附量相当高，吸附层对矿浆中的磨蚀作用也有很强的抵抗力，那么，究竟是什么原因使孔雀石不能被浮选呢？研究者认为，在孔雀石等氧化矿物的晶格中，离子键的比率比在硫化矿中离子键的比率大得多，这就必然导致在氧化矿物表面上形成更为牢固的水化膜。加之氧化矿物的晶格参数和金属黄原酸盐的晶格参数差距甚大，所以很难指望捕收剂的碳链能完全将矿物表面包裹起来而阻止其与水的极性分子相作用。黄原酸盐在矿物表面上很可能形成一种不连续的多孔疏松结构。也只有用高度的疏松性才能解释黄原酸盐在矿物表面上多层吸附的可能性。因此，黄原酸盐直接浮选孔雀石的困难，主要应该归咎于矿物表面本身具有的极为强烈的亲水性和疏松而多孔的黄原酸盐吸附层对这种亲水性表面的不完全覆盖。

作者认为后一种观点较为正确。用捕收剂吸附层对于机械磨剥作用的不稳定性解释氧化铜矿物的不可浮，确实是没有说服力的。一个简单的事实是，在单泡浮选管中用黄药直接浮选未硫化的孔雀石时，获得的结构仍然很差。众所周知，在这种浮选过程中是几乎没有搅拌和摩擦作用的。

那么，捕收剂吸附层的稳定性在浮选过程中有没有影响呢？一个新的实验结果是值得重视的。最近的研究发现，对于磨蚀作用具有相当强的抵抗力的捕收剂薄膜，却很容易被气泡解吸。在对矿浆进行充气并使液面保持少量溢流的情况下，在很短的充气时间内，原先附着在矿粒表面上的捕收剂很快就被气泡带到溢流中去了，而矿物本身并没有得到浮游。测定结果，经过这种充气作用后，孔雀石表面上的黄原酸盐大部分被除去，而双黄原酸则全部被解吸。据认为，这是由于金属黄原酸盐与矿物表面作用所释放的能量远低于它与气泡作用所释放的能量之和。所以，从热力学的角度来分析，黄原酸盐更容易和气泡相结合。因而在与气泡相接触的时候，金属黄原酸盐便起着疏水性的作用，它很容易脱离矿粒表面而附着到气泡上去。对于以液滴的形式黏附在矿粒表面上的双黄原酸，情形也一样。估计这种现象对于氧化铜矿物的不可浮，也是一种较大的影响。

氧化铜矿用高级黄药直接浮选，在工业上没有获得应用。主要原因是药剂消耗量太大、成本太高，而且该法与硫化浮选相比，又没有明显的优越性。不过，我们介绍的黄药和氧化铜矿物相互作用的一些理论研究结果，对于下一步理解硫化浮选机理是非常重要的。

5.2.1.2 氧化铜矿物和脂肪酸类捕收剂的作用

脂肪酸是属于烃类化合物的衍生物，其通式为 R—COOH，R 为饱和及不饱和链烃。

很早以前就发现孔雀石、蓝铜矿、白铅矿等有色金属氧化矿物可以被脂肪酸及其皂类捕收剂捕收。在一定条件下，能获得相当好的浮选结果。用不同碳链的脂肪酸浮选孔雀石的试验结果见图 5-4。

从图 5-4 可知，只要碳链足够长，脂肪酸对孔雀石的捕收能力是相当强的。

在一定的范围内，碳链越长，捕收能力也越强，用量越少。

工业用脂肪酸一般都是由动植物脂肪水解而制得，油酸即是其中一种。随着石油化学工业的发展，由石油烷烃氧化制取的混合脂肪酸正逐渐扩大其应用范围。实践中作为捕收剂用得最多的是 C10～C20 的混合的饱和羧酸及不饱和羧酸。单一种类的纯脂肪酸几乎没有采用过（常用的油酸实际上也含亚油酸和亚麻酸），这是由于分离提纯比较困难，并且单一脂肪酸的浮选性能甚至不加混合物。

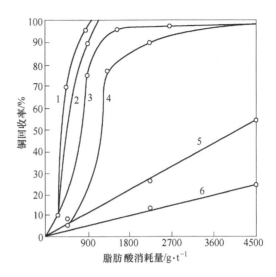

图 5-4　用饱和脂肪酸浮选孔雀石的实验结果
1—壬酸，22℃；2—辛酸，21℃；3—庚酸，20℃；
4—己酸，20℃；5—戊酸，21℃；6—丁酸，24℃

脂肪酸类捕收剂的特点是捕收能力强、选择性差。它可以浮选含碱土金属阳离子的矿物、有色金属氧化矿物及氧化物等。表 5-1 是在油酸用量为 275g/t 时，与矿物作用 3min 后油酸在矿物表面的附着量。

表 5-1　各种矿物表面附着的油酸量

矿物名称	油酸附着量 /g·t^{-1}	矿物名称	油酸附着量 /g·t^{-1}
孔雀石 Cu(OH)$_2$CuCO$_3$	151	钨锰矿 MnWO$_4$	160
白铅矿 PbCO$_3$	122	锡石 SnO$_2$	119
白钨矿 CaWO$_4$	86	赤铁矿 Fe$_2$O$_3$	227
方解石 CaCO$_3$	216	刚玉 Al$_2$O$_3$	236
萤石 CaF$_2$	249	石英（未洗）	144
重晶石 BaSO$_4$	99	石英（清洗）	35

由表中数据可知，油酸可以附着于各种矿物表面上，同时加强其疏水性。在矿物表面上的附着速度因矿物而异，一般均很快。各种矿物的附着量随时间的延长而增加。作用时间愈长，在各矿物表面上附着的油酸量的差别愈小，选择性也愈低。各种脉石矿物（如石英）由于表面被钙、铁等阳离子所污染，因而和其他矿物一样可以附着大量油酸，但经过清洗之后，油酸的附着量显著降低，所以在使用脂肪

酸时，调整剂的作用很重要。常使用碳酸钠、水玻璃、淀粉等调整剂来提高选择性。当然，含大量钙镁碳酸盐脉石的氧化铜矿，用脂肪酸是无法分离的。

脂肪酸浮选的另一个特点，是温度的影响比较显著。特别是高级脂肪酸，由于其具有较高的凝固点，在矿浆中难以分散和溶解。所以，升高矿浆温度有利于捕收剂的分散，并能提高其与矿物作用的活度。但在温度升高的情况下，选择性又变坏，此时应适当降低捕收剂用量。

用乳化的办法，或者将脂肪酸溶解于煤油及其他烃类油中，也可以增进脂肪酸在矿浆中的分散和作用效果。在脂肪酸浮选中，硬水的预先软化以及矿浆 pH 值的调整，对于保证浮选指标亦很重要。

扎伊尔曾利用部分水解的棕榈油作为捕收剂浮选高品位氧化铜矿，和油酸相比，获得了更高的精矿质量。棕榈油完全水解时，含有基本上等量的饱和脂肪酸（棕榈酸和硬脂酸）和不饱和脂肪酸（油酸）。由于这种混合物的凝固点太高，实际应用有困难，于是改为实行部分水解，使产物的凝固点低于 40℃。这种部分水解的混合脂肪酸中已含有足够的油酸，可以不再添加起泡剂。

在氧化铜矿的直接浮选实践中，只有脂肪酸法得到了较为广泛的应用。在药剂来源广，脉石不含或含有极少量钙、镁碳酸盐的条件下，此法能得到相当好的选别指标。

5.2.1.3　硫醇类捕收剂和氧化铜矿物的作用

当人们已经知道预先硫化可以有效地浮选氧化铜矿以后，就提出了一个能否找到一种既有硫化作用又有捕收作用的浮选剂的问题。试验研究终于发现，硫醇正是这样一类药剂，它们的通式为 RSH，其中 R 为烃基。

当硫醇和氧化矿物相互作用时，在矿物与药剂之间发生着复分解反应，在矿物表面上生成一种极难溶解的、相当厚的疏水膜。反应过程相当剧烈，并释放出 CO_2：

$$CuCO_3 \cdot Cu(OH)_2 + 4C_6H_5SH \longrightarrow 2CuSC_6H_5 + C_6H_5SSC_6H_5 + CO_2 \uparrow + 3H_2O$$

$$(5-1)$$

这种反应的特点是不停留于矿物表面，而是不断向矿物内部深入，一直进行到反应物耗尽为止。反应在矿物表面上生成的硫醇盐极不稳定，在矿浆搅拌时容易脱落。据认为，这是实际应用时硫醇耗量大而回收率又不高的原因。

为此，有人提出将硫醇溶解于石油烃中，并采取分批加药的方法。用此法浮选孔雀石的人工混料时，回收率达 90%，硫醇用量仅 300g/t 左右。如果加入 40~50g/t 苛性钠，用量还可进一步降低至 135g/t。此外，还将硫醇溶解于起泡剂中进行试验，但降低药耗的效果较差。

硫醇长期以来未得到工业应用的主要原因，是它有很难闻的气味和毒性未能消除。所以，无毒无臭的固体硫醇的研究颇值得重视。

完全不溶于水的固体硫醇，只要将其溶于有机溶剂，同样是直接浮选氧化铜矿的高效捕收剂。图 5-5 和图 5-6 是 β-萘硫酚和二苯二硫醇这两种固体硫醇浮选孔雀石的结果。

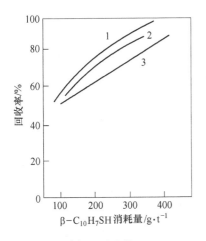 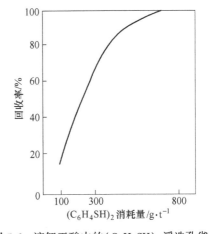

图 5-5 用溶解于酸中的 β-$C_{10}H_7SH$ 在中性介质中浮选孔雀石

1—3%的溶液；2—10%的溶液；3—20%的溶液

图 5-6 溶解于酸中的 $(C_6H_4SH)_2$ 浮选孔雀石

硫醇在弱碱性矿浆中比在中性矿浆中活泼，而 β-萘硫酚和二苯二硫醇对矿浆 pH 值的灵敏性较低。已经证明，浮选孔雀石时，降低矿浆温度是有利的。因为降温可以减低硫醇和孔雀石反应的速度，使形成的捕收剂薄膜更为牢固。

N—苯基—2 硫醇基苯并咪唑也可以看成一种固体硫醇，其分子是：

该药剂为粉末状固体，易溶于丙酮、乙醇、乙醚、碱（尤其是热碱）、热乙酸中，难溶于苯和水，浮选时常以碱溶液的形式加入。该药剂通过硫醇基能和铜生成难溶性咪唑铜盐：

咪唑非极性基团为两个环状苯基，有十二个碳原子，具有较强的疏水性，因此捕收力很强，是氧化铜矿物，特别是孔雀石和硅孔雀石的良好捕收剂。

5.2.1.4　直接浮选氧化铜矿的其他捕收剂

为了解决氧化铜矿的浮选问题，近些年来还研究了一些新的捕收剂。首先是螯合捕收剂的应用。

在氧化铜矿浮选方面，较为成功的例子，是辛基氧肟酸钾用于硅孔雀石和其他氧化铜矿物的浮选。辛基氧肟酸钾之所以能作为氧化铜矿物的捕收剂，因它与矿物表面的铜离子反应后，能够生成不溶性的金属螯合物有关。这种螯合物的生成，用肉眼也能观察到——硅孔雀石表面被药剂作用后由蓝色变为孔雀绿色。由于生成的这种不溶性螯合物能附着在矿物表面上，赋予矿物足够的疏水性，从而使浮选成为可能。

图 5-7 是用辛基氧肟酸钾浮选硅孔雀石的试验结果。可以看出，用氧肟酸钾浮选硅孔雀石时，对 pH 值的要求很严格。浮选只能在 pH = 6 的狭窄范围内进行，高于或低于此 pH 值都使浮选回收率急剧下降。温度的影响也很显著，把矿浆由室温加温到 50℃ 左右时，其效果几乎相当于把药剂用量提高一倍。

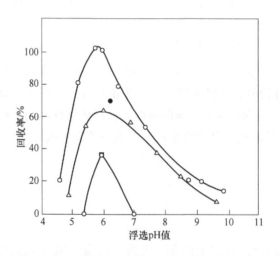

图 5-7　辛基氧肟酸钾浮选硅孔雀石的试验结果

○—3.3×10^{-4}mol/L，23℃；●—1.0×10^{-4}mol/L，22℃；

△—5.0×10^{-5}mol/L（49±1）℃；□—5.0×10^{-5}mol/L，22℃

试验表明，当满足 pH = 6、辛基氧肟酸钾浓度为 3.3×10^{-4} mol/L 和室温等条件时，硅孔雀石可以全部浮起，足见氧肟酸钾的捕收性能极好。辛基氧肟酸钾浮选硅孔雀石的效果之所以与溶液 pH 值有如此密切的关系，首先是因为硅孔雀石表面的铜离子必须适度地水解为 $CuOH^+$ 后，才能和起捕收作用的氧肟酸盐离子发生作用：

$$\begin{array}{c} | \\ Si_xO_y \\ | \\ Cu\ \boxed{OH+H}\ O-C-R \\ | \qquad\qquad\quad || \\ Si_xO_y \qquad\quad -O-N \end{array} \rightleftharpoons \begin{array}{c} | \\ Si_xO_y \\ | \qquad\quad O-C-R \\ Cu \qquad\quad || \\ | \qquad\quad O-N \\ Si_xO_y \end{array} +H_2O$$

表面　　　　溶液　　　　表面　　　　　溶液

又根据有关铜盐（$CuCl_2$）在水溶液中的水解度和 pH 值的关系的数据可知，在 pH＝6~6.2 时，溶液中 $CuOH^+$ 浓度最大。而辛基氧肟酸钾浮选硅孔雀石的最佳 pH 值与这一 pH 值范围正好吻合，说明硅孔雀石表面的铜离子在这一条件下得到了较为适度的水解。当 pH 值进一步上升至超过 10 时，硅孔雀石完全被抑制，这是由于其表面的铜离子被完全水解为氢氧化铜所造成的。

至于在 pH 值低于 4 的条件下硅孔雀石的被抑制，则被解释为由于 OH^- 离子的不足而不能使硅孔雀石表面的铜离子水解，以及氧肟酸钾以氧肟酸的形式存在。其次，在 pH 值低于 4 的条件下，硅孔雀石可溶性增大，也是造成其被抑制的原因。

还有一些典型的有机螯合剂，尽管它们能和溶液中的铜离子生成不溶性配合物（这一特性在分析化学上早已被应用），但是单独作为氧化铜矿物的捕收剂使用时，却不能赋予矿物表面足够的疏水性。不过，如果将它们和黄药混合使用，则可以使氧化铜矿物的黄药浮选显著地得到活化。属于这类药剂的有 8—羟基喹啉、水杨醛肟和 α—安息香肟等。8-羟基喹啉和黄药可以在硅孔雀石表面上发生共同吸附，而前者的加入，使后者的吸附量显著地增加。

另一方面，用纯硅孔雀石矿样进行的气泡粘着试验也表明，单独使用黄药时，硅孔雀石不能在气泡上粘着，混合添加黄药和 8—羟基喹啉时，就可以发生粘着，并且粘着量随螯合剂用量的增加而明显地上升。

还有一些螯合剂，如苯并三唑，其作用则是借助于在矿物表面而生成不溶性螯合物使矿物表面稳定化。在矿物表面被固定以后，以乳化的中性油为捕收剂即可进行浮选。

从上述例子可以看出，在氧化铜矿物的直接浮选中，螯合剂无论单独作为捕收剂还是作为黄药浮选时的活化剂，均显示了很好的效果。但是需要指出，到目前为止，还未见国外有工业规模应用的报道。国内则多半在硫化浮选时与黄药混用，以强化氧化铜矿的浮选。

5.2.2 氧化铜矿直接浮选法实例

（1）原矿直接浮选是氧化铜最传统的选矿方法。孙乾予等人对孔雀石采用油酸钠直接浮选的方式进行试验研究。油酸钠是一种常见的脂肪酸皂类捕收剂，常应用于氧化矿等含有离子键矿物的浮选回收。孔雀石取自湖北大冶铜绿山，原料经过破碎、人工拣选后采用陶瓷球磨矿磨细，筛分至 $37 \sim 74 \mu m$ 粒级，再经过摇床反复精选作为浮选试验原料得到孔雀石单矿物，其化学成分为 $w(Cu) =$ 54.7%，$w(C) = 5.22\%$，纯度为 95.03%。

试验最终发现，当捕收剂油酸钠用量为 160 mg/L、pH 值范围 7~10 时，孔雀石浮选回收率可以达到 70% 以上，当 pH = 9.5 时，回收率为 88.67%，达到最高。动电位及溶液化学表明，油酸钠在矿浆中的组分为 $C_{17}H_{33}COOH \cdot C_{17}H_{33}$ COO^-、$C_{17}H_{33}COO^-$ 和 $(C_{17}H_{33}COO)_2^{2-}$，油酸钠在孔雀石表面主要发生了化学吸附。根据吉布斯自由能的计算和红外光谱测试分析表明，在合适的 pH 值范围，油酸钠与孔雀石表面的铜离子作用生成油酸铜盐沉淀，改变了孔雀石的表面性质使它表面疏水从而容易浮选回收。

（2）铜绿山矿是一个综合利用价值很高的矿床，多年来，国内外选矿工作者都很关注它的开发利用情况，并进行了各种不同方案的研究，取得了一定的进展。但对低品位高含泥难选氧化铜矿石的处理，一直未找到经济合理的选矿手段。

工艺矿物学研究结果表明，矿样主要铜矿物为孔雀石，少量假孔雀石、蓝铜矿、黄铜矿，未见有硅孔雀石。铁矿物主要有磁铁矿、磁赤铁矿、赤铁矿、褐铁矿。金以含银自然金和银金矿为主，嵌布粒度极细微，多数以显微、次显微金粒嵌布。含铜的土状赤铁矿、褐铁矿、玉髓、高岭土等组成了含铜矿泥，这是导致矿石铜结合率高的重要原因。同时，含铜矿泥也是干扰铜金选别的重要因素。

原矿直接浮选是氧化铜矿最传统的选矿方法。铜绿山矿从开矿至今一直沿用这一工艺流程，但选矿指标始终不尽如人意，精矿品位和回收率低，浮选药剂耗量大，效益差。其主要原因是常规工艺和常规药剂不能有效地解决矿泥的干扰和难选铜矿物的回收。

针对这一问题，何晓娟和郑少冰进行了铜绿山低品位高含泥氧化铜矿直接浮选的试验研究，在总结和积累了多年来对氧化铜矿浮选药剂研究经验的基础上，研制出了螯合型捕收剂 W-7，W-7 和改性黄药 KD4 混合使用比单用黄药的效果有明显的改善，闭路试验结果表明：铜精矿品位由 24.38% 提高到 30.30%，铜回收率由 63.29% 上升到 66.09%。由于 W-7 的合理配用，有效地捕收了较粗粒铜矿物和难以"硫化"的假孔雀石并连带含铜较高的铁矿物，提高了铜的回收率。铜精矿品位提高的关键是 W-7 强化了对目的矿物的选择性捕收，减少了矿泥夹杂，促成中矿良性循环，在保证较高选择性的情况下，获得较高的回收率，进入精矿的自由氧化铜和硫化铜总回收率达 80.51%。这无疑表明在高含泥氧化铜矿石不脱泥直接磨矿浮选方面取得了突破性的进展。

（3）加丹加选矿厂的矿石中主要铜矿物为孔雀石，有少量的假象孔雀石和硅孔雀石。脉石为硅酸盐及少量含镁矿物。

该厂使用的捕收剂为液体脂肪酸和固体脂肪酸的混合物。两种脂肪酸搭配使用的目的是提高浮选的选择性。脂肪酸事先乳化可以减少36%~40%的用量,同时少用水玻璃20%。曾以加工过的本地棕榈油(含普通棕榈油和水解棕榈油的混合物)代替外来的脂肪酸。

据报道,由三份棕榈油、一份轻柴油和少量粗塔尔油组成的乳剂,是一种有效的捕收剂。捕收剂在胶体磨中乳化并加温至50~55℃使用,不过这种混合剂的效果比油酸稍差。采取矿浆加温至32~35℃、用苏打灰调pH=9~9.5和添加水玻璃等措施后,可以改善油类捕收剂的效果。药剂消耗量为苏打灰600~800g/t,硅酸钠300~500g/t、捕收剂900~1100g/t。

该厂含白云石的铜矿石则采用预先硫化的办法浮选。捕收剂用戊基黄药和汽油与棕榈油、塔尔油配成的乳剂。药剂消耗量为硅酸钠150~200g/t,硫氢化钠1500~2500g/t,戊基黄药40~50g/t,汽油75~100g/t,棕榈油和塔尔油10g/t。由含铜4%~5%的原矿选出含铜20%~25%的精矿。硫化浮选的回收率比用水解的棕榈油浮选硅质脉石铜矿时低。

5.3 氧化铜矿的硫化浮选法

氧化铜矿的硫化浮选法,就是用可溶性硫化物将矿物预先硫化,使其表面具备硫化铜矿物的表面性质,然后以硫氢基捕收剂(通常用黄药)进行浮选的方法。

与直接浮选法相比,硫化浮选法的应用范围要广泛得多。它不受脉石性质的限制,所使用的两种主要药剂(硫化剂和黄药)来源广泛,成本不高。

硫化剂有硫化钠、硫氢化钠、硫化氢、硫化钙、硫碳酸钠、硫化钾等,其中最便于使用的是硫化钠。硫化后采用的捕收剂有乙基黄药及高级(戊基等)黄药、黑药及脂肪酸等,较常用的是高级黄药。

5.3.1 氧化铜矿硫化浮选法理论

5.3.1.1 硫化钠在溶液中的状态

硫化钠是一种强碱弱酸盐,在水中发生水解,水解的产物又进一步离解为OH^-、S^{2-}、SH^-等离子:

$$Na_2S + 2H_2O \rightleftharpoons 2NaOH + H_2S \qquad (5-2)$$

$$NaOH \rightleftharpoons Na^+ + OH^- \qquad (5-3)$$

$$H_2S \rightleftharpoons H^+ + SH^- \qquad (5-4)$$

$$SH^- \rightleftharpoons H^+ + S^{2-} \qquad (5-5)$$

SH^-和H_2S的解离常数是很小的。不同测定者所测得的数据亦有不同,比较普遍采用的是下列数据:

$$K_1 = \frac{a_{\mathrm{H}^+} a_{\mathrm{HS}^-}}{a_{\mathrm{H_2S}}} = 0.873 \times 10^{-7}, \quad K_2 = \frac{a_{\mathrm{H}^+} a_{\mathrm{S}^{2-}}}{a_{\mathrm{HS}^-}} = 0.363 \times 10^{-12} \quad (5\text{-}6)$$

式中 a——相应的离子和分子的活度。

由于 HS^- 和 $\mathrm{H_2S}$ 离子的离解常数很小，而 NaOH 的离解常数很大，所以硫化钠溶液总是带强碱性。加入硫化钠就等于向矿浆加入了 OH^-、SH^- 和 S^{2-}。

矿浆中 OH^-、SH^-、S^{2-} 几种离子和 $\mathrm{H_2S}$ 分子的组成是随溶液 pH 值的变化而变化的。根据有关测定和计算结果，在硫化钠稀溶液中，各种 pH 值下的溶液离子组成如图 5-8 所示。该图表示的是硫化钠浓度为 1mg/L 的情况。当硫化钠的浓度变为浮选时的常用浓度时，根据计算，图 5-8 的曲线的形状仍保持不变，只是最高点和最低点向较低的 pH 值方向移动（移到 pH = 9~9.5 的位置）。

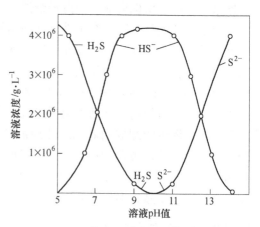

图 5-8 硫化钠溶液中硫离子、硫化氢分子和硫氢离子浓度同溶液 pH 值的关系

图 5-8 所示的关系对于了解硫化过程中各种离子的作用极为重要。它清楚地显示，随着溶液 pH 值的上升，硫化氢分子的浓度不断下降。到 pH = 9.75，其浓度降为零，此时硫离子的浓度亦为零。pH 值再进一步升高时，硫离子浓度不断增大。硫氢离子的浓度则是在 pH = 9.75 时达到最大值。无论 pH 值高于还是低于 9.75，硫氢离子的浓度都下降。

下面要叙述到的关于 pH 值对硫化作用的影响中，将可以看到，在 pH = 6~12 较广泛的范围内，硫化作用均可以进行。这就表明 HS^- 和 S^{2-} 离子对于氧化铜矿物均可以起到硫化作用。不过在较低的 pH 值下，完全没有 S^{2-} 离子存在时，硫化矿物表面上的吸附量和吸附速度都要高些，这或许可以证明 HS^- 离子比 S^{2-} 离子具有更高的硫化活性。当然，在较低的 pH 值条件下，OH^- 离子的吸附竞争能力较弱，这也可能是 HS^- 离子吸附于矿物表面的有利因素。

5.3.1.2 氧化铜矿物的硫化反应

孔雀石的硫化反应，按有关研究者的意见，可以表示：

$$x\mathrm{CuCO_3} \cdot y\mathrm{Cu(OH)_2} + 2\mathrm{OH}^- =\!=\!=$$

$$(x-1)\mathrm{CuCO_3} \cdot y\mathrm{Cu(OH)_2} \cdot \mathrm{Cu(OH)_2} + \mathrm{CO_3}^{2-} \quad (5\text{-}7)$$

$$(x-1)\mathrm{CuCO_3} \cdot y\mathrm{Cu(OH)_2} \cdot \mathrm{Cu(OH)_2} + \mathrm{HS}^- =\!=\!=$$

$$(x - 1)\,CuCO_3 \cdot yCu(OH)_2 \cdot CuS + OH^- + H_2O \quad (5\text{-}8)$$

式 (5-7) 和式 (5-8) 的意义是，在有 OH^- 离子存在的情况下，矿物表面一部分区域实现羟基化，HS^- 离子又使羟基化区域变为硫化区域，同时发生碳酸盐的部分溶解，导致新的羟基化区域的形成。这一反应将不停留于矿物表面，而是向矿粒内部深入。最后，视硫化钠初试浓度不同，形成不同厚度的 CuS 薄膜。

但是，到目前为止，硫化过程中吸附过程和化学反应的细节还没有搞清楚。可以肯定的是，硫离子和硫氢离子最初的吸附是作为电位决定离子的吸附而发生的。但是，这一过程如何导致了硫化物薄膜在矿物表面上的形成，暂时还不能阐明。

如果将典型的有色金属氧化矿物的阴离子，如 CO_3^{2-}、SO_4^{2-}、OH^- 等，和硫化物的阴离子 HS^{2-}、S^{2-} 的离子半径作一对比，就不难发现，在氧化矿物的硫化反应当中，存在着明显的难以解释的现象。这些离子的半径是：$r(CO_3^{2-}) = 2.57$、$r(SO_4^{2-}) = 1.82$、$r(OH^-) = 1.53$、$r(S^{2-}) = 1.82$、$r(SH^-) = 2.00$。很明显，S^{2-} 离子要取代 SO_4^{2-} 离子是完全可能的，但是，SH^- 离子要取代 SO_4^{2-} 离子就不大可能。而 CO_3^{2-} 离子的半径同 S^{2-} 和 SH^- 的离子半径都相差很大，所以，后两种离子未必能取代碳酸根离子。

因此，尽管硫化以后，在孔雀石、蓝铜矿、白铅矿和菱锌矿等氧化矿物表面上确实有硫化膜形成，而这种形成的过程都是难以阐明的。

有人认为，上述离子半径的差别，反过来正好说明为什么在氧化矿物表面上生成的硫化膜总是不稳定而易于脱落的。

5.3.1.3 硫化反应的影响因素

据放射性同位素法的研究结果，氧化铜矿硫化反应的速度同溶液中硫化钠的浓度、介质 pH 值、反应温度和搅拌强度有关。

孔雀石和硅孔雀石表面对硫化剂的吸附量随溶液中硫化钠初始浓度 c_0 的增大和接触时间的延长而增加，如图 5-9~图 5-12 所示。

硫化钠在孔雀石和硅孔雀石表面上的吸附量 (mg/g) 与溶液中硫化钠的初始浓度 c_0(mg/L) 的关系，可用下式表达：

$$\Gamma = ac_0^{\frac{1}{n}} \quad (5\text{-}9)$$

对于不同的矿物，硫化膜的增长速度是不同的。因为，如果常数 $\dfrac{1}{n}$ 对于孔雀石和硅孔雀石相同，并且接近于 L (0.95) 的话，常数 a (硫化的初速度) 对于孔雀石是 0.0356，而对于硅孔雀石则是 0.01。

孔雀石和硅孔雀石硫化时，硫化速度随溶液 pH 值的降低而加快。这对于硅孔雀石尤为明显，见图 5-13、图 5-14。

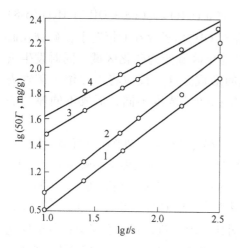

图 5-9　硫化钠浓度对孔雀石硫化速度的影响

1~4—硫化钠初始浓度分别为

0.056、0.074、0.43、0.65mg/L

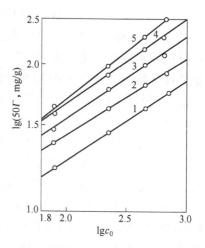

图 5-10　硫离子 S^{2-} 在孔雀石上吸附等

时线与硫化钠浓度 c_0 的关系

1~5—t 分别等于 20、40、60、120、300s

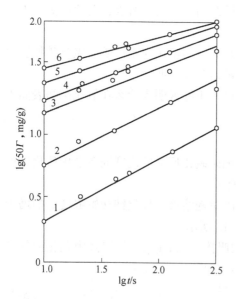

图 5-11　硫化钠浓度对硫离子 S^{2-} 在

硅孔雀石上的吸附动力学的影响

1~6—硫化钠浓度 c_0 分别为 0.021、

0.074、0.25、0.31、0.5、0.62g/L

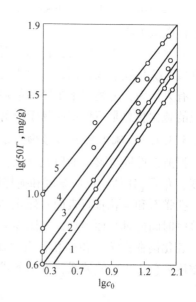

图 5-12　硫离子在硅孔雀石上的吸附

等时线与硫化钠浓度 c_0 的关系

1~5—t 分别等于 20、40、

60、120、300s

　　温度的影响亦很大。当温度由 10℃升高到 60℃时，孔雀石对硫化钠的吸附量增加了 3.5 倍，硅孔雀石增加了两倍，见图 5-15、图 5-16。

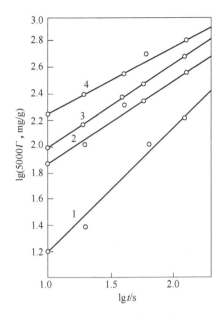

图 5-13　pH 值对于硫离子 S²⁻ 在
孔雀石上吸附动力学的影响

1~4—pH 值分别为 11、10、9、7

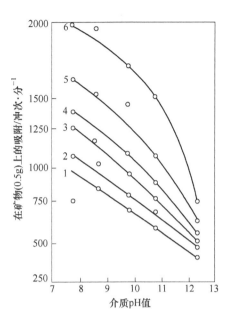

图 5-14　在不同溶液 pH 值下硅孔
雀石吸收硫化钠的等时线

1~6—t 分别等于 10、20、40、60、120、300s

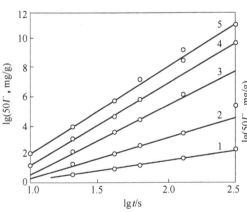

图 5-15　温度对孔雀石硫化动力学
的影响（$c_0 = 0.53$mg/L）

1~5—T 分别等于 4、21、40、60、70℃

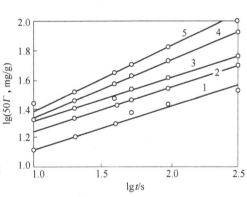

图 5-16　温度对硫离子在硅孔雀石上的吸附
动力学的影响（$c_0 = 0.53$mg/L）

1~5—T 分别等于 4、22、40、60、70℃

如果用吸附动力学方程式来描写 S²⁻ 的吸收动力学等温线，则对孔雀石有：

$$\Gamma = a\lg t + b \tag{5-10}$$

对硅孔雀石则有：

$$\Gamma = at^{\frac{1}{n}} \tag{5-11}$$

式中　　　　t——时间，s；

　　　　a，b，n——常数。

在矿物表面上生成的硫化膜是不稳定的。当矿浆搅拌时容易脱落，成为胶体硫化铜（图 5-17）；矿浆 pH 值越高，硫化膜越不稳定（图 5-18）。

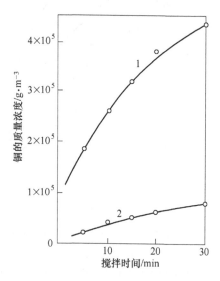

图 5-17　矿浆搅拌与时间的关系
1—已与硅孔雀石反应的 NaHS 的量（和铜等量）；
2—从矿物表面返回溶液的铜量；
NaHS—10^{-2}mol/L，pH=7（10mg 硅孔雀石，100mg 石英）

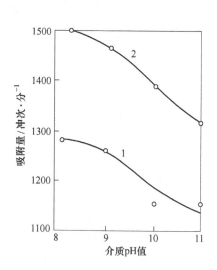

图 5-18　在不同 pH 值的水介质中
被硫化孔雀石的活性变化
1—搅拌；2—不搅拌

据研究，生成胶体硫化铜所消耗的硫化物的量，可以达到已反应的硫化物总量的 40%～80% 之多。

胶体硫化铜的形成，不仅减少了硫化物在氧化矿物表面上的吸附量，降低氧化矿物的可浮性，而且增加捕收剂的消耗，引起脉石的活化。因此应该尽量避免胶体硫化铜的生成。

5.3.2　浮选药剂及作用机理

5.3.2.1　硫化的活化作用

氧化铜矿物由于其分子结构的原因，一般亲水性很强，在矿浆中与水的偶极子相吸引而使偶极子在矿物表面形成定向排列的水化膜。因而最常用的巯基类捕收剂很难吸附到矿物表面。但经硫化处理以后，氧化矿物表面发生了根本性变化，这种变化表现为对铜矿物的活化和抑制。当硫化钠用量适宜时，硫化以后，氧化铜矿物表面接触角增大，可浮性增强，所需捕收剂浓度成倍降低，可以成功实现氧化铜矿的有效浮选；硫化钠用量过大，则表现为对硫化铜矿物和已经被硫化好的氧化铜矿物的抑制，使浮选无法进行。所以，硫化的作用即是难浮的亲水性氧化铜矿物，强化捕收剂的吸附，增强其表面的疏水性，提高可浮性，从而实现氧化铜矿的有效浮选。

5.3.2.2 硫化的抑制作用

如前所述，硫化钠在用量适当时是氧化铜矿的活化剂，但过量时却是强烈的抑制剂。因此，在研究硫化钠的活化过程及机理的同时，更多的注意到了为什么过剩硫离子会抑制被硫化过的氧化铜矿物的问题。到目前为止，对于造成抑制的原因提出了四个比较有代表性的观点：（1）过量的硫离子本身造成抑制；（2）过量硫离子氧化后生成的产物造成抑制；（3）硫化钠过量导致捕收剂的吸附量减少造成抑制；（4）硫化钠过量致使生成的硫化铜膜疏松不稳定，易脱落造成抑制。

有研究证明，极少量过量的硫离子也会抑制孔雀石的浮选；对硫化的硅孔雀石而言，过量硫离子的影响更为复杂。只有在低硫化钠用量时，硅孔雀石才能浮选；硫化钠过量时，硅孔雀石会受到不可逆转的抑制，即当过量的硫化钠被新鲜水冲洗后可浮性不会恢复。

智利学者 H. Soto 和波兰学者 J. Laskowski 等人认为，除了溶液中过剩硫离子本身起抑制作用外，被吸附在矿物表面的氧化物，如亚硫酸盐、硫代硫酸盐等也有强烈抑制作用。Castro 也认为吸附在矿物表面的硫化物易氧化成亚硫酸盐、硫代硫酸盐。这是因为硫化氢分子中硫的电价为 -2 价，在硫元素 8 种价态中最低而具有还原性。也就是说，硫氢离子和硫离子易被氧化，它们一旦被氧化，也就失去了固有的活化能力。不仅如此，这些氧化产物与溶液中的过剩硫离子，一起构成了氧化铜矿浮选受抑制作用的原因。

也有研究发现，硫化钠过量会使捕收剂的吸附量减少，因而矿物的浮选受到抑制。普拉克辛经过研究证实了氧化铜矿物硫化后，在其表面生成了硫化铜膜，性质与硫化铜矿物是相似的，只是在硫化钠过量时，矿浆中过剩的 HS^- 和 S^{2-} 被氧化消耗了溶液中的游离氧，由于浮选矿浆中没有游离氧存在，造成捕收剂不在硫化矿物上吸附，形成抑制。

也有人认为是由于硫化钠过量，使矿浆 pH 值升高，致使硫化铜膜疏松不稳定，脱落成胶体硫化铜，黄药本身被其消耗，造成捕收剂不足而无法实现有效浮选。前苏联学者的研究印证了这一观点。他们用 X 射线衍射仪、电化学、电子显微镜等设备分析了孔雀石在硫化过程中形成的硫化膜，得出硫化后矿物表面形成的硫化膜的组成和结构与硫化铜相近，硫化产品是一层具有不规则晶格的疏松沉淀，在矿浆搅拌过程中容易脱落，脱落后造成已经吸附黄药的损失，造成捕收剂用量不足形成抑制。

5.3.2.3 硫化促进活化机理

刘殿文等人研究了在孔雀石硫化浮选中，硫酸铵的硫化促进活化作用，发现在有硫酸铵存在的情况下，可以避免过剩硫离子对孔雀石的抑制作用。对硫酸铵作为氧化铜矿浮选活化剂的作用机理的详细研究认为：硫酸铵应该是一种"硫化促进剂"，在氧化铜矿浮选过程中的作用表现为"硫化促进活化"。因为在不存在硫化钠的条件下，硫酸铵本身对氧化铜矿浮选并无"活化作用"。硫酸铵的真正的作用表现为以下 3 个效应：（1）催化效应。加快孔雀石硫化反应的速度，促进反应的彻底性，从而避免了残余的硫离子对被硫化过的孔雀石的抑制作用。（2）稳定效应。提高孔雀石表面上生成的硫化膜的密度，增强硫化膜的稳定性，避免由于硫化膜脱落而造成的胶态硫化铜的生成。（3）疏水效应。提高黄药在孔雀石表面上的吸附速率、吸附量和吸附稳定性，从而赋予孔雀石更强的疏水性。

"硫化促进活化"反应的本质是：使孔雀石表面生成的硫化膜更加坚实、稳定，有利于黄药的吸附，而当硫酸铵用量与硫化钠用量大致相等时，回收率达到最高点。

5.3.3 氧化铜矿硫化浮选方法及工艺

氧化铜矿硫化浮选的工艺条件，总的来说是不复杂的。国内外的这类浮选厂所采用的工艺条件也都是大同小异：磨矿浮选流程比较简单，不存在多金属选收和分离问题；主要药剂都是黄药、硫化钠（或硫氢化钠）、松油，并采用分段添加的方式；根据矿石性质和对精矿要求的不同，有些厂分别使用了石灰、水玻璃和羧甲基纤维素等调整剂；为提高回收率，有的还混合添加两种或两种以上的捕收剂。

5.3.3.1 磨矿浮选流程

由于氧化铜矿通常都是单金属矿石（有时遇到含铜的铁矿），伴生的少量有益元素一般都在铜精矿中附带回收，比较难选的矿石又常常采用水冶或联合流程处理，所以在采用单一浮选法处理氧化铜矿时，磨矿浮选流程大都比较简单。只是根据矿石中矿物的浸染粒度和共生关系、铜矿物的可浮性、含泥量的多少以及原矿品位的高低等因素，在磨矿和选别段数、各浮选作业的次数、中矿返回地点等方面有不同的处理方式，所以不存在多金属硫化矿浮选流程那样的复杂性。

在确定氧化铜矿的磨矿浮选流程时，有以下几方面的问题值得重视：

（1）正确的选择磨矿段数和磨矿细度。根据不同的矿石性质，选择与之相适应的磨矿细度和磨矿段数，这对于任何矿石的选矿来说，都是基本的要求，氧化铜矿的浮选也不例外。

（2）浮选流程中应为难选的氧化铜矿物提供充分的选别机会。与硫化矿物相比，氧化铜矿物一般是较为难选的，浮选速度也会比较慢。即使同为氧化铜矿物，随矿物种类和产出状态的不同，可浮性差别也很大。因此，在确定浮选流程时，在保证一部分易选矿物"早收快拿"的同时，一定要为难选氧化铜矿物提供充分的选别机会。所谓提供充分的选别机会，是指要有较多的选别作业次数和足够的浮选时间。

（3）兼顾氧化铜矿物和硫化铜矿物的浮选。通常所说的氧化铜矿，是指矿石中铜的氧化率超过30%的矿石。在绝大多数情况下，铜的氧化矿石中仍然还有相当多的原生或次生硫化铜矿物，如黄铜矿、辉铜矿、斑铜矿、铜蓝和黝铜矿等。硫化铜矿物和氧化铜矿物在可浮性上差别很大，因此必须正确处理这两类铜矿物之间的矛盾，兼顾两类矿物的浮选，才能获得更好的浮选指标。

为了解决上述矛盾，除了适量地、分批地添加硫化钠外，在浮选流程上还需要考虑硫化铜矿物和氧化铜矿物是"优先浮选"还是"混合浮选"的问题。国外氧化铜矿浮选厂都采用优先浮选硫化铜矿物的较多，而我国的氧化铜矿选矿厂都采用混合浮选方式。

（4）氧化铜矿浮选流程应有一定的灵活性。由于氧化铜矿石是由硫化矿氧化而成，在物质组成上非常复杂而且多变，这就要求在制定氧化铜矿的浮选流程时，赋予它一定的灵活性、以适应矿石性质的变化。固定不变的"死流程"对于处理氧化铜矿石是不能适应的，这也是我国氧化铜矿浮选实践的重要经验之一。

（5）浮选氧化铜矿时矿泥的处理。氧化铜矿石一般都受到严重风化，含大量的原生矿泥，加之矿物本身的脆性，在加工过程中又容易形成次生矿泥。所以，矿泥的处理在氧化铜矿的浮选中是值得重视的问题，也是比较难以解决的课题。

应该强调，氧化铜矿石中原生矿泥的特殊性，还在于它的含铜品位一般都高于原矿平均品位，而且其中的铜常以结合铜、可溶性铜的状态存在。这就进一步增加了处理上的困难。在生产实践中，矿泥中铜的损失是氧化铜矿浮选时主要的金属损失之一。

为消除矿泥的有害影响，可以采用以下几种方法：

首先，在矿石的碎矿和磨矿过程中应尽可能地减轻矿石的泥化。为此，可以采用多段碎矿、多段磨矿以及阶段选别流程。同时，正确的选择破碎和分级设备，在磨矿分级回路中提高分级效率。这些措施对于防止和减少次生矿泥的生成，可能或多或少是有效的，但是对于矿石入厂前就带有的原生矿泥，就需要用别的办法减轻或消除其影响。

实践中常用的并且比较有效的方法是添加能消除矿泥有害作用的药剂，如水玻璃、苏打、苛性钠、焦磷酸钠、六偏磷酸钠等胶溶剂和电解质，它们的分散性能可以减轻矿泥的絮凝罩盖作用。乙二胺磷酸盐等氧化铜矿的浮选活化剂也有消除矿泥有害影响的效果。

当矿浆中矿泥含量很大，加入上述药剂不能奏效时，可采用预先脱泥的方法。预先脱泥又可分为机械脱泥和浮选脱泥两种方式。前者是在破碎筛分、磨矿分级等作业的恰当部位用洗矿机、分级机或旋流器分出矿泥，后者则是在浮选前只添加少量的起泡剂或捕收剂将易浮的矿泥选出。

从浮选给矿中脱出的矿泥，一般不能作为尾矿丢弃，因为矿泥的含铜品位较高。如果矿砂部分选出的铜精矿品位相当高以致将矿泥合并进去仍能满足要求时，矿泥可直接并入精矿，否则对矿泥必须进行单独处理。实践证明，单独浮选，对于氧化铜矿矿泥来说是难以收到满意的效果的。所以最常用的矿泥单独处理方式是水冶，如用酸浸—沉淀—浮选流程。

5.3.3.2 硫化剂的选择和硫化过程的强化

在氧化铜矿硫化浮选实践中，对硫化作用的基本要求是既要在氧化铜矿物表面生成坚实稳定的硫化膜，又要防止硫化物离子对硫化矿物和被硫化过的氧化铜矿物的抑制作用。为此，一方面在可能的条件下，应选用活性较高的硫化剂，另一方面可采取准确控制硫化剂用量、分段多点添加硫化剂、降低硫化时的 pH 值、升高矿浆温度、添加硫化促进剂等措施来强化硫化过程。

（1）硫化剂的选择。硫化剂的种类对硫化效果有直接影响。实践中最常用的是硫化钠，其优点是来源广、成本低。但是，由于它是强碱弱酸盐，使用时不可避免地引起溶液 pH 值上升，OH^- 离子将与硫化物阴离子（S^{2-} 和 HS^-）以及捕收剂阴离子在矿物表面进行吸附竞争，这对硫化过程和捕收剂的作用都是不利的。

用硫氢化钠（NaHS）能获得更为稳定的硫化膜，所以在生产实践中也有用硫氢化钠作为硫化剂的，但是成本较高。

硫化氢的分子中不含碱金属，或者说，它本身就是一种弱酸，其离解反应不会引起溶液 pH 值上升。所以，如果以它作为硫化剂使用，将可避免硫化钠的一些缺点。实验也证明硫化氢对氧化铜矿物确实有比硫化钠高得多的硫化活性，且消耗量少得多。因此，在有条件的地方可以考虑用硫化氢作为硫化剂的可能性，当然应相应解决使用方法和环境保护问题。

硫化铵 $(NH_4)_2S$ 和硫氢化铵 $(NH_4)HS$ 也可作为氧化铜矿的浮选硫化剂，其硫化效果也较硫化钠好。为了避免硫化剂对硫化铜矿物的抑制，使用硫化钙是一项有效措施。

（2）硫化过程的强化。国外有关研究已证明，在用硫化钠对氧化铜矿物进行硫化时，添加硫酸铵可以加快硫化速度，并能在矿物表面上生成更加稳定的硫化膜，从而改善氧化铜矿物的浮选效果。不过，在使用硫酸铵的情况下，硫化铜矿物的浮游会受到某些"抑制",尤其以"惰性硫化铜"（实际上就是黄铜矿）较为明显。因此，在矿石氧化率较高的情况下，可以多加一些硫酸铵，以强化氧化铜矿物的硫化浮选为主；反之，在氧化率低时，可少用一些硫酸铵，避免对硫化铜矿物的浮选造成不良影响。除硫酸铵外，其他的铵盐，如碳酸铵，亦有类似的效果。

温度对硫化过程的影响相当明显。提高反应温度也是强化硫化过程的手段之一。

在目前生产上广泛采用的常规硫化浮选法范围内，为了保证获得较好的硫化效果，一定要注意硫化钠的"分段多点"添加。这是国内外氧化铜矿浮选厂的共同经验。

5.3.3.3 捕收剂的混合使用

孔雀石、蓝铜矿等铜的碳酸盐矿物，在经过硫化以后，用黄药进行浮选，一般是没有困难的。但是，在氧化铜矿的浮选实践中，遇到矿物组成复杂、嵌布粒度细、铁污染严重、含泥量大的难选矿石时，只用一种黄药作为捕收剂，往往不能收到满意的效果。此时，往往需要混合使用两种以上的捕收剂（如烷基氧肟酸钠和丁基黄药混合使用、咪唑和丁基黄药混合使用）才能收到较好的效果。在我国氧化铜矿浮选实践中，混合使用捕收剂，是近年来主要的研究方向之一。

5.3.3.4 调整剂的应用

氧化铜矿的矿物组成和结构构造比较复杂，可溶性矿物含量比较高，浮选矿浆的离子组成也复杂多变，所以，调整剂的应用在氧化铜矿的浮选实践中占有重要地位。脉石的抑制、pH 值的调整、矿浆中有害离子的消除、铜矿物的活化等，都离不开调整剂的作用。在某些情况下，一种新调整剂的发现，其效果甚至超过新型捕收剂的发现。因此，在重视捕收剂和硫化剂的同时，调整剂的应用也是不可忽视的。

A 氧化铜矿的浮选活化剂——乙二胺磷酸盐

在氧化铜矿的浮选过程中添加乙二胺磷酸盐的作用特点有以下几方面：

（1）有助于消除矿泥对浮选的不良影响。矿石中含泥量大时，添加乙二胺磷酸盐的效果相对更为显著。

（2）添加乙二胺磷酸盐，沿浮选线各作业的回收率均有提高，尤其以后部分作业更为明显。这就说明浮选速度慢的难选矿物可浮性的改善较大。

（3）各粒级的浮选回收率均有改善，但以粗粒级较为明显。

（4）随矿石性质不同，乙二胺磷酸盐的作用特点也有差别。例如，对于单一铜矿石，基本上不提高硫化铜的回收率，而对于含铁的铜矿石，硫化铜回收率的提高相当明显。

（5）在所有的情况下都不同程度地降低了其他药剂的用量。

B　含碳钙镁脉石抑制剂——羧甲基纤维素

对于钙镁碳酸盐脉石来说，除了前面已经提到过的六偏磷酸钠等比较有效的抑制剂外，实践还证明，有机抑制剂羧甲基纤维素对于含碳的钙镁脉石也是一种有效的抑制剂。

C　石灰的应用

在我国以钙镁碳酸盐矿物为主要脉石矿物的氧化铜矿的浮选实践中，石灰是一种重要的调整剂。其作用往往不仅仅是调整矿浆 pH 值，可能还具有沉淀矿浆中有害离子等方面的作用。石灰用量的多少，对浮选指标的影响相当明显。

5.3.3.5　强化氧化铜矿浮选过程的物理手段

近年来，国外为强化浮选过程，采用了多种物理手段，如利用电场、电化学、磁场、超声波、红外光、紫外线以至核辐射等来处理矿浆、药剂或浮选用水，在许多场合已经收到明显效果。尽管作用机理尚不清楚，但从实用的观点来看是值得引用的，而其作用机理也是可以在科学实验和生产实践的基础上逐步查明的。

在我国的氧化铜矿浮选实践中，已开始应用了电、磁场处理（如云南东川矿务局以一分矿选厂采用直流电预先处理矿浆，用交流电场处理黄药），并已初见成效。在用直流电预先处理矿浆的条件下，铜矿物浮选速度加快，细粒级在尾矿中的损失有所减少。药剂经过处理后，浮选时矿泥的有害影响可以减轻，浮选泡沫含泥量减少，选择性增强。

5.3.4　氧化铜矿硫化浮选法实例

（1）云南普洱某氧化铜矿石中铜矿物主要有辉铜矿、孔雀石、硅孔雀石等，脉石矿物主要有石英、方解石、长石等，其中以硫化铜（辉铜矿）形式存在铜占总铜的 52.54%，以氧化铜（孔雀石）形式存在铜占总铜的 46.98%。

矿石铜品位为 3.346%，其余元素品位较低，不具有工业回收价值。矿石铜氧化率为 46.98%，铜主要存在于辉铜矿和孔雀石中，属于相对难选氧化铜矿石。

李有辉等人对其氧化铜矿石进行浮选试验研究。结果表明，在磨矿细度为 −0.074mm 占 65.1% 条件下，经硫化铜优先浮选，硫化铜浮选尾矿以 Na_2S 为硫化剂、BK366 为捕收剂经氧化铜一粗三精二扫浮选，可以获得铜品位为 32.56%、作业回收率为 61.56% 的氧化铜精矿。BK366 分子内部巯基基团与羧基基团的正协同作用增强了其捕收能力。

（2）云南某铜矿主要为硫化铜矿石，局部为混合矿石。矿石中的主要铜矿物有黄铜矿、辉铜矿、斑铜矿和孔雀石，脉石矿物主要有石英、长石、方解石、黏土矿物。

矿石铜含量为1.39%，是矿石中可供回收的有价元素；伴生银含量较低，不考虑综合回收；硅、铝、钙、镁是矿石中主要的杂质元素。矿石中的铜主要以硫化铜形式存在，占总铜的73.30%，可采用浮选法回收；其次为游离氧化铜，占总铜的18.04%，可考虑用硫化浮选法回收；结合氧化铜占总铜8.66%，其可选性极差，难以回收。

王宏锋等人对其铜矿石进行选矿试验研究。结果表明，矿石在磨矿细度为-200目占70%的情况下，采用一粗一扫二精浮选硫化铜矿物，一粗二扫二精浮选氧化铜矿物，中矿顺序返回的闭路流程处理，可获得铜品位为32.16%、铜回收率为90.23%的铜精矿。试验指标较为理想，可作为该铜矿资源开发利用的依据。

（3）新疆某铜矿矿石属于凝灰岩型氧化铜矿石试验所用矿样表层氧化率占90%以上，中、下部氧化率占25%左右，原生矿泥约占60%。金属矿物主要有赤铜矿、蓝铜矿、孔雀石、硅孔雀石、褐铁矿、黄铜矿、斑铜矿。脉石矿物主要有绢云母、方解石、长石、石英、白云石、绿泥石、绿帘石、白云母、岩屑、浆屑。

原矿铜化学物相分析结果表明，矿石氧化程度较高，铜主要以氧化铜形式存在，占54.20%，其中结合氧化铜占4.67%，其次为次生硫化铜，分布率为44.86%。

王文海、叶树峰主要针对氧化铜矿样进行了选矿试验研究，试验结果表明，合理控制硫化钠的加入方法和硫化时间，以及添加水玻璃做矿泥分散剂都将有利于选矿指标的提高。采用混合捕收剂，经过一次粗选、三次扫选和三次精选的浮选流程，可获得铜精矿品位为18.94%，回收率为85.05%的浮选指标。

（4）某氧化铜矿对原矿样首先做多元素分析和X射线衍射分析，XRD的检测结果表明，铜矿试样中脉石矿物主要有石英、长石和云母。结合XRD检测和化学分析结果，可知该矿石中脉石矿物主要为石英，其次为长石、绢云母，脉石中还含有少量的方解石、绿泥石、蒙脱石、高岭石和褐铁矿等。矿样中铜元素含量较高，达到了1.06%，硫元素的含量则相对较低，为0.17%，说明矿石受到一定程度的氧化。

对矿样中有用元素铜的赋存状态进行了化学物相分析，分析结果表明矿石中铜的氧化物主要以孔雀石的形式存在，其次以极少量的赤铜矿和硅孔雀石形式存在，以氧化铜形式存在的铜占总铜含量的48%。矿石中含有部分原生铜，原生铜以黄铜矿为主，其次为斑铜矿、辉铜矿，另外矿石中还含有少量的次生硫化铜矿物（蓝辉铜矿、铜蓝等）。化学物相分析结果表明，该矿石中有近一半的铜受到氧化，若采用浮选流程，则必须先预先硫化，否则有大量的氧化铜不能被回收。

罗颖初针对其工艺矿物学特征，开展硫化浮选流程的试验研究。确定了以硫化钠为硫化剂，丁基黄药为捕收剂，2 号油为起泡剂的药剂制度，在磨矿细度为 65%-0.074mm 条件下，采用一粗、两精、两扫流程处理含铜品位为 1.06% 的氧化铜矿，可得到铜精矿品位 24.81%，铜回收率为 90.16% 的良好指标。

5.4 氧化铜矿的螯合剂—中性油浮选法

所谓"螯合剂—中性油浮选法"，是指使用某种螯合剂及中性油两种药剂组成捕收剂。

所用螯合剂，大多是一些有名的有机试剂。如浮选水胆矾使用二苯胍，浮选硅孔雀石使用 L-氢苯并三唑，浮选赤铜矿用 Lix-65N 等。根据一些研究结果表明，采用螯合剂作捕收剂，不仅可获得很高的选择性和捕收作用，而且能保证较高的分选指标和降低药剂消耗。同时，螯合剂不仅具有选择性捕收作用，而且还具有选择性抑制作用。另外，螯合剂的成本高，应用受到限制。但从发展浮选法的角度看，需要积极地开展这方面的研究。

5.4.1 氧化铜矿螯合剂—中性油浮选法理论

有机螯合剂作为活化剂的目的是增加矿物表面捕收剂物理及化学吸附的活性点和增加矿物表面的疏水活性，促进捕收剂的吸附。按活化作用类型，可将其分为两类：一类是与金属离子作用后形成疏水性不溶螯合物而吸附于矿物表面，它对矿物既可具有一定的捕收作用，也可没有捕收作用；另一类则是与金属离子作用形成可溶性化合物的螯合剂，它对矿物表面金属离子能产生微溶解作用。这两类螯合剂对矿物的活化具有不同的适用性和作用机理，前者是由于有机螯合剂在矿物表面产生的初步疏水化作用，以及与捕收剂的协同作用而有利于捕收剂在矿物表面发生吸附，后者是由于有机螯合剂对矿物表面的微溶解作用，在矿物表面形成适量的活性金属离子，改善了捕收剂在矿物表面的吸附条件，二者可归结为通过不同途径促使螯合剂和捕收剂在矿物表面易于形成不均匀疏水性多层吸附。对于易溶性矿物，可用有机螯合剂形成初步疏水化作用进行活化；对于难溶性矿物，可用有机螯合剂产生的微溶解作用进行活化。

在某些矿物-溶液浮选体系中，可在铜矿物表面形成铜的螯合物，并在矿物界面上形成沉淀，或在水溶液中形成沉淀，具体形成什么取决于整个浮选体系的溶液化学。沉淀的形成还受到铜螯合物在溶液中的溶解度限制，但是不溶的铜螯合物不一定是疏水的。而作为铜矿物浮选捕收剂的螯合剂，在矿物表面上或界面上所形成的铜螯合物应该有足够的疏水性，以便矿物固着在气泡上。

5.4.2 螯合剂及其捕收机理

螯合剂与铜矿物表面反应主要有以下几个机理：化学吸附、表面反应和溶液中形成沉淀。

（1）化学吸附。在化学吸附中，当与吸附在矿物表面上的螯合剂官能团中的供电子的原子结合时，它们与不离开晶格中的表面金属阳离子共价键或配位键结合。因为每个表面质点与一个螯合剂分子结合，吸附仅限于单层。二价铜的螯合物与二齿螯合剂的反应如图 5-19 所示，其中 Y 代表分子中的官能团。如果 1 个螯合剂分子与 1 个二价铜离子螯合，那么就发生化学吸附。化学反应需要 1 个铜离子与 2 个配位数为 4 的分子相互作用。

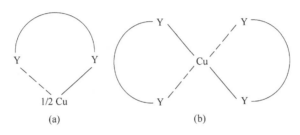

图 5-19 二齿螯合剂与铜离子螯合示意图
（a）化学吸附时的螯合物；（b）在溶液中形成沉淀

（2）表面化学反应。与螯合剂结合使金属阳离子离开晶格原来位置而到靠近矿物表面位置的反应，这个过程包括金属阳离子在矿物表面水化。该水化反应可能引起金属离子离开晶格位置，参与同添加的螯合剂螯合。Fuerstenau 和 Hanson 证实了仅在氧化条件下，羟肟酸才能作为辉铜矿的捕收剂，在该条件下硫化矿物表面上的铜离子适于发生表面反应。按其性质，表面化学反应也可以形成多层产物。

（3）溶液中形成沉淀。如果矿物浮选体系的溶液化学适于矿物表面溶解，而这种矿物又能与螯合剂发生化学反应，生成金属螯合物或沉淀而进入溶液中，那么就可能发生溶液中的沉淀反应。当然，螯合剂与矿物之间的这种反应会将参与表面反应的捕收剂消耗尽。如果金属离子溶解速度和通过界面层的扩散速度高于捕收剂向矿物表面扩散的速度，那么，在溶液中就会产生金属螯合物沉淀。由于表面金属离子与螯合剂作用而使矿物溶解，沉淀反应是发生在矿物表面上，而不是在溶液中。二硫腙、8—羟基喹啉、水杨酸肟和二硫代草酰胺吸引土黑铜矿、蓝铜矿、孔雀石、赤铜矿和自然铜晶格中的铜离子，形成相应的铜的螯合物的沉淀。

实际上，在用螯合剂作为捕收剂的矿物浮选体系中，最希望发生化学吸附。在此条件下，螯合剂的吸附只局限于单层，捕收剂的耗量最少。如果矿物是通过表面反应而吸附捕收剂，那么就会在靠近表面上形成金属螯合物，螯合剂的吸附可能呈多层。重要的是，药剂的烃链应足够长，以便使直接在界面上由表面反应所形成的产物疏水。金属离子水化从晶格原来位置转移到界面上是捕收剂化学反应的必要阶段。这可能是在用化学吸附捕收剂（其中包括螯合剂）浮选时，浮选 pH 值与溶液中金属氢氧化物的配合物占主导地位时的 pH 值相近时浮选比较有效的原因。

螯合剂捕收铜矿物的作用机理，可用体系中存在的不同状态的铜离子的结合能（E）来解释。结合能有以下几种：

$E_{晶格}$——矿物晶格中的铜离子结合能；

$E_{化学吸附}$——被螯合的表面铜离子结合能；

$E_{水化}$——被水化的铜离子的结合能；

$E_{螯合物}$——被螯合到溶液中的铜离子的结合能。

比较这些结合能的值可以预测铜矿物与螯合剂之间发生什么样的作用机理：

如果 $E_{晶格}>E_{螯合物}$，那么没有螯合剂吸附，或螯合剂不与铜离子反应；

如果 $E_{晶格}+E_{化学吸附}>E_{螯合物}$，那么螯合剂化学吸附在表面铜质点处；

如果 $E_{晶格}+E_{化学吸附}<E_{螯合物}$，那么可能在靠近表面上形成铜螯合物沉淀；

如果 $E_{水化}>E_{晶格}$，那么铜离子可能离开晶格，在界面上形成铜的氢氧化物的配合物；

如果 $E_{水化}<E_{螯合物}$，那么界面上铜离子水化可能引起表面化学反应；

如果 $E_{水化}>E_{螯合物}$，那么铜氢氧化物可能沉淀。

众所周知，pH 值是控制螯合剂与铜矿物相互作用的重要参数。它决定了酸碱官能团（如—COOH、—OH、—SH）的电离、铜离子的水化和矿物的溶解。所以，体系的 pH 值也决定了捕收剂与矿物相互作用的机理。对于含有酸性官能团的螯合剂，在酸性条件下不会发生金属的螯合，因为氢离子与金属离子竞争官能团。在碱性溶液中，一般形成金属氢氧化物，其原因是氢氧根离子与螯合剂竞争金属离子。

5.4.3　螯合剂浮选及活化工艺

李勇等通过以卤代烃和丙二酸二乙酯等为原料合成了各种碳链长度的丙二酸衍生物，并且将合成的化合物用于氧化铅锌矿的浮选，与常用的长链烃胺类捕收剂相比，浮选回收率得到了很大程度的提高。红外光谱分析结果表明是两个羧基与金属阳离子发生反应生成了金属螯合物吸附在矿物表面，该捕收剂相比于胺类捕收剂更稳定，具有提高浮选回收率的先决条件。在金属氧化矿浮选中经常用到的捕收剂还有羟肟酸类螯合捕收剂，它是一种新型的螯合浮选剂，已被广泛应用到各种矿物的浮选中，比如黑钨矿、氧化铜矿、赤铁矿、稀土矿物等。羟肟酸是通过 C ═O、—OH 与各种金属离子形成螯合物而使矿物表面具有疏水性的。郑贵山等研究过羟肟酸盐对赤铁矿的可浮性，结果表明羟肟酸盐在 pH＝4~6、添加抑制剂的条件下对赤铁矿有很好的浮选效果。

X. Q. Wu 等已成功合成出苯甲羟肟酸，其对锡石矿物的浮选实验结果表明，苯甲羟肟酸能够通过和金属锡离子形成螯合物吸附在矿石表面提高锡石的浮选回收率，使得回收率达到 95.5%。Y. B. Xu 等则通过合成水杨羟肟酸对锡石进行浮选机理研究，发现羟肟酸也是通过 C═O、-OH 与金属离子形成螯合物而使矿物表面具有疏水性的。余云柏采用 D2 药剂对云南、四川等地的铜矿厂的难浮选的氧化铜矿进行了研究，都得到了比较显著的效益，同时研究结果表明 D2 药剂与硫化钠组合使用效果更好，D2 药剂的主要成分就是具有螯合性能的 2，5—二硫酚—1，3，4 硫代二唑，其中的 C═S、C—S 通过和铜离子配合形成螯合物吸附在氧化铜矿的表面，使得矿物疏水。

徐晓军、刘邦瑞用浮选试验和现代测试技术，研究了有机螯合剂对硅孔雀石的活化作用。结果表明，一些亲铜有机螯合剂能有效活化硅孔雀石的浮选。活化效果与螯合剂化学活性和矿物溶解性能有关，活化机理主要为有机螯合剂的强化学活性明显提高了捕收剂的吸附量。

5.4.4 氧化铜矿螯合剂—中性油浮选法实例

（1）青海某氧化铜矿铜含量低，氧化率高，且嵌布粒度很细，含泥量大，矿石从外观上看为灰白色，致密坚硬，表面和断面上有清晰可见的绿色的氧化铜矿物。原矿含铜 1.0%，铜主要以氧化铜的形式出现，铜矿物嵌布粒度普遍很细，原矿含泥量大，矿石风化现象存在，有相当程度的泥化。荧光分析结果表明，其脉石矿物主要为钙镁型和含硅型，主要元素为铝、铁、铜，其中有回收价值的元素为铜。

氧化铜矿物有孔雀石（主要）、硅孔雀石（次要）、蓝铜矿、赤铜矿、水胆矾（微量）；通过原矿的粒度筛析试验，表明 +0.149mm 以上铜占 57.09%，中间粒级铜分布率较低，-0.044mm 铜占 16.32%。因此，该矿不适合直接脱泥。

宁小兵等分别用 Y-89、Z-200、丁基黄药、乙硫氮和螯合捕收剂对青海某氧化铜矿进行浮选研究，发现使用单一浮选药剂达不到既能有较高回收率又能提高品位的目的。因此选择采用乙硫氮和螯合捕收剂加中性油的组合药剂，产生了很好的分选效果。实验结果表明，矿样含铜 1.0% 左右，在磨矿细度 -74μm 占76%、硫化钠 3000g/t、乙硫氮 1330g/t、羟肟酸 100g/t、柴油 50g/t 的试验条件下，经一次粗选、一次精选、三次扫选的闭路浮选流程可获得铜品位 23.92%、回收率 72.90% 的铜精矿。

（2）位于湖北大冶的铜绿山矿为一大型矽卡岩铜铁矿床，矿山开采规模为4000t/d，其中难选氧化铜矿占有相当比例。这部分难选铜矿物含量高，氧化率、结合率、含泥量高，选矿回收困难。

矿石中主要有用矿物有孔雀石、假孔雀石、赤铜矿、黄铜矿、辉铜矿、自然铜、斑铜矿、蓝铜矿、磁铁矿、伴生金银矿物等；主要脉石矿物有石英、玉髓、高岭石、蒙脱石、方解石、绿泥石、长石等。

孔雀石是矿石中最主要的铜矿物，呈放射状，胶结嵌布于赤铁矿裂隙、孔洞中，少量嵌布于脉石，形成薄膜状，偶见与铜蓝共生，粒度分布广泛，但以 0.03~0.15mm 为主。假孔雀石在氧化矿石中占铜矿物相当比重，分布广泛，产出形态多样，有致密块状、皮壳状、薄片状等，嵌布粒度一般为 0.04mm，最小为 0.003mm。矿石中赤铜矿一般呈环状、纤维状、放射状、胶状或星点状，粒度一般为 0.02~0.15mm，与针铁矿嵌布关系复杂，很难单体解离。矿石中伴生金的嵌布形式主要有三种：裂隙金分布于矿物裂隙中、粒间金分布于其他矿物颗粒之间、包裹金嵌布于矿物晶体中间，粒度分布粗细不均。

由于地质断裂活动，矿体破碎，出露地表，遭受深度淋漓氧化，矿石泥化现象十分严重，原矿综合矿样中-10mm 以下粒级矿石占有率为 75%，-20 目粒级达 34.22%。

汤雁斌运用 B-130 在铜绿山矿对难选氧化铜矿进行大量的试验，结果表明，新型螯合剂 B-130 对难选氧化铜矿物选择捕收性能强，能加快难选铜矿物的浮游速度，同时能有效地排除矿泥对浮选的干扰，是难选氧化铜矿物的高效捕收剂。B-130 在铜绿山矿应用后，难选氧化铜矿物的选矿回收指标大幅度提高。该药剂在其他同类难选氧化铜矿矿山具有推广价值。

5.5 氧化铜矿的胺类浮选法

胺盐浮选法又名为阳离子捕收剂浮选法，是有色金属氧化矿（铜、铅、锌氧化矿）常用浮选法。

胺法特别适用与孔雀石、蓝铜矿，特别是含铜、锌的矿床，如绿铜锌矿 $2CO_2 \cdot 5[CuZn]O \cdot 3H_2O$。这是由于孔雀石中的铜被一部分锌取代所致，此矿物与水锌矿的浮选性质相似，适合用胺盐作捕收剂进行浮选。

胺类是氧化有效的捕收剂，但其选择性差，对许多脉石也有捕收作用，所以胺法往往需要预先脱泥。但对于泥质的氧化铜矿，预先脱泥往往引起铜的损失，因此胺法的成败，在于对脉石是否有选择性的抑制剂。

5.5.1 氧化铜矿胺类浮选法理论

氧化矿物在水中由于水化作用使表面被氢氧根覆盖，并吸收或解离氢离子，矿物表面电荷为负，由于捕收剂带正电，因此捕收剂与矿物能够靠静电引力吸附在一起。

5.5.2 胺类捕收剂及作用机理

胺类捕收剂的浮选原理主要是氧化矿物在水中由于水化作用使表面被氢氧根覆盖，并吸收或解离氢离子，其溶液的化学式为：

$$MOH^+(a) \longrightarrow MOH(s) + H^+(ap) \qquad (5-12)$$

$$MOH(s) \longrightarrow MO^-(s) + H^+(ap) \qquad (5-13)$$

当 $pH > pH_0$（pH_0 为零电点的 pH 值）时，矿物表面电荷为负，而胺类捕收剂在溶液中的化学式为：

$$RNH_2 + H_2O \longrightarrow RNH_3^+ + OH^- \qquad (5-14)$$

由于捕收剂带正电，因此捕收剂与矿物能够靠静电引力吸附在一起。

5.5.3 氧化铜矿胺类浮选法实例

白洁等对氧化铜矿浮选药剂研究与应用进展进行分析，发现：乙二胺磷酸盐更有利于铜回收率的提高，氯化铵更有利于提高铜精矿品位；组合药剂实验表明，与单一活化剂相比，组合活化剂表现为协同效应，选矿指标更优。M. Barbaro 等采用 B-ATP-K 有机胺类捕收剂对孔雀石进行浮选，结果表明，体系的 pH 值至关重要，pH=5.5~6 时浮选效果最好，红外光谱也显示在矿石表面铜与巯基苯胺发生了结合。

5.6 氧化铜矿的离析法处理

离析法是将矿石破碎到一定的粒度，混以少量的食盐（0.5%~1.0%）和煤粉（2%~3%），隔氧加热至 800℃ 左右，矿石中的铜便以金属状态在炭粒表面析出，将焙砂隔氧冷却后经磨矿进行浮选，即得铜精矿。它最大的优点在于解决那些不能用常用方法处理的矿石。当矿石中含大量的硅孔雀石和赤铜矿以及那些被氢氧化铁、铝硅酸锰所浸染过的铜矿物或结合铜时，或是含有大量矿泥时，这类矿石一般就不能用浮选法处理，而用离析法则是有效的处理方法。离析法还能处理氧化-硫化铜混合矿石，并能综合回收金、银、铁等有价金属。此外，有几种金属如金、银、铝、镍、钴、锑、钯、铋、锡等的化合物是易于还原的，它们均能生成挥发性的氯化物，也适于用离析法处理。

我国对难选氧化铜矿用离析法处理，也进行过大量的试验研究工作，并取得了一定的成果，先后在几个地区建立了铜离析法的试验厂和工业规模的生产厂。我国第一座采用离析法处理难选氧化铜矿的联合企业，采用了国外尚无工业实践的回转窑直接加热一段离析工艺，目前已基本上解决了工艺和设备关键，达到了可以投入工业生产的水平。

关于离析法的经济性，视具体情况大有不同，如矿石品位、矿石性质、燃料费用等。总的来看，离析法基建投资大，生产费用高，离析厂的基建投资约为同样能力浮选厂的两倍，生产费用也高 2~3 倍，仅仅适用于解决那些不能用其他方法处理的矿石。因此，在采用此法之前，应对所处理的矿石做细致的研究，如能用现有其他方法处理，就不采用离析法。

5.6.1 氧化铜矿离析法的原理

离析过程比较复杂，离析反应为反复进行的气相与固相反应。关于离析过程的机理和动力学，虽然做了不少的试验研究工作，但对一些问题尚有不同的见解。多数认为氧化铜矿的离析过程大致分为三个阶段：首先在 700℃ 时食盐与矿石中的结晶水作用生成氯化氢，其次氯化氢与氧化铜矿物作用，产生可挥发的氯化亚铜，最后氯化亚铜蒸气被吸附在炭粒表面上的氢还原成金属海绵铜，并再生氯化氢气体。

（1）氯化气体的产生。反应方程式如下：

$$4NaCl + Al_2O_3 \cdot 2SiO_2 \cdot 2H_2O == Na_4Al_2O_3 \cdot 2SiO_3 + 4HCl \uparrow \qquad (5-15)$$

氯化钠被水解产生氯化氢的速度是很快的，反应速度比氧化铜矿物的氯化反应速度还要快。在离析条件下，当有过量的水分存在时，氯化氢会以很快速度大量产生。

（2）氯化亚铜的挥发（铜的提取）阶段。由反应式（5-15）所生成的氯化氢与氧化铜矿物（它们的种类变化大而复杂，为简便起见用简单的氧化铜矿物 Cu_2O 作代表）作用，产生可挥发的氯化亚铜：

$$6HCl + 3Cu_2O == 2Cu_3Cl_3 + 3H_2O \qquad (5-16)$$

氯化氢与氧化铜矿物的反应速度是极高的，而 CO 对反应速度起促进作用。但 CO 浓度有一个极限值，超过这个极限值，即使增加 CO 浓度，反应速度也不再增加。极限浓度又是温度的函数，温度越低，极限浓度越高。在有 CO 存在的条件下，氯化反应速度的增加可能是由氧化物的早期还原除去晶格氧，即 CuO 还原为 Cu_2O（活性更强的低级氧化物），而较低级的氧化物形态比较高级的更易反应些。在较低温度时，Cu_2O 对 HCl 有较大的亲和力。在较低浓度时，CO 浓度增大，氯化速度增大，这可能是由于除去较不稳定的晶格氧的速度增加的缘故。

氯化亚铜的挥发速度是极快的，且粒子间的扩散速度也很快，而氯化亚铜在离析温度以下以 Cu_3Cl_3 的形态存在。

（3）还原和离析作用阶段。氯化亚铜蒸气被氢（与炭吸附的氢）还原而生成离析铜粒覆盖在炭粒上，反应式为：

$$2Cu_3Cl_3 + 3H_2 == 6Cu + 6HCl \qquad (5-17)$$

氯化亚铜还原所产生的氯化氢（再生的 HCl）能继续和氧化铜矿物生成氯化亚铜，这一周期循环发生。

在离析过程中，氢是氯化亚铜的有效还原剂。氢的来源有：1）炭质挥发物的裂化；2）矿石中结晶水、氧化铜矿物氯化产生的水或重油燃烧时产生的水与炭反应生成。氢化学吸附在炭的表面，氯化亚铜被还原为金属铜粒后覆盖在炭的表面，就是由于有氢的存在。

铜离析的动力学研究指出，在上述反应中，氯化氢与矿石中氧化铜的氯化反应，是整个离析过程中决定速度的阶段。要改善工艺过程的动力学，则必须设法提高氯化反应速度。这有两种可能：1）适当增加离析气氛的还原性强度，使高价铜的氧化物预还原为更活泼的低价氧化物，从而促进氯化反应加速进行；2）适当提高食盐和蒸汽量，以增加氯化氢的分压，从而提高氯化反应速度。蒸汽不会使氯化亚铜发生有害的水解反应，而且能抑制矿石组分中的铁、钙和镁等的氯化。

当然，铜的离析总是不可能完全的，就是说矿石中的铜不可能都从矿石内部成金属铜迁移出来，而有的铜则在矿石内部还原成金属铜细粒，为回收这部分铜，必须细磨加以解离，使它适于浮选作业。

5.6.2 影响离析的主要因素

影响铜离析过程的因素较多，其中主要的因素有矿石性质、温度、停留时间、还原剂、氯化剂和水蒸气等。

（1）温度的影响。温度直接影响氯化反应速度，通常氯化反应速度随温度的升高而加快，因此正确地控制温度是进行离析过程的一个重要条件。但离析温度的上限既决定于矿石性质和热交换条件，也决定于经济因素。如果温度高于离析温度，不仅使燃料浪费，而且引起物料烧结，出现结窑皮现象；如果温度降低至离析温度以下，则离析效果变坏。要稳定地控制温度，给料要求均匀，如果给料不稳定，将引起温度的波动，温度频繁的波动对离析是不利的。矿石性质的不同，离析温度也不相同，在处理方解石类型矿石时，正确地控制温度尤其重要，碳酸钙的分解温度是812℃，而CaO的生成有害离析反应，因此温度必须尽可能地控制在812℃以下。

（2）氯化剂用量。食盐本身对氯化反应没有影响。离析的引发反应是依靠食盐水解产生的氯化氢，而氯化反应速度与氯化氢压力成正比。食盐的加入量过少，则氯化氢的供应就不能满足起始氯化反应速度的需要；食盐用量过大也是有害的，它会溶解氯化亚铜，降低离析回收率。由于氯化氢在离析过程中反复再生，循环作用，食盐所需要的量并不多，在最好的条件下，只要补充排料中的氯化物量即可。在离析室中，气态氯化物的浓度也是良好操作的一个准则。含铜高的矿石，食盐的用量稍增加。在直接加热一段离析法中，回转窑既是离析设备又是物料的加热设备，只能采用较薄的料层生产。氯化氢通过的薄料层反复进行反应的次数不多，因而逸出料面即为炉气所带走，因此食盐用量比两段离析法较大。若食盐用量过大，则离析产品水淬变为绿色，这是氯化亚铜被食盐所溶解而产生铜离子呈现的颜色。

（3）还原剂。还原条件对铜离析过程有很大影响。一般说来，适度的还原条件有利于氯化反应的进行；但到一个高峰后，再增加还原剂的浓度对氯化速度的影响很小，或者没有。高峰范围是较宽的，如果还原剂的浓度低，对氯化反应起促进作用，但对氯化亚铜的还原能力减弱；如果浓度过高，则还原气氛强、易使铜就地还原，这将阻碍离析。因而应控制最好的还原气氛，使之能产生最大限度的离析。

虽然氢是氯化亚铜活泼的还原剂，但单是用氢不能代替离析过程中的炭，在离析过程中需要有一种固体还原剂作为金属铜沉积和发育的核心。回转窑一段离析法实践表明，煤的另一作用还可消除来自高温烟气中氧的侵害而保护离析反应并能成为热源的一部分，有利于提高窑中的温度。适当提高煤比到 3.5% ~ 4%，铜的就地还原少，技术指标较好。当煤比小于 3.5% 时，起不到上述作用，严重降低离析效果；如果煤比在 4% 以上时，则离析产品中就地还原铜增加，尾矿中金属损失增加，回收率下降，而且离析产品中残煤增加，浮选药剂耗量大，精矿品位下降。

（4）矿石性质。试验研究结果表明，离析法处理各种难选的氧化铜矿石，均可得到较好的结果。硫化铜矿物亦能在焙烧炉中转化为氧化物，再经离析使其中的铜变为离析铜。要特别注意的是处理方解石类型的矿石时，氧化钙的生成是有害的，它将妨碍离析。一般来说，由方解石生成的氧化钙比白云石生成的氧化钙更为有害，在此情况下可以降低离析温度，并增加食盐用量，可以改善铜的离析。如果矿石中含有金、银，在离析过程中均与铜发生离析，生成铜的合金。

矿石的粒度对离析效果有一定的影响，但是有的研究表明，在一定的粒度范围内，粒度的大小对于铜的氯化率没有明显影响。这也表明反应的发生是由氯化氢扩散到矿粒中与铜作用，而不是铜离子扩散到矿粒表面。当然，离析粒度的上限有一定的范围，粒度过大不容易被烧透，而影响铜的离析，粒度过小增加烟尘率和破碎费用。还有的回转窑试验表明，物料粒度过粗时，易产生偏析现象。

（5）水蒸气。水蒸气对于氯化剂的分解及氯化氢的生成都有作用。氯化氢一经生成，它就与氧化铜作用，并在离析过程中反复产生再生反应，没有必要特地添加水分。有的试验研究表明，在有 20% 水蒸气存在的条件下，对铜的氯化没有阻碍。在离析条件下，水和氢竞争与氯化亚铜发生反应，但因氯化亚铜被氢还原，生成离析铜是一个快而有利的反应，水对氯化亚铜的反应未必可能。

5.6.3 离析产品的富集

为了防止离析铜的氧化，离析产品直接水淬冷却，然后磨至适当的粒度，用浮选进行富集。浮选时矿浆浓度为 25%～40%，用石灰使矿浆 pH 值调至 9～10。

一般采用异丁基黄药作捕收剂，采用 5～6 碳直链醇作起泡剂。试验表明，Z-200 是回收黄金的有效捕收剂，不过价格昂贵。在混合捕收剂里增加 Z-200 的比例可将黄金品位提高至 40～50g/t。

阿克朱特铜矿试验表明，无论是开路或闭路磁选试验都可以抛掉 15%～20% 的磁性矿物，而铜和贵金属的损失却很小。

经浮选后，精矿铜品位一般为 60% 左右，铜回收率为 90% 左右。

5.6.4 氧化铜矿离析法处理实例

（1）新疆喀拉通克铜镍矿 7 号岩体赋存氧化铜矿 20 余万吨，平均含铜 1.3%、镍 0.35%，属结合率高、高碱性脉石矿物。氧化矿石中铜硫化率为 1.06%～64.99%，根据其结构，构造可分为土状矿石、条带状矿石、脉状矿石等。

氧化矿主要由氧化矿、氢氧化矿、硅酸盐、硫酸盐、自然元素及少量硫化物组成，矿物成分多达 20 余种。其中土状矿石和条带状矿石中最常见的矿物组合为褐铁矿、黄钾铁矾、高岭土、硅孔雀石、孔雀石以及石膏、方解石、绢云母、绿泥石等。脉状矿石主要由原岩矿物成分斜长石、角闪石、透闪石、石英黑云母、磁铁矿等，与脉状褐铁矿、硅孔雀石、自然铜以及绿泥石、方解石等组成。

铜在氧化矿体中，主要呈氧化物（包括硅酸盐、硫酸盐、碳酸盐）状态存在，少量铜呈硫化物与自然元素状态存在，铜平均硫化率为 17.42%。含铜矿物主要为硅孔雀石、孔雀石、次有黑铜矿、赤铜矿、蓝铜矿和极少数胆矾、铜蓝等。

陈连秀等人运用离析—浮选法的基本原理，对新疆喀拉通克铜镍矿 7 号岩体赋存的氧化铜矿进行了大量的试验，比直接硫化浮选和酸浸置换效果更好，经过一次粗选和一次扫选混合得到铜精矿，铜品位可达 22%～31% 以上，回收率接近 70%。

（2）某地泥质氧化铜矿石，含结合铜高，风化严重，属难选矿石。试验矿石中主要金属矿物为硅孔雀石、褐铁矿、褐锰矿、赤铁矿、黄铜矿、锆石、铁锌矿、钛磁铁矿等，非金属矿物有石英、碳酸盐矿物、褐帘石、电气石、云母等。

矿石为土状结构，含大量泥质。原矿 3～0mm，-0.074mm 产率 38.30%，金属占有率 53.11%，-0.013mm 产率 19.65%，金属占有率 35.98%。硅孔雀石呈鲕状及不规则粒状产出, 与石英连生, 粒度一般小于 0.64mm, 最小为 0.05mm, 微化分析含锰、钴。黄铜矿含量少量, 为不规则粒状, 粒度一般不小于 0.21mm。褐锰矿及褐铁矿均以不规则粒状产出。石英呈不规则碎屑状, 一般粒度在 0.25mm 左右。

铜除以硅孔雀石和少量黄铜矿形式出现外, 大部分与脉石和褐铁矿成为结合氧化铜。铜物相分析结果为硅孔雀石含铜量 0.17%, 铜分布率 23.38%; 与脉石结合铜含铜 0.25%, 铜分布率 33.51%; 与褐铁矿结合铜含铜 0.32%, 铜分布率 43.11%。

吕世海采用离析—浮选的方法对泥质结合氧化铜进行研究, 发现在温度 750~550℃、时间 25~40min、食盐与煤比例 0.5∶1 条件下, 离析的铜金属分布率可由细粒级向粗粒级迁移。磨矿粒度和硫化钠用量是浮选过程的关键因素, 需选择适当。在磨矿细度-200 目 58.53%, 硫化钠用量 500~1000g/t 条件下, 按给定的浮选药剂制度浮选, 获得的铜精矿含铜 24.10%, 回收率 90.04%, 铜精矿品位提高至 32.04%, 回收率仍有 85.46%。

离析法能较好地从矿石中回收铜、银等有价金属, 但成本高, 还未能大规模投入工业生产, 我国只有广东石莱铜矿曾采用离析—浮选工艺进行生产。

5.7 选冶联合法

5.7.1 概述

选冶联合法是指将选矿方法和冶金方法相结合并充分发挥两种方法各自的优势来处理氧化铜矿的一种方法。该法是近年来研究较多, 且对难处理氧化铜矿的回收是非常有效的方法。如前所述, 氧化铜矿石是指氧化率大于30%的铜矿, 所以通常的氧化铜矿石中, 既含有氧化铜矿物, 又含有硫化铜矿物, 但两种矿物的物性差异很大, 氧化铜矿物难浮选易浸出, 而硫化铜矿物则易浮选难浸出, 所以采用单一的常规浮选法或者单一的湿法冶金法, 常常无法获得满意的效果和指标。而根据矿石中不同矿物的不同物性, 采用浮选法回收易浮难浸的硫化铜矿物, 又采用湿法冶金法回收难浮易浸的氧化铜矿物, 由此充分发挥了两种方法的优势, 实现了两种方法的有机集成、扬长避短、优势互补, 达到了全流程回收效果的最佳。

5.7.2 氧化铜矿的氨浸法处理

该法包括用氨及铵盐溶液对细磨矿石进行浸出。其过程有浸出矿浆的固液分离、含铜氨溶液的蒸馏、提铜等主要工序。该法可以直接处理原矿、精矿、中矿及尾矿, 也可以经过还原焙烧以后再氨浸。该法适用于含钙镁碳酸盐脉石的氧化铜矿，其优点是试剂可以循环使用，并能保证很高的铜回收率。该法在国外已有成功的实例，国内有的单位已建成生产厂，有的正在进行不同规模的中间工厂试验。这种工艺在生产上成功应用的关键在于解决适应工艺要求的高效率设备问题。

由于氨浸法用于处理低品位和难选的氧化铜矿石时，铜的回收率高，试剂可以再生循环使用，并可获得高品位的产品等优点，因此，随着技术的进步和对铜的需要日益增长，氨浸法的重要性和优越性已越来越明显地表现出来。氨浸法不仅适用于处理氧化铜矿石，而且在处理硫化铜精矿、复杂硫化铜矿、废杂铜、铜炉渣、尾矿以及其他的含铜原料方面，也有它独特的优点。因此，近年来许多国家的铜冶金工作者，在这方面开展了广泛的研究，取得了新的进展。加压浸出、溶剂萃取等新工艺、新技术，已成功地用于氨浸提铜过程，为氨浸法处理含铜原料，特别是处理难选氧化铜矿石开辟了新的途径。

氨浸法提铜，就是用含氨的溶剂，使含铜物料中的铜金属及铜的化合物浸溶出来，使之进入溶液，然后再用适当的方法使铜沉析出来。在了解氨浸法提铜的工艺过程之前，有必要首先了解氨浸法提铜的基本原理。

铜在氨水溶液中的溶解机理曾有人进行过研究，他们认为应该考虑到其存在 Cu^+ 和 Cu^{2+} 两种价态。因此，所进行动力学研究的结果指明，对其反应最先提出自动催化和氧化铜膜两种机理。

5.7.2.1 自动催化机理

假定溶解分三步进行：

（1）形成亚铜氨配合物

$$2Cu + 4NH_3 + \frac{1}{2}O_2 + H_2O \longrightarrow 2\left[Cu\left(NH_3\right)_2\right]^+ + 2OH^- \qquad (5\text{-}18)$$

（2）亚铜氨配合物被氧化成铜氨配合物

$$2\left[Cu\left(NH_3\right)_2\right]^+ + 4NH_3 + \frac{1}{2}O_2 + H_2O \longrightarrow 2\left[Cu\left(NH_3\right)_4\right]^{2+} + 2OH^- \qquad (5\text{-}19)$$

（3）铜氨配合物被铜还原成亚铜氨配合物

$$\left[Cu\left(NH_3\right)_4\right]^{2+} + Cu \longrightarrow 2\left[Cu\left(NH_3\right)_2\right]^+ \qquad (5\text{-}20)$$

从该机理明显可见，亚铜和铜的平衡起着催化剂的作用。

5.7.2.2 氧化铜膜机理

这个机理认为铜按下述步骤溶解：

（1）溶解的氧吸附在铜表面上

$$Cu + \frac{1}{2}O_2 \xrightarrow{\text{快}} Cu\cdots O \qquad (5\text{-}21)$$

（2）一个 NH_3 分子和铜-氧配合物反应

$$Cu\cdots O + NH_3 \xrightarrow{\text{慢}} Cu^{2+} \overset{NH_3}{\underset{O^{2-}}{\diagdown}} \xrightarrow[\text{快}]{HOH} [Cu(NH_3)]^{2+} + 2OH^- \quad (5-22)$$

$$[Cu(NH_3)]^{2+} + 3NH_3 \longrightarrow [Cu(NH_3)_4]^{2+} \quad (5-23)$$

这种机理不见得能成立，因为人们期望氧化铜比铜溶解快，但事实并非如此。如果被任何形式的氧化物或吸附的氧覆盖，则溶解将被抑制。

现在认为，这个过程实质上是电化学过程，并能以下列反应形式表示：

（1）在铜表面上氧的阴极还原

$$\frac{1}{2}O_2 + H_2O + 2e^- \longrightarrow 2OH^- \quad (5-24)$$

（2）在配合剂参与下铜阳极溶解

$$Cu + 4NH_3 \longrightarrow [Cu(NH_3)_4]^{2+} + 2e^- \quad (5-25)$$

无疑地，在这个反应中加上了铜和亚铜的平衡，这样就引起了更多的铜溶解。

$$Cu + [Cu(NH_3)_4]^{2+} \longrightarrow 2[Cu(NH_3)_2]^+ \quad (5-26)$$

$$[Cu(NH_3)_2]^+ + 2NH_3 \longrightarrow [Cu(NH_3)_4]^{2+} + e^- \quad (5-27)$$

很明显，最后两个反应仅在铜离子浓度高时才有重要意义。

5.7.3 氧化铜矿的酸法浸出

酸浸又可分为硫酸浸出和硫酸铁浸出，而后者往往依靠细菌在弱酸溶液的作用下（硫杆菌和铁杆菌）将黄铁矿或其他硫化矿的铁和硫氧化成 $Fe_2(SO_4)_3$。

硫酸是浸出氧化铜矿石最经济的浸出剂，因此得到普遍的应用。凡是有氧化矿的矿区均有硫化矿，因此硫酸可从硫化矿中获取，可作为氧化铜矿的浸出剂。

5.7.3.1 一般酸法浸出

A 酸浸—沉淀—浮选

铜矿石中碳酸盐脉石含量少、铜矿物可浮性差时可用此工艺，它一般包括碎磨、浸出、沉淀、浮选等作业。其特点是可采用较粗的磨矿细度、较稀的浸出剂，浸出矿浆不用固液分离，未分解的硫化铜矿物和贵金属可与沉淀铜一起浮选回收，与直接浮选法比较可得较高的铜精矿品位和铜回收率。此工艺在国外获得了广泛的应用（如美国比尤特选厂）。

浸出前碎磨作业的最终粒度视矿石嵌布特性而异，一般粒度上限约1mm。若含难分解的硫化铜矿物和贵金属时，应将其磨至适于浮选的粒度。近年来趋向于采用泥砂分开处理的流程，即先将矿石碎至8mm，泥砂分开处理，矿泥用酸浸，矿砂可先浸后浮或只用浮选法处理。

酸浸时采用浓度为 0.5% ~ 3% 的稀硫酸作浸出剂，目的是分解次生氧化铜矿物，余酸一般为 0.05% ~ 0.1%，固液比为 1 : (1 ~ 2)。浸出是在室温或加温至 50 ~ 80℃ 的条件下进行。

沉淀时可用废铁、铁屑、海绵铁或灼烧后的废罐头盒作沉淀剂，也可采用硫化氢作沉淀剂，使铜呈海绵铜或硫化铜形态析出。沉淀时主要控制介质 pH 值、沉淀剂用量等因素。铁耗主要取决于介质的剩余酸度，一般为 1.2 ~ 3.5kg/t。置换沉淀时应避免充气，以免置换铜被氧化和重溶。若浸液余酸太高可先用石灰进行中和。

沉淀铜的浮选直接在弱酸性（pH = 3.7 ~ 4.5）矿浆中进行，一般采用二硫代磷酸盐或双黄药作捕收剂，以甲酚或松油作起泡剂，未分解的硫化铜矿物与伴生的贵金属和沉淀铜一起上浮。

我国的氧化铜矿大部分不适宜采用酸浸，但部分矿山应用浸出—沉淀—浮选工艺的可能性仍然存在。某矿氧化率较高，天然铜离子对浮选的干扰较大，为此采用了预先脱泥，矿泥部分采用酸浸—沉淀—浮选法处理的试验表明其比直接浮选法可获得较高的技术经济指标。国内在常用的硫化—浮选和浸出—沉淀—浮选工艺的基础上研究了水热硫化—浮选工艺。试验表明，此工艺处理难选氧化铜矿、混合矿和某些硫化矿均可获得较显著的效果，由于硫化 pH 值接近中性（pH = 6.3 ~ 6.5），可用于处理碳酸盐含量较高的难选铜矿物原料。

再如某单位对我国南方某地所产矿石采用预先洗矿脱泥，矿泥部分用酸浸—铁粉置换—浮选法回收铜的小型试验，就是一例。

该矿为含铜黄铁矿型矿床，品位较高，生产初期原矿中含铜 2% ~ 2.5%，含硫 28%。距地表较近的坑道中，铜矿物大量氧化变为氧化铜矿物和可溶性硫酸铜。用单一浮选法处理这种矿石时指标为：铜精矿品位 11.99%，铜回收率 76.63%，硫精矿品位 38.70%，硫回收率 74.13%。采用包括矿泥部分的酸浸—沉淀—浮选法在内的泥砂分选流程时，铜回收率达到 92.23%，精矿品位 14.93%。小型试验结果表明，采用洗矿脱泥—硫酸浸出—铁粉置换—沉淀浮选法处理氧化程度较深、含水溶性铜较高的矿石，是一种充分利用矿石特性、选别指标较好的方案。

浸出—沉淀—浮选法在国外已有大量应用很成功的实例，下面以美国比尤特选矿厂为例说明，该厂原矿含铜 1.1%（其中 0.18% 为氧化铜）。

从料仓出来的矿石进入衬有耐酸材料的转鼓式解磨机中，由于磨机的摩擦粉碎作用，脉石的细泥和氧化物成为分散状态。向解磨机加入硫酸至 pH = 2 （1.5kg/t）。在解磨过程中，有 70% 的氧化铜转入溶液，溶液的铜离子浓度达 1.1g/L。经过解磨之后，矿浆在带耙式分级机中分为沉砂和溢流两部分，再分别进行处理。矿砂经过两段磨矿之后用双黄药（米涅列克）进行浮选；溢流用海绵铁沉淀，然后用双黄药、松油和醇类起泡剂浮选沉淀铜。海绵铁用磁选法回收并循环使用。矿砂部分的最终铜精矿品位 15%。浮选矿砂时除用双黄药外，还添加少量的硫醇，起泡剂和石灰乳。沉淀铜粗选加入 14g/L 双黄药和 90g/L 起泡剂（50% 松油和 50% 醇类），扫选补加一定量的捕收剂。选厂附近建立了制酸厂和海绵铁厂。硫酸由黄铁矿精矿焙烧产生的二氧化硫制取，海绵铁则由黄铁矿焙烧经过再处理而成。

B 酸浸—萃取—电积法

溶剂萃取具有提取率高、分离效果好、操作简便、"三废"少、易连续化和自动化等优点，近十几年来采用萃取法提铜的铜矿山不断增加，是一种很有发展前途的提铜新工艺。

从酸性浸铜液中萃铜国外广泛采用 Lix(R) 型萃取剂，国内现有的萃铜萃取剂为 N-510、N-530、N-531、O-3045 等，与 Lix(R) 一样均属肟类螯合剂。N-510 适于从贫铜液（1~3g/L）中萃铜，萃取率随 pH 值的提高而增大，一般用于氨浸液。N-530 与 N-531 性质相似，适于从富铜液（约 10g/L）中萃铜，可用较高的酸度（pH=1）。O-045 的选择性较好，但平衡时间较长，适用于细菌浸铜液和贫铜液。用肟类螯合剂萃铜时，通常采用废电解液进行反萃，反萃液含铜可达 50g/L 左右，然后采用不溶阳极电积法得电铜。反萃有机物可返回萃取作业循环使用。

酸浸—萃取—电积法在国外有不少生产厂，如美国蓝鸟矿氧化矿堆浸，浸液含铜 4g/L、铁 22g/L 和硫酸 3~5g/L，用 Lix64 萃铜，电积产铜 18.2t/d，纯度达 99.9%。巴格达公司德新铜矿用稀硫酸浸出，浸液含铜 1g/L，经三级萃取三级反萃，产电铜 7000t/a。

国内对铜矿的酸浸—萃取—电积工艺进行了试验研究，如国内某矿为露采氧化铜矿，原生矿泥含量高，-0.246mm 占 17%，铜矿物以孔雀石为主，含少量蓝铜矿、自然铜、赤铜矿，氧化率达 95%，结合铜占 10%~20%。铁矿物以磁铁矿为主，其次为赤铁矿和部分褐铁矿。脉石矿物主要为石英、黏土物质。原设计采用硫化—浮选法回收铜矿物，用磁选法回收铁矿物，但金属流失严重，铜回收率为 80% 左右，浮选药耗大，成本高。采用酸浸—萃取—电积工艺进行了试验，原矿磨至 55%-0.074mm，在酸耗为 70kg/t 条件下进行两段常温酸浸、四段逆洗，铜的浸出率达 90%，其中自由氧化铜浸出率达 99%，结合铜浸出率为 40%，硫化铜浸出率为 47%，渣中铜含量为 0.3% 左右（原矿含铜 2%~3%）。浸液用 20% N-531 磺化煤油有机相进行 2~5 级萃取，萃取率达 98% 以上。负载有机相用废电解液进行 4~5 级反萃，可得铜含量约 40g/L 的富铜液，电积可得合格电铜。与浮选流程比较，磨矿细度由 80%-0.074mm 降至 55%-0.074mm，浸出率较浮选回收率提高 8%，尾矿铜含量由 0.9% 降至 0.3%，可节省浮选药剂和直接得电铜，改善了劳动条件。现厂拟将此流程处理浮选尾矿,并进行了半工业试验,以提高铜的总回收率。

浸出—萃取—电积工艺应用范围比较广泛,不仅能处理氧化铜矿石、硫化铜矿石,还能处理含铜炉渣、浸渣、高品位尾矿;对于低浓度浸出液,采用萃取法的富集作用,比较简单且效率高,获得产品的质量较好。在矿山附近酸的来源方便,浸出时所需要的酸完全可以自给的条件下,采用酸浸—萃取—电积的优越性更为突出,应用这一工艺处理难选氧化铜矿也就更为合理。但对于碱性脉石多的矿石,采用酸浸势必消耗大量的酸,宜采用氨浸为好。

但是,应用这一新工艺来处理难选氧化铜矿或其他类型的矿石,在我国都正在试验研究阶段,大型的萃取作业尚无工业规模的实践可循,工业性的萃取设备也有待探索。其投资可能比浮选厂稍高,工艺较复杂,作业线较长,占地面积较大,物料平衡要求严格,若某一个环节控制不好,就会造成金属与萃取剂的流失,甚至被迫停产;同时国内萃取剂的产量不大,售价较高,也直接影响萃取工艺的经济性。这些问题需进一步研究并在实践中加以解决。

5.7.3.2 细菌浸出

A 概述

"细菌浸出"也叫"细菌冶金",系指利用微生物的生物化学作用浸出矿石中的有用金属。它是五十年代才发展起来的新工艺。科学实验和生产实践证明,这种新工艺可以提取贫矿、残矿、氧化矿以及探、采、选、炼工艺的废石,废渣中的多种金属等。它具有设备和工艺简单、操作方便、投资少、收效快、便于土法上马、能充分回收国家资源等特点,是采掘工业和冶金企业扩大资源、大搞综合利用的有效途径之一,并有进一步应用到直接开采矿床的可能。

早在人们发现细菌的浸矿作用以前,用浸矿方法提取矿石里的金属已经在生产上得到应用。我国是世界上最早应用细菌冶金的国家。西汉《淮南万毕术》里有"白青(硫酸铜)得铁则化为铜"的描述,可见在古代我国劳动人民已知道铁与硫酸铜的化学作用了。宋徽宗时,胆水浸铜地区有 11 处以上。宋哲宗(公元 1006 年)时全国有三大胆铜厂(当时叫胆水浸铜):江西信州铅山铜场,胆铜年产量 38 万斤,《文献通考》载,"信之铅山与处之铜廊,皆是胆水,春夏如汤,以铁投之,铜色立变";江西饶州兴利铜场年产胆铜 5 万余斤;广东韶州岭水铜场产铜百万斤。现在看来,这种由硫酸铜产铜的方法,实际上就包含有细菌浸出。只是当时还不知道细菌在转化不溶性金属硫化物为可溶性金属硫酸盐中所起的作用。

细菌在硫化物氧化时所起的作用是在 1947 年发现的。当时有人发现矿井酸性水里有一种细菌能把硫氧化成硫酸,并指出,这些细菌在金属硫化物的氧化和矿井酸性水的形成中起着重要作用。并命名这种细菌为氧化铁硫杆菌。1954 年又有人把铜矿废石堆流出的水中所分离的细菌, 在实验室里浸出了多种硫化铜矿物（黄铜矿、辉铜矿、铜蓝、斑铜矿、黝铜矿）, 浸出的铜铁量都比无菌的对照试验要多。自此以后, 细菌浸出的研究和应用便日益广泛发展起来。现在许多国家已相继开始用细菌浸出法回收废石、尾矿、含铜炉渣、贫矿、采空区和报废矿井里的铜和铀金属。对其他金属, 如锌、镍、钴、镉、金等的浸出, 也正在积极开展试验研究。

B　细菌浸出的基本原理

细菌浸出的机理曾有人作过一些研究, 但到目前为止, 细菌浸出的机理不很清楚。如浸出时添加细菌为什么这样有效, 在浸出过程中细菌起着什么作用, 诸如此类的问题, 说法不一。为此细菌浸出的机理, 可分下面两种说法。

其一, 细菌不是对矿物及矿石中的有用金属直接起浸出作用的。有用金属的浸出是通过纯化学反应进行的, 但在调整浸出所必要溶液条件时, 细菌起着类似触媒一样极其有效的作用。

其二, 细菌本身对矿物及矿石中的有用金属起着直接作用, 而使其浸出的。

（1）纯化学反应浸出学说。氧化硫杆菌、聚生硫杆菌（即所谓硫氧化细菌）等具有使元素硫氧化的能力, 在溶液中生成硫酸。氧化铁杆菌, 氧化铁硫杆菌等铁氧化细菌都有把 $FeSO_4$ 氧化为 $Fe_2(SO_4)_3$ 的能力, 使溶液中的 $Fe_2(SO_4)_3$ 含量大大增加。H_2SO_4 及 $Fe_2(SO_4)_3$ 溶液是一般硫化矿及其他矿物化学浸出法中普遍使用的有效溶剂。

多金属硫化矿石中, 一般都含有黄铁矿, 黄铁矿在有氧及水存在的情况下慢慢地被氧化, 生成 $FeSO_4$ 及 H_2SO_4:

$$2FeS_2 + 7O_2 + 2H_2O \longrightarrow 2FeSO_4 + 2H_2SO_4 \qquad (5\text{-}28)$$

铁氧化细菌在氧及硫酸存在时, 把硫酸亚铁氧化, 其速度像有催化剂一样很快地生成 $Fe_2(SO_4)_3$:

$$4FeSO_4 + 2H_2SO_4 + O_2 \xrightarrow{\text{酸}} 2Fe_2(SO_4)_3 + 2H_2O \qquad (5\text{-}29)$$

生成的 $Fe_2(SO_4)_3$ 对金属硫化矿物起作用, 把有用金属以硫酸盐的形式溶出来。

（2）细菌直接作用进行浸出的学说。用硫酸铁溶液, 浸出铜的硫化矿物, 早已被人发现了, 若条件具备, 同 Fe^{3+} 能促进浸出速度相比, 认为细菌的浸出作用是更为直接的。铁氧化细菌不但把 Fe^{2+} 氧化成 Fe^{3+}, 且能溶解出 CuS 及 S, 同样也能直接溶解出黄铜矿等金属硫化物。

在细菌浸出中, 许多学者支持这种说法, 即细菌直接促进对硫及金属的浸出作用。

C　细菌浸出的影响因素

（1）pH 值的影响。在细菌浸出过程中, pH 值调节很重要。众所周知, pH

值是细菌生长的重要因素之一。

反应液的 pH 值在强酸性时，可防止 Fe^{3+} 以氢氧化铁形式沉淀，同时对浸出无害。细菌的生成与 pH 值有关系，根据研究证明，因菌种不同，生长的最适 pH 值范围也有所不同。但是，在强酸性的范围内，细菌生长的都较显著。在矿石中，含有方解石及菱铁矿的脉石矿物因消耗酸使反应液中的 pH 值上升，而妨碍细菌生长，使浸出量降低。

（2）温度的影响。在细菌浸出中，温度同细菌的生长和浸出反应有重要的关系。当细菌在最适温度生长时，浸出量也最多。研究证明，细菌浸出最适温度为 30~35℃，高于或低于此温度浸出量降低。

（3）氨离子浓度的影响。氮元素是所有细菌生长所必需的，有人在用铁氧化细菌浸出黄铜矿时，改变 $(NH_4)_2SO_4$ 的添加量来研究 NH^+ 添加量与铜浸出率的关系。渡边等人用铁氧化细菌进行了同样的试验。培养 5d，NH^+ 浓度为 $(200~600)×10^{-6}mol/L$ 时细菌的增殖很显著。

（4）加入元素硫的必要性。根据对硫氧化细菌的研究，知道这类细菌能氧化元素硫，以取得自己的能量，但在矿物中以硫化物形态存在硫是不能被氧化的，不能作为能源。因此，在打算繁殖这类硫氧化细菌时，培养基中要加入元素硫。

（5）对金属离子的适应性。在细菌浸出过程中，随着不断的浸出，溶液中的金属离子的浓度逐渐增高，为了使细菌在这样的溶液中生长活动，要求细菌对金属离子有尽可能高的适应性。一般，细菌对金属离子的适应性，可通过逐步提高有关的金属离子浓度，连续几次移殖培养，慢慢地加以提高。细菌对金属离子的适应性如下：铝 6.29g/L、钙 4.975g/L、镁 2.4g/L、锰 3.28g/L、钼 160mg/L、铜 12g/L。

D　浸矿

a　浸矿剂的配置

浸矿剂（也叫菌液）在生产中一般是选取含有氧化铁硫杆菌等对矿物生物化学作用有利的细菌的天然矿坑水或浸矿尾液作为母液，加培养基及少量硫酸，充气培养而成。若矿坑水中无氧化铁硫杆菌，则可从别处移入。待溶液呈黄褐色时，说明由细菌、硫酸高铁、硫酸和水组成的浸矿剂已经形成，即可用于浸出矿石。在连续培养时，要很好地控制流量，使 Fe^{3+} 保持最高的氧化速度。

b　浸矿方式

浸矿方式的选择取决于待处理的具体物料的化学物理性质。需要考虑的重要因素有：矿石品位、铜矿物的溶解度、耗酸的共生脉石矿物量、生产规模以及铜矿物的产状。

根据浸矿溶液和浸出对象相接触的方式，可以把浸出分为渗滤浸出和搅拌浸出两种，另外也有介于两者之间的所谓流态化浸出。细菌浸出的对象主要为低品位矿石，目前均采用渗滤浸出方式处理，如果处理富矿或有现存设备，也可采用搅拌浸出方式。

按浸出对象和堆放的方法，又可把渗滤浸出分为原地浸出和地表渗滤堆浸两种处理方法。

（1）原地浸出。又称地下浸出，就是经爆破或因地压而自然破碎的矿石不经搬运，就地进行浸出。这种方式主要用于采空区，残留矿柱、整个报废了的矿井或其一部分以及矿体采完后留下的周边表外矿石。此法可浸取铜的氧化矿物和硫化矿物，浸出周期以年计。

原地浸出法，国内外采用的都很多。国内以安徽铜官山铜矿较为典型。国外如美国犹他州俄亥俄铜公司的宾厄姆肯尼恩铜矿等都采用就地浸出法。

（2）地表渗滤堆浸。又可分为：

1）废石堆浸出。亦称就地自然浸出，主要用于处理大规模露天采矿剥离的低品位矿石和废石，凡含铜品位低于用普通采选法回收所必需的边界品位（一般为0.04%）的矿石原料均用此法浸出。它是利用斜坡地形，把采出的废石堆放在地表，上面浇灌浸矿溶液进行浸出，在低处筑坝或建池收集浸出液，浸出周期以年计。我国东乡铜矿地表就有大量贫矿石按此种方式回收其中的铜。

2）堆摊浸出。此法简称堆浸，主要用于堆放在预先修整好的排水垫层上的多孔状氧化铜矿中提取铜。矿石中的氧化铜矿物易溶于硫酸溶液，此法的周期以月计。

堆浸与废石堆浸略有不同，堆浸使用较浓的硫酸溶液。因为氧化矿中不含黄铁矿，酸在矿石堆中不再生，故溶解铜的氧化矿物需要高酸度。美国兰鸟矿的浸出溶液加硫酸高达50g/L。

3）槽内浸出。此法用来提取酸溶性铜含量高于0.5%的氧化矿或氧化硫化混合矿中的铜。如需快速提取铜，可采用此法，因其浸出周期以天计。槽浸物料经过破碎，能使浸出溶液和铜矿物充分接触，则槽浸法优于堆浸法，因其具有周期较短而铜回收率高，富液损失较少和含铜量高等优点。我国柏坊铜矿的细菌冶炼工艺即采用此种浸出方法。

c　布液方法

在原地浸出和地面渗滤浸出中，有一个共同的问题，就是浸矿液的洒布（简称布液）。一个具体的浸出作业选用何种布液方法，应根据气候条件、废石堆高度和表面积、矿物组成、操作周期及浸出物料的粒度加以仔细考虑和研究后决定。

布液要均匀。这在废石堆或矿石堆上，比较容易做到。在国外一般采用浅池灌溉，深沟灌溉，钻孔注水和喷洒等方法。地下采空区原地浸出时，因地表多已塌陷，高低不平，均匀布液比较困难，用喷洒的方法效果较好。我国铜官山铜矿的就地浸出先后曾使用两种布液方式，即毛竹流槽自流布液和塑料管喷管布液。前一种方法材料来源容易，能达到均匀布液的目的，但损坏率高，需经常维修，因无压力供液，流槽分液，小孔易堵塞，需专人管理。后一种方法效果较好，在直径为25mm的塑料管上钻有很多直径3mm的小孔，用胶管同干管连接。此法需有一定的压头，因此要有耐酸水泵或高位水池。溶液从多孔塑料管喷出，可浇灌一定面积。溶液流量可以调节，布液比较均匀。管道可以移动，便于轮流浇灌。下面介绍国外的几种布液方法：

（1）浅池灌溉。将矿堆的表面大致整平，按一定网度筑起高出堆面的低垄，将堆面划分为方池，进行灌溉。时间久了，池底可能积存一层铁盐的沉淀物，阻碍溶液渗透，需要把沉淀物推到一边，恢复矿堆的渗滤性。美国冶炼精矿公司的银铃矿系采用此种布液方法。

（2）深沟灌溉。沿废石堆全长用机器开挖许多深1m、宽2m的"V"形深沟，进行灌溉。这样做可使矿堆表面积增大，透气性提高，沟渠底面被铁盐沉淀物淤塞时，可以把沟推平，在旁边另行开沟，便于溶液渗透。美国迈阿密铜公司的卡塞尔·多姆矿采用此法，同时还结合用喷洒法。溶液蓄积于沟槽内，并可渗入坡面，以提高堆面的布液量。

（3）钻孔注水。按一定网度（如15m×15m）打大直径深孔，把壁上钻有许多小眼的塑料套管下到孔内，灌注浸矿溶液。此法在堆浸和原地浸出中都可应用。钻孔注水法工程量大，目前应用不广泛，有些地方正在进行现场实验。日本小坂铜矿元山坑用此法作为完善浸出生产的辅助措施，美国安纳康达公司比尤特矿使用此法在废石堆上布液。

（4）喷洒法。喷水器喷洒的优点是布液均匀，流量可以随意控制；缺点是蒸发损失大，在干旱地区损失率可达60%。喷水器可以是简单的塑料管（上面隔一定距离钻有小孔），也可以是复杂的回转式的喷淋器，或其他专门的装置。每个喷水器担负一定的面积，一般都用软胶管与配液干管相连，便于移动。

布液方法不限于以上几种。例如，少数采完的矿井让矿体淹没，隔一段时间以后再把水抽出来回收其中溶解的金属也是一种方式。

布液需要注意休闲制度。一个地点连续浇灌一段时间以后，浸出液品位会逐渐下降。当降到一定值时（如0.5g/L铜），就停止浇灌，休闲一段时间以后再进行浇灌，浸出液品位会重新上升，这是从实践中总结出来的经验。产生这种现象的原因，据实验观察，是由于矿石微小裂隙里的毛细管作用。利用矿石交替湿润和干燥，使溶液易于进入裂隙并把溶解的铜带出来。溶液向矿石裂隙内渗透的速度是很慢的（15d的渗透深度为5mm，并且速度降低得很快），需要反复进行润湿和干燥，才能把矿石中的铜充分浸溶出来。休闲的时间，各地做法不一，由数周到数月不等。

5.7.4 氧化铜矿的高价盐浸出

原料中含原生硫化铜矿物时，酸浸或氨浸的铜浸出率较低，若先氧化焙烧而后酸浸或氨浸又将产生空气污染。为消除空气污染、改善劳动条件和提高铜浸出率，可用高价盐浸出法处理。常用的高价盐为氯化铁或氯化铜的盐酸溶液。

5.7.4.1 氯化铁浸出法

氯化铁是高价盐中较好的氧化剂之一，适当调节控制浸出条件即可选择性浸出某些硫化矿物。

国内某钨矿采用氯化铁溶液从重选和浮选溢流沉砂中浸铜，工艺流程如图5-20所示，沉砂组成列于表5-2中。浸出条件为：物料粒度90%-0.074mm，氯化

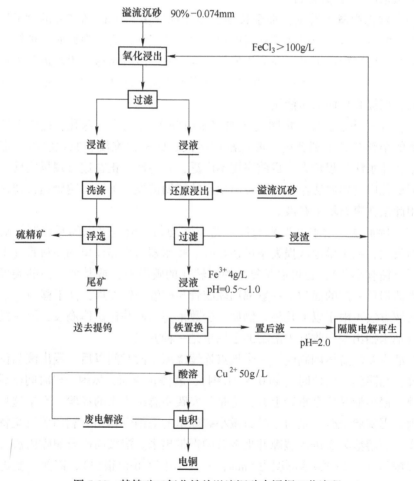

图 5-20 某钨矿三氯化铁从溢流沉砂中浸铜工艺流程

铁浓度大于 100g/L，106℃（沸腾），浸出 2~3h，浸出终了 Fe^{3+} 浓度 20~30g/L。试验表明，液固比影响小，但须保证浸液中 Fe^{3+} 浓度。浸出终了铜主要呈 Cu^{2+} 形态存在于浸液中。还原浸出时以溢流沉砂作还原剂，浸出终了溶液中 Fe^{3+} 浓度约 4g/L，铜主要呈低价形态存在。还原浸渣返第一段进行氧化浸出，浸液送后续处理。由于沉砂中含毒砂，浸出时会生成氯化砷，应加强通风，注意安全。浸出作业在内衬 5mm 厚橡胶层及 50mm 厚的铸石板的复合防腐层的反应槽中进行，搅拌轴内衬橡胶外衬环氧呋喃玻璃钢。两段浸出后的浸液和浸渣组成列于表5-3中。

表 5-2　重选和浮选溢流沉砂化学组成 （％）

成分	Cu	WO₃	Zn	Sn	Fe	As	S
含量	6.07	17.97	3.20	0.35	11.50	3.60	29.66

表 5-3　两段浸出后浸液和浸渣的化学组成

元素	Cu	Zn	Fe	As	Sn	备注
浸液/g·L⁻¹	30.51	20.70	195.5	4.70	0.70	
浸渣/%	0.1	0.08	5.95	0.72	0.011	锡为硫化锡
浸出率/%	92.5	98.86	76.5	91.3	95.57	

为了从浸液中提铜，该矿曾作过多方案对比试验。由于浸液中砷含量较高（1.5~4.5g/L），即使在较低电流密度（$J=200A/m^2$）下电积沉铜的质量差，电铜含铜量仅 60%~80%，且隔膜电积沉铜的槽压较高，电能消耗大，会析出剧毒的氢化砷气体。因此，该矿采用铁屑沉铜，所得海绵铜洗净滤干后再在鼓风条件下直接溶于返回的废电解液中，溶解至余酸为 3~5g/L 时终止，可得铜含量 50g/L 的含铜液，送去电积可得合格电铜。

置后液中主要含氯化锌和氯化亚铁，多次循环后会产生锌积累，影响浸出效果。试验时曾采用 N-235 萃取脱锌，有机相为 25%N-235、20%TBP 和 55%磺化煤油。为了降低铁的萃取率，应控制置后液中氯离子的含量。一般水相含 Fe^{2+} 120~130g/L，pH 值为 1~1.5，萃取相比（O/A）为（0.5~1）:1，负载有机相用水洗涤（O/A=1:1）以洗去 Ca^{2+}、Fe^{2+}，然后用 5%硫酸（或 5%碳酸钠）进行反萃（O/A=1:1），从反萃液中回收锌。反萃有机相用 2mol/L 盐酸再生（O/A=0.5:1）后返回萃取作业，萃取温度为 40℃，在混合-澄清器中进行。

该矿采用隔膜电积法再生氯化铁，初期再生时生产部分铁粉，现阴极室补加稀盐酸，完全不加氯化亚铁溶液，故只在阳极室再生氯化铁。再生条件为：阴极液为稀盐酸，pH 值为 1.5~2.2，阳极液含 Fe^{2+} 130~150g/L，pH 值为 1.5~2.0，终点时阳极液含 Fe^{2+} 小于 10g/L，温度小于 65℃，槽压为 5~7V 左右。再生后的氯化铁溶液返至浸出作业，若铁量不足可用稀盐酸溶解铁屑的方法补充。

　　该矿拟用萃取—电积工艺代替置换沉铜工艺，萃余液用空气氧化法再生氯化铁，负载有机相用废电解液反萃，从而形成独立的氯化铁系统和硫酸铜系统，改进后的流程较合理。

　　国外浸出硫化矿主要也是采用氯化铁作浸出剂，这里仅简单地介绍杜瓦尔公司的克利尔法和塞浦路斯公司的改进塞梅特法。克利尔法的工艺流程如图 5-21 所示，该流程将氧化浸液进行两段还原，第一段采用硫化铜精矿作还原剂，在密闭容器中进行，温度为 107℃。固液分离后的溶液在 107℃下用海绵铜将剩余的高铜还原为亚铜离子。两段还原后的溶液（含 CuCl、FeCl$_2$、NaCl）经热交换器使温度升至 55℃，固液分离除去悬浮物，溶液进隔膜电解槽电解得电铜，在阳极再生 CuCl$_2$。电解废液含 FeCl$_2$、NaCl 及 CuCl$_2$，送入再生段，在 107℃下通入

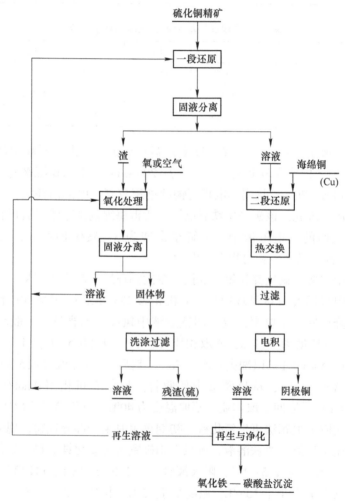

图 5-21　克利尔法工艺流程

压力为 $2.85 \times 10^5 Pa$ 的空气或氧，使 $FeCl_2$ 氧化为 $FeCl_3$，$CuCl_2$ 可起催化作用，系统中过量的铁（$Fe(OH)_3$）、硫酸盐及其他杂质同时沉淀析出。再生后的溶液返至氧化浸出段浸出一段还原浸出渣。浸出在密闭容器中进行，温度为 140℃，压力为 $2.85 \times 10^5 Pa$，使铜完全溶解。可用适当方法从浸渣中回收硫和贵金属。氧化浸液返至一段还原浸出。

克利尔法除采用两段还原外，还采用 $FeCl_2$、$CuCl_2$ 和 $NaCl$ 的混合液作浸出剂。氯化钠的作用在于提高氯化亚铜溶解度、提高氧化浸出时铜的浸出率、防止氯化亚铜被空气氧化、防止硫被氧化为硫酸和提高电铜质量。以氯化亚铜形态电积沉铜的电耗为 $470 \sim 580 kW \cdot h/t$，而硫酸铜电积时的电耗一般为 $2300 kW \cdot h/t$。

塞梅特法的工艺流程如图 5-22 所示，该法先用氯化铁溶液二段预浸硫化铜矿，然后用电化学方法溶解硫化物，试验规模为 50t/d。硫化铜精矿磨至 $95\% - 0.074mm$，浸出温度为 $75 \sim 80℃$。经二段浸出后的分级底流进入电解槽的阳极室，第一次浸出矿浆经水力分级得的溢流再经浓缩过滤得的溶液进入电解槽的阴极室。电解槽用人造纤维的渗透膜隔为阴阳两室，阳极为涂有导电性氧化物的金属钛板，阴极为圆形铜棒，与阳极平行等距离放置，阴阳极面积比约为 $1:1$。电解槽内的主要反应为：

阳极室 $\quad CuFeS_2 + 3HCl - 3e^- \longrightarrow CuCl + FeCl_2 + 2S^0 + 3H^+$ $\qquad$ (5-30)

阴极室 $\qquad\qquad 3CuCl + 3e^- \longrightarrow 3Cu^0 + 3Cl^-$

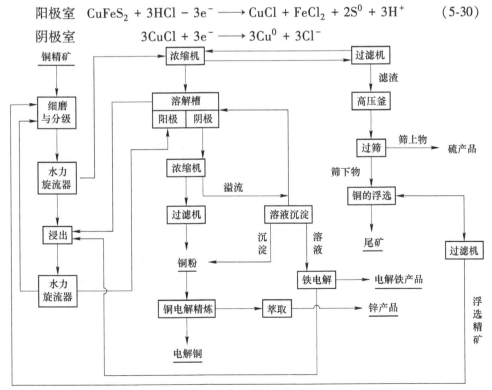

图 5-22 塞梅特法工艺流程

在高电流密度下，阳极液的 pH<4.0，温度大于 50℃，阳极矿浆中的黄铜矿溶于阳极液中，阳极排出的矿浆进入第二段浸出。氯化亚铜在阴极室呈铜粉析出，呈矿泥态送去电解精炼得电铜，阴极室产生的氯离子进入阳极室与氢离子结合。

第一段浸出矿浆水力分级溢流经浓缩过滤后的底流中，元素硫含量较高，可从中提取元素硫。将其在高压釜中加热至 135℃，处理 2h 后冷至 120℃使硫呈球团固化，再进行筛选，筛上产物即为元素硫，含硫可达 96%，筛下物送浮选得铜含量达 17%的铜精矿，返回浸出作业，浮选尾矿废弃。

废电解液中除含氯化亚铁外，还含有可溶性残余铜及铅、镉、砷、锑、锌等的氯化物，再生时须将杂质除去，先用铁置换法沉铜、铅、铋，然后用锌粉除残余的铜、铋、锑、砷和汞。铁电解的允许可溶锌浓度为 2g/L，若锌含量超过允许值，可用叔胺萃取剂进行萃取分离。净化的氯化亚铁溶液送去电积铁和再生氯化铁，用铁作阴极始极片电解得高纯铁，在阳极室再生氯化铁，再生液返回浸出作业。由于阴阳极效率不平衡及补加铁粉沉铜，需用水解法从系统中除去多余的铁离子。

此工艺的优点是可再生氯化铁和产出电解铁片，电能消耗约为硫酸铜电积的一半，主要缺点是氯化铁浸出率仅约 50%，电化浸出率约 30%，浮选回收率约 20%，且铜粉需进一步精炼。此工艺原理适用于大多数金属硫化矿（铜、镍或铜锌复合矿及低品位难选含银、汞的精矿）。1975 年改造的流程废除了电解槽和电解精炼，代之以直接从浸出液中生产高纯铜粉，使电能消耗降低了 2/3。

5.7.4.2　氯化铜浸出法

高价铜离子在 100℃左右也是浸出硫化矿的有效氧化剂之一，可克服氯化铁浸出法带进大量铁使后续电积提铜困难的缺点。浸出硫化矿的主要反应为：

$$FeS_2 + 2CuCl_2 \longrightarrow FeCl_2 + 2CuCl + 2S^0 \qquad \Delta G^\ominus = -23.51 kJ/mol \qquad (5-31)$$

$$CuFeS_2 + 3CuCl_2 \longrightarrow FeCl_2 + 4CuCl + 2S^0 \qquad \Delta G^\ominus = -51.76 kJ/mol \qquad (5-32)$$

$$PbS + 2CuCl_2 \longrightarrow PbCl_2 + 2CuCl + S^0 \qquad \Delta G^\ominus = -64.22 kJ/mol \qquad (5-33)$$

$$ZnS + 2CuCl_2 \longrightarrow ZnCl_2 + 2CuCl + S^0 \qquad \Delta G^\ominus = -80.1 kJ/mol \qquad (5-34)$$

$$Cu_2S + 2CuCl_2 \longrightarrow 4CuCl + S^0 \qquad \Delta G^\ominus = -166.77 kJ/mol \qquad (5-35)$$

因此，氯化铜溶液浸出硫化矿从难到易的顺序为：黄铁矿、黄铜矿、方铅矿、闪锌矿、辉铜矿。

国内某矿用氯化铜溶液提铜的半工业试验流程如图 5-23 所示，该矿浮选所得的铜铅锌混合精矿难于用浮选法获得单一精矿，混精的化学组成列于表 5-4 中。浸出分两段进行，第一段为还原浸出，浸出剂组成为 Cu^{2+} 35.86g/L、Cu^+ 13.2g/L、

Cl⁻244.62g/L，由氯化铜、盐酸和氯化钠组成，在液固比为（4~5）:1、118℃、pH=1 的条件下浸出 3~4h，铜浸出率达 40%~50%，还原浸液铜含量大于 60g/L，澄清倾析后的底流进行氧化浸出，此时浸出剂过量 100%，氧化浸液组成为 Cu^{2+} 60g/L、Cu^{+}36g/L、Fe^{2+}50g/L、Cl^{-}357.87g/L。浸渣用 10%~15%NaCl 水溶液逆洗四次后可作为提取元素硫、金银的原料。

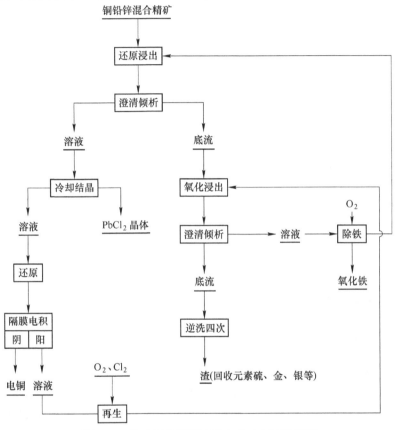

图 5-23　某矿氯化铜溶液浸出半工业试验流程

表 5-4　混合精矿化学组成

成分	Cu	Pb	Zn	Fe	S	CaO	MgO	Au*	Ag*
含量/%	9.54	11.86	2.2	27.85	33.61	0.3	0.1	8	100

注：* 单位为 g/t。

采用氯化钠提高浸出剂中氯离子含量有利于提高铜、铅、锌氯化物在浸液中的溶解度，可抑制硫氧化为硫酸盐及提高浸出液的沸点，从而可促进氯化铜的浸出反应。

浸出时铅锌与铜一起转入浸液中。20℃时氯化铅在水中的溶解度为 0.99g/L，浸出矿浆趁热澄清倾析，清液冷却可析出氯化铅晶体。除铅后的溶液仍含少量二价铜离子，电积前用铜粉还原，然后送至隔膜电解槽的阴极室电积得电铜。

还原浸渣在试剂过量条件下进行，氧化浸出使渣中铜含量降至 0.5% 以下，浸液中相当部分铜呈一价形态存在，固液分离后的部分清液送隔膜电解槽的阳极室再生氯化铜，其余部分送氧化除铁。氧化除铁反应为：

$$2FeCl_2 + \frac{1}{2}O_2 + 3H_2O \longrightarrow Fe_2O_3 \cdot H_2O\downarrow + 4HCl \tag{5-36}$$

溶液存在的大量氯化铜可促进亚铁离子的氧化，氧化速度很快，生成针铁矿型铁渣，结晶颗粒较大，有较好的沉降过滤性能，铜含量低，除铁 pH 值为 2.5～3.4，除铁后的清液返至还原浸出作业。

隔膜电积时采用阴离子隔膜，它只让阴极室的阴离子通过，阳极室的阳离子因受隔膜正电基团斥力的影响而留在阳极室中。电积槽以石墨板作阳极，电铜板作阴极，电积至阴极室中的铜含量降至 10g/L 为止。废电解液转至阳极室再生氯化铜，直至锌积累至一定程度后可作提锌原料。提锌前先用铁置换铜，再用P204 萃取锌，反萃后用电积法回收锌。隔膜电积槽阳极室再生得的氯化铜溶液需补氯和充氧后再返至氧化浸出作业。铜电积条件为：阴阳极室温度 45～50℃，电流密度 100～110A/m²，pH<2.0，槽电压 1.3～1.9V，加明胶 0.2g/L，阴极液流量 1～1.5L/h，电流效率 88%～95%，电耗为 750～900kW·h/t。

5.8　其他浮选法

5.8.1　深度活化浮选法

深度活化浮选法最先由胡绍彬基于氧化铜矿中存在难浮铜矿物而提出的，通过加强搅拌强度和适当延长浮选调浆时间来达到深度活化难浮氧化铜矿物的目的。

汤丹是一座大型的难选氧化铜矿。矿体东部部分矿石，氧化率高达 80% 左右，结合氧化铜一般在 30%～50%，原生矿泥多。这种矿石的选别指标相当低，即使加大药剂用量，浮选生产指标改善也不大。针对矿石的结构构造和乙二胺磷酸盐对矿物的作用行为，胡绍彬等进行了认真研究分析，借用硅孔雀石的溶解度图，改变传统用药方式，提出了深度活化浮选的设想，并对汤丹进行了小型、工业性浮选试验及实际生产实际应用。

结果发现，小型闭路试验比常规浮选的精矿品位提高 1.82%，全铜回收率提高 3.92%，同时银的回收率也提高了 9.37%。验证试验结果表明：低氧化率生产矿石，只要适当调整浮选药剂，深度活化的浮选效果是明显的，在精矿品位高 0.83% 的情况下，全铜回收率提高了 3.92%；一般生产矿石则在浮选药剂完全一样的情况下进行，精矿品位高 0.47%，全铜回收率提高了 2.36%，效果也是肯定的。

工业试验精矿品位提高了 1.89%，全铜回收率提高了 3.29%。实际生产应用发现精矿品位高 1.29% 的情况下，全铜回收率提高了 0.82%，全年经济效益在 40 万元以上。

因此，深度活化浮选汤丹难选氧化铜的是一条新途径，在原来使用乙二胺磷酸盐的基础上又前进了一步，不但提高了浮选生产指标，而且还降低了浮选药剂的用量，是目前处理高氧化率高结合率泥质氧化铜矿的一条有效措施。对于含泥少，氧化率比较低，结合率低的矿石仍然是有效的。

5.8.2 分支串流浮选法

"分支串流浮选"是将原矿浆均分为两支，分别进入粗选 1 和粗选 2，然后浮选。槽内产物的流向与常规浮选相同，故可在同一排浮选机中进行，具有简单易行的优点。采用本工艺时浮选剂的用量为常规浮选的 70%～80%。具体的添加方法是调浆时只加常规浮选用药量的 60%～70%，然后再给第一支补加 20% 左右，这样添加可以达到与常规浮选相同的效果。

分支串流浮选，早在 1956 年就由苏联专家提出。国内是中南工业大学首先研究应用成功，1984 年获国家发明四等奖。它的工艺特点是将原矿浆分成几支，平行地给入粗选，前一支的粗精矿顺序返到次一支，与次一支的原矿合并进行粗选，中矿根据其性质返回适当的作业。其优点是：（1）充分利用药剂，降低药剂消耗；（2）人为提高入选品位，改善浮选条件，提高选矿回收率；（3）加强二次富集和负载作用，使精矿品位和富集比提高；（4）省去第一支的精选作业，减少设备，降低能耗。

刘素英对东川落雪混合铜矿进行分支串流浮选小型试验、工业试验和试生产，小型试验结果显示：阶段选别分支浮选流程提高回收率 1.33%，提高精矿品位 1%；集中选别分支浮选流程，回收率保持一致，精矿品位提高 3.6%，两个分支浮选方案，药剂消耗都降低 15%～23%。工业试验结果表明：选矿回收率提高 0.39%，丁黄药用量降低 10g/t，硫化钠降低 150g/t，起泡剂降低 23g/t，精矿中银品位提高 15g/t，回收率亦提高。试验最终节电效益为年节约电费约 15.57 万元，节约药剂费分别为硫化钠 16.62 万元、丁黄药 5.3 万元、起泡剂 10.4 万元，三项合计为 32.32 万元，增加银回收经济效益为 64.58 万元。

5.8.3 微波辐照浮选法

周晓东对东川汤丹难选氧化铜矿进行微波辐照—常规浮选实验。在不改变现有工艺流程和现有设备的基础上，将微波这一新技术应用在选矿领域，对进入浮选机的难选氧化铜矿预先进行微波辐照硫化，再进行常规铜矿浮选，探索新的处理方法。试验结果显示：

（1）微波辐照硫化—浮选在精矿品位上有一定提高，但在回收率上无明显效果。

（2）微波辐照硫化的时间对最终结果有直接影响，硫化时间不宜过长。

（3）硫化钠的用量对浮选有较大影响，但还没有做这方面的工作。

（4）硫化—浮选中的硫化剂有很多种，硫化钠只是其中的一种，有必要对硫化钠的微波辐照硫化条件及其他硫化剂的微波辐照硫化做进一步的工作。

6 炼铜炉渣的选别

6.1 概述

目前世界各国冶炼硫化铜矿均以火法为主，据统计约有 80% ~ 85% 的铜是由火法生产的。火法炼铜的生产工艺流程首先是通过造锍熔炼达到铜的初步富集。按传统的生产流程是将铜精矿先经熔炼炉（如鼓风炉、反射炉和电炉等）熔炼得到液态冰铜（熔锍），然后再送入转炉吹炼，进行彻底脱硫除铁而得到粗铜。由于转炉吹炼系强氧化作业，加之炉内分离沉清条件差，因而渣含铜很高，一般在 2% ~ 5%，平均约在 3%。在传统生产流程中，转炉渣均返回熔炼炉再行处理。

由于在转炉渣中铁（主要是 Fe_3O_4）含量很高，一般波动在 20% ~ 35%，高者可达 40% 以上。这与吹炼条件、进料冰铜品位等有关。生产实践表明，转炉渣返回熔炼炉中处理，在经济技术指标方面是不利的。例如以反射炉渣中的含铜指标而言，以产 1t 冰铜计，是随着返渣中 Fe_3O_4 含量的增高，渣含铜也显著升高，这从图 6-1 中可看出。此外，由于 Fe_3O_4 在铁橄榄石中的溶解度随熔炼温度而有差异，熔炼炉内各处温度是不均匀的，对电炉和反射炉而言，炉床底部及出渣口等区域温度均较低，因而 Fe_3O_4 往往沉析在这些地方，造成炉结，影响熔炼作业，严重时还会降低熔炉的

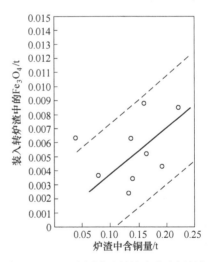

图 6-1 以 1t 冰铜计反射炉渣中含铜量与装入转炉渣中的磁铁矿含量的关系

处理能力并影响炉寿及操作。生产实践还表明，高铁炉料在炉内往往形成 Fe_3O_4 的横隔膜（在渣层与冰铜之间），有碍于渣和冰铜的沉清分离而导致渣含铜显著增高，造成冶炼回收率下降。还有，炉渣中的铁和部分有价金属也不能得到充分利用。

鉴于转炉渣返回熔炼炉处理的方法存在着上述缺点，因此多年来国内外对炼铜炉渣（包括鼓风炉渣）的处理方法曾进行过多方面的研究，提出过多种多样

的方法，但总括起来大致可归纳为火法和湿法冶金处理以及选矿方法三类。目前在生产中采用这三类方法都还存在着一些问题，尚有待于进一步解决。

（1）火法冶金处理。此法往往与熔炼炉配合进行，例如还原吹炼法（CO 或 $CO+FeS_2$）、吹炼与反吹炼法（又称 Q-S 法）、诺兰达法等。这些方法虽已在生产中应用，但还存在问题，有待于改进。

（2）湿法冶金处理。即用 H_2SO_4、$Fe_2(SO_4)_3$ 以及 $NH_3 \cdot H_2O$、$(NH_4)_2CO_3$ 等在一定的压力和温度下浸出炉渣，如秘鲁的阿洛雅厂用 H_2SO_4-$Fe_2(SO_4)_3$ 浸出法。这些方法在技术上是可行的，但在经济方面是否合算是值得进一步考虑的。

（3）选矿方法。可用浮选、磁选或联合的选矿方法选出炉渣中的铜。

这三类方法中选矿方法是一种较为简便而有效的方法。用浮选法处理炼铜转炉渣的研究早在 1930 年苏联就有过报道，但直到 1957 年才在日本将此法用于工业生产。据报道，日本已有 10 个铜炉渣选厂，其中 9 个是处理转炉渣，1 个是处理鼓风炉渣。芬兰奥托昆普公司的哈里亚伐尔塔（Harjavalta）冶炼厂用浮选法处理闪速炉炉渣和转炉渣，生产实践证明比电炉贫化铜炉渣可获得较高的回收率，且成本也较低。其他还有智利、澳大利亚、美国等也都开始建有铜炉渣选厂。

采用选矿方法处理炉渣，所得精矿只占原渣量的 1/6~1/5，并从中可选出大量的 Fe_3O_4 加以利用，上述各种不利因素也得到克服，改善了冶炼作业，使冶炼回收率提高，熔剂和焦炭等消耗量也减少，成本降低，炉渣中的铁及其他有价成分也能得到回收利用。

应用选矿法处理铜炉渣还为连续炼铜法和富氧熔炼法提供了有利条件。富氧熔炼时，转炉渣量很多，用选矿法处理是不可缺少的作业。所以采用选矿方法处理铜炉渣在炼铜工业中具有较大的技术和经济意义。

我国铜炉渣的选矿试验研究工作早在 1963 年也已开始，例如曾对铜官山冶炼厂和沈阳冶炼厂的炼铜转炉渣进行过选矿试验研究，取得了较好的效果。以后相继有大冶冶炼厂、白银有色金属公司冶炼厂以及云南冶炼厂等都先后进行过铜炉渣的选矿试验研究工作，均取得了较为满意的结果，其中铜官山冶炼厂已新建了铜炉渣选厂进行工业生产，为我国今后建立铜炉渣选厂提供了良好的开端。

6.2　炼铜炉渣的物质组成及可选性

铜炉渣从广义上看是一种"人造矿石"，它的物质组成结构是随冶炼过程的条件不同而异。因此，研究造矿过程中各种因素对选矿的影响并使之有利于选矿处理是很必要的。

6.2.1　炼铜炉渣的物质组成特点

铜炉渣是一种组成较为复杂的物质，一般含有 5~6 种或更多种氧化物及各种硫化物、硫酸盐以及其他微量成分。铜炉渣外观一般为黑色或黑绿色，致密坚硬，相对密度约为 4。渣中含量最多的是铁和硅，主要矿物为铁橄榄石和磁铁矿及少量的磁黄铁矿。硅大部分造渣生成铁的硅酸盐，并有少量的硅呈硅灰石（$CaO \cdot SiO_2$）及不透明的玻璃体；其次为铜的硫化物，金属铜和少量的氧化铜等；还含有极少量的金、银、镍、钴等有价成分。

炉渣中的铜多呈硫化物形态存在，主要有似方辉铜矿（$Cu_{1.96}S$）、辉铜矿（Cu_2S）、黄铜矿（$CuFeS_2$）、似斑铜矿和金属铜等。铜矿物在渣中常与铁橄榄石基体和磁铁矿嵌布在一起，或呈球状被磁铁矿所包裹。有的则是铜铁矿物共同形成斑状结构于铁橄榄石基体中，或数种铜矿物嵌布共生。铜矿物和铁矿物的粒度大小则随炉渣的冷却条件和炉渣组分不同而有很大的差异。

由于冶炼作业条件的影响因素较多，致使炉渣的物质组成变化较大。今列举某炼铜厂的转炉渣的化学组成及物相组成如表 6-1 和表 6-2 所示。

表 6-1 某炼铜厂转炉渣的化学分析 （%）

成分	Cu	Fe	SiO$_2$	CaO	MgO	Al$_2$O$_3$
含量	2.33	53.15	21.61	<0.50	<0.50	<0.50
成分	S	Co	Zn	Pb	Ag*	Au*
含量	<0.77	0.13	1.45	0.12	6.3	<0.04

注：* 单位为 g/t。

表 6-2 某炼铜厂转炉渣的铜、铁物相分析 （%）

炉渣	铜物相					铁物相			
	氧化铜	硫化铜	亚铁酸铜及其他	金属铜	全铜	金属铁及硫化物	铁橄榄石	磁性氧化铁	全铁
含量	0.17	1.72	0.12	0.34	2.35	0.633	32.152	19.835	52.638
占有率	7.23	73.19	5.11	14.47	100	1.20	61.08	37.72	100

从上面对转炉渣中铜的分析结果看出，渣中的铜大部分是呈硫化铜和金属铜状态产出，所以它的浮选性质与天然的硫化铜矿石基本相近，分选铜炉渣是不困难的。但是还必须考虑到另一重要影响因素，即炉渣中铜相晶体粒度的大小及与其他各组分的结构组成情况，这也是影响分选效果好坏的重要因素之一。

6.2.2 炼铜炉渣的可选性研究

铜炉渣可选性的难易在很大程度上取决于炉渣的物质组成结构情况。前已阐述了铜炉渣的物质组成特点，它与天然的硫化铜矿有相同之处，但也有不同，因此在分选铜炉渣时也就有其共同之处和不同的特点。

6.2.2.1　炉渣的破碎工艺流程

炉渣的破碎难易程度与它的组成结构及其物理性质有关。铜炉渣一般为黑色致密块状，渣中主要矿物为铁橄榄石，磁铁矿和硫化铜矿物等。铁橄榄石和磁铁矿占炉渣总量的90%以上，据测定它们的显微硬度与天然的正长石硬度（640~706kg/mm²）相接近。今列举某炉渣中的一些主要矿物的显微硬度值如表 6-3 所示。

表 6-3　炉渣中主要矿物的显微硬度值

矿物名称	白冰铜	冰铜	金属铜	金属铁	磁铁矿	铁橄榄石	毒砂	氧化亚铜
显微硬度 /kg·mm^{-2}	187.5~188.8	242.6	98.1	134.5	654.6	704.4	8.24	280.5

炉渣与天然的矿石比较，它的韧性大、硬度高、相对密度大，故对设备的磨损较为严重。

在工厂生产中，炉渣的缓冷是利用不同容积的铸模、地坑或渣包等在空气中自然冷却，也有缓冷至一定的温度后再水淬急冷的；前者渣块粒度大，破碎的工艺流程与普通矿石类似，根据渣块大小可采用两段或三段破碎。所用的破碎设备与天然的矿石也相同，第一段可采用颚式破碎机或捣碎机，二、三段可分别用标准型和短头型圆锥破碎机或颚式破碎机。第三段闭路的筛子因筛网磨损严重，采用特制的橡胶筛网较好（如日本的选厂大都采用）。

破碎至最终粒度以后，有些选厂（如日本某些炉渣选厂）设置有磁选作业。其目的是将炉渣中所含的金属铜、白冰铜等粗粒高品位部分作为非磁性产品预先选出，返回转炉中，以保证浮选给矿品位较为稳定。但这需视炉渣中所含冰铜和金属铜的数量和结晶粒度情况而定。

6.2.2.2　炉渣的磨细工艺特点

从上述炉渣的组成结构研究知道，渣中铜相晶粒较细小，多数在 50~70μm 以下，且与其他渣相组分共生嵌布。因此，一般都必须磨得很细才能单体解离。炉渣的可磨度也因渣的组成结构不同而异，前已阐明，炉渣中 SiO$_2$ 含量高的比低的难磨，水淬急冷渣比缓冷渣难磨，这是由于形成较多的非晶质物体的原因。据测定转炉渣在粗磨时比铁矿石易磨，而细磨时则比铁矿石难磨，据认为这是由于炉渣的韧性和硬度在粒度越细时越大，颗粒越渐趋于球形，组织更为致密，故细磨时更为困难。

基于上述情况炉渣需磨得很细，才能使铜矿物单体解离出来，所以必须采用二段或三段细磨流程。通常第一段细磨用机械分级机或旋流器分级，第二、三段用水力旋流器构成闭路磨矿或作为溢流控制分级，保证细度。炉渣的磨矿细度用 -200 目粒级含量百分数评定磨矿细度已不适用，因为大多数炉渣磨至 -200 目超过 98% 时（认为这已在筛分分析的误差范围内）单体解离度仍很低，以 -200 目粒级含量百分数是不能真实反映磨矿细度，而一般都采用更细的粒级（如 270 目、300 目、325 目）含量百分数来评定磨矿细度。

根据炉渣中铜相晶粒嵌布不均匀的情况，可采用阶段磨选流程，并在磨矿细度分级回路中设置独立浮选槽，以便尽早回收易选的和在粗粒时已达到单体解离的铜矿物。这样对提高选别指标有利。

经对铜炉渣的磨矿细度试验表明，铜精矿品位随磨矿细度的增加而提高，回收率也略有提高，即使磨得很细时，浮选指标仍很高，且稳定。这说明炉渣与矿石不同，过磨泥化对炉渣的浮选影响不大。

由于炉渣比矿石难磨，所以它比矿石磨细的生产能力低，电耗大，而且对磨机的衬板和钢球磨损都很严重。因此有些选厂磨机采用橡胶衬板以减少消耗降低成本。

6.2.2.3　铜炉渣的浮选工艺

由于炉渣中的含铜矿物与天然的硫化铜矿石相类似，所以炉渣的浮选条件就与铜矿石的浮选相近。现将铜炉渣的浮选工艺条件分述如下。

A　浮选药剂

铜炉渣中的含铜矿物主要是硫化铜、冰铜（主要是 Cu_2S 和 FeS 组成的共熔体）和金属铜等；而氧化铜的含量很少，一般都不超过 10%。所以通常采用高、低级黄药和黑药类的捕收剂，均能获得较好的浮选指标。但用 Z-200 捕收剂（O—异丙基 N—乙基硫逐氨基甲酸酯）的浮选效果最好，因为它对铜矿物的捕收能力较强，而对硫化铁矿物的捕收力弱，故捕收的选择性好，获得的浮选指标较高。据报道，国外采用 AP404 捕收剂（巯基苯并噻唑），浮选效果也较好，并适于浮选细粒铜矿物。

起泡剂一般用 2 号油；国外还应用 MIBC 起泡剂（甲基异丁基甲醇）和 TEB 起泡剂（三乙氧基丁烷，我国称 4 号油）浮选效果都很好。

调整剂则根据具体情况选用，但一般都不用或少用。

B　浮选作业的矿浆浓度

由于炉渣浮选需要磨得很细才能使渣中铜矿物单体解离，此时，分级机溢流浓度一般都较稀，因此考查浮选浓度对浮选指标的影响是很必要的。经试验研究表明，浮选浓度可在较宽的范围内进行，一般在 15%～45% 的范围内对浮选指标影响不大。有些浮选厂设置独立浮选槽的浓度可高达 60%～65%，粗、扫选作业浓度一般在 40%～60%，精选作业浓度为 30%～40%。

C 浮选矿浆的 pH 值

试验研究表明，铜炉渣浮选矿浆的 pH 值适应性较宽，可在很广的范围内（pH＝5~11）进行浮选。据认为是炉渣中很少有溶于弱酸或弱碱的金属或金属化合物的原因。所以一般是在天然的 pH 值下进行浮选。但在碱性矿浆中浮选情况较好，这是因为捕收剂在碱性矿浆中效应提高，对铜的捕收作用效果较好的缘故。

D 浮选时间

炉渣中铜矿物的浮选速度很快，一般浮选数分钟后其回收率即可达 80%~90%左右。其中以 Z-200 的浮选速度最快。故通常不需很长的浮选时间。

E 浮选机的选择

铜炉渣的相对密度大，沉降速度较快，并且浮选浓度也较高，所以粗、扫选作业应采用浅槽型浮选机较好。浮选机的搅拌要强烈，排矿口及管道的坡度都应注意选择大些，否则很容易阻塞。

炉渣对机械设备及管道的磨损比矿石严重，也应注意衬胶等耐磨措施。

F 铜炉渣浮选精矿的脱水

铜炉渣浮选的精矿粒度比铜矿石的精矿粒度细，但铜炉渣精矿的相对密度大，并且含泥少，故沉降速度快，从而与一般的铜矿石精矿的脱水工艺流程相同，所用的脱水设备也一样。即浮选精矿的矿浆先经浓缩机浓缩，以后再进行过滤，最后干燥，可视具体情况采用两段或三段脱水流程。

6.3 炼铜炉渣的选别方法及工艺

国内外采用渣选矿方式代替冶炼渣火法贫化工艺已成为技术发展的主流。从 20 世纪 30 年代开始提出渣选矿思路以后，对多种铜冶炼渣做了大量的选矿试验研究工作，从 50 年代后期开始并陆续成功转化为工业生产实践，到目前为止，铜冶炼渣选矿工作已经取得了丰硕成果。

6.3.1 铜渣中铜的回收

目前对铜渣中铜的提取主要有火法贫化、湿法浸出、浮选富集等几种方式。

6.3.1.1 火法贫化

铜在渣中的损失主要是以冰铜夹杂、硫化物的物理溶解以及结合态的铜化合物的形式产生的，其中以冰铜夹杂为主。这些铜矿物多被磁性氧化铁所包裹呈滴状结构，或铜铁矿物形成斑状结构，或数种铜矿物相嵌共生，因此影响渣含铜的最根本因素是炉渣中的 Fe_3O_4 的含量。降低炉渣中的 Fe_3O_4 的含量，就能够改善锍滴在渣中沉降的条件，如黏度、密度以及渣-硫间界面张力等；降低渣中的

Fe_3O_4 的含量，将减少铜的氧化损失，从而降低渣含铜。因此，炉渣的熔炼贫化就是降低氧势，提高硫势，还原 Fe_3O_4 的过程。随着技术的发展，一些新的贫化方式接连不断的出现。如反射炉贫化炼铜渣，电炉贫化炼铜渣，特尼恩特转炉贫化法等，而这些火法贫化一般都是基于以下基本反应：

$$3Fe_3O_4 + FeS \longrightarrow 10FeO + SO_2 \uparrow \qquad (6-1)$$

$$(Fe, Co, Ni)O \cdot Fe_2O_3 + C \longrightarrow CoO + NiO + 3FeO + CO \uparrow \qquad (6-2)$$

$$2(Co, Ni)O \cdot SiO_2 + 2FeS \longrightarrow FeO \cdot SiO_2 + 2(Co, Ni)S \qquad (6-3)$$

从基本反应可以看出，在火法贫化铜渣中加添加剂、硫化剂 FeS、还原剂 C 等的目的都是为了降低渣中的 Fe_3O_4 相，从而降低铜渣中的冰铜夹杂，有利于金属铜的回收。中南大学研究发现低冰铜品位、渣中磁性氧化铁含量、渣中 SiO_2 与全 Fe 含量比以及渣层搅拌速度是决定渣含铜的主要因素。而在贫化炉中所加入的还原剂、硫化剂、溶剂等，能够还原渣中的 Fe_3O_4、调整渣型，从而降低渣中夹杂的冰铜品位。当硫化剂加入量相同时，就降低渣含铜的效果而言，FeS 优于铜精矿，黄铁矿（FeS_2）优于 FeS。

（1）电炉贫化。由熔炼炉溜槽流出的液态炉渣不断地进入贫化炉内，在自焙电极产生的电能热的作用下，熔体温度保持在 1200~1250℃。渣中的 Fe_3O_4 被加入的还原剂还原成 FeO，并与 SiO_2、CaO 等造渣。在降低了炉渣的黏度、密度，改善了渣的分离性质以后，锍粒比较容易地沉降到锍层中。Cu_2O 硫化生成的锍粒和原先夹带的锍粒会在炉渣对流运动中相遇，互相碰撞，由于界面张力的作用而聚合成较大尺寸的锍粒沉降。

（2）特尼恩特转炉贫化法。特尼恩特转炉不仅应用于熔炼和吹炼，而且也用来进行炉渣贫化过程。它是在只有少数几个风口的卧式转炉中进行的还原炉渣的工艺，炉型上更类似于回转式精炼炉。从特尼恩特熔炼炉中出来的渣中 $w(Cu) = 4\%~8\%$、$w(Fe_3O_4) = 16\%~18\%$，而经过特尼恩特炉贫化后，其渣含铜降低为 0.8%。

（3）真空贫化法。在造锍熔炼的具体条件下，冰铜在熔渣介质中首先是呈细微分散的状态存在，然后再汇聚成大液滴下沉。而在铜渣中，特别是在像诺兰达渣这种强氧化性渣中，渣中 Fe_3O_4 含量较高，使渣的黏度特别大，同时由于细小的冰铜微粒在熔渣中的浓度低、渣-锍界面张力小，就导致大量分散的锍粒未能聚结成大液滴而仍悬浮于渣中或浮于渣表面。在真空条件下，则有利于铜渣中铜的回收，其原理如下：

1）在真空条件下，有利于渣中气泡的长大，而气泡长大后，所附着的冰铜颗粒的表观半径大一倍，该冰铜颗粒对其他微小冰铜粒子的捕集能力至少提高 4 倍；

2）气泡形成后，在上浮过程中，对熔渣有着强烈的搅拌作用，增大了锍滴的碰撞几率，加上表面张力的作用，从而促进了分散锍滴的聚合；

3）真空条件下，促进了以下反应的进行：

$$3Fe_3O_4 + FeS \longrightarrow 10FeO + SO_2\uparrow \tag{6-4}$$

$$3(CuO \cdot Fe_2O_3) + 2CuS \longrightarrow 5Cu + 2Fe_3O_4 + 2SO_2\uparrow \tag{6-5}$$

$$5(CuO \cdot Fe_2O_3) + 2FeS \longrightarrow 5Cu + 4Fe_3O_4 + 2SO_2\uparrow \tag{6-6}$$

$$Cu_2S + 2Fe_3O_4 \longrightarrow 6FeO + 2Cu + SO_2\uparrow \tag{6-7}$$

$$Cu_2O + FeS \longrightarrow Cu_2S + FeO \tag{6-8}$$

通过这些反应，可以将渣中以较复杂的络合物形式存在的物相，转变为较为简单的络合物物相或者简单的化合物物相，从而降低渣的黏度，有利于锍滴的沉降。

6.3.1.2 湿法浸出

对铜渣的湿法处理的技术中有多种浸出方法，如硝酸盐浸出法、氯化浸出法、硫酸化浸出法、氰化浸出法等。对于湿法提取铜渣中不同的金属，要用到不同的浸出方法，铜渣中金银的浸出用氰化浸出法，而对于铜渣中铜的浸出则一般要用到氯化浸出法和硫酸化浸出法。

（1）氯化浸出法。一般氯化浸出法包括两个步骤，第一步是氯气的产生：

$$NaClO + 2HCl \longrightarrow Cl_2\uparrow + NaCl + H_2O \tag{6-9}$$

$$NaClO + NaCl + H_2SO_4 \longrightarrow Cl_2\uparrow + Na_2SO_4 + H_2O \tag{6-10}$$

第二步是氯气对铜渣的选择性浸出：

$$Cu_2S(锍) + 5Cl_2 + 4H_2O =\!=\!= 2Cu^{2+}(aq) + SO_4^{2-}(aq) + 10Cl^-(aq) + 8H^+ \tag{6-11}$$

$$FeO \cdot nSiO_2(玻璃相) + 2H^+ =\!=\!= nSiO_2(凝胶) + Fe^{2+}(aq) + H_2O \tag{6-12}$$

$$2Fe^{2+} + Cl_2(aq) =\!=\!= 2Fe^{3+}(aq) + 2Cl^-(aq) \tag{6-13}$$

因为在铜渣中，铁主要是以铁橄榄石和磁铁矿两种晶相存在的，因此铁元素被酸溶解浸出的速度较为缓慢，从而有利于铜渣中铜的选择性浸出。对于铜渣的氯化法选择性浸出，其浸出效果与铜渣的粒度、浸出时间、浸出温度、总氯浓度以及所添加的氯化物等有关，因此，只要浸出条件适当，便可以达到最好的选择性浸出的效果。

（2）硫酸化浸出法。对铜渣的硫酸化浸出，一般包括两个步骤。

第一步是硫酸化焙烧：

$$2Cu_5FeS_4 + 42H_2SO_4 \longrightarrow 10CuSO_4 + Fe_2(SO_4)_3 + 37SO_2\uparrow + 42H_2O \tag{6-14}$$

$$CuO \cdot Fe_2O_3 + 4H_2SO_4 \longrightarrow CuSO_4 + Fe_2(SO_4)_3 + 4H_2O \tag{6-15}$$

$$CoO \cdot Fe_2O_3 + 4H_2SO_4 \longrightarrow CoSO_4 + Fe_2(SO_4)_3 + 4H_2O \tag{6-16}$$

$$\frac{1}{4}ZnO \cdot Fe_2O_3 + H_2SO_4 \longrightarrow \frac{1}{4}ZnSO_4 + \frac{1}{4}Fe_2(SO_4)_3 + H_2O \qquad (6-17)$$

$$NiO \cdot Fe_2O_3 + 4H_2SO_4 \longrightarrow NiSO_4 + Fe_2(SO_4)_3 + 4H_2O \qquad (6-18)$$

$$\frac{1}{2}(2CoO \cdot SiO_2) + H_2SO_4 \longrightarrow CoSO_4 + \frac{1}{2}SiO_2 + H_2O \qquad (6-19)$$

$$ZnO \cdot SiO_2 + H_2SO_4 \longrightarrow ZnSO_4 + SiO_2 + H_2O \qquad (6-20)$$

$$\frac{1}{2}(2ZnO \cdot SiO_2) + H_2SO_4 \longrightarrow ZnSO_4 + \frac{1}{2}SiO_2 + H_2O \qquad (6-21)$$

$$\frac{1}{2}(2FeO \cdot SiO_2) + H_2SO_4 \longrightarrow FeSO_4 + \frac{1}{2}SiO_2 + H_2O \qquad (6-22)$$

$$Fe_3O_4 + 4H_2SO_4 \longrightarrow FeSO_4 + Fe_2(SO_4)_3 + 4H_2O \qquad (6-23)$$

$$FeS + 4H_2SO_4 \longrightarrow FeSO_4 + 4SO_2 \uparrow + 4H_2O \qquad (6-24)$$

硫酸盐分解：

$$2CuSO_4 \longrightarrow CuO \cdot CuSO_4 + SO_3 \qquad (6-25)$$

$$\frac{1}{3}Fe_2(SO_4)_3 \longrightarrow Fe_2O_3 + SO_3 \qquad (6-26)$$

$$ZnSO_4 \longrightarrow ZnO \cdot 2ZnSO_4 + SO_3 \qquad (6-27)$$

$$CoSO_4 \longrightarrow CoO + SO_3 \qquad (6-28)$$

$$NiSO_4 \longrightarrow NiO + SO_3 \qquad (6-29)$$

第二步是硫酸浸出：

$$CuO + H_2SO_4 \longrightarrow CuSO_4 + H_2O \qquad (6-30)$$

$$Fe_2O_3 + H_2SO_4 \longrightarrow Fe_2(SO_4)_3 + H_2O \qquad (6-31)$$

$$ZnO + H_2SO_4 \longrightarrow ZnSO_4 + H_2O \qquad (6-32)$$

$$CoO + H_2SO_4 \longrightarrow CoSO_4 + H_2O \qquad (6-33)$$

$$NiO + H_2SO_4 \longrightarrow NiSO_4 + H_2O \qquad (6-34)$$

　　虽然铜渣中的铁大部分是以铁橄榄石和磁性氧化铁两种晶相形式存在的，但是在进行硫酸化焙烧时，它们也是可以转化进入可溶相的。而硫酸化浸出铜的目的就是最大限度的使铜元素进入到可溶相里，同时使铁留在不溶相里，这样就必须控制合理的焙烧条件（焙烧温度、焙烧时间、焙烧气氛）以及浸出条件（浸出温度、浸出时间、浸出酸的酸度等）来达到硫酸化浸出的目的。

6.3.1.3　浮选法贫化

　　浮选法包括了缓冷与磨矿工序。炉渣中的铜之所以能通过浮选富集到精矿中，是因为在熔渣冷却过程中形成了能够机械分离的硫化亚铜结晶以及金属铜的颗粒，借助于它们在表面物理化学性质上与其他造渣物的差异而实现分离。冶金炉渣实际上是一种人造矿石，这种矿石中矿物的粒度与相组成取决于冷却速度，从而影响到铜的回收率。在相变温度以内的缓慢冷却会使铜矿物颗粒长大，保证了浮选过程中对铜的良好捕集。

6.3.2 转炉渣选矿试验及生产实践

6.3.2.1 内蒙古金峰铜业铜转炉渣选矿生产实践

内蒙古金峰铜业转炉渣选矿厂于 2008 年底建成，2009 年初进行试生产，经过工艺流程调试、改造，现已正式生产。内蒙古金峰铜业铜转炉渣中铜矿物主要为辉铜矿、蓝辉铜矿、金属铜、黄铜矿、斑铜矿、方黄铜矿等，这些矿物都属易浮铜矿物，主要铁矿物为磁铁矿、赤铁矿。脉石矿物主要为铁橄榄石、硅灰石、玻璃体等。转炉渣中铜矿物的粒度很细，其中粒度 +74μm 铜矿物占 38.06%，而 −43μm 铜矿物占 50.08%；有部分铜矿物的粒度为 −10μm，在磨矿过程中，这部分铜矿物较难单体解离。

根据转炉渣较坚硬、易碎、难磨的性质，在设计破碎流程中，选用了新设备惯性圆锥破碎机，这样不但简化了破碎流程（简化为二段开路破碎），而且降低了破碎产品粒度（破碎最终产品粒度为 −8mm）。工艺流程如图 6-2 所示。

由于转炉渣中含有 26% 左右的磁铁矿，在用磨矿机时采用了磁性衬板，大大减少了磨机的维修量，提高磨机的作业率。同时也是根据这一特性，浮选尾矿进行磁选，能选出产率 30% 左右的铁精矿，虽然铁精矿品位不高，含铁 58% 左右，但作为副产品综合回收还是可行的，这样不但充

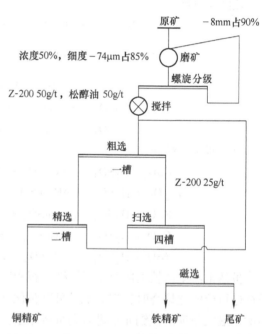

图 6-2　内蒙古金峰铜业铜转炉渣选矿生产工艺

分利用了炉渣中的有用成分，同时也为企业提高了经济效益。并且最终破碎粒度较细，采用了长筒磨矿机（MQY2100×4500），加之合理的配球比，因此，一段磨矿细度能达到 −74μm 占 85%。转炉渣中含有部分粗粒的冰铜、白冰铜及硫化铜矿物，在浮选药剂的选择上，选用高效铜的捕收剂 Z-200 进行浮选，这样不但浮选药剂添加简单，同时铜回收率高。

在原矿含铜 3.48%、含铁 53.58% 条件下，采用一段磨矿，磨矿细度为

$-74\mu m$占85%，只加高效铜捕收剂 Z-200 和起泡剂松醇油，进行一次粗选、一次扫选、一次精选，能获得含铜 22.28%、铜回收率 90.64% 的优质铜精矿。浮选铜尾矿进行磁选能得到含铁 58.36%、铁回收率 62.18% 的铁精矿。从投产到生产正常，生产指标稳定：铜精矿品位 20%~24%，铜回收率 90%~96%；铁精矿品位 58%~61%，铁回收率 60%~70%。

6.3.2.2　江西贵溪铜冶炼厂转炉渣选矿工艺试验研究

2010 年，陈江安等对江西贵溪铜冶炼厂转炉渣进行了选矿工艺研究（图 6-3）。该转炉渣中铜矿物主要以金属铜、硫化铜形式存在，其次有氧化亚铜、氧化铜和铁酸铜。金属铜常呈圆粒状，椭圆粒产出，部分为不规则状，粒度大于 0.04mm 的金属铜大多以单体形式出现，而微细粒者通常呈包裹体嵌布在脉石矿物中。辉铜矿分布较广泛，约占硫化铜矿物的 80%，常为不规则粒状，而且多以单体颗粒产出，粒

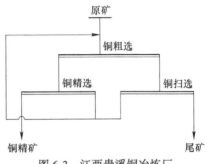

图 6-3　江西贵溪铜冶炼厂
转炉渣选矿工艺流程图

度细小者 0.01mm 左右，粗者可达 0.15mm，一般在 0.02~0.14mm，在部分辉铜矿中，可见微细粒黄铜矿残余分布，以及含有少量的铁。斑铜矿含量较少，浅紫色，部分微带蓝色，多呈单体出现，粒度 0.02~0.08mm；黄铜矿微量，不规则粒状，粒度通常较为细小，一般 0.01~0.06mm，沿其边缘常有辉铜矿、斑铜矿镶嵌，部分呈微细粒星散状嵌布在脉石中。铜矿物的嵌布粒度很细，从铜的粒度分布情况来看，金属铜有 50% 分布在 -0.037mm，硫化铜约有 30% 分布在 -0.037mm。尾矿中的铜，主要以氧化物的形式存在，铜氧化物中的铜量占尾矿总铜量的 80%，其中铁酸铜中的铜量又占尾矿的 40%。在未增加磨矿的情况下经过闭路试验，以丁基黄药作为捕收剂，铜的品位达到了 23.76%，铜的回收率也达到了 52.14%。

6.3.2.3　江西贵溪冶炼厂转炉渣选矿生产实践

贵溪冶炼厂转炉渣选矿厂在铸渣机上缓冷的转炉渣的成分为铜 4.5%、铁 49.9%、硫 1.2%、二氧化硅 21%，炉渣中的铜约有 17% 呈金属铜存在，其余 83% 为硫化铜。铜的嵌布粒度较细，0.01~0.044mm 占 80% 以上。

破碎采用两段一闭路流程，总破碎比 16.7，最终粒度小于 15mm，设手选作业挑出大块铜和铁件。磨矿采用三段磨矿，第一、二、三段磨矿的细度分别为 -0.074mm 占 55%、-0.043mm 占 90%、-25mm 占 80%。为了配合细度要求，采用了提高磨矿浓度的措施，对浓度较低的第三段选别尾矿用旋流器两次浓缩到浓度 72% 再给入第二段磨矿，对浓度 55% 的第一段选别尾矿用旋流器一次浓缩处理

再磨，第三段磨矿也是用旋流器对来料预先浓缩，这样使三段磨矿浓度都大大提高，浓度分别为80%、77%、73%。浮选采用三段高效浮选：第一段选别用中间浮选机快速浮选，浮选浓度高达55%，提前产出铜品位55%的粗粒，成为第一份铜精矿，这份铜精矿中的铜占总铜回收率的42%；第二段常规浮选，浓度44%，产出品位35%的第二份铜精矿，它占总铜回收率的53%，同时第二段选别抛尾；第三段对第二段中矿进行单独处理，浮选浓度31%。工艺流程如图6-4所示，最终获得铜精矿品位35%，尾矿铜品位0.4%，铜精矿中铜回收率91.7%。

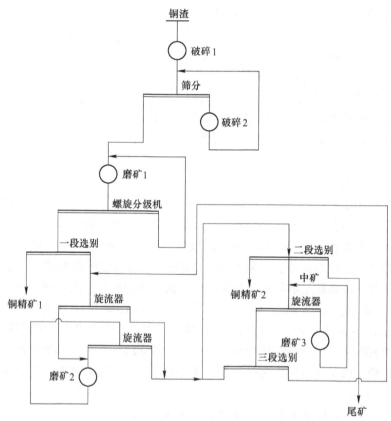

图6-4　贵溪冶炼厂转炉渣选矿工艺流程

6.3.2.4　铜冶炼高品位转炉渣选矿试验研究

某厂所处理的转炉渣经60h缓冷后，外观呈灰黑色，部分带黑绿色，结构致密，密度约$4.25 \times 10^3 \text{kg/m}^3$。铁主要以磁铁矿（$Fe_3O_4$）和橄榄石（$2FeO \cdot SiO_2$）存在，铜主要以硫化态存在，还有部分以金属态和氧化态的形式存在，少部分以铁酸铜形式存在。对此，苏晓亮等进行了转炉渣的浮选试验，最终得出如下结论：（1）含有金属铜的高品位转炉渣可磨性相对差，要获得较好的选矿效果，必须使金属铜及连生体中的铜经过足够时间磨矿，实现其单体解离有助于获得较好浮选指标。（2）仅通过单一磨矿浮选法，较难实现转炉渣中金属铜的有效回收。可利用金属铜的密度及矿石的磁性，适当采用重选、磁选及浮选的联合选矿方法获得尾矿含铜低于 0.35%，铜回收率大于97%的指标，为工业生产奠定了应用基础。

6.3.2.5　选矿法回收高品位转炉渣中铜的试验研究

随着大冶有色金属公司冶炼厂澳斯麦特技术的应用，其转炉渣不再进入贫化炉。公司冶炼厂原产转炉渣含铜一般为 3%~5%，但澳炉的投产调试期间，产生的含铜转炉渣品位较高，一般为 8%~10%。为使含铜较高的转炉渣得到贫化，结合现有渣选厂生产工艺扩能改造，黄瑞强等对高品位转炉渣开展选矿试验研究。通过试验探索和工艺流程优化，对高品位转炉渣浮选铜推荐的工艺流程为一段磨矿后采用弱磁选预回收颗粒明铜，一粗产生铜精矿，再磨后，二粗和三粗进一步生产精矿一次扫选泡沫产品返回再磨。2011 年 3 月，采用磁浮联合新工艺改造原有渣选工艺流程，处理冶炼厂高品位含铜转炉渣。改造项目达产后，从 3 月到 7 月底，共生产 108d，累计处理高品位转炉渣 41472.6t，原渣含铜品位 7.86%，综合铜精矿品位 28.50%，铜尾矿品位 0.34%，选铜回收率96.83%，达到预期效果。

6.3.2.6　白银有色金属公司转炉渣选矿试验及实践

1976 年，白银公司对成分为铜 1.84%、铁 51.6%、二氧化硅 18.15%的低硅缓冷转炉渣进行了小型选矿闭路试验，获得了铜精矿铜品位 15.15%、铜精矿中铜回收率85.89%，铁精矿品位铜 0.45%、铁 60.52%，铁精矿中铁回收率33.87%，浮选尾矿铜品位0.29%，磁选尾矿铜品位 0.21%。试验流程如图 6-5 所示，采用一粗二精一扫浮选流程，粗精矿再磨后进行精选，扫选尾矿经磁选选铁。

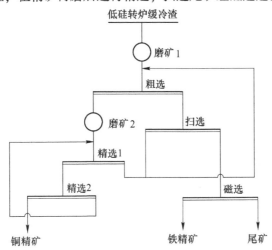

图 6-5　白银有色金属公司低硅缓冷转炉渣选矿闭路试验流程

两段磨选，一段磨矿细度-0.042mm 占 93%，第二段磨矿细度-0.042mm 占 99%。一段选别一粗一扫结构，第二段是对第一段粗精矿再磨再选，二段选别为一粗一精结构，相当于两次精选。第一段选别扫选尾矿磁选选铁，选铁尾矿是废弃尾矿。

同年在 20t/d 规模工业条件下对成分为铜 2.25%、铁 48.68%、二氧化硅 23.06%的地坑缓冷转炉渣进行了生产，选矿指标：铜精矿品位铜 15.9%、铁 40.52%，铜精矿中铜回收率 91.45%；铁精矿品位铜 0.33%、铁 57.36%，铁精矿中铁回收率 32.6%；铁精矿和尾矿合计铜品位 0.22%，尾矿品位铜 0.17%，铁 46.43%。其工艺流程如图 6-6 所示。

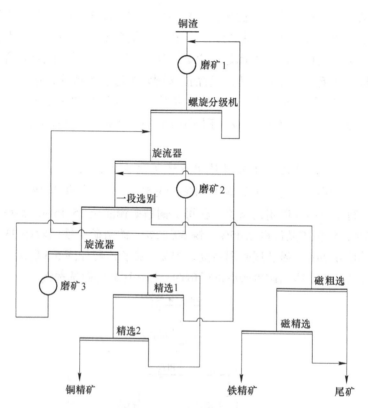

图 6-6 白银有色金属公司转炉渣选矿工艺流程

用旋流器预先分级提高磨矿浓度并强调细磨。三台球磨机的磨矿细度分别为 -0.042mm 占 66.4%、86.4%、94%，第一台、第二台球磨机属于连续磨矿的第一段磨矿，第三台球磨机属于第二段磨矿，磨第一段选别粗选的泡沫产物。两段选别，第二段经过两次精选产出唯一一份铜精矿，第一段选别尾矿经一粗一精磁选产出铁精矿和废弃尾矿。

6.3.2.7 金口岭铜矿转炉渣选矿实践

金口岭铜矿是铜陵有色金属（集团）公司下属的一座中型采选联合企业。该公司根据转炉渣的性质，采用新工艺、新技术进行铜的回收，在原渣铜品位2.964%条件下，获得了铜品位27.63%，铜回收率87.83%铜精矿。工艺流程见图6-7。金口岭铜矿转炉渣选矿工艺的技术特点集中体现在磨浮工艺上，主要有以下几个方面：

（1）两段磨矿，实现细磨。转炉渣中铜矿物的嵌布粒度较细，一般$-44+10\mu m$粒级含量占80%以上，只有进行细磨，才能使铜矿物达到单体解离，从而获得较好的选别指标。

（2）阶段浮选，早拿快收。转炉渣中含有8%~15%的金属铜，并有部分铜矿物为粗颗粒嵌布，经一段闭路磨矿作业已达到单体解离的铜矿物应先拿出来，因此设置了一段浮选作业，以获得品位较高、颗粒较粗的铜精矿。

（3）中矿返回二段磨矿再磨，确保实现细磨。返回二段再磨，总尾矿品位低，且尾矿中粗级别铜的占有率低于依次进入浮选循环系统的。

（4）利用药剂间协同效应，混合用药。为充分利用Z-200与黄药间的协同效应，辅以补加部分丁基黄药，实现混合用

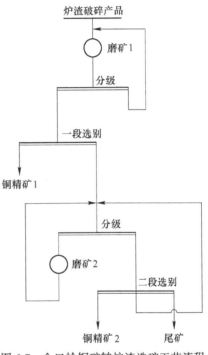

图6-7 金口岭铜矿转炉渣选矿工艺流程

药。选用松醇油作起泡剂。自然pH值条件下，混合用药，不仅获得较高的精矿品位，尾矿品位也低，并且降低了选矿处理成本。

6.3.2.8 日本足尾选矿厂炉渣选矿实践

日本足尾选矿厂从1961年用浮选法处理转炉渣，比采用电炉处理金属回收率要高30%，该厂处理的是地坑自然冷却的转炉渣，炉渣成分为铜6.03%、铁52.39%、金0.1g/t、银30g/t，选矿总回收率：铜94.63%、铁76.18%，铜精矿品位16.55%、铁40.59%、金0.7g/t、银89g/t，铁精矿品位铜0.55%、铁57.63%、银1g/t、金痕量，无尾矿。工艺流程的特点是：干式磁选、湿式磁选和浮选联合收铜；抓住重点、强调细磨；提高磨矿浓度、保证磨矿能力；提高浮选浓度。生产工艺流程如图6-8所示。

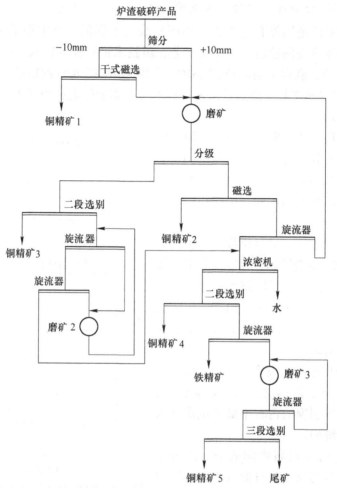

图 6-8   足尾矿业所转炉渣选矿工艺流程

6.3.3   熔炼炉渣选矿试验及实践

6.3.3.1   祥光铜业闪速熔炼炉渣选矿试验及实践

阳谷祥光铜业有限公司（以下简称祥光铜业）400kt/a 阴极铜（一、二期分别为 200 kt/a）工程采用世界上先进的双闪（闪速熔炼和闪速吹炼）冶炼工艺，产出的闪速熔炼炉渣（含铜约为 1.0% ~ 2.0%）经缓冷后倾倒在渣堆场初步破碎后进入选矿系统。祥光铜业采用选矿方法处理闪速熔炼炉渣，每年可以从废弃的闪速熔炼炉渣中多回收约 1 万吨金属铜。祥光铜业闪速熔炼渣含铜品位为 1.2% ~ 2.5%，含铁 36% ~ 41%。铜矿物的形式占全铜的质量分数：金属铜 9.91% ~ 16.67%、硫化铜 19.82% ~ 26.89%、氧化铜 50% ~ 56.76%、与铁硅结合铜

6.24%~13.87%。由矿石性质不难发现，闪速熔炼渣中的难选铜矿物含量较多，对渣选矿回收率指标存在一定影响。实际生产控制入选磨矿细度-0.043mm占80%，浮选采用二粗二扫三精流程，以Z-200号为捕收剂、2号油为起泡剂，铜浮选回收率在80%左右。为了提高熔炼渣中氧化铜的回收率，采用二粗二扫二精流程进行了增加活化药剂和辅助捕收剂的对比试验研究，活化剂为硫化钠，辅助捕收剂为丁黄药，如图6-9所示。采用-0.043mm占80%磨矿细度，以现场浮选药剂条件，即捕收剂Z-200号用量为70g/t、2号油用量为60g/t，为参比工艺条件，对比试验条件为在二粗、一扫、二扫分别添加硫化钠进行活化，同时分别添加丁黄药作为辅助捕收剂。硫化钠用量150g/t、丁黄药用量40g/t，Z-200号用量由设计的70g/t降至30g/t。在渣原矿和渣精矿品位相近的情况下，使渣尾矿铜品位由0.35%降低到0.26%，使铜浮选回收率由79.39%提高到84.75%。

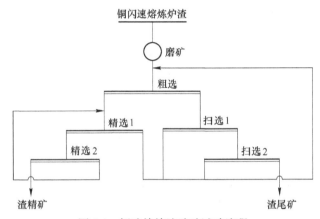

图6-9 闪速熔炼渣选矿试验流程

此外，针对闪速熔炼渣中的难选铜矿物，尤其是铜铁共生的氧化铜矿物，研究了独特的活化剂药，在提高铜浮选回收率方面，已经取得了显著试验效果。

2008年3月至2011年4月熔炼一期生产，期间一直按照设计生产用药为Z-200和2号油，选矿指标尾矿含铜略好于设计指标。2011年5月熔炼二期对接之后，闪速熔炼炉渣中氧化铜占有率上升，这成为渣尾矿含铜上升的重要因素之一。经过大量实验室试验和生产试验及物相分析，最终对药剂种类、添加量、添加点等进行改进：在碱性矿浆条件下，在原生产用药为Z-200和2号油基础上，增加了硫化钠和丁基黄药，采用多点加药方式，先将氧化矿硫化，然后用硫化矿捕收剂捕收；同时对原有药剂槽进行改造，由原先的药剂添加槽16槽扩展为32槽，确保以上增加药剂可以顺利加入。

其工艺流程如图6-10所示，可以概括为"两段开路破碎、两段连续磨矿、一段浮选、精矿和尾矿两段脱水"流程。工艺流程和参数指标：闪速熔炼炉渣经过渣缓冷以后，先经过液压破碎机将特大块炉渣破碎到大块炉渣，经过格筛，控制粒度不大于 450mm；再经过颚式破碎机破碎到中等粒度以下，炉渣物料粒度不大于 200mm；给入半自磨机磨矿循环进行第一段磨矿，然后再经过球磨机磨矿循环完成第二段磨矿，二段磨矿的分级溢流细度达到-0.043mm 占 80%，进入浮选进行选别得到渣精矿和渣尾矿，浮选为两粗、两扫、三精流程，一粗精矿泡沫直接成为合格精矿，和二次粗选泡沫经过三次精选所得的精矿合并为最终精矿，二次精选和三次精选中矿循序返回，一次精选和扫选中矿集中返回球磨机再磨然后返回一次粗选。

6.3.3.2　白银有色金属公司白银炉熔炼渣选矿实践

白银有色金属公司对在 27% 富氧浓度下白银炉熔池熔炼炉产出的成分为铜 2.722%、铁 40.63%、二氧化硅 27.49% 和金 1.2g/t、银 33g/t 的空气自然冷却低硅渣进行选矿，选矿指标：铜精矿品位 13.259%、金 4.21g/t、银 110.29g/t，铜回收率 89.33%，尾矿铜品位 0.356%。选矿流程如图 6-11 所示，其流程为两段连续磨矿一段选别，一次磨矿细度-74μm 占 99.39%，二次磨矿细度即入选细度为-43μm 占 94.53%。一粗一扫二精流程，中矿返回粗选，采用较高浮选浓度。

2012 年 12 月建成投产的年规模 140 万吨的渣选矿厂，采用了与祥光铜业渣选矿相同的工艺流程。处理的渣原矿品位在 1.4% 左右，获得的渣精矿品位在 22% 左右，尾矿品位在 0.28% 左右，铜回收率在 81% 左右。

6.3.3.3　铜陵有色金冠铜业熔炼渣选矿试验研究

金跃针对铜陵有色金冠铜业分公司的铜闪速熔炼炉渣进行了选矿试验研究，该炉渣的主要成分为铁、硅、铜及少量的铅、锌。其中铜主要以硫化铜的形式存在，其次以金属铜、氧化铜和其他形式存在。镜下检查发现，主要矿物为铁橄榄石、磁铁矿和硫化铜矿物等，铁橄榄石和磁铁矿占炉渣总量的 90% 以上。硫化铜矿物与磁铁矿、铁橄榄石矿物呈复杂嵌布共生关系，且嵌布粒度不均匀。

试验所用试剂有矿浆调整剂硫化钠、碳酸氢钠，捕收剂丁黄药、丁铵黑药、Z-200，起泡剂松醇油。试验采用流程为一粗两精两扫，如图 6-12 所示，最终获得铜品位 24.16%，回收率为 92.16% 的铜精矿，尾矿铜品位为 0.20%。

6.3.4　铜冶炼水淬渣选矿试验

6.3.4.1　湖北某铜冶炼厂炼铜水淬渣浮选回收铜试验研究

湖北某铜冶炼厂反射炉车间水淬渣，外观呈黑色，质脆坚硬，结构致密，该炉渣中铜的含量为 1.06%，主要以硫化铜的形式存在，其次为氧化铜，金属铜含量相对较少。炉渣中最多的元素是铁和硅，采用 Mossbauer 法进一步分析表明，炉渣中的铁有 53.5% 以铁橄榄石相存在，14% 以钙铁橄榄石存在，其余 32.5% 以 Fe_3O_4 存在；硅除了与氧化铁形成铁橄榄石外，大部分呈硅灰石及无定形的玻璃

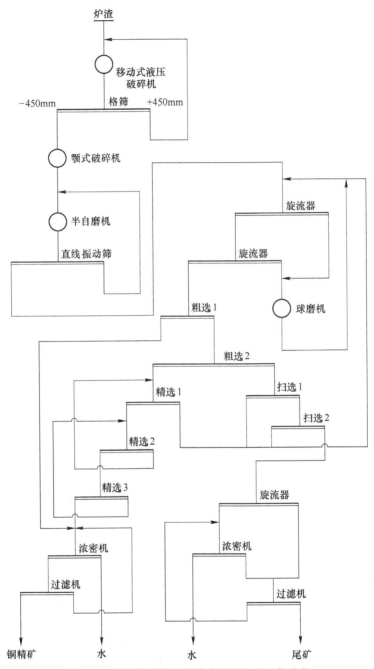

图 6-10 阳谷祥光铜业铜熔炼炉渣选矿工艺流程

体。而且炉渣中的铜、铁、硅等矿物紧密共生，相互交织，呈细粒不均匀嵌布，致使炉渣中的铜难以与脉石单体解离。

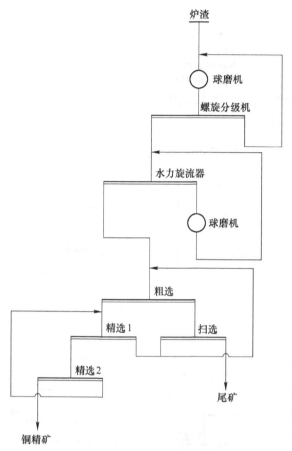

图 6-11 白银有色金属公司白银炉熔炼渣选矿工艺流程

将炼铜水淬渣，经过破碎、筛分处理，得到试样粒度为-1mm，用于浮选实验。试验所用药剂为捕收剂丁基黄药、丁铵黑药，起泡剂松醇油，氧化铜活化剂硫化钠，分散剂六偏磷酸钠。采用如图 6-13 所示流程，当磨矿粒度为-0.074mm 粒级占95%，矿浆浓度为30%，pH=7.0，捕收剂（丁铵黑药与丁基黄药按1：1 配制）、活化剂（硫化钠）、分散剂（六偏磷酸钠）的用量分别为240、800、800g/t 时，可获得铜品位4.54%，铜回收率64.65%的铜粗精矿。

6.3.4.2 从贫化炉水淬渣中氨浸提铜试验研究

郭勇等对某公司水淬后的炉渣，采用氨水浸出水淬渣中的有用矿物回收铜进行试验研究，该水淬渣中主要由含铜（冰铜及粗铜）、磁铁矿、以橄榄石为主的硅酸盐及玻璃体等组成其中少量含铜大颗粒直径约40μm，大部分为较小颗粒，直径在10μm 左右。在浸出温度70℃、浸出时间4.0h、氨水浓度60g/L、液固体积质量比10mL：1g、搅拌速度500r/min、每10g 铜渣添加碳酸铵4g 条件下，铜

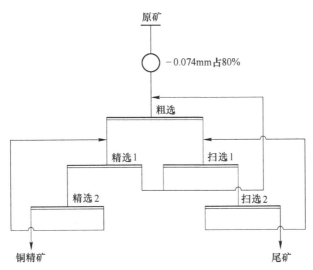

图 6-12 铜陵有色金冠铜业熔炼炉渣选矿试验流程图

浸出率为 45%；用硫化钠从浸出液中沉淀铜，铜沉淀率为 89%。

6.3.4.3 菲律宾某铜冶炼厂水淬渣选铜试验

菲律宾某铜冶炼厂于 1983 年建成投产，采用闪速炉熔炼—转炉吹炼的冶炼工艺，截至 2014 年底，该冶炼厂已经堆存水淬渣约 1500 万吨，含铜约 15 万吨。该水淬渣主要成分为硅和铁，可回收的主要有价金属为铜、铁，其中铜品位为 1.32%，铁品位为 40.22%，铜主要以辉铜矿和单质铜的形式存在。

在渣选系统稳定运行的情况下，依托缓冷混合渣生产实践的良好指标基础，在缓冷混合渣中按 10% 的比例添加水淬渣来回收水淬渣中的铜是可行的，得到了铜品位为 25.63%、铜回收率为 87.88% 的铜精矿。试验流程如图 6-14 所示。

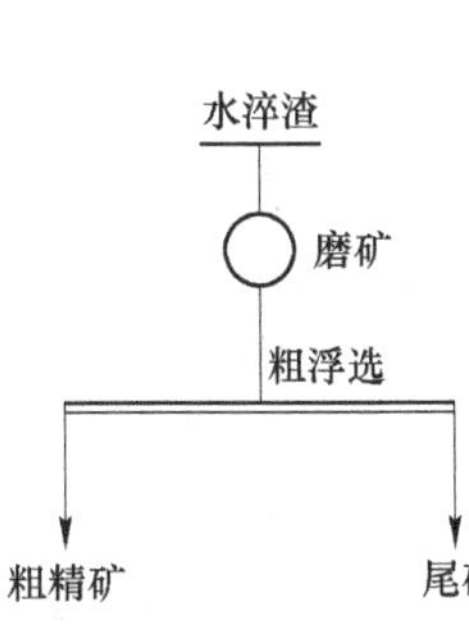

6.3.4.4 国内某冶炼厂水淬铜炉渣选矿试验

西北矿冶研究院田锋对国内某冶炼厂水淬铜炉渣进行了选矿试验研究。该冶炼厂铜炉渣属于水淬渣，在堆放水淬冷却过程中，发生了诸多的化学和物理化学变

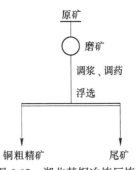

图 6-13 湖北某铜冶炼厂炼铜水淬渣浮选回收铜试验流程

图 6-14 菲律宾某铜冶炼厂水淬渣选铜试验流程

化。水淬渣由于冷却速度快，原本在高温熔融炉渣缓慢冷却过程中能发生的铜相粒子相互聚集并行为变得不能发生，造成有用矿物在炉渣中的分布相当分散。

该水淬铜渣外观呈黑色，性脆、坚硬、结构致密，密度 3.8g/cm³。含铜品位 0.98%、铁品位 39.76%、二氧化硅 28.36%、硫 1.09%。铜矿物大部分以硫化铜形式存在，其次为金属铜，氧化铜的含量很少。铜物相对总铜占有率为硫化铜占 88.51%、金属铜占 8.37%、氧化铜占 3.12%。

　　试验考察了丁基黄药与丁氨黑药、酯-105 及 P3（酯类）组合的选铜效果，试验研究表明按粗选指标排序为丁基黄药和 P3>丁基黄药和酯-105>丁基黄药和丁氨黑药，丁基黄药和 P3 组合捕收力强、选择性好、兼起泡性，粗选精矿品位和回收率均高。最后在探索试验的基础上进行了闭路试验。试验流程及工艺条件为：磨矿细度-0.043mm 占 90%、浮选为一粗一扫两精流程，试验流程如图 6-15 所示。粗选药剂为水玻璃200g/t、丁基黄药 160g/t、P3 为 60g/t、扫选药剂为丁基黄药 50g/t、P3 为 20g/t。试验指标为原矿铜品位 0.98%、铜精矿品位 17.08%、尾矿品位 0.44%，铜回收率 56.98%。

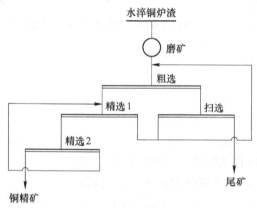

图 6-15　水淬铜炉渣选矿试验流程

6.3.5　诺兰达炉渣选矿实践

6.3.5.1　犹他冶炼厂浮选厂和诺兰达公司渣选厂

美国肯尼科特矿物公司犹他炼铜厂诺兰达反应炉用 30%～35% 的富氧产出 70%～75% 的冰铜和含铜 7%、铁 42.2%、铁和二氧化硅比等于 1.85 的炉渣，由渣罐送浮选厂缓冷后三段破碎、两段磨浮，产出含铜 40% 的铜精矿，铜回收率 95%，铜尾矿品位 0.42%。加拿大诺兰达公司熔池富氧浓度 35%，冰铜品位 72%，熔渣中铁和二氧化硅的比值等于 1.5，磨至-44μm 占 90%选矿后，弃渣品位 0.35%。

6.3.5.2　大冶有色金属公司铜渣选矿实践

大冶有色金属公司对冶炼系统进行改造时，引进了诺兰达法富氧熔池炼铜新技术。由于炉渣含铜较高，需要进行贫化。以往对炉渣的贫化一般采用热态返回熔炼系统的方法处理，如将转炉渣加入反射炉或者电炉进行贫化，前者热量损失大，影响冶炼生产能力，后者耗电多，产生环境污染。所以在改造冶炼工艺的同时，选择了利用浮选方法贫化炉渣。

炉渣中的铜矿物，以他形粒状及粒状集合体产出，其嵌布特点为块状和致密块出现，大部分集合体裂隙及龟裂发育，沿裂隙及集合体边缘有金属铜分布，有的被脉石充填。另有少部分是以冰铜珠的形式呈星点状或浸染状嵌布在脉石中或气孔及磁铁矿周围，少量嵌布在磁铁矿粒间或被磁铁矿包裹。铜矿物的嵌布粒度在 0.074mm 粒级以上的占 81%左右，随着粒度的变小，各粒级的分布率逐渐减少，但在 0.010mm 粒级分布又略有增加。

根据试验所提供的工艺参数，结合炉渣的性质，并参考了国内外渣选生产工艺设计为二段一闭路破碎、二段磨矿、二段选别、二段脱水的渣选工艺流程。其破碎、磨浮设计工艺流程见图 6-16。由于入选炉渣相互嵌布复杂，粒度极不均匀，为了防止机械夹杂的磁铁矿及脉石单体混入精矿而影响质量，所以对第一段浮选作业减少了一台浮选机。为了减少单体铜矿物的损失，尽量做到早收快收，而在二段浮选增加了一次粗选，其产品直接作为精矿。这一流程的更改是为了提高铜精矿品位和铅的回收率。浮选的实际流程见图 6-17。研究表明，在适当的浮选时间条件下，设置独立作业或采用两段粗选直接得精矿的灵活流程，可实现早收多收，选铜回收率明显提高，铜精矿中铜、金、银回收率分别达到 94.18%、

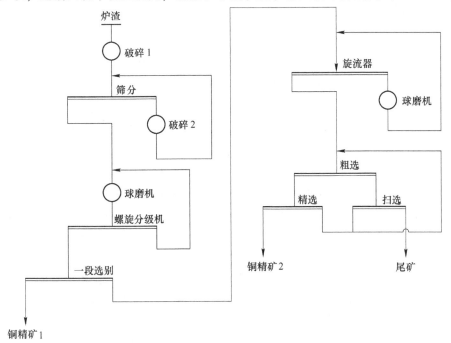

图 6-16 大冶有色金属公司铜渣选矿设计流程图

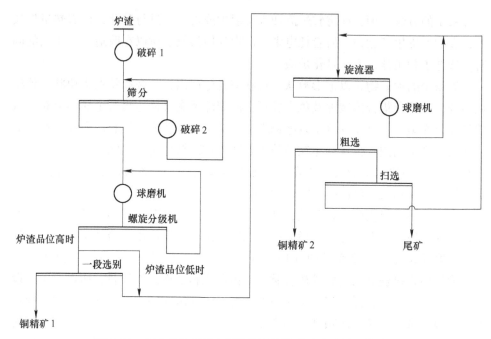

图 6-17 大冶有色金属公司诺兰达炉渣选矿改造后工艺流程

80.67%、69.89%，品位分别为 29.84%、8.47g/t、164.22g/t。

6.3.6 铜炉渣混合选矿生产实践

6.3.6.1 东营方圆有色金属公司炉渣选矿厂

该炉渣选矿厂处理的是熔炼渣和吹炼渣外表均呈黑色或黑中透绿，外表为玻璃状，大部分呈致密块状，脆而硬。随着含铁量的变化，其密度也在变化，一般熔炼渣为 2.8~3.8g/cm³，吹炼渣为 4~4.5g/cm³。炉渣成分复杂，其中熔炼渣铜品位 2%~3%，吹炼渣铜品位 5%~7%。铜主要以辉铜矿（Cu_2S）、金属铜、氧化物形式存在，铁主要以铁硅酸盐形式存在。

渣选矿工艺流程如图 6-18 所示，工艺流程可以概括为"三段一闭路破碎、阶段磨浮、第二段浮选中矿返回二段磨矿再磨、精矿和尾矿两段脱水"流程。

入选渣含铜品位为 4%~5%，丁黄药用量 300g/t，2 号油用量 150g/t，铜精矿品位 22%~25%，尾矿平均品位 0.27%~0.33%，回收率达到 92%~94%。

6.3.6.2 铜陵有色金属公司的炉渣选矿厂

金口岭矿选矿厂是铜陵有色金属公司改造的一座兼选矿石和炉渣的选矿厂，其工艺流程如图 6-19 所示。采用"两段闭路"破碎流程将渣破碎至 -10mm，进入磨浮系统。磨浮采用"阶磨阶选"流程，第一段磨矿采用球磨机配螺旋分级机分级，第二段磨矿采用球磨机配旋流器预先分级和旋流器组检查分级。

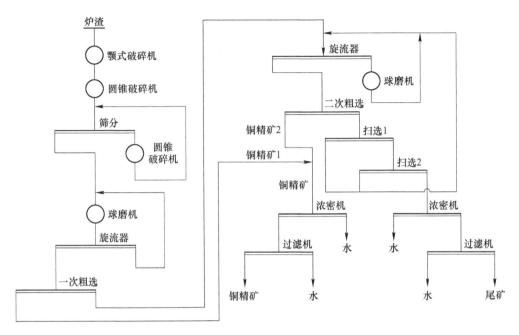

图 6-18 东营方圆有色金属公司炉渣选矿工艺流程

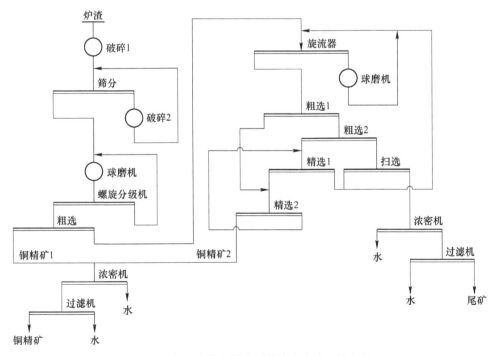

图 6-19 铜陵有色金属公司的炉渣选矿工艺流程

　　浮选采用"二粗一扫二精选"流程，粗选一精矿经精选二出精矿，粗选二精矿经精选一及精选二后出精矿，精选尾矿和扫选精矿返回至第二段球磨机再磨，扫选尾矿直接抛尾。精矿和尾矿分别进入浓密机浓缩，精矿浓缩底流进真空筒式过滤机过滤得精矿产品，尾矿浓缩底流进陶瓷过滤机得尾矿产品。入选矿浆浓细度：浮选粗扫选浓度控制在 35%～40%，二段细度控制在 -0.048mm 占 70%～75%。药剂制度：用丁基黄药做捕收剂，总用量为 100～120g/t；用松醇油作起泡剂，总用量为 130g/t。选矿指标：在渣含铜品位为 3.5% 情况下，精矿品位可达 25%，尾矿品位一般控制在 0.43% 左右，选矿回收率约为 85%～90%。

国内外铜矿选矿实例

7.1 福建龙岩紫金山金铜矿

紫金山金铜矿位于福建龙岩上杭县城以北，是紫金矿业集团股份有限公司的核心企业和主要利润中心，下辖金矿和铜矿两大生产系统，9 个生产厂。紫金矿业从 1993 年开发紫金山金矿起步，2000 年完成股份制改造，2003 年 11 月在香港 H 股上市，2008 年 4 月在上海 A 股上市，目前形成了以金、铜、锌等金属为主的产品格局，投资项目分布在国内 24 个省（自治区）和加拿大、澳大利亚、巴布亚新几内亚、俄罗斯、塔吉克斯坦、吉尔吉斯斯坦、南非、刚果（金）、秘鲁等 9 个国家。

公司是中国控制金属矿产资源最多的企业之一，截至 2016 年底，公司拥有权益资源储量黄金 1347.41 吨、铜 3006.38 万吨、锌铅 950.42 万吨等。金、铜、锌三大矿产品产量均居中国矿业行业前三甲，利润水平连续多年保持行业领先。2016 年实现营业收入 788.51 亿元、归母净利润 18.40 亿元。截至 2016 年 12 月底，公司总资产 892.18 亿元，净资产 311.17 亿元，累计分红 178 亿元。

7.1.1 紫金山金铜矿铜矿第一选矿厂

紫金山金铜矿铜矿第一选矿厂成立于 2009 年 6 月，是紫金矿业集团股份有限公司实行铜矿大规模开发以来，自主设计并施工建设的第一个特大型浮选项目，设计处理能力 8000t/d。铜矿第一选矿厂下设办公室、运输车间、碎矿车间、选矿车间、大紫背尾矿库尾矿管理部、环保车间、机电车间等七个部门。该厂共有 8000t/d 浮选和 45000t/d 碎矿两套生产系统，其中 8000t/d 浮选系统采用"分步优先浮选铜再选硫"的浮选工艺流程处理铜矿石，产出优质的铜精矿和硫精矿，45000t/d 碎矿系统为铜矿湿法厂生物堆浸系统提供合格粒度的入堆矿石。

7.1.1.1 矿石性质

紫金山铜矿矿床类型属上金下铜大型斑岩成矿系列——次火山高硫中低温热液矿床。金矿体主要赋存于潜水面以上氧化带中，铜矿体赋存于潜水面以下原生带中，西北矿段已控制铜矿达大型。矿石主要有价组分为铜（Cu），此外还伴生有金（Au）、银（Ag）、硫（S）、铁（Fe）、镓（Ga）、明矾石、地开石等多种有益组分；有害组分主要为砷（As）。

紫金山铜矿矿石自然类型简单，主要为花岗岩型硫化铜矿石（占81%），其次为隐爆碎屑岩型硫化铜矿石（占15%）和英安玢岩型硫化铜矿石（占4%）。工业类型属含硫砷铜矿的单一硫化铜矿石。其矿物种类及含量如表7-1所示。

表 7-1 原矿矿物种类与含量 （%）

矿物种类＼含量	+150 目 产率 33.94%	−150+325 目 产率 22.11%	−325 目 产率 43.95%	原矿
蓝辉铜矿/辉铜矿	0.15	0.66	0.56	0.44
铜蓝	0.07	0.16	0.28	0.18
硫砷铜矿	0.03	0.18	0.14	0.11
斑铜矿	0.02	0.01	0.03	0.02
硫锡铁铜矿	0.03	0.00	0.00	0.01
黄铜矿	0.00	0.01	0.01	0.01
方铅矿	0.00	0.02	0.00	0.00
褐铁矿	0.29	0.57	0.78	0.57
黄铁矿	2.70	8.90	6.21	5.61
重晶石	0.02	0.07	0.03	0.04
方解石	0.00	0.05	0.03	0.02
绿泥石	0.16	0.21	0.20	0.19
石英	83.73	79.15	73.97	78.43
地开石	9.69	6.72	8.47	8.50
明矾石	2.55	2.79	8.79	5.35
金红石	0.02	0.01	0.02	0.02
黑云母	0.02	0.01	0.03	0.02
绢云母	0.51	0.48	0.41	0.46
锆石	0.01	0.00	0.04	0.02
合计	100.00	100.00	100.00	100.00

铜矿物主要是蓝辉铜矿、辉铜矿和铜蓝，少量硫砷铜矿、斑铜矿，偶见黄铜矿、硫锡铁铜矿，在 0.002~0.26mm 粒间均有分布。铜矿物在各粒级样品中解离度见表7-2，铜矿物粒级分布见表7-3。

表 7-2 铜矿物在各粒级样品中的产率与解离度

样品粒级/目	铜矿物产率/%	解离度/%	备　注
+150	13.13	81.07	铜矿物以蓝辉铜矿与铜蓝为主,主要粒级分布在 0.10～0.26mm 间,未解离铜矿物大部分与脉石矿物连生
-150+325	29.08	86.29	铜矿物以辉铜矿、蓝辉铜矿、铜蓝为主,90% 以上分布在 0.04～0.11mm 间,未解离铜矿物大部分与黄铁矿关系密切
-325	57.79	100.00	铜矿物基本已解离,大部分分布在 0.04mm 以下
合计	100.00	93.53	

表 7-3 铜矿物粒级分布

样品粒级/目	铜矿物粒级/mm	粒级分布率/%	合计/%
+150	-0.26+0.20	39.59	100.00
	-0.20+0.12	39.09	
	-0.12+0.04	21.32	
-150+325	-0.12+0.08	41.19	100.00
	-0.08+0.04	46.58	
	-0.04+0.01	12.23	
-325	-0.04	100.00	100.00

　　未解离的铜矿物与黄铁矿、脉石矿物关系密切,铜矿物主要嵌布在黄铁矿粒间或者与黄铁矿呈简单毗邻连生,少量嵌布在脉石矿物粒间或与脉石矿物呈简单毗邻连生。

7.1.1.2　破碎工艺

　　碎矿车间为铜矿第一选矿厂下属的一个生产车间,分 8000t/d 和 45000t/d 两套破碎系统,主要工作任务是为 8000t/d 磨浮生产系统提供合格的入磨粒度产品、为大垅里 2×5000t/d 碎矿系统提供合格的破碎矿石以及为铜矿湿法厂生物堆浸系统提供合格粒度的入堆矿石。

　　8000t/d 碎矿系统采用常规三段一闭路破碎流程(图 7-1),最终获得破碎产品粒度为 -12mm 占 95% 以上,其粗碎使用 JM1312 颚式破碎机,中、细碎采用三台美卓 HP500 圆锥破碎机。

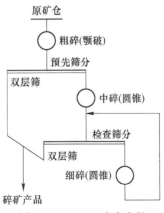

图 7-1　8000t/d 破碎流程

45000t/d 碎矿系统为两段开路破碎，得最终破碎产品粒度为 -60mm，粗碎预先筛分筛下产品粒度为 -12mm，其粗碎使用 PXF6089 旋回破碎机、细碎采用两台 CH870 圆锥破碎机，其设备联系图如图 7-2 所示。

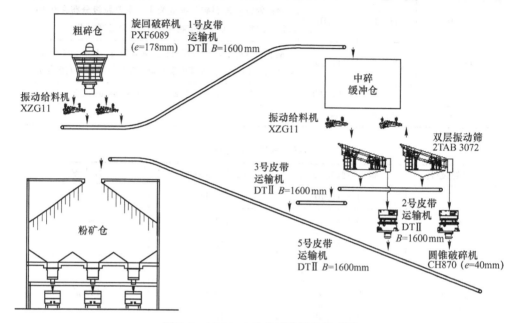

图 7-2 45000t/d 破碎系统设备联系图

7.1.1.3 磨浮工艺

磨矿工艺采用一段磨矿，水力旋流器分级的生产工艺流程。原矿由粉矿仓经皮带输送至 MQY5500×8500 溢流型球磨机，同时补加水进行磨矿，球磨机排出矿浆进入渣浆池，补加水稀释后再由渣浆泵输送到 ϕ660mm 的水力旋流器进行分级，旋流器溢流产品进入浮选系统，旋流器沉砂返回磨机进行再磨，同时添加 CaO，作为抑制剂。

浮选作业采用优先选铜再选硫的生产工艺流程（图 7-3），其中选铜作业采用两段粗选、三段扫选、一段精选，铜精矿进入铜精矿浓密机，选铜尾矿进入选硫作业，其中包括一段粗选、一段扫选、一段精选，硫精矿进入硫精矿浓密机，尾矿进入尾矿浓密机。浮选槽采用 KYF/XCF 型联合充气机械搅拌式浮选机，粗扫选采用 50m³ 的浮选机，精选采用 16m³ 的浮选机。药剂制度见表 7-4。

表 7-4 浮选药剂制度

药剂名称	单位用量/g·t⁻¹	用 途
石灰	1000~2000	pH 值调整剂黄铁矿抑制剂
丁铵黑药	15~35	选铜捕收剂

续表7-4

药剂名称	单位用量/g·t⁻¹	用　　途
黄药	10~30	选硫捕收剂
2号油	1~2	起泡剂
水玻璃	100~200	分散剂

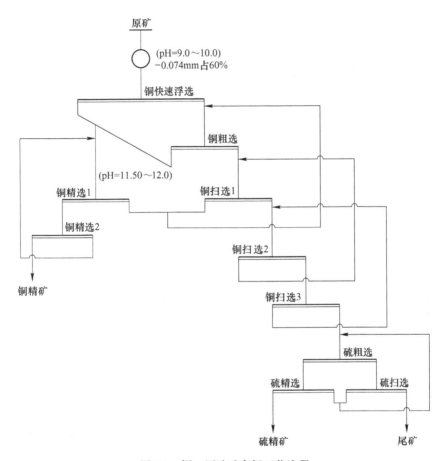

图7-3　铜一厂选矿车间工艺流程

7.1.1.4　产品指标

铜一厂选矿产品指标见表7-5。

表7-5　选矿产品指标　　　　　　　　　　　　（%）

产品名称	产率	品　位				回　收　率			
		Cu	S	Au*	Ag*	Cu	S	Au	Ag
铜精矿	1.486	25.21	37.16	5.33	135.28	89.20	14.16	49.50	54.93

产品名称	产率	品　位				回　收　率			
		Cu	S	Au*	Ag*	Cu	S	Au	Ag
硫精矿	1.93	0.55	47.25	—	—	2.53	23.38	—	—
尾矿	96.584	0.036	1.34	—	—	8.27	62.46	—	—
原矿	100.00	0.42	3.90	0.16	3.66	100.00	100.00	100.00	100.00

注: *单位为 g/t。

7.1.2 紫金山金铜矿铜矿第二选矿厂

紫金山铜矿第二选矿厂是其实行铜矿大规模开发以来，自主设计并施工建设的第二座大型选矿厂，其设计处理能力为 10000t/d，由两个 5000t/d 生产系统组成，于 2012 年 1 月份开始试投产，目前实际处理矿量达 11000~12000t/d。

7.1.2.1　矿石性质

(1) 铜二厂原矿样的矿物组成与含量见表 7-6。

表 7-6　原矿样的矿物组成与含量 　　　　　　　　(%)

样品矿物	分　级　样　品				原矿
	+80 目	+200~-80 目	+400~-200 目	-400 目	
蓝辉铜矿	0.20	0.54	1.45	0.57	0.60
铜蓝	0.21	0.26	0.30	0.29	0.26
硫砷铜矿	0.05	0.15	0.26	0.20	0.16
斑铜矿	0.001	0.016	0.022	0.008	0.011
硫铋铜矿	0.010	0.001	—	—	0.003
硫锡铁铜矿	0.002	0.003	0.007	0.001	0.003
黄铜矿	0.001	0.002	—	0.002	0.001
方铅矿	—	0.03	0.09	0.02	0.03
闪锌矿	0.01	0.05	0.04	0.04	0.03
褐铁矿	0.18	0.44	0.69	0.65	0.48
黄铁矿	3.12	9.17	15.35	6.09	7.57
重晶石	0.00	0.01	0.11	0.02	0.02
石英	82.59	77.01	67.24	63.13	72.31
地开石	11.23	8.16	5.70	11.71	9.74
明矾石	1.57	2.91	7.20	14.48	7.07

样品矿物	分级样品				原矿
	+80目	+200~-80目	+400~-200目	-400目	
金红石	0.05	0.03	0.07	0.15	0.08
绢云母	0.75	1.20	1.46	2.60	1.60
锆石	0.01	0.01	0.02	0.03	0.02
蓝辉铜矿	0.20	0.54	1.45	0.57	0.60
铜蓝	0.21	0.26	0.30	0.29	0.26
硫砷铜矿	0.05	0.15	0.26	0.20	0.16
合　计	100.00	100.00	100.00	100.00	100.00

（2）铜矿物的解离度与嵌布特征如下：

1）铜矿物解离度。结合 MLA 与显微镜观察可知该样品铜矿物主要有蓝辉铜矿、铜蓝，少量的辉铜矿、硫砷铜矿、块硫砷铜矿、斑铜矿，偶见黄铜矿、硫铋铜矿、硫锡铁铜矿。将其分为四个粒级，各粒级质量、产率以及解离度见表 7-7。

表 7-7　铜矿物各粒级质量、产率以及解离度

粒级/mm	解离度/%	样品产率/%	铜矿物分布率/%	总解离度/%
-0.038	96.00	33.46	34.54	
-0.074+0.038	81.69	14.13	27.77	
-0.18+0.074	81.24	28.61	26.81	84.18
+0.18	60.21	23.80	10.88	
合　计	—	100	100	

2）铜矿物嵌布特征。未解离铜矿物主要与黄铁矿、脉石矿物关系密切，其主要的嵌布特征如下：

①与黄铁矿呈毗邻连生关系，为最主要的嵌布关系，通过改变磨矿细度就可解离；

②铜矿物嵌布在黄铁矿、脉石矿物粒间，呈复杂连生关系，较难解离；

③铜矿物包裹黄铁矿颗粒；

④与脉石矿物呈毗邻连生关系。

7.1.2.2　磨矿、分级工艺

磨矿采用中信重工的 MQY5064 溢流型球磨机（ϕ5030mm×6400mm），磨机排矿粒度为-0.075mm 占 19.85%。原矿石经破碎磨矿后进入渣浆泵池，并泵入 RD-660 旋流器组进行分级，旋流器溢流原矿经除屑筛后自流至浮选搅拌桶，分

级沉砂经补水稀释后返回球磨机内再磨。分级作业中 6 台旋流器为一组，开 3 备 3。

磨矿分级流程中各产品经筛析后，皮带样、球磨机排矿、分级沉砂的粒级产率分布情况见表 7-8，分级溢流粒级及主元素金属分布情况见表 7-9。

表 7-8 皮带样、球磨机排矿、分级沉砂各粒级产率分布

粒级/mm	各产品分布率/%		
	皮带样	球磨机排矿	分级沉砂
+13.2	0.64	0.05	—
−13.2+9.5	5.51	0.05	0.29
−9.5+6.7	10.36	0.13	0.76
−6.7+4.75	10.35	0.34	0.91
−4.75+2.0	23.35	2.30	4.42
−2.0+1.18	11.42	3.92	6.17
−1.18+0.6	10.49	11.86	16.50
−0.6+0.212	11.35	41.01	46.76
−0.212+0.150	3.20	8.75	9.03
−0.150+0.075	2.41	11.76	8.29
−0.075+0.045	2.37	5.14	0.20
−0.045+0.038	0.84	1.38	0.00
−0.038+0.020	2.10	4.03	4.44
−0.020+0.010	5.58	3.31	2.21
−0.010	0.03	5.99	0.01
合 计	100.00	100.00	100.00

表 7-9 分级溢流粒级及主元素金属分布

粒级/mm	产率/%	品位/%		金属分布率/%	
		Cu	S	Cu	S
−0.6+0.212	12.52	0.20	1.36	2.28	3.30
−0.212+0.150	6.42	0.41	2.09	2.39	2.60
−0.150+0.075	20.20	1.25	5.31	22.98	20.79
−0.075+0.045	13.42	1.86	7.42	22.73	19.30
−0.045+0.038	4.67	1.90	7.96	8.08	7.20
−0.038+0.020	12.02	2.25	10.13	24.62	23.60
−0.020+0.010	9.72	0.70	4.98	6.20	9.39
−0.010	21.03	0.56	3.39	10.72	13.82
合 计	100.00	1.10	5.16	100.00	100.00

7.1.2.3 浮选作业考查

浮选作业采用"优先选铜再选硫"的生产工艺，其中选铜作业采用"两次粗选、三次扫选、一次精选"，铜精矿进入铜精矿浓密机；选硫作业采用"一次粗选、一次扫选、一次精选"，硫精矿进入硫精矿浓密机，尾矿进入尾矿浓密机。粗、扫选作业均采用 XCF/KYF-50 型浮选机，精选采用 XCF/KYF-10 型浮选机，流程图如图 7-4 所示。

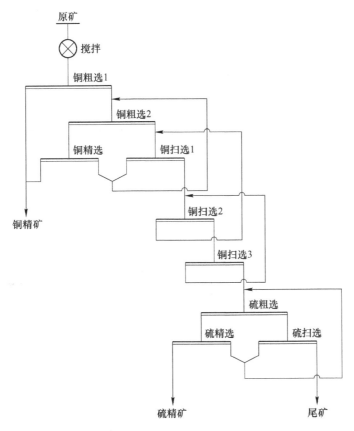

图 7-4 选矿工艺流程图

7.1.2.4 浮选药剂制度

铜二厂浮选药剂制度见表 7-10。

表 7-10 浮选药剂制度

药剂种类	添加点	单耗/g·t^{-1}	用途
石灰	磨机	1760	选铜
	精选		

药剂种类	添加点	单耗/g·t⁻¹	用　途
丁铵黑药	粗选 1	25.15	选铜
	粗选 2	3.01	
	扫选 1	2.46	
	扫选 2	2.73	
	扫选 3	2.97	
2 号油	粗选 1	2.79	选铜
水玻璃	精选	146.99	选铜
丁基黄药	粗选 2	9.84	选硫
	扫选	2.46	

7.1.2.5　产品指标

铜二厂选矿产品指标见表 7-11。

表 7-11　选矿产品指标　　　　　　　　　　（%）

产品名称	产率	品　位				回　收　率			
		Cu	S	Au*	Ag*	Cu	S	Au	Ag
铜精矿	1.94	24.79	37.30	3.207	102.94	91.60	16.04	51.42	59.30
硫精矿	2.32	0.646	46.46	—	—	2.85	23.89	—	—
尾矿	95.74	0.03	1.51	—	—	5.55	60.07	—	—
原矿	100.00	0.525	4.51	0.121	3.42	100.00	100.00	100.00	100.00

注：*单位为 g/t。

7.2　江西铜业集团武山铜矿

武山铜矿为江铜集团的主要矿山之一，1966 年开始建设，设计能力为 3000t/d，1984 年正式投产，近几年企业得到高速发展，2002 年进入江铜股份公司，生产能力稳步上升，2002 年实现达产达标，并超设计能力，主要产品为铜精矿、标硫。现矿山分为两部分，分别是江铜股份公司武山铜矿和江西铜业集团公司武铜分公司。

2004 年底，为扩大生产能力，企业开工建设技改扩能工程，投资 2.57 亿元，将生产能力扩大到日处理 5000t，该技改工程已于 2008 年 4 月开始停产对接。目前年产铜金属量达到 12000t，标硫达到 40 万吨，金 200kg，银 15t，预计年实现产值 10 亿元以上（市场价），税金 5500 万元。

7.2.1 矿石性质

7.2.1.1 矿床特征

武山矿区属大型铜、硫矿床,伴生有益组分有金、银、硒、碲、镓、钼、铅、锌、铊等。铜金属量137万吨,硫量1226万吨,由南、北两个矿带124个矿体组成,其中主矿体有8个,占全区资源储量的96%,全区铜平均品位为1.17%。

据矿体控制因素及空间展布特征,将该矿床以栖霞组地层上限为界划分南、北两个矿带。北矿带位于矿区北部,受层间断裂带控制的一组矿体;南矿带位于矿区南部,受岩体与围岩接触带及岩体内围岩残留体控制的一组矿体。各矿带特征如下:

(1) 北矿带。矿带位于岩体北侧接触带外地层围岩中,泥盆系上统五通组与石炭系中统黄龙组之间,黄龙组及二叠系下统栖霞组等层位为该矿带容矿空间。

矿带受假整合面及层间断裂带控制,呈北东东向带状展布,范围西起109线,东至160线,全长2700m,南北宽200m,其中69~90线长1600m范围内为工业矿体分布地段。有铜矿体4个,铜硫矿体8个,铅锌矿体1个,其中以1Cu1、1Cu2、5Cu、7Cu规模较大,矿石类型主要为含铜黄铁矿,含铜碳酸盐岩,次为含铜高岭土、铜铅锌黄铁矿、黄铁矿等。

主产铜、硫,伴生有益组分金、银、硒、碲、镓、铊、钼、铅、锌等,铜金属量83.78万吨,占全区资源储量的61%,硫量1226万吨,矿石铜平均品位1.27%。

(2) 南矿带。矿带直接受花岗闪长斑岩体控制,呈椭圆形,面积约0.6km²,成矿围岩为二叠系下统茅口组至三叠系下统碳酸盐岩地层,矿体主要赋存于岩体与围岩的接触带上,其次为岩体内围岩残留体。矿石类型以含铜矽卡岩为主,少量含铜碳酸盐岩及含铜花岗闪长斑岩。共有矿体111个,其中铜矿体109个,硫矿体2个,以产于接触带的8Cu、9Cu矿体规模最大,其次为15Cu、17Cu等矿体。铜金属量53.28万吨,占全区资源储量的39%,矿石平均品位1.04%。

7.2.1.2 矿石主要成分分析

矿石主要成分分析结果见表7-12。

表 7-12 矿石的化学分析结果 （%）

组分	Cu	Pb	Zn	Fe	S	As	SiO$_2$
含量	0.93	0.015	0.14	22.31	7.57	0.042	25.88
组分	CaO	MgO	Al$_2$O$_3$	Au*	Ag*	K$_2$O	Na$_2$O
含量	15.84	2.65	2.29	0.28	13.29	0.031	0.017

注: *单位为g/t。

由表7-12可以看出该矿石是以铜、硫为主的多金属矿，伴生有益元素为金、银，其品位分别为0.28g/t和13.29g/t，可考虑综合回收。

7.2.1.3 矿石的矿物组成及相对含量

矿石的矿物组成较复杂。矿石中铜矿物主要为黄铜矿，其次为少量黝铜矿，另有微量斑铜矿、辉铜矿、铜蓝、硫铋铜矿、硫铜铋矿、硫铜铋铅矿、蓝辉铜矿；金矿物主要为自然金，少量为银金矿和碲金银矿，另有极少量金银矿；银矿物主要为碲银矿，其次为含银黝铜矿和银黝铜矿，另有少量辉银矿、硒银矿、硫铜银矿、含银硫铋铜矿；铅矿物主要为方铅矿，其次为针硫铋铅矿和微量硫铜铋铅矿；锌矿物主要为闪锌矿；砷矿物主要为砷黝铜矿，另有微量毒砂和辉砷钴矿；钼矿物主要为辉钼矿；铋矿物有辉铋矿、碲铋矿、自然铋和硫铋铜矿、硫铜铋矿、针硫铋铅矿和硫铜铋铅矿；硫矿物主要为黄铁矿，其次为白铁矿，另有少量磁黄铁矿；其他金属矿物有赤铁矿、磁铁矿、褐铁矿、菱铁矿和菱镁矿等。

非金属矿物主要为石榴子石、石英、方解石、白云石，其次为绿泥石，另有少量透辉石、钾长石、斜长石、高岭石、磷灰石、滑石等矿物。

矿石的矿物组成及相对含量见表7-13。

表 7-13 矿石的矿物组成及相对含量 （%）

矿物名称	含量	矿物名称	含量
黄铜矿	2.08	石榴子石	19.95
黄铁矿、白铁矿	31.17	石英	16.53
黝铜矿	0.39	方解石	12.20
斑铜矿	0.07	白云石	7.95
闪锌矿	0.21	绿泥石	6.34
方铅矿	0.02	透辉石	0.51
磁铁矿	0.60	长石	0.33
赤铁矿、褐铁矿	1.00	其他	0.65

由表7-13可知，硫化物总量约占33.94%，其中黄铁矿、白铁矿等硫矿物占31.17%以上。

7.2.2 破碎工艺

2006年2月，矿场开始对碎运系统进行改造。改造后的碎运系统由溜破系统和提升运输系统两部分组成。溜破系统分布在井下-510m，破碎硐室设在-510m水平，各中段的矿石通过有轨运输系统运到主井附近的矿石仓，通过溜井放到-510m破碎硐室破碎，破碎后的矿石通过溜井下放到-540m胶带运输机，装入箕斗，提升到地表。提升系统主要包括主井提升箕斗、主井电控系统等。主井将矿石、废石提升至地表后，通过卸载直轨和分配小车将矿石和废石分别卸入φ5m

的矿石仓和 $\phi4m$ 的废石仓。在矿石仓下安装 1 台中型链板式给矿机,在废石仓下安装 1 台振动放矿机。然后,通过 120m 水平的一条 310m 长的胶带机,将矿石运往选矿厂粗矿堆,通过汽车将废石运往地表废石堆,用推土机将废石推至废石堆边坡。

7.2.3 磨浮工艺及生产指标

现行磨矿、浮选系统为 2008 年底建成并于 2009 年 2 月正式投入使用,生产过程中经过了一系列的优化调整和局部改造工作,到 2010 年底实现了选矿车间的生产能力达到 5000t/d 设计要求。

7.2.3.1 磨浮系统生产流程改进及完善

A 粗矿堆和铁板给矿系统改造

2007 年,在原有粗矿堆的基础上,将粗矿堆下料点提高,拆除部分楼板、增设胶带运输机头部支撑楼板,对粗矿堆底部进行部分加固,并新增加 2 台板式给料机和矿石挡墙。

B 磨浮系统改造

2007 年,在原有 2 台 $\phi5.5m \times 1.8m$ 自磨机不变的基础上,将自磨机传动电机功率由 800kW 改为 1000kW;将原有 2 台 $\phi2.7m \times 3.6m$ 球磨机改为 2 台 $\phi3.2m \times 5.4m$ 球磨机,同时将 1 号和 2 号磨矿分级系统的 $\phi2.4m$ 双螺旋分级机改为 $\phi660mm \times 4$ 水力旋流器组进行分级。

2008 年 5 月,在原有浮选工艺流程不变的基础上,将铜粗扫选浮选机改由原有的 SF-4 立方米更换为 SF-10 立方米浮选机,铜精选浮选机由原有的 SF-4 立方米更换为 SF-10 立方米浮选机。

2011 年 8 月,现场进行中矿选择性分级再磨工业试验,将选铜精一尾矿(原来返回原矿分级泵池)和选铜扫一精矿进行单独再磨。即精选一尾矿和扫选一精矿合并,进入中矿预先分级—沉砂再磨—磨后检查分级流程,预先和检查分级溢流进入原矿泵池,实现了中矿深度分级再磨。该流程于 2012 年 1 月开始在现场应用后,实现了中矿深度解离,同时对于稳定磨矿、浮选工艺流程发挥了重要作用,提高了选铜回收率。

2012 年和 2013 年,为解决原有 SF-10 立方米浮选机选别性能差、浮选工艺指标不理想的问题,现场利用自磨机改造期间,分别将 1 号和 2 号选铜粗扫选浮选机由 SF-10 型改为 GF-10 型。改造的浮选机运行平稳,搅拌力适中,浮选泡沫层更加稳定,沉槽和翻花现象大大减少,对于稳定和提高选别指标具有显著效果。

2015 年 9 月开始对硫浮选系统进行技术改造。将原有选硫工段从现在浮选车间整体搬迁至老厂房，实现选硫设备的大型化。建成后的选硫工艺是，对铜尾矿不同粒级的沉砂分开进行浮选，同时增加选硫精选作业，粗粒浮选采用二粗二精二扫流程，产出高品位硫精矿，细粒浮选采用二粗二精一扫流程，产出低品位硫精矿。

7.2.3.2　选矿主要技术指标

通过一系列的磨矿浮选工艺流程优化和改进，选矿经济技术指标不断提高。选矿工艺流程见图7-5。选矿主要产品指标见表7-14。

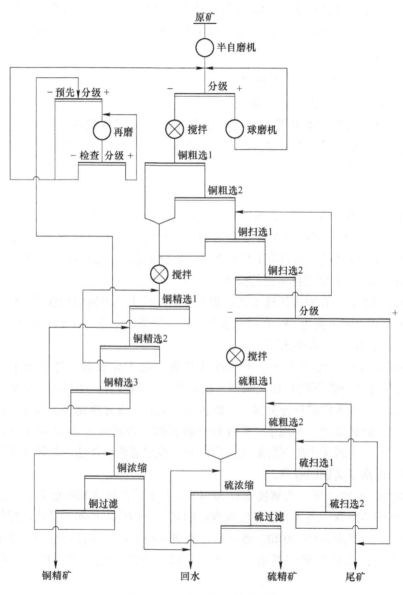

图 7-5　选矿生产工艺流程图

表 7-14 选矿产品指标 （％）

产品名称	产率	品位				回收率			
		Cu	S	Au*	Ag*	Cu	S	Au	Ag
铜精矿	3.48	23.08	31.87	3.20	239.2	86.52	14.65	39.77	62.63
硫精矿	12.91	0.237	36.62	—	—	3.29	62.45	—	—
尾矿	83.61	0.11	2.07	—	—	10.19	22.90	—	—
原矿	100.00	0.93	7.57	0.28	13.29	100.00	100.00	100.00	100.00

注：*单位为 g/t。

7.3 安徽金鼎矿业黄屯硫铁矿

安徽省金鼎矿业股份有限公司成立于 2010 年 6 月，注册资本 15000 万元，是一家集矿石开采、矿石精选、矿产品销售于一体的民营股份制企业。

公司下属黄屯硫铁矿，探明资源储量近 5000 万吨，共伴生铁矿、铜矿及金、银矿，经后期补探工作开展，储量已达 7000 多万吨。该矿床具有埋藏浅、品位较高、易加工等特点。设计一期年开采矿石能力 100 万吨，二期年开采矿石将达到 180 万吨。项目初期计划投资 4.8 亿元左右，矿山建成后投资将达到 6.8 亿元左右，该项目为安徽省"861"重点工程项目和庐江县"十二五"规划重点项目。

公司位于安徽省合肥市庐江县龙桥镇黄屯街道，矿区东南有公路向南 1km 经黄屯通达庐（江）—桂（家坝）公路，向南可达合（肥）—铜（陵）公路及合（肥）—铜（陵）—黄（山）高速公路，向北可达巢湖水系内码头缺口，区内交通十分方便。

公司现设有生产技术部、安全环保部、人力资源部、财务部、综合办公室、机动部、采购部、地质测量部八个职能部门，并成立了安全委员会、安全检查小组、工程招标委员会、工程验收小组等机构。

7.3.1 矿石性质

矿石中矿物种类较多。金属矿物主要有黄铜矿、磁铁矿、赤铁矿、黄铁矿、胶状黄铁矿、白铁矿、辉铋矿、菱铁矿、毒砂、褐铁矿等；脉石矿物有石榴石、电气石、石英、绿泥石、绢云母、高岭土、长石、角闪石、磷灰石、方解石等。矿石中各矿物的粒度均以粗中颗粒嵌布为主，且分布不均匀。主要铜矿物，铜的赋存状态以独立铜矿物黄铜矿形式产出。黄铜矿多为不规则形态，呈团粒状、星点状、浸染状与赤铁矿、磁铁矿、黄铁矿、电气石、石英等连生，充填于赤铁矿、电气石的柱状间，包含黄铁矿、磁铁矿细微粒，浑圆粒状的被黄铁矿包裹，有的充填黄铁矿粒间，包裹电气石、黄铁矿、自形石英。铁矿物嵌布较细些，以中细粒嵌布为主，铜矿物也是以中细粒嵌布为主，硫铁矿嵌布较分散，分三个粒级、中、细、微为极不等粒嵌布。铜矿物单体解离度尚好，+0.074mm 为 81.82%，+0.045mm 粒级达 94.12%，-0.045mm 达 99.08%，基本达到解离。硫铁矿单体解离总体良好，+0.074mm 接近 90% 达到解离，+0.045mm 为 94.64%，-0.045mm 几乎完全解离，磁铁矿单体解离差，+0.074mm 仅有 64.15%，+0.045mm 仍未达到 90%，仅有 81.94%，这与其嵌布特征复杂，嵌布粒度较细密切相关。影响硫回收的矿物主要为赤铁矿、磁铁矿及脉石矿物绿泥石、绢云母。影响铁回收的矿物有方解石、黄铁矿绿泥石。

（1）原矿光谱半定量分析结果见表 7-15。

表 7-15　原矿半定量分析结果　　　　　　（%）

项目	Ag*	As	Au*	C	Cr	Cu	Li	Mn	Ni	O	Pb
含量	5.21	0.086	0.08	0.012	<0.01	0.20	<0.01	0.51	<0.01	20.12	<0.05
项目	P	Rb	Ti	V	Zn	Si	S	Ca	Mg	Al	Fe
含量	0.082	<0.01	0.098	0.007	0.15	14.36	17.38	6.28	1.26	2.73	27.38

注：*单位为 g/t。

（2）原矿化学多元素分析结果见表 7-16。

表 7-16　原矿化学多元素分析结果　　　　　（%）

元素	Cu	S	TFe	Au*	Ag*	Pb
含量	0.18	16.76	27.87	0.09	5	0.02
元素	Zn	SiO_2	Al_2O_3	CaO	MgO	As
含量	0.021	22.37	11.92	3.16	2.21	0.05

注：*单位为 g/t。

原矿化学多元素分析结果显示，该矿石属于硫铁矿，试样中铜、硫、铁元素具有回收价值，其他元素均未达到综合利用指标要求。原矿含铜 0.18%、含铁 27.87%、含硫 16.76%。

（3）原矿铜、铁物相分析结果分别见表 7-17、表 7-18。

表 7-17　原矿铜物相分析结果　　　　　　（%）

名称	自由氧化铜	结合氧化铜	次生硫化铜	原生硫化铜	合计
含量	低于检测限	低于检测限	0.02	0.15	0.17
分布率	5.6		11.1	83.3	100

表 7-18 原矿铁物相分析结果 （%）

名称	磁铁矿	磁黄铁矿	非磁性铁	合计
含量	3.9	0.41	23.73	28.04
分布率	13.91	1.46	84.63	100

（4）原矿真密度测定，原矿真密度为 2.98。

（5）矿石矿物组成。矿石中金属矿物有黄铜矿、磁铁矿、赤铁矿、黄铁矿、胶状黄铁矿、白铁矿、辉铋矿、菱铁矿、毒砂、褐铁矿。非金属矿物有石榴石、电气石、石英、绿泥石、绢云母、高岭土、长石、角闪石、磷灰石、方解石。

（6）矿石矿物相对含量见表 7-19。

表 7-19 矿石矿物相对含量 （%）

矿物名称	黄铜矿	磁铁矿	赤铁矿	褐铁矿	黄铁矿	胶状黄铁矿	白铁矿	菱铁矿	毒砂	辉铋矿
含量	0.40	13.0	2.0	微量	30	0.2	2.0	1.0	0.1	微量
矿物名称	石英	石榴石	电气石	绿泥石	绢云母	高岭石	磷灰石	角闪石	方解石	
含量	18	0.5	2.0	8	6	5	微量	1.0	8.0	

（7）矿石中主要有用矿物的粒度组成及分布特征见表 7-20。

表 7-20 矿石的主要有用矿物的粒度组成及分布特征 （%）

粒级 /mm	铜矿物		铁矿物		硫矿物	
	含量分布	累计含量	含量分布	累计含量	含量分布	累计含量
+1.28	29.07	微量	0	微量	23.96	微量
+0.64	21.81	50.88	23.65	微量	34.23	58.19
+0.32	7.27	58.15	26.61	50.26	21.40	79.59
+0.16	20.89	79.04	28.09	78.35	10.70	90.29
+0.08	12.72	91.76	13.55	91.90	3.64	93.93
+0.04	5.22	96.98	5.91	97.81	2.78	96.71
+0.02	2.16	99.14	1.79	99.60	1.61	98.32
+0.01	0.86	100.00	0.40	100.00	1.68	100.00
合计	100.00		100.00		100.00	

铁矿物嵌布较细些，以中细粒嵌布为主，铜矿物也是以中细粒嵌布为主，硫铁矿嵌布较分散，分三个粒级，中、细、微为极不等粒嵌布。

7.3.2　生产工艺及药剂制度

　　碎矿为三段一闭路，破碎后的矿石进入粉矿仓，以后给入球磨机进行磨矿，与螺旋分级机组成闭路磨矿，分级机溢流进入浮选。铜的回收采用一粗两扫两精流程，硫的回收采用一粗两扫两精流程。工艺流程图如图7-6所示。药剂制度如表7-21所示。

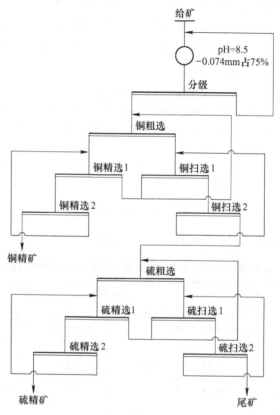

图 7-6　工艺流程图

表 7-21　药剂制度

编号	样品名称	药剂用量/g·t⁻¹						
		Z-200	丁黄	石灰	水玻璃	2号油	L_1	L_2
1	铜粗选	30		1500		20		
2	铜精选 I			300	250			
3	铜精选 II				200			
4	铜扫选 I	10				7		

编号	样品名称	药剂用量/g·t^{-1}						
		Z-200	丁黄	石灰	水玻璃	2号油	L$_1$	L$_2$
5	铜扫选Ⅱ	5				7		
6	硫粗选		120			20	100	40
7	硫精选Ⅰ				500			
8	硫精选Ⅱ				500			
9	硫扫选Ⅰ		40			7	500	20
10	硫扫选Ⅱ		20			20		

7.3.3 生产指标

金鼎矿业黄屯硫铁矿生产指标见表 7-22。

表 7-22　生产指标　　　　　　　　（%）

产品名称	产率	品　位		回　收　率	
		Cu	S	Cu	S
铜精矿	0.75	20.02	21.65	80.75	0.97
硫精矿	34.25	0.04	43.16	7.37	88.66
尾矿	65.00	0.03	2.66	11.88	10.37
原矿	100.00	0.19	16.67	100.00	100.00

7.4　安徽铜陵有色金属集团铜山铜矿

铜山矿业有限公司是铜陵有色金属集团控股公司的主力矿山之一，属国有中型铜金属矿山。该矿地处安徽省池州市境内，位于东经 117°16′5″，北纬 30°26′6″，矿区面积南高北低，呈阶梯形，总面积 34.6km²，其中矿山建筑用地 3.13km²。铜山交通位置十分便利，素有"黄金水道"之称的长江从旁日夜奔腾，矿山专用码头位于长江主航道，岸线长度 750 余米；秀丽的秋浦河流淌于侧，318 国道贯穿其间，京九铁路、安庆长江大桥濒临周边，在建的铜九铁路、沿江高速公路横贯铜山。

新矿山可研设计拟定为年采矿量 75 万吨，年产铜 6000t、硫精砂（35%）30 万吨、铁精砂（63%）15 万吨、附产金、银、铂、钯、钴。铜山周边有着丰富的优质石灰石资源，铜山矿业公司已探明并控制资源 3 亿吨以上。丰富的石灰石资源，有望能对铜山的发展带来腾飞的希望。积极开发非金属资源，成立了安徽金磊矿业有限责任公司，年产 50 万吨冶金用石灰石溶剂工程于 2007 年 5 月 1 日正式投产。目前正在进行 2×4500t/d 新型干法水泥熟料生产线项目的前期准备工作（一期工程是 2 条 4500t 的生产线，二期工程将再增加 2 条 4500t 生产线）。此外，配套的牛头山码头扩建工程，一期扩建已经完工，现年吞吐量为 100 余万吨。二期扩建后，将形成一个年吞吐量 300 多万吨的中型码头，确保产品能够及时地运输到四面八方，带动铜山地区物流业的发展。

7.4.1 原矿性质分析

7.4.1.1 原矿多元素、主要矿物物相分析及原矿粒度分析

原矿化学多元素分析结果见表 7-23，铜、硫、铁等主要矿物物相分析结果见表 7-24 ~ 表 7-26，原矿粒度分析结果见表 7-27。

表 7-23　原矿多元素分析结果　（%）

元素	Cu	S	Fe	Au*	Ag*	Mo	Pt*	Pd*	C
含量	0.72	19.40	33.91	0.27	3.0	0.020	0.20	0.09	1.86
元素	Al_2O_3	SiO_2	K_2O	Na_2O	TiO_2	P_2O_5	CaO	MgO	
含量	3.59	27.15	0.28	0.19	0.26	0.11	1.83	1.63	

注：* 单位为 g/t。

表 7-24　原矿铜物相分析结果　（%）

相　别	自由氧化铜	次生硫化铜	原生硫化铜	结合铜	合计
铜含量	0.01	0.04	0.65	0.03	0.73
占有率	1.37	5.48	89.04	4.11	100.0

表 7-25　原矿硫物相分析结果　（%）

相　别	磁性硫铁矿	其他硫化物	硫酸盐	合　计
硫含量	0.096	18.56	0.24	19.02
占有率	0.50	98.24	1.26	100.0

表 7-26　原矿铁物相分析结果　（%）

相　别	磁性铁	碳酸铁	赤褐铁矿	硫化铁	硅酸铁	合计
铁含量	5.70	5.61	5.19	16.51	0.88	33.89
占有率	16.82	16.55	15.31	48.72	2.60	100.00

表 7-27　原矿粒度分析结果

产品粒级 /目	产率/%	品位/%		回收率/%	
		Cu	S	Cu	S
+100	4.13	0.412	11.95	2.36	2.60
-100+150	13.06	0.558	16.68	10.12	11.49
-150+200	12.3	0.653	18.69	11.15	12.13
-200+270	7.07	0.788	25.29	7.73	9.43
-270+400	14.69	0.830	19.37	16.93	15.01
-400+600	9.79	0.768	17.23	10.44	8.90
-600+900	10.66	0.835	17.36	12.36	9.76
-900+1300	8.71	0.823	20.70	9.95	9.51
-1300	19.59	0.697	20.47	18.96	21.16
合计	100	0.720	18.95	100.0	100.0

通过化学物相分析可知,矿石中的铜绝大部分以原生硫化铜矿物的形式存在;铁主要赋存于硫化物中,其次以磁铁矿、碳酸铁以及赤、褐铁矿的形式产出,另有少量以硅酸铁的形式存在;硫则以硫化物的形式产出。

7.4.1.2　主要矿物粒度组成及分布特征

A　铜、硫、铁的粒度组成及分布特征

矿石中重要金属矿物的嵌布粒度是确定矿石磨矿工艺和磨矿细度的重要依据,矿石中重要矿物粒度分布特征如表 7-28 所示。

表 7-28　矿石中重要矿物粒度分布特征　　　　　　　　（%）

分布率 矿物名称	粒级/mm			
	微粒 <0.010	细粒 0.010~0.074	中粒 0.074~0.300	粗粒 >0.300
硫化铜矿物	0.99	39.29	42.53	17.19
硫化铁矿物	1.93	36.58	37.32	24.17
磁铁矿	0.42	41.31	50.29	7.98
赤铁矿	6.62	75.87	17.51	

结果表明矿石中硫化铁矿物的嵌布粒度最粗,硫化铜矿物、磁铁矿的嵌布粒度次之,赤铁矿的粒度相对较细。在+0.074mm 粒级中,硫化铁矿物的分布率为

61.49%，硫化铜矿物为 59.72%，磁铁矿为 58.27%，赤铁矿为 17.51%；在 -0.010mm 粒级中，硫化铁矿物的分布率为 1.93%，硫化铜矿物为 0.99%，磁铁矿 0.42%，赤铁矿达到 6.62%。由粒度分布特征表可知，矿石中的硫化铜矿物粒度分布不均，主要以中、细粒嵌布，少量以粗粒嵌布，其中有 50.79% 分布在 0.020~0.100mm 之间；硫化铁矿物同样主要以中、细粒嵌布，其次以粗粒嵌布；磁铁矿绝大部分以中、细粒嵌布，分布率达 91.60%，另有少量以粗粒和微粒嵌布；赤铁矿则大部分以细粒嵌布。

B　金、银矿物的粒度组成及分布特征

矿石中金、银矿物的嵌布粒度以等面积的椭圆短径来表示，其统计结果见表 7-29 和表 7-30。

表 7-29　金、银矿物粒度分布表

矿物名称 粒级/μm	金矿物		银矿物	
	占有率/%	累计/%	占有率/%	累计/%
+40	16.27	16.27		
-40+20	8.09	24.36		
-20+10	21.37	45.73	23.16	23.16
-10+5	9.46	55.19	26.74	49.90
-5	44.81	100.0	50.10	100.0

注：金矿物包括自然金、金银矿；银矿物包括黝铜矿、硫锑银矿、辉硒银矿、辉银矿以及碲银矿等。

表 7-29 结果表明矿石中金、银矿物的整体嵌布粒度均很细。其中金矿物的嵌布粒度分布在 10μm 以上的占有率为 45.73%，小于 5μm 的金矿物的占有率为 44.81%；银矿物整体嵌布粒度相对更细，其中有 49.90% 的银矿物粒度分布在 5~20μm 之间，小于 5μm 的银矿物的占有率高达 50.10%。

表 7-30　不同嵌布类型的金、银矿物粒度分布表

占有率 粒级/μm	金矿物			银矿物	
	粒间/%	裂隙/%	包裹/%	粒间/%	包裹/%
+40	37.77				
-40+20	18.78				
-20+10	12.73		8.10		25.45
-10+5	8.85	58.89	12.97		29.41
-5	21.87	41.11	78.93	100.00	45.14

注：金矿物包括自然金、金银矿；银矿物包括黝铜矿、硫锑银矿、辉硒银矿、辉银矿以及碲银矿等。

从表 7-30 中可以看出以粒间金形式嵌布的金矿物粒度主要嵌布在 20μm 以上，占有率为 56.55%，这部分分度相对较粗的金矿物通过细磨容易裸露或单体解离，其次嵌布在 5μm 以下或 5~20μm 之间；以包裹金形式嵌布的金矿物的粒度大都分布在 5μm 以下。矿石中以粒间银形式嵌布的银矿物粒度都嵌布在 5μm 以下，以包裹体形式产出的银矿物的粒度主要分布在 5μm 以下，其次嵌布在 5~20μm 之间。

7.4.1.3 矿石中主要矿物的赋存状态

矿石中的铜以黄铜矿、斑铜矿、铜蓝及辉铜矿等独立矿物的形式存在，其中 94.78% 的铜以黄铜矿的形式存在，另有约 5.22% 的铜赋存在斑铜矿、铜蓝及辉铜矿等其他硫化铜矿物中。矿石中的硫绝大部分赋存于白铁矿、黄铁矿等硫化铁矿物中，另有少量存在于黄铜矿等硫化铜矿物中。矿石中的铁主要赋存在白铁矿、黄铁矿中，占 46.90%，其次分布在磁铁矿、菱铁矿及赤铁矿中，分布率分别为 16.82%、16.26% 和 15.32%；少量赋存于黄铜矿等硫化物中，占有率为 1.82%；其余的铁则赋存于绿泥石、黑云母等硅酸盐矿物以及白云石等碳酸盐矿物中，累积占 2.87%。矿石中的金主要赋存于自然金中，分布率为 63.09%；其次以金银矿的形式产出，分布率为 36.91%。

7.4.2 工艺流程及设备

铜山矿新选厂设计选矿工艺流程为井下破碎后矿石提升至矿仓，由皮带输送至半自磨，半自磨机排矿进直线振动筛，筛上物料由胶带输送机返回至半自磨机，筛下物料和球磨机排矿合并用砂泵扬送至旋流器进行控制分级。旋流器的沉砂返回到球磨机构成闭路磨矿，旋流器溢流进入选别作业，浮选流程采用一粗二扫混合浮选，混合粗精分离后精选、中矿再磨再选流程，混合扫选尾矿进行选铁。设计流程如图 7-7 所示，药剂制度如表 7-31 所示，主要工艺设备如下。

表 7-31 药剂制度

编号	样品名称	药剂用量			矿浆 pH 值
		丁黄	亚硫酸钠	2 号油	
1	混合粗选	95		80	9.0
2	混一扫	22		20	8.5
3	混二扫	32		30	8.5
4	分离精选 1	9	165		12.2
5	分离精选 2	0	110		12.2
6	再磨粗选	17	165	7	12.0
7	再磨扫选 1	13		10	12.0

编号	样品名称	药剂用量			矿浆 pH 值
		丁黄	亚硫酸钠	2 号油	
8	再磨扫选 2	13		10	12.0
9	再磨精选 1		110		
10	再磨精选 2		110		
总用量		201	660	157	

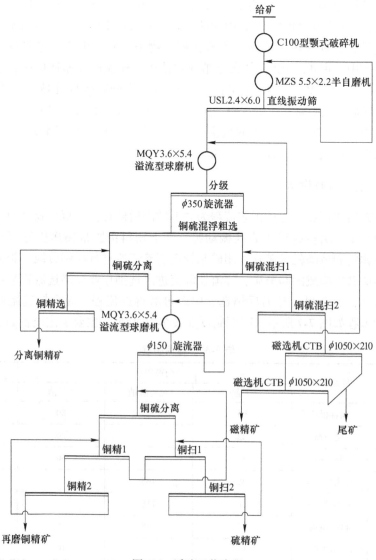

图 7-7   浮选工艺流程

碎磨设备：C100 型颚式破碎机一台（井下），MZS5.5×2.2 半自磨一台，MQY3.6×5.4 溢流型球磨机一台，MQY24×40 溢流型球磨机一台，φ350×4（FX350-PU）一段磨矿旋流器组和 φ150×16（FX150-GJ）再磨旋流器组。选别设备：KYF-16 浮选机 12 台，XCF-16 浮选机 8 台，XCF-8 浮选机 3 台，CTB-φ1050×2100（粗精选双辊筒）磁选机 3 台。

7.4.3 工艺指标

铜山铜矿作为开采多年的老矿山，1956 年 2 月筹建，1959 年 11 月建成投产，设计坑采生产能力为 2000t/d。2003 年矿山实施关闭破产重组后为设计坑采能力 1000t/d，目前生产主要矿石采自 -345m 和 -388m 两个中段。

新选矿厂设计日处理矿石 2000t/d，新选矿厂设计工艺流程以 2008 年铜陵有色设计研究院取岩芯样进行的"铜山矿区深部矿床矿石选矿试验研究"结果为依据，设计选矿工艺流程为半自磨—球磨、铜硫混浮再分离、中矿再磨再选、浮尾磁选。新选矿厂于 2014 年 1 月投产。选矿产品指标为：铜精矿含铜 15%、铜回收率 86.5%，硫精矿含硫 40%、硫回收率 70%，铁精矿含铁 60%、铁回收率 30%；铜精矿伴生金、银回收率分别为 55% 和 50%。

7.5 安徽铜陵有色金属集团冬瓜山铜矿

冬瓜山铜矿是铜陵有色金属集团股份有限公司下属的一座采选联合骨干矿山，地处享誉中国古铜都美称的铜陵市东陲，地理位置优越，矿区北邻宁铜铁路，东接芜大高速公路，西临长江通道，南毗黄山、九华山景点，交通十分便捷。

冬瓜山铜矿的前身狮子山铜矿，筹建于 1958 年，1966 年建成投产，2004 年更名为冬瓜山铜矿。截至 2010 年，已累计为国家生产铜料 26 万吨，黄金 5000kg，白银 162000kg，为中国铜工业的振兴和发展做出了应有的贡献。

冬瓜山铜矿床埋藏深度超过千米，属特大型高硫铜矿床。矿体埋深 -690～-1007m，水平走向为 1810m，最大宽度 882m，最小宽度 204m，均厚约 40m，为缓倾斜层状矿体。采矿方法为大直径深孔阶段空场嗣后充填法和扇形中深孔阶段空场嗣后充填法，设计采矿生产能力为 10000t/d。

冬瓜山工程项目于 1997 年 12 月报国家计划委员会批准立项，工程项目为国家"九五"重点项目，安徽省"861"工程项目，计划投资 16.74 亿元，矿山采用地下开采方式，建设规模为 13000t/d 采选生产能力，矿山服务年限为 28 年。工程项目于 2001 年 1 月正式开工，于 2004 年 10 月投入重负荷联动试车，2007 年 10 月通过国家安全监督总局的安全验收。

7.5.1　矿石性质

7.5.1.1　矿石矿物组成研究

对原矿综合样进行 X 射线衍射分析，原矿中主要有磁黄铁矿、黄铁矿、透辉石、石英、方解石、钙铁石榴子石、白云母和蛇纹石等矿物。原矿中的铜矿物绝大部分为黄铜矿，另有很少量的斑铜矿、铜蓝以及墨铜矿等矿物。其他金属矿物主要为单斜磁黄铁矿，其次为六方磁黄铁矿、黄铁矿和磁铁矿，另有少量的菱铁矿、褐铁矿、金红石及微量的闪锌矿、方铅矿等其他矿物。脉石矿物主要为钙铁石榴子石，其次为透辉石和方解石、石英、蛇纹石、白云母、长石、硬石膏、黑云母、滑石等，另有少量的萤石、磷灰石、白云石、高岭石、硅灰石、绿泥石以及橄榄石等其他矿物。样品中各矿物的相对含量见表 7-32。矿石中硫的元素平衡计算见表 7-33。

表 7-32　样品的矿物组成及相对含量　　　　　　　　　　（%）

矿物名称	含　量	矿物名称	含　量
黄铜矿	2.11	滑石	2.16
墨铜矿	0.10	蛇纹石	5.83
铜蓝	0.06	钙铁石榴子石	22.59
单斜磁黄铁矿	10.82	透辉石	12.00
六方磁黄铁矿	4.27	方解石	6.73
黄铁矿	4.59	石英	6.58
磁铁矿	3.40	白云母	4.55
菱铁矿	1.41	长石	4.44
褐铁矿	0.43	硬石膏	3.83
金红石	0.21	黑云母	3.06
萤石	0.33	其他矿物	0.31
磷灰石	0.19	合计	100.00

表 7-33　矿石中硫的元素平衡计算结果　　　　　　　　（%）

矿物名称	矿物含量	矿物中硫含量	矿石中硫含量	分布率
单斜磁黄铁矿	10.82	39.32	4.25	42.59
六方磁黄铁矿	4.27	38.73	1.65	16.53
黄铁矿	4.59	53.33	2.45	24.55
黄铜矿	2.11	34.78	0.73	7.31
硬石膏等硫酸盐	3.83		0.90	9.02
合计			9.98	100
备注	硫酸盐含硫物相分析数据， 原矿硫品位为 9.89%，平衡相对误差为 1.01%			

7.5.1.2 原矿中重要矿物的分布特征

（1）黄铜矿。黄铜矿多以单体形式存在，其次以与脉石矿物连生的方式产出，有时可见一部分与磁黄铁矿、磁铁矿连生或者以微细粒包裹体的形式嵌布在这些矿物中，另有少量黄铜矿与黄铁矿、闪锌矿、褐铁矿等矿物连生。

（2）磁黄铁矿。磁黄铁矿主要以单体形式存在，以连生体形式存在的磁黄铁矿主要与脉石矿物连生，其次与磁铁矿的嵌布关系较为密切，多表现为磁黄铁矿呈细粒包裹于磁铁矿中，还有一部分磁黄铁矿与黄铜矿、黄铁矿连生在一起，有时可见磁黄铁矿被黄铁矿交代呈残余结构。

为了解原矿（溢流）样品中磁黄铁矿的成分变化情况，对其-0.074mm占100%的样品中的磁黄铁矿颗粒随机进行了扫描电镜能谱分析，结果显示其中硫的平均含量为39.02%，铁的平均含量为60.98%。样品中的磁黄铁矿既有属于铁磁性矿物的单斜磁黄铁矿（$Fe_{1-x}S$，$x>0.10$），也有非磁性的六方磁黄铁矿。单斜磁黄铁矿硫的平均含量为39.32%，铁的平均含量为61.27%（$Fe_{1-x}S$，$x=0.1138$）；六方磁黄铁矿硫的平均含量为38.73%，铁的平均含量为60.68%（$Fe_{1-x}S$，$x=0.0916$）。

为了进一步了解样品中磁黄铁矿的磁性特征，对-0.074mm占100%的样品进行了湿法磁选分离试验，并对磁性部分及非磁性部分在偏光显微镜下进行了系统的观察。通过观察可知，磁性部分中的矿物主要为磁黄铁矿，其次为磁铁矿，另有少量的脉石以及黄铜矿、黄铁矿等矿物；其中磁黄铁矿、磁铁矿均绝大部分是以单体形式存在的，它们相互连生的情况极其少见，进入磁性部分中的黄铜矿和黄铁矿则绝大部分是以与微粒的磁黄铁矿连生的形式存在的。非磁性部分中可见一定量的磁黄铁矿，其同样绝大部分为单体，基本未见以包裹体形式嵌布脉石中或与脉石矿物连生的磁黄铁矿。可见原矿（溢流）样品中含有磁性不同的两部分磁黄铁矿，一部分为具有磁性的单斜磁黄铁矿，另一部分为非磁性的六方磁黄铁矿。磁黄铁矿的扫描电镜能谱分析结果见表7-34。

表 7-34　磁黄铁矿的扫描电镜能谱分析结果　　　　　　　　（%）

序号	S	Fe	合计	x（1-Fe/S原子比）	晶系
1	39.10	60.90	100.00	0.1057	单斜
2	39.70	60.30	100.00	0.1280	单斜
3	38.88	61.12	100.00	0.0974	六方
4	38.88	61.12	100.00	0.0974	六方
5	39.36	60.64	100.00	0.1157	单斜
6	39.16	60.84	100.00	0.1079	单斜

序号	S	Fe	合计	x（1-Fe/S 原子比）	晶系
7	39.28	60.72	100.00	0.1125	单斜
8	38.96	61.04	100.00	0.1007	单斜
9	39.49	60.51	100.00	0.1203	单斜
10	38.52	61.48	100.00	0.0836	六方
11	38.92	61.08	100.00	0.0989	六方
12	38.56	61.44	100.00	0.0850	六方
13	38.52	61.48	100.00	0.0839	六方
14	38.99	61.01	100.00	0.1017	单斜
15	38.85	61.15	100.00	0.0960	六方
16	38.48	61.52	100.00	0.0821	六方
17	38.63	61.37	100.00	0.0880	六方
18	39.00	61.00	100.00	0.1017	单斜
19	38.92	61.08	100.00	0.0989	六方
20	38.86	61.14	100.00	0.0967	六方
21	39.06	60.94	100.00	0.1043	单斜
22	38.96	61.04	100.00	0.1003	单斜
23	40.28	59.72	100.00	0.1488	单斜
24	39.79	60.21	100.00	0.1312	单斜
25	38.62	61.38	100.00	0.0876	六方
26	38.81	61.19	100.00	0.0949	六方
平均值	39.02	60.98	100.00	0.1027	
单斜平均值	39.32	60.68	100.00	0.1138	
六方平均值	38.73	61.27	100.00	0.0916	

（3）黄铁矿。样品中黄铁矿同样主要以单体形式存在，其次以与脉石连生的形式存在，还有少量与磁铁矿、褐铁矿及磁黄铁矿、黄铜矿连生，有时可见黄铁矿内包裹有微细粒黄铜矿、磁铁矿及脉石颗粒。

（4）磁铁矿。样品中的磁铁矿主要以单体形式产出，其次以与脉石矿物连生的形式存在，另有部分与磁黄铁矿、黄铜矿、黄铁矿等硫化物连生，有时可见磁铁矿内包裹有微细粒黄铜矿、磁黄铁矿、黄铁矿及脉石矿物等。

（5）褐铁矿。样品中褐铁矿的含量相对较低，其与黄铁矿、磁黄铁矿及磁铁矿的嵌布关系较为密切，常见褐铁矿沿这些矿物边缘或裂隙侵蚀交代，其次可见褐铁矿与脉石矿物紧密共生在一起，有时可见褐铁矿以单体形式存在。

（6）蛇纹石。蛇纹石是矿石中重要的脉石矿物，其主要呈叶片状、纤维状以及不规则状产出，多与其他脉石矿物连生在一起，有时可见其与磁黄铁矿、褐铁矿等矿物连生在一起，另有部分蛇纹石以单体形式存在；粒度主要分布在 $50\sim150\mu m$ 之间。样品中蛇纹石的扫描电镜能谱分析结果显示，蛇纹石中除含有 SiO_2 和 MgO 之外，还含有少量的 FeO，另外一部分蛇纹石中还含有少量的 F。

（7）滑石。滑石同样是样品中重要的脉石矿物，也主要呈叶片状、纤维状以及不规则状产出，大部分与其他脉石矿物连生在一起，有时可见其与磁黄铁矿、黄铜矿等矿物连生在一起，另有部分滑石以单体形式存在；粒度也主要分布在 $50\sim150\mu m$ 之间。样品中部分滑石的扫描电镜能谱分析结果显示，滑石的化学成分比较稳定，其中除 SiO_2 和 MgO 之外，同样含有少量的 FeO，另外部分滑石中也含有少量的 F。

（8）萤石、磷灰石。矿石中还含有很少量的萤石和磷灰石，均主要以细粒单体不规则状产出，其次与钙铁石榴子石、长石等其他脉石矿物嵌布在一起；他们的整体粒度相对稍细，主要分布在 $10\sim50\mu m$ 之间。

7.5.1.3 矿石中重要矿物的解离特征及粒度组成

样品中黄铜矿、磁铁矿、磁黄铁矿以及黄铁矿的解离度见表 7-35。结果显示磁黄铁矿、黄铁矿的解离度相对较高，约在 80% 左右；磁铁矿次之，为 71.71%；黄铜矿的解离度最小，仅有 66.06%，单体解离不够充分。在连生体中，这些金属矿物均主要与脉石连生，其次以互相连生的形式产出。

表 7-35　矿石中黄铜矿、磁铁矿、磁黄铁矿以及黄铁矿的单体解离特征表 （%）

矿物名称	单体	连生体				
		与黄铜矿	与磁铁矿	与磁黄铁矿	与黄铁矿	与脉石
黄铜矿	66.06	—	2.84	3.36	1.35	26.39
磁铁矿	71.71	1.97	—	5.87	2.82	17.63
磁黄铁矿	82.15	1.22	2.28		1.27	13.08
黄铁矿	79.35	0.52	4.48	1.46	—	14.19

矿石样品中黄铜矿、磁铁矿、磁黄铁矿以及黄铁矿的粒度组成见表 7-36 及表 7-37，其中对以单体形式和连生体形式存在的黄铜矿的粒度也分别进行了测定。

表 7-36　样品中黄铜矿的粒度组成表

粒级/mm	黄铜矿		黄铜矿单体		黄铜矿连生体	
	含量/%	累计/%	含量/%	累计/%	含量/%	累计/%
+0.147	3.31	3.31	2.74	2.74	4.41	4.41

粒级/mm	黄铜矿		黄铜矿单体		黄铜矿连生体	
	含量/%	累计/%	含量/%	累计/%	含量/%	累计/%
−0.147+0.104	5.99	9.30	5.63	8.37	6.70	11.11
−0.104+0.074	12.40	21.69	16.34	24.71	4.72	15.83
−0.074+0.043	27.95	49.64	27.28	51.99	29.22	45.05
−0.043+0.020	31.30	80.94	30.49	82.48	32.88	77.93
−0.020+0.015	8.94	89.88	8.14	90.62	10.50	88.43
−0.015+0.010	8.05	97.93	7.19	97.81	9.74	98.17
−0.010	2.07	100.00	2.19	100.00	1.83	100.00

表 7-37　样品中磁铁矿、磁黄铁矿以及黄铁矿的粒度组成表

粒级/mm	磁铁矿		磁黄铁矿		黄铁矿	
	含量/%	累计/%	含量/%	累计/%	含量/%	累计/%
+0.147	0.80	0.80	6.69	6.69	4.00	4.00
−0.147+0.104	4.53	5.33	8.81	15.50	4.81	8.81
−0.104+0.074	17.38	22.71	17.51	33.01	19.18	27.99
−0.074+0.043	34.14	56.85	28.21	61.22	28.85	56.84
−0.043+0.020	30.05	86.90	23.59	84.81	27.86	84.70
−0.020+0.015	7.48	94.38	7.32	92.13	7.57	92.27
−0.015+0.010	4.74	99.12	6.30	98.43	6.11	98.38
−0.010	0.88	100.00	1.57	100.00	1.62	100.00

结果显示磁黄铁矿的粒度相对较粗，黄铁矿次之，黄铜矿和磁铁矿的粒度较细。在+0.074mm 粒级中，磁黄铁矿、黄铁矿、磁铁矿及黄铜矿的占有率分别为33.01%、27.99%、22.71% 及 21.69%。在−0.010mm 粒级中，磁黄铁矿、黄铁矿、磁铁矿及黄铜矿的占有率分别为 1.57%、1.62%、0.88%、2.07%。此外，从表 7-36 中可以看出以连生体形式存在的黄铜矿与单体黄铜矿的粒度分布特征基本一致，同样主要分布在 0.020~0.074mm 之间。

7.5.2　工艺流程、设备及药剂制度

7.5.2.1　工艺流程

冬瓜山铜矿是铜陵有色金属集团公司的支柱矿山企业，现处理能力为13000t/d。冬瓜山铜矿设计选矿工艺流程为半自磨-球磨磨矿、滑石浮选、铜优先浮选、铜硫混合浮选、铜硫混合浮选尾矿磁选、磁精脱硫浮选、铜硫混合精矿分离浮选、铜硫分离浮选尾矿选硫。设计选矿产品为铜精矿、硫精矿和铁精矿。自

2004 年投产后，根据矿石性质及生产需要进行了多次改造，自 2010 年 7 月选矿厂选别工艺流程为优先选铜—铜尾矿磁选—磁选尾矿分步选硫。现场工艺流程图如图 7-8 所示。

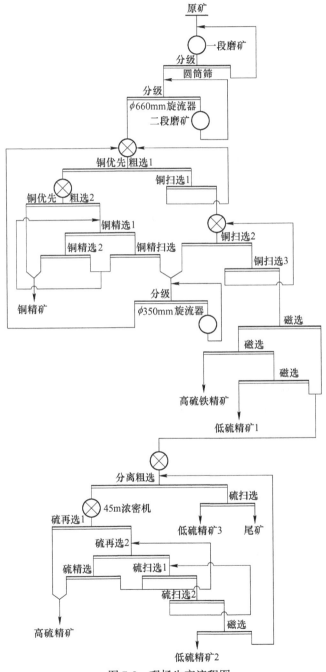

图 7-8　现场生产流程图

具体工艺流程为半自磨-球磨磨矿、优先选铜—磁选—分步浮选硫。优先选铜工艺为一粗三扫"一次半"精选，精扫尾和二扫泡沫再磨后返回粗选；铜尾矿一粗一精磁选，磁选尾矿分步选硫。选矿产品为铜精矿、高硫铁精矿、硫精矿和低硫精矿。

7.5.2.2 磨浮设备

半自磨-球磨采用 $\phi 28m \times 13m$ 半自磨机 1 台，$\phi 5.03m \times 8.3m$ 溢流型球磨机 2 台，6-$\phi 660mm$ 旋流器机组 2 组，16/14 沃曼泵 4 台作为旋流器机组给矿泵。优先选铜粗扫选采用 WEMCO-130m³ 自吸气式浮选机 10 台，铜精选 XCF/KYF-24 m³ 机械充气式浮选机 8 台，铜中矿再磨 $\phi 4.0m \times 6.7m$ 溢流型球磨机 1 台、12-$\phi 350mm$ 旋流器机组 1 组。磁粗选 CTB-$\phi 1200 \times 3600$ 永磁磁选机 10 台、磁场强度 3600Gs，磁精选 CTB-$\phi 1050 \times 3600$ 永磁磁选机 4 台、3 台磁场强度 1800Gs、1 台磁场强度为 1200Gs，磁精扫选 CTB-$\phi 1200 \times 3600$ 永磁磁选机 1 台、磁场强度 5000Gs。硫粗选采用 WEMCO-130m³ 自吸气式浮选机 4 台，硫精选采用 XCF/KYF-24m³ 机械充气式浮选机 11 台；低硫作业采用 WEMCO-130m³ 自吸气式浮选机 1 台，直接产出低硫精矿。

2012~2014 年昆明理工大学、冬瓜山铜矿、海王旋流器有限公司及铜陵有色技术中心四家联合对半自磨-磨矿作业以及水力旋流器分级作业进行攻关研究，在处理量未下降的前提下，磨矿细度由-0.074mm 占 65% 提高至 70% 左右，铜回收率有明显提高。

7.5.3 现场生产概况

2015 年原矿含铜平均品位 0.92%，磨矿细度为-200 目占 70% 左右，铜精矿中铜品位 17.5%，铜回收率 88.9%。药剂制度见表 7-38。

表 7-38 铜矿现场药剂制度

现作业名称	药剂名称	配制浓度/%	药剂用量 /g·t⁻¹	550t/h 药剂添加量 /mL·min⁻¹
铜优粗选	L4	原液	13	120
	L4-1	原液	8.7	80
	L7	15	2.5	150
铜扫选 1	L7	15	4.0	250
	丁黄	10	3.3	300
铜扫选 2	丁黄	10	5.5	500
	L7	15	5.8	350
	BC	原液	3.3	30

现作业名称	药剂名称	配制浓度/%	药剂用量 /g·t^{-1}	550t/h 药剂添加量 /mL·min^{-1}
铜扫选3	丁黄	10	3.3	300
铜精选1	L3+LC	10	49.1	4500
	EH901	原液	30	
铜精选1	石灰	pH		12.4
铜优粗选	石灰	pH		11.8
分离粗选	黄药	10	65~87	6000~8000
	BC	原液	43.6	400
	941	原液	10.9	100
	稀酸	5%左右 98%	36L/t 1.9L/t	20m³/h (pH=8 左右)
	L1	10%	225	
	硫酸铜	10%	25	
	L2	10	15	1400
硫再选一粗	BC	原液	2.2	20
	黄药	10	13	1200
	941	原液	10.9	100
	L2	原液	7.5	700
硫再选二粗	黄药	原液	8.7	800
	BC	原液	1.1	10

7.6 安徽铜陵有色金属集团安庆铜矿

安庆铜矿矿区位于安徽省安庆市怀宁县境内，面积 13.7km²，距合肥至安庆国道和铁路都只有 2.5km，距安庆市 18km，濒临长江黄金水道。在长江北岸的石门湖和安庆市东郊设有专用产品中转码头。交通便利，地理环境优越。安庆铜矿资源丰富，是一大型坑下开采铜铁共生矿床。设计能力年处理矿石量 115.5 万吨，年产铜量 9350t，铁精矿 39 万吨。

安庆铜矿采用的是主体工程完工即投入生产的二步骤建设方案。工程建设大体可以分为筹建、缓建、一步工程和二步工程四个阶段。其中，1977~1979 年底为筹建阶段，1979~1987 年底，因国民经济调整被列为缓建项目，缓建期间的

1982年8月至1986年9月,与日本国政府共同进行了精密探矿工程。1987年底~1991年初,为一期工程建设阶段。以1987年12月15日主厂房破土动工为标志,以-400m为运输中段的一步工程全面开工,共完成投资3.12亿元,形成了生产能力,并于1991年3月7日举行了投料试车仪式;1991年初~1999年底为二期工程建设阶段。以-580m为主要运输中段的二期工程是在生产同步进行的情况下开展的,累计投资1.98亿元。1999年底,安庆铜矿基本建设全面竣工。

7.6.1　矿石性质

安庆铜矿是铜陵有色主要铜、铁精矿生产基地,投产已二十多年。选矿厂所处理的矿石为铁铜矿石。选矿工艺流程为浮选回收铜—磁选回收铁—磁精矿浮选脱硫的工艺流程,所得产品为铜精矿和铁精矿。

矿石中的铁矿物主要为磁铁矿,另有微量的赤铁矿和褐铁矿;铜矿物主要为黄铜矿,其次为微量的铜蓝、辉铜矿和蓝辉铜矿;硫化物矿物主要是磁黄铁矿和少量的黄铁矿;其他金属硫化物矿物有微量的闪锌矿、辉钼矿和方铅矿等。矿石中的脉石矿物主要为钙铁榴石,其次为透辉石、普通辉石,另有少量的方解石、钠长石、绿泥石、蛇纹石、透闪石、白云母及微量的石英、金红石、铁白云石等。

7.6.2　磨浮磁选工艺流程及设备

安庆铜矿磨矿分级作业为三个系统,1号、2号磨矿分级系统采用MQG3200×4500球磨机与2FC-24双螺旋分级构成闭路;3号磨矿分级系统采用MQY2700×3600球磨机与ϕ350mm旋流器构成闭路。铜浮选系统粗、扫选为两系列采用BS-X 8m^{3}浮选机(2+4+5+4槽),铜精选浮选采用KYFⅡ-4m^{3}浮选机(9+4+3槽),铜再磨采用MQY2100×3600球磨机与ϕ250mm旋流器构成闭路;磁粗扫选采用MDBϕ1050×2100磁选机(4+2台),铁再磨采用MQY2700×3600球磨机与ϕ350mm旋流器构成闭路;脱硫浮选采用XJ-2.8m^{3}浮选机共10槽。

安庆铜矿磨浮及磁选工艺流程见图7-9。

7.6.3　重介质厂工艺流程

安庆铜矿重介质厂为矿产资源再回收利用厂,主要对主选矿厂产出的硫精矿、脱硫泡沫及尾矿,通过分级再磨—浮磁联合工艺流程,再回收有用元素铜硫铁,其工艺主要分为三个部分:

(1)Ⅰ系列为总尾矿经分级后的粗砂(即总尾粗砂),先浮选(一次粗选)后磁选,磁选尾矿送充填系统的粗级别砂仓;浮选粗精矿再磨经一次粗选两次精选一次扫选产出低品位铜精矿,精扫尾进45m浓密池,浓缩后送尾矿库;磁精

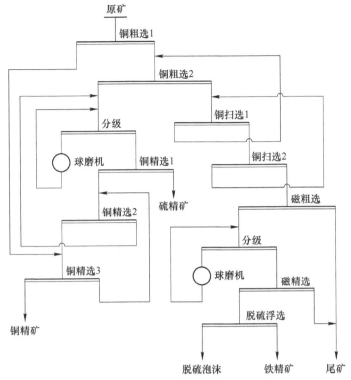

图 7-9 磨浮及磁选工艺流程

矿进入Ⅱ系列再选。

（2）Ⅱ系列主要是硫精矿、脱硫泡沫及 45m 浓密池沉砂，经一次磁粗选，磁尾进入Ⅲ系列盘式磁选机，磁精矿与Ⅰ系列磁精矿、Ⅲ系列盘式磁选机磁精矿合并进入分级，粗砂进入球磨机，球磨机排矿返回分级；分级溢流进入磁粗选，磁粗选精矿进行脱硫浮选，得浮选精矿即重介质，浮选尾矿为高硫铁砂；磁粗选尾矿再进行磁扫选，磁扫选精矿即高硫铁砂，磁扫选尾矿进入 45m 浓密池。

（3）Ⅲ系列为总尾矿经分级后的细砂（即总尾细砂），经一粗二精浮选得低品位铜精矿；粗选尾矿经磁粗选、磁精选，产出高硫铁砂，磁精尾进 45m 浓密池，磁粗尾矿经盘式磁选机一次粗选后作为外排尾矿送入尾矿库，盘式磁选机磁精矿进入Ⅱ系列再选。

重介质选厂的工艺流程图见图 7-10。重介质厂综合回收得到低品位铜精矿、高硫铁精矿和重介质三种产品。

7.6.4 现场指标

公司考核要求铜精矿含铜 21.0%，铜回收率 90.0%；铁精矿含铁 65.0%，铁精矿含硫 1% 以下。

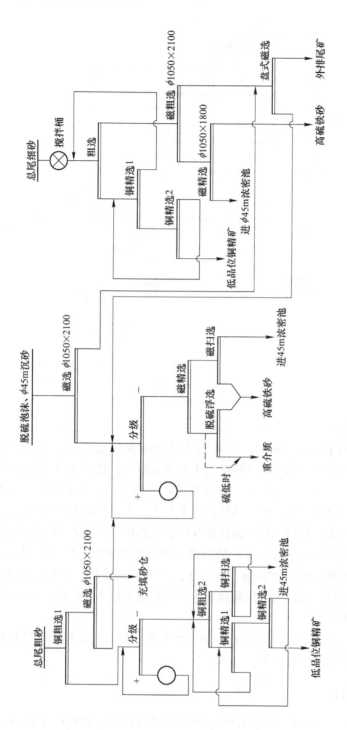

图7-10 重介质选厂工艺流程图

7.7 巴彦淖尔西部铜业获各琦铜矿

7.7.1 矿石性质研究

7.7.1.1 矿石的化学成分

试样多元素分析结果如表 7-39 所示，铜的化学物相分析结果如表 7-40 所示，铁的化学物相分析结果如表 7-41 所示，硫的化学物相分析结果如表 7-42 所示。

表 7-39 多元素化学分析结果 （%）

组分	Cu	TFe	FeO	Fe$_2$O$_3$	Pb	Zn	TiO$_2$	SiO$_2$	Al$_2$O$_3$	CaO
含量	1.10	10.49	10.09	3.79	0.077	0.059	0.12	65.97	2.89	3.52
组分	MgO	MnO	K$_2$O	Na$_2$O	S	P	As	C	Ag*	Ig
含量	2.06	0.58	0.45	0.097	4.95	0.11	0.023	0.42	9.04	4.2

注：* 单位为 g/t。

表 7-40 铜的化学物相分析结果 （%）

铜相	原生硫化铜中 Cu	次生硫化铜中 Cu	自由氧化铜中 Cu	结合氧化铜中 Cu	合计
含量	1.025	0.07	0.003	0.002	1.100
分布率	93.18	6.37	0.27	0.18	100.00

表 7-41 铁的化学物相分析结果 （%）

铁相	磁铁矿中 Fe	赤、褐铁矿中 Fe	磁黄铁矿中 Fe	其他硫化物中 Fe	碳酸盐中 Fe	硅酸盐中 Fe	合计
含量	0.63	0.25	3.44	2.88	0.87	2.42	10.49
分布率	6.01	2.38	32.79	27.46	8.29	23.07	100.00

表 7-42 硫的化学物相分析结果 （%）

硫相	磁黄铁矿中 S	其他硫化物中 S	硫酸盐中 S	元素硫中 S	合计
含量	2.26	2.51	0.10	0.08	4.95
分布率	45.66	50.71	2.02	1.615	100.00

由表 7-39~表 7-42 可知，综合化学成分特点，可以认为本区矿石属单一的原生硫化铜矿石。

（1）矿石中铜品位为 1.10%，达到工业开采利用指标。铅锌等其他有价金属含量甚低，综合回收价值不大。脉石组分主要为 SiO_2，其次有 Al_2O_3、CaO、MgO、K_2O。

（2）铜主要存在于原生硫化铜矿物中，其分布率占 93.18%，次生硫化铜仅占 6.37%，其他类型矿物中铜的分布极少。

（3）铁主要以硫化物形式存在，其次是分布在硅酸盐矿物中。由于鉴定中发现有较多的磁黄铁矿，铁化学物相分析将磁黄铁矿从硫化物中单独列出。从表 7-41 可见，铁在磁黄铁矿、其他硫化物（包括黄铁矿、黄铜矿）和硅酸盐中的分布比例分别为 32.79%、27.46% 和 23.07%，总计 83.32%，磁铁矿和赤、褐铁矿中铁的分布很少。

（4）硫基本以硫化物形式存在，其中磁黄铁矿中占 45.66%，其他硫化物中占 50.71%，合计分布率为 96.36%。

7.7.1.2　矿物组成及含量

（1）矿石矿物组成。矿样中铜矿物主要为黄铜矿，其次为方黄铜矿，偶见辉铜矿。其他硫化物主要为磁黄铁矿和黄铁矿，此外有很少量的方铅矿、闪锌矿和毒砂。脉石矿物种类较多，其中以石英最多，其次为角闪石、石榴石、云母、绿泥石，此外有方解石、长石、蛇纹石、磷灰石等。少量的铁矿物为磁铁矿和赤（褐）铁矿。

（2）矿石中主要矿物含量如表 7-43 所示。

表 7-43　矿石中主要矿物的含量　　　　　　　　　（%）

矿　物	黄铜矿	方黄铜矿	磁黄铁矿	黄铁矿	方铅矿 闪锌矿	磁铁矿	赤铁矿 褐铁矿
含　量	34.11	0.7	5.5	3.8	0.1	0.9	0.4
矿　物	石英	角闪石	石榴石	云　母	绿泥石	方解石 白云石	其他
含　量	52.5	12.8	7.5	6.5	4.2	1.5	1.0

7.7.1.3　主要矿物的产出形式

（1）黄铜矿。黄铜矿大部分与以磁黄铁矿、黄铁矿为主的硫化物镶嵌产出，其中以与磁黄铁矿镶嵌最为多见。黄铜矿与这些硫化物的嵌布形式较为复杂，较大部分以毗连接触为主，部分呈相互包裹状态出现。较粗粒的黄铜矿中有时包裹有细粒磁黄铁矿等硫化物及脉石，而少量细粒黄铜矿充填在黄铁矿和磁黄铁矿间隙中。部分黄铜矿单独浸染分布在脉石中，此时其粒度一般较为细小。且该区黄铜矿一个主要特点是晶体中常有固溶体出溶等成因形成的方黄铜矿，二者构成复合铜矿物。黄铜矿含铜量在 34% 左右，与标准黄铜矿接近。

（2）方黄铜矿。含量较黄铜矿少，多与黄铜矿紧密交生成复合铜矿物，偶尔嵌布在磁黄铁矿中；分布在黄铜矿中时常呈固溶体出溶的叶片状、片条状及粒状包裹物出现。矿物粒度明显较黄铜矿细小，一般在0.02~0.5mm之间。矿物基本与黄铜矿紧密交生产出，很少单独出现。

（3）次生硫化铜。矿石中次生硫化铜矿物很少，偶尔见到的次生硫化铜为辉银矿。其粒度十分细小，一般在0.08mm以下，常嵌布在黄铜矿边缘。

（4）磁黄铁矿。形态多为自形、半自形粒状，部分为不规制粒状，常与黄铜矿同时出现，不均匀嵌布在石英和硅酸盐为主的脉石中。矿物颗粒特别粗粒者较少，一般在0.02~1.0mm之间。总体上，磁黄铁矿与黄铜矿嵌布十分紧密，较多的是与黄铜矿毗连嵌布，部分细粒者包裹在黄铜矿中。此外，亦有部分较粗粒的磁黄铁矿单独嵌布在脉石中。

（5）黄铁矿。含量较磁黄铁矿少，形态为半自形粒状~不规则粒状，粒度大小与磁黄铁矿大致相当，或略细小，一般在0.02~1.0mm之间，矿物中常有微孔发育。部分矿物与黄铜矿嵌布紧密，常分布在铜矿物边缘，较粗粒的矿物中有时嵌布有细粒黄铜矿。

（6）磁铁矿、褐铁矿。磁铁矿，呈自形、半自形粒状，粒度细小，一般在0.05mm以下。不均匀星散分布在脉石中，仅在局部出现，与铜矿物嵌布关系不密切。褐铁矿为含铁硅酸盐的析出物，很少以单独颗粒出现。

由表7-44看出，矿样中铜矿物总体属中细粒嵌布范畴，其中+0.21mm的铜矿物颗粒占77.33%，+0.105mm部分占87.26%。磁黄铁矿和黄铁矿粒度较黄铜

表7-44 铜矿物及主要硫化物的粒度分布 （%）

粒径/mm	铜矿物		磁黄铁矿		黄铁矿	
	分布率	累计	分布率	累计	分布率	累计
-2.33+1.65	20.35	20.35				
-1.65+1.17	15.32	35.67	16.02	16.02	10.11	10.11
-1.17+0.83	11.34	47.01	19.33	35.35	14.42	24.53
-0.83+0.59	9.28	56.29	14.45	49.80	12.08	36.61
-0.59+0.42	7.86	64.15	12.11	61.91	9.42	46.03
-0.42+0.30	6.73	70.88	9.34	71.25	8.90	54.93
-0.30+0.21	6.45	77.33	7.56	78.81	8.12	63.05
-0.21+0.15	5.42	82.75	5.72	84.53	7.35	70.40
-0.15+0.105	4.51	87.26	4.32	88.85	6.76	77.16
-0.105+0.074	4.11	91.37	4.18	93.03	5.86	83.02
-0.074+0.052	3.23	94.60	2.12	95.15	4.57	87.59

粒径/mm	铜矿物		磁黄铁矿		黄铁矿	
	分布率	累计	分布率	累计	分布率	累计
−0.052+0.037	2.45	97.05	1.66	96.81	3.68	91.27
−0.037+0.026	1.26	98.31	1.43	98.24	3.64	94.91
−0.026+0.019	1.12	99.15	1.07	99.33	2.82	97.73
−0.019+0.010	0.73	99.88	0.65	99.98	1.85	99.58
−0.010	0.12	100.00	0.02	100.00	0.42	100.00

矿略细小, 主要是没有 1.65mm 以上的粗颗粒。磁黄铁矿粒度明显较黄铁矿粗, 累计至 0.30mm 基本与黄铜矿重合, 且+0.074mm 以上颗粒累计分布率黄铜矿略高。

7.7.1.4　矿物单体解离度

采用矿物参数自动分析系统（MLA）, 解离度测定结果见表 7-45。

表 7-45　铜矿物及主要硫化物的解离度　　　　　　　　　　　　　（%）

解离状况	单体	连生体			
		>3/4	1/4~1/2	<1/4	1/2~3/4
铜矿物	79.66	4.79	4.30	6.53	4.72
磁黄铁矿	82.97	5.67	3.90	2.81	4.65
黄铁矿	77.52	8.47	4.83	4.18	5.00

7.7.2　工艺流程、设备及药剂制度

7.7.2.1　破碎工艺及主要设备

该选厂破碎工段采用三段一闭路流程, 经过粗中细三段破碎后设置筛分, 与细碎形成闭路, 得到的产品进入粉矿仓, 进行后续磨矿作业, 破碎工段主要设备如下:

粗碎为 PEJ900×1200 颚式破碎机 1 台, 中碎为 PYB-2200 标准圆锥破碎机 1台, 细碎为 PH500 圆锥破碎机 1 台, PYD-2200 短头圆锥破碎机 1 台, 筛分采用2 台 YAH2448 圆振动筛。

7.7.2.2　磨浮工艺及主要设备

磨矿工段分两个系统, 一个旧系统一个新系统, 两个系统均是两段一闭路工艺。获各琦一选厂铜浮选工艺为"一粗三扫三精"工艺流程, 黄药作为铜捕收剂, 2 号油为起泡剂, 以石灰和木质素作为抑制剂。工艺流程如图 7-11 所示, 药

剂制度见表 7-46。

表 7-46 药剂制度

名称	石灰		木质素	黄药/2 号油			
添加地点	粗选	精选Ⅲ	精选Ⅲ	粗选	扫选Ⅰ	扫选Ⅱ	扫选Ⅲ
用量/g·t⁻¹	pH=9	pH=12	35.0	70/8	15/2	15/2	10/3

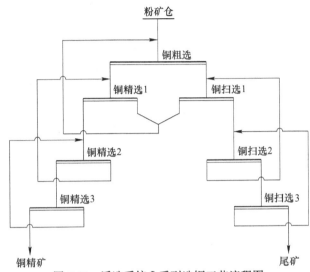

图 7-11 浮选系统Ⅰ系列选铜工艺流程图

磨浮作业主要设备如下:

(1) 磨矿分级设备。

旧系统　(一段) φ2700×3600 球磨机 2 台,2FC-20 螺旋分级机 2 台。

　　　　(二段) φ2800×3600 球磨机 1 台,2FC-24 螺旋分级机 1 台。

新系统　φ3200×5400 球磨机 3 台,2FC-30 螺旋分级机 3 台。

(2) 浮选设备。浮选共 5 个系列,其中 1 个系列废弃未用,4 个系列正常生产。脱水设备:NZ12 型中心传动浓密机 5 台,TT-30 陶瓷过滤机 2 台。

7.7.3 现场生产指标

获各琦铜矿现场生产指标见表 7-47。

表 7-47 铜矿生产指标　　　　　　　　　　（%）

产品名称	产率	Cu 品位	Cu 回收率
铜精矿	5.363	20.361	94.456
尾矿	94.637	0.068	5.544
原矿	100.00	1.156	100.00

7.8 江铜集团德兴铜矿泗洲选矿厂

江铜集团德兴铜矿泗洲选矿厂位于江西省德兴市。唐、宋年间已经开采，用湿法炼铜。1956 年开始普查勘探，发现有两个大型斑岩铜矿区，并伴生有钼、硫、金、银等元素。1958 年 5 月成立德兴铜矿，1965 年建成北山矿，地下开采，1971 年建成南山矿，露天开采。德兴铜矿具有储量大、矿体埋藏深、矿石可选性好、综合利用组分多等特点，是中国重点铜矿之一。

经过四十多年的努力，目前已形成日处理矿石 10 万吨的生产规模，达产达标，主要生产铜精矿、硫精矿、电积铜等。矿山 2003 年产铜 12 万余吨，约占全国铜产量的四分之一；同时年产黄金 5t 多，白银 20t 以上，也是中国第一大伴生金矿和伴生银矿。德兴铜矿发展前景广阔，2001 年江铜按照规范的市场原则对破产后的富家坞铜业公司成功进行了收购，从而使德兴铜矿的服务年限延长至 50 年。

7.8.1 矿石性质

德兴铜矿矿床包括铜厂、富家坞及朱砂红三大铜矿床。目前开采的是铜厂和富家坞矿体，为典型的斑岩铜矿床。泗洲选矿厂处理的是铜厂矿体矿石。根据矿体岩石种类的不同，矿石可分为斑岩型和千枚岩型两种类型，两种类型矿石中的矿物基本相同，只是含量多少有些差异。矿区内有氧化矿石、混合矿石和原生硫化矿石三种工业类型，其中主要以硫化矿石为主。

金属矿物以黄铜矿、黄铁矿为主，黝铜矿、辉铜矿、斑铜矿、辉钼矿次之，间有少量的方铅矿和闪锌矿。金的独立矿物为自然金，其次为银金矿。非金属矿物以绢云母和石英为主，绿泥石、长石、方解石、云母、白云母次之。矿石构造有浸染型、细脉型和细脉-浸染型等。可回收的有用成分以铜为主，还有伴生的硫、钼、金、银、铼等。

（1）黄铁矿。在矿石中呈浸染状、细脉状和团块状。浸染状黄铁矿多为立方体自形晶和半自形晶，也见他形粒状。粒度一般为 0.03~0.4mm，但以粗粒者居多，最大可达 1mm。当磨到 0.14mm 时单体解离度达 85% 以上。

（2）黄铜矿。是矿石中最主要的有用工业矿物，主要呈浸染状、细脉状产出。浸染状黄铜矿呈他型晶体不均匀嵌布于脉石中，与黄铁矿和辉铜矿共生，粒度一般在 0.005~0.5mm，而以 0.05~0.01mm 者为主，最大颗粒可达 1mm，当磨到 0.074mm 时，单体解离度可达 80%。

（3）辉钼矿。一般呈自形-半自形鳞片状、片状晶体产出，或呈团簇状集合体产出。单晶片厚多在 0.006~0.027mm，集合体粒级一般为 0.025~0.2mm。当磨到 0.02mm 时，单体解离度为 80%。

（4）自然金。含金矿物主要有自然金、金银矿及碲金矿，其中以自然金为主，约占金矿物总量的90%，次为银金矿。金矿物以两种状态出现，一种是粒状和不规则状嵌布于金属硫化物粒间，颗粒大小3~10μm；另一种呈乳滴状包体赋存于黄铜矿、黄铁矿、砷黝铜矿、方铅矿等矿物中，粒径小于20μm。

矿石含铜品位低但比较均匀，介于0.2%~0.6%之间，钼品位介于0~0.07%之间，金的品位为0.1~0.35g/t，银的品位为1~2.5g/t，含硫一般为1%~3%。矿石密度为2.7t/m³。

7.8.2 生产工艺、设备及药剂制度

7.8.2.1 生产工艺

泗洲选矿厂浮选工艺为铜硫混合浮选—铜硫分离浮选流程。矿石先经一段闭路磨矿分级，进行铜硫混合浮选（一次粗选、三次扫选）；粗精矿再磨分级，进行铜硫分离浮选（一次粗选、四次扫选、两次精选），得到含金、银、钼等伴生元素的混合铜精矿和含硫尾矿。混合铜精矿输送到新技术厂进行铜钼浮选分离，含硫尾矿再浮选选硫。选铜混合浮选药剂采用捕收剂Mac-12和丁基黄药、起泡剂BK-204、调整剂石灰和活化剂硫化钠；铜硫分离浮选药剂采用捕收剂丁胺黑药和黄药、抑制剂石灰。

泗洲选矿厂磨浮工艺流程图见图7-12。

7.8.2.2 泗洲选矿厂浮选设备工艺参数要求

（1）一段KYF-130浮选机充气量为1.0~1.2 m³/（m²·min）。

（2）二段及选硫系统GF/JJF-28浮选机充气量为0.6~1.0 m³/（m²·min）。

（3）一段KYF-130浮选机皮带不得少于6根，二段及选硫系统GF/JJF-28浮选机皮带不得少于4根，且松紧度要合适一致。

（4）二段GF/JJF-28浮选机的叶轮插入调节环的深度为（40±10）mm，假底高度为265mm，且调节环与叶轮的周边间隙要求均匀。

（5）二段KYZ浮选柱充气量为0.6~1.0m³/（m²·min），泡沫层厚度300~1500mm。

（6）二段KYZ浮选柱气压应控制在0.4~0.55MPa。

7.8.2.3 泗洲选矿厂药剂制度

A 泗洲选矿厂使用的药剂及浓度

泗洲选矿厂目前使用的捕收剂为黄药、黑药、Mac-12，起泡剂为BK-204，调整剂为石灰、硫化钠和稀硫酸。其中黄药、黑药、石灰、硫化钠需要现场配制一定浓度才能满足生产需要。药剂配制浓度见表7-48。

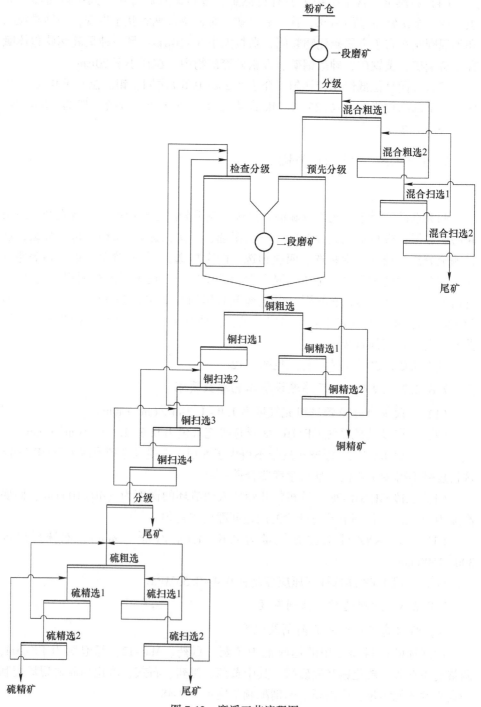

图 7-12　磨浮工艺流程图

表 7-48 药剂及浓度

名　　称	配制浓度/%
黄药	10±0.5
丁胺黑药	5±0.5
Mac-12	原　液
BK-204	原　液
石灰	8~10
稀硫酸	15~20
硫化钠	15±2

B　泗洲选矿厂药剂用量及加药点

a　一段浮选药剂添加量

捕收剂（Mac-12）用量为 20~30g/t，加在粗选和扫 1 作业。

捕收剂（黄药）用量为 18~25g/t，加在扫 1 作业和扫 2 作业。

起泡剂（BK-204）用量为 0~8g/t，加在粗选。

石灰加在粗选，矿浆 pH 值为 7.5~8.5。

b　二段浮选药剂添加量

丁铵黑药用量为 1~5g/t，按 2:1 的比例加入粗选和扫 1 作业。

黄药用量为 2~6g/t，加在粗选。

石灰用量按照 1:1:1 的比例加入粗选、精 1、精 2 作业。

二段浮选矿浆 pH 值为 11~13。

c　选硫系统药剂添加量

粗选作业　稀硫酸 300g/t，丁基黄药 7g/t，BK-204 5g/t。

扫选作业　丁基黄药 2g/t，BK-204 1.3g/t。

粗选作业 pH 值为 7 左右。

C　泗洲选矿厂石灰制乳

泗洲选矿厂采用磨矿分级制乳和石灰消化机制乳两种工艺。

a　磨矿分级制乳

磨矿分级制乳工艺采用 0.8m×6.0m 铁板给矿机、φ2.1m×3.0m 格子型球磨机、φ2m 螺旋分级机、φ350m 旋流器等设备，生石灰和水在球磨机中反应并被细磨，再进行分级、除渣，得到浓度为 8%~10% 的石灰乳。

生石灰通过给矿铁板进入 φ2.1m×3.0m 格子型球磨机，同时在球磨机的入口处添加一定量的清水。在球磨机中，生石灰与水发生反应生成熟石灰，同时被细磨，粗砂通过螺旋分级机返回球磨机，螺旋溢流经旋流器分级，沉砂进入尾砂沟，溢流作为合格石灰乳进入 φ9.0m 搅拌桶，用泵扬送至生产现场。

b 石灰消化机制乳

石灰消化机制乳工艺采用 0.8m×6.0m 和 0.8m×12.0m 铁板给矿机、TSH-φ2.5m×20m 石灰消化机、螺旋提渣机等设备。采用由回转运动代替搅拌的制乳方法，生石灰块和水在筒体内接触吸水、消化，粗渣从筒体出口排出；石灰乳从出口筛网排出并进入锥形槽，从其溢流口流出，进入提升泵池；石灰渣由螺旋提渣机排出。

7.8.3 生产指标

泗洲选矿厂生产指标见表 7-49。

表 7-49 生产指标 （%）

产品名称	产率	品 位		回 收 率	
		Cu	S	Cu	S
铜精矿	1.51	24.59	30.30	85.39	22.80
硫精矿	4.89	0.134	23.49	1.48	57.11
尾矿	93.60	0.062	0.431	13.13	20.09
原矿	100.00	0.422	2.01	100.00	100.00

7.9 江铜集团银山矿业

江铜集团银山矿业公司坐落于江西省德兴市，是一座生产铜铅锌精矿露坑联合开采矿山。新选厂一期于 2010 年 9 月开始建设，2012 年 1 月正式投产，日处理量达到了 6500t，二期投产后可达到 13000t/d 处理量的规模。矿石包括两部分：一部分是深部挖潜扩产改造的铜矿石，规模 8000t/d；另一部分是九区露采的铜矿石，规模 5000t/d。

7.9.1 矿石性质

由于缺少银山深部挖潜扩产改造处理的矿石性质的相关资料，所以本节叙述的原矿特性，主要是针对九区露采的铜金硫矿石。

7.9.1.1 矿物组成、矿石结构和构造

A 矿石类型和矿物组成

银山九区铜硫金矿为陆相火山岩型中低温热液矿床。矿体赋存在石英斑岩和英安斑岩接触带及枚岩中。矿石氧化程度很低，属原生硫化矿矿石。

原生铜硫矿石中金属矿物主要以变胶状黄铁矿、黄铜矿及变胶状黄铜矿、硫砷铜矿、砷黝铜矿为主，其次为变胶状闪锌矿、闪锌矿、斑铜矿、方铅矿及微量

的钛铁矿、锐钛矿、自然金、辉硫锑铅银矿、自然银等。脉石矿物以石英、绢云母为主，少量绿泥石、高岭土等。

原矿光谱分析、原矿主要组分分析分别见表7-50、表7-51。

表 7-50 原矿光谱分析 （%）

元素	Cu	Ag	Pb	Zn	Bi	W	Sn	As
含量	0.05~0.5	0.0001~0.001	0.001~0.01	0.01~0.1	0.001	<0.01	0.0001	0.001~0.01
元素	Sb	Be	Mn	Ti	Ni	V	Co	Zr
含量	<0.0005	<0.001	0.003~0.03	0.1~1	0.001	0.001~0.01	0.001~0.01	0.001
元素	Ba	Ga	Cr	Si	Al	Ca	Mg	Fe
含量	0.01	0.001	0.001	>10	0.5~5	0.01~0.1	0.1~1	10

表 7-51 原矿主要组分分析 （%）

元素	Cu	S	Au*	Ag*	Pb	Zn	As	Sb	Bi
含量	0.47~0.48	9.91~9.60	0.62~0.64	9.0~10.60	0.043~0.05	0.102~0.12	0.144~0.162	0.013	0.0067
元素	WO_2	Fe	SiO_2	Al_2O_3	CaO	MgO	Na_2O	K_2O	Mn
含量	0.032	10.50	56.38	12.45	0.08	0.42	0.032	2.56	0.044

注：*单位为g/t。

B 矿石结构和构造

矿石结构以结晶粒状结构为主，充填-溶蚀结构也很常见，另有网脉交代结构、细脉交代结构、压碎结构和填隙结构。

九区矿石构造多种多样，最常见的是细脉浸染状、网状浸染状、角砾状、小脉浸染状、致密块状和条带状等构造。

7.9.1.2 主要矿物嵌布特性

（1）金矿物。粗颗粒自然金呈不规则树枝状，细颗粒金呈不规则粒状、浑圆粒状、细脉状。颗粒一般较细，在0.004~0.074mm之间。金矿物主要载体矿物为黄铜矿和黝铜矿，这为铜精矿富集金创造了条件。在散粒状黄铁矿集合体颗粒中见有粒间金，应在生产中注意回收。

（2）银矿物及含银矿物。粒度较细，一般在20μm。银的主要载体矿物为黄铜矿和黝铜矿，其次是黄铁矿、闪锌矿、方铅矿等。

（3）黄铜矿。黄铜矿呈不规则粒状、脉状、网脉状。常见黄铜矿被交代黄铁矿和充填于黄铁矿和脉石中。黄铜矿被砷黝铜矿、黝铜矿交代充填现象十分普遍，说明两者嵌布关系十分密切。

（4）含砷的铜矿物。含砷的铜矿物，特别是砷黝铜矿与黄铜矿的嵌布关系最为密切，不易单体解离，加之其浮游性相近，是导致铜精矿含砷高的主要原因。另外，含砷铜矿物充填交代黄铁矿现象十分普遍。

（5）黄铁矿。黄铁矿成矿为早晚期，早期的黄铁矿结晶程度较高，晶形较好，与铜矿物的关系不密切，易于分离。对于黄铁矿被黄铜矿、含砷铜矿物充填交代，呈不规则粒状、碎屑状、浑圆状，并呈包裹体，还有细脉状和网脉状的黄铁矿和含砷铜矿物充填于碎裂黄铁矿的裂隙中，因嵌布粒度细小，难以单体解离，将导致硫精矿中含少量铜、砷和金。

黄铁矿中金的含量和赋存状态，经物相分析表明，呈包体存在，用选矿方法较难回收。纯黄铁矿含金 1.5g/t、铜 0.16%。

（6）脉石矿物。原矿中的脉石矿物相互紧密嵌生，其集合体颗粒较粗，易于单体解离。绢云母易于泥化。

7.9.1.3　磨矿产品矿物单体解离度分析

磨矿细度按 -0.074mm 占 55%、80% 两种细度进行显微镜下的单体解离度分析，分析结果见表 7-52。

表 7-52　磨矿产品主要矿物单体解离度　　　　　　　　（%）

矿　　物		单体含量	连生体含量				
			与黄铜矿	与含砷铜矿物	与黄铁矿	与其他硫化物	与脉石
黄铜矿	-0.074mm 占 55%	71.72		14.82	5.59	0.73	7.14
	-0.074mm 占 80%	81.46		8.1	5.02	0.40	5.02
含砷铜矿物	-0.074mm 占 55%	47.97	19.88		25.55	1.69	4.91
	-0.074mm 占 80%	75.56	11.64		9.13	0.45	3.22
黄铁矿	-0.074mm 占 55%	89.34	1.33	2.95		0.16	6.22
	-0.074mm 占 80%	93.05	0.73	0.83		0.10	5.28

7.9.1.4　原矿物理性质

原矿密度：2.88t/m³　　矿石安息角：40°

原矿松散系数：1.57　　原矿松散密度：1.83t/m³

7.9.2 生产工艺、设备及药剂制度

7.9.2.1 工艺流程

A 磨矿工艺流程

磨矿采用 SABC 流程（半自磨—球磨—顽石破碎）。储矿堆的矿石经 1 台重板给矿机及 3 号胶带输送机给入 $\phi 7.0m \times 3.5m$ 半自磨机。半自磨机排矿经圆筒筛筛分级，筛上顽石经 5 号和 6 号胶带输送机给入顽石仓，再经 GP100 圆锥破碎机破碎后经 7 号胶带输送机返回 3 号皮带，再返回半自磨机形成闭路；筛下产品进入由 $\phi 4.8m \times 7.0m$ 溢流球磨机及 $\phi 660mm$ 旋流器组成的一段闭路磨矿分级系统。旋流器溢流细度为 -200 目占 65%，+80 目占 8%~10%，旋流器溢流经搅拌槽后进入铜硫混合浮选作业。磨矿工艺流程如图 7-13 所示。

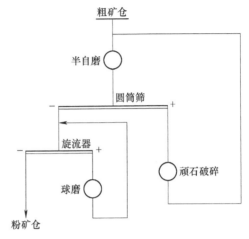

图 7-13 磨矿工艺流程示意图

B 浮选工艺流程

浮选流程采用铜钼混合浮选—混合精矿再磨再分离流程，具体如下：

混合浮选采用两次粗选，两次扫选，浮选浓度约 35%。混合精矿再磨，然后进行铜硫分离，铜硫分离采用一次粗选，一次精选，两次扫选，最终产出铜精矿及低硫产品。低硫进入选硫前浓密机浓缩，然后进行高硫浮选，选高硫采用一次粗选，一次精选，一次扫选的工艺流程。铜精选采用的是 $\phi 3.05m \times 10m$ 浮选柱。选硫采用的是 BF-16m³ 充气机械式浮选机，其他浮选机均是 KYF/Ⅱ-50m³ 充气机械式浮选机。浮选工艺流程如图 7-14 所示。

7.9.2.2 主要设备

A 磨矿主要设备

3 号皮带 1200mm（$P = 37kW$）、5 号皮带 800mm（$P = 18.5kW$）、6 号皮带 800mm（$P = 22kW$）、7 号皮带 800mm（$P = 18.5kW$），1500~4500mm 重型板式给矿机 2 台（$P = 22kW$ 变频），$\phi 7.0 \times 4.5m$ 半自磨 1 台（$P = 2500kW$ 变频），$\phi 4.8m \times 7.0m$ 溢流型球磨 1 台（$P = 2500kW$），16/14TU-AHR 砂泵 1 台（$P = 450kW$），VTM-800-WB 立磨机磨 1 台，$\phi 660mm$ 水力旋流器 8 台，顽石破碎机 GP100 一台（$P = 90kW$）。

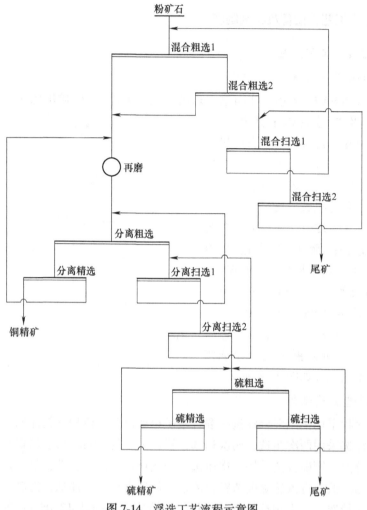

图 7-14 浮选工艺流程示意图

B 浮选主要设备

φ4.0m×4.0m 搅拌桶 1 台，φ3.55m×3.55m 搅拌桶 1 台，φ4.0m×4.0m 搅拌桶 1 台，φ2.0m×2.0m 搅拌桶 1 台，KYF/Ⅱ-50 浮选机 15 台，BF-16 浮选机 9 台，φ3.05×10m 浮选柱 1 台，C450-1.45 鼓风机 2 台，Lu132-8A 空压机 2 台。

7.9.2.3 药剂制度（表 7-53）

表 7-53 银山铜矿药剂制度

药剂种类	用量/g·t⁻¹	添加浓度/%	添 加 点
乙基黄药	33	10	混合粗选前搅拌槽
	12	10	混合扫选 1 浮选机前中间箱

药剂种类	用量/g·t⁻¹	添加浓度/%	添 加 点
丁基黄药	11	10	混合粗选前搅拌槽
	4	10	混合扫选 1 浮选机前中间箱
	15	10	硫粗选前搅拌槽
	10	10	硫扫选浮选机前中间箱
硫氨酯 （Z-200）	15	原液	分离粗选前搅拌槽
	6	原液	分离扫选 1 浮选机给矿箱
	4	原液	分离扫选 2 浮选机前中间箱
2 号油	37	原液	混合粗选前搅拌槽
	8	原液	混合扫选 1 浮选机前中间箱
	4. 2	原液	硫粗选前搅拌槽
	2. 1	原液	硫扫选浮选机前中间箱
石灰	3000	10	混合粗选前搅拌槽
	1500	10	分离粗选前搅拌槽
	500	10	分离粗选精矿泵池
稀硫酸	220	30	硫粗选前加酸搅拌槽
絮凝剂	1.49	0. 2	选硫前高效浓缩机
	1. 13	0. 2	硫精矿高效浓缩机

7.9.3 生产指标

银山铜矿生产指标见表 7-54。

表 7-54 银山铜矿生产指标 （%）

产品名称	产率	品 位		回 收 率	
		Cu	S	Cu	S
铜精矿	1. 84	18. 853	36. 988	86. 08	8. 91
硫精矿	11. 78	0. 188	46. 917	5. 50	72. 34
尾矿	86. 38	0. 04	1. 66	8. 42	18. 75
原矿	100. 00	0. 403	7. 64	100. 00	100. 00

7.10 甘肃白银有色集团铜锌选矿

白银公司是新中国最早建设的大型铜硫生产企业，也是国家"一五"时期156个重点建设项目之一。1954年开始建设，1960年建成采选冶生产工艺流程，形成了年产3万吨电解铜、17万吨硫酸的生产规模。70年代末期，又相继建成铅锌采选冶生产系统。"七五"和"八五"期间，针对白银公司两座铜矿资源枯竭的现实，为了继续发挥有色冶炼工业基地的优势，国家又投资建设了"两厂一矿"，即年产15万吨铅锌的西北铅锌冶炼厂、10万吨铝锭的白银铝厂和日采矿石3500t的厂坝铅锌矿，并被列为国家重点建设项目，白银公司拉开了历史上第二次创业的序幕。90年代初，"两厂一矿"陆续建成投产，铅锌铝先后实现了达产达标。至此，白银公司的产品由建厂初期的铜、硫扩展到了铜铝铅锌金银硫，冶炼规模能力达到了31万吨。近几年通过对"两厂一矿"项目的不断完善，截至2003年底，白银公司形成了生产能力为：年采矿能力200万吨、年产铜铝铅锌四种有色金属产品40万吨、黄金3000kg、白银100t、有色金属加工材5.65万吨、硫酸48万吨、选矿药剂7900t、氟化盐产品4.2万吨。

建厂以来，白银公司累计为国家生产铜铝铅锌四种有色金属产品392万吨，上缴利税56亿元，成为集铜铝铅锌金银硫、金属合金等有色金属多品种产品生产，集采矿、选矿、冶炼、化工、加工、科研和内外贸于一体的大型企业集团。

7.10.1 矿石性质

致密块状铜、锌、黄铁矿石中的主要金属矿物有黄铁矿、闪锌矿、铁闪锌矿、黄铜矿，其次是辉铜矿、铜蓝、方铅矿、磁铁矿、毒砂、磁黄铁矿等；脉石矿物主要有石英、绢云母、绿泥石、方解石、石膏等。

矿石中的黄铜矿含量较高，一般为75%~90%，平均在85%以上，以中细粒，其他晶粒结构为主，也有成自形晶及半自形晶粒结构。后两者常见于闪锌矿、铁闪锌矿的接触处或包裹在闪锌矿、铁闪锌矿内。

黄铜矿含量变化较大，一般为1%~2%Cu，亦有较高的。它主要成脉状，似脉状等不规则他形晶嵌布于黄铁矿晶粒边缘或晶隙之间；少部分黄铜矿呈乳滴状结构嵌布于闪锌矿和铁闪锌矿中。粒度大小不均，大者可达3mm，一般粒度在0.2~0.4mm，少部分黄铜矿的粒度较细，小于0.015mm者约占15%。

矿石中的闪锌矿含铁量不同，可分为闪锌矿和铁闪锌矿两种，它们均呈不规则的他形晶嵌布在黄铁矿的边缘。也常充填，胶结并交代黄铁矿与黄铜矿的共生关系密切，粒度一般为中细粒，但以细粒为主，达9~18μm。条带状和板状闪锌矿颗粒较细，-0.023mm占50%左右。

矿石中的铜、锌矿物和黄铁矿结晶颗粒十分细小，接触界线不规则，所以单体解离比较困难。将原生铜锌矿石磨到 95%－200 目，测定其解离度仅达 80%~85%。

矿石中含铜量变化较大，一般为 0.5%~1.0%，含锌为 1.4%~4.0%，原矿的多元素分析及铜、锌物相分析见表 7-55~表 7-57。

表 7-55 原矿多元素分析　　　　　　　　　（%）

元素	Cu	Pb	Zn	Fe	S	SiO$_2$	Al$_2$O$_3$	MgO	CaO
含量	0.575	0.27	1.89	38.0	39.80	6.36	1.60	1.19	1.60

表 7-56 原矿铜物相分析　　　　　　　　　（%）

相别 数量	总铜	原生硫化铜	次生硫化铜	氧化铜
Cu 含量	0.575	0.455	0.09	0.03
占有率	100.00	79.13	15.65	5.22

表 7-57 原矿锌物相分析　　　　　　　　　（%）

相别 数量	总　锌	硫　化　锌	氧　化　锌
Zn 含量	1.89	1.747	0.143
占有率	100.00	92.43	7.57

7.10.2 生产流程、药剂制度和选别指标

由于该矿石性质复杂，各地段矿石的矿物可浮性不一，多数矿石的铜矿物可浮性比锌矿物好。锌矿物有"易浮""难浮"之分，故采用等可浮性流程。

该厂的生产流程如图 7-15 所示。原矿经两段磨细至 80%~90%－200 目后，用石灰在中钙（CaO 含量为 300~400g/m³ 矿浆）条件下抑制黄铁矿，而进行以铜为主的铜锌（易浮的锌）"等浮"，得到铜锌混合精矿，然后将混合精矿再磨。其作用一是可脱药，二是可提高解离度。然后进行铜锌分离作业，分离方法采用亚硫酸，在 pH 值为 6~7 时，抑锌、硫浮铜，经两次精选，得出最终铜精矿。铜锌分离尾矿（含锌硫）送到锌硫分离回路中，在高钙（CaO 含量为 800~900g/m³ 矿浆）条件下，用 CuSO$_4$ 活化闪锌矿，进行浮锌抑硫。经三次精选，得出最终锌精矿。锌浮选的尾矿，即为黄铁矿精矿，送硫酸车间制硫酸，所以是无尾矿选厂。

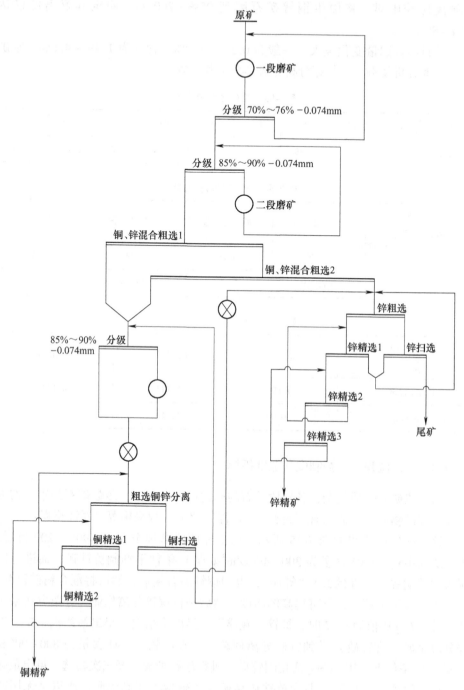

图 7-15   铜锌矿石选别流程

药剂制度见表 7-58，选厂生产指标见表 7-59。

表 7-58 工艺条件与药剂制度

作 业 名 称	工艺条件或药剂制度	数 量
混合浮选给矿	矿浆游离氧化钙	$200 \sim 300g/m^3$
锌粗选扫选	矿浆游离氧化钙	$600 \sim 800g/m^3$
铜、锌分离浮选给矿	矿浆 pH 值	6.5 ± 0.5
铜精选	矿浆 pH 值	$7 \sim 8$
锌精选	矿浆游离氧化钙	$800 \sim 900g/m^3$
混合浮选	粗选丁基黄药	80g/t
	粗选 2 号油	$20 \sim 40g/t$
	扫选丁基黄药	50g/t
	扫选 2 号油	$10 \sim 20g/t$
分离浮选	亚硫酸废液	$150 \sim 250g/t$
	硫化钠	$50 \sim 200g/t$
	丁基黄药	$20 \sim 30g/t$
锌浮选	锌粗选硫酸铜	200g/t
	粗选丁基黄药	40g/t
	扫选丁基黄药	20g/t

表 7-59 选矿生产指标 　　　　　　　　（%）

原矿品位		同名精矿品位		同名精矿回收率	
Cu	Zn	Cu	Zn	Cu	Zn
0.704	2.097	8.133	43.327	79.683	44.732

7.10.3 生产改革及经验

（1）磨矿细度。由于铜锌矿物与黄铁矿致密共生，一般呈中细粒不均匀嵌布，因此为使铜锌矿物与黄铁矿的解离度提高，以便保证在铜锌等浮作业中（混合浮选Ⅰ、Ⅱ）获得较高回收率，试验表面，必须将原矿磨至-200 目占 90%以上，故采用了两段集中磨矿。然后晶隙以铜为主，铜与易浮锌等浮的混合浮选作业。

在铜锌混合精矿分离前，也需要再细磨至-200 目占 98%，这是由于锌矿物粒度很细。再磨作用一是铜锌矿物充分解离，另一作用是再磨时加入硫化钠，可强化脱药和除去闪锌矿物表面活性膜，以便对铜锌分离作业创造良好条件。

（2）铜锌分离该厂在以前曾做过大量试验研究工作，先后用过氰化物法。

Na_2SO_3 和 Na_2S 法、$ZnSO_4$ 法等分离，均未获得理想指标。1967 年采用过 SO_2 法（矿浆中通入适量的 SO_2 气体抑制锌矿物），曾得到较稳定的指标，但是在工业生产中采用实际问题多，最后于 1971 年采用了亚硫酸（是本公司硫酸车间废液，含 SO_2 为 $0.3\% \sim 0.4\%$）和硫化钠，控制矿浆 pH = 6~7 条件下进行铜锌分离浮选。试验表明，H_2SO_3 在 pH = 6~7 时，对黄铁矿、闪锌矿的抑制作用较强，并同时可提高矿物的可浮性；特别是对氧化变质或污染的硫化铜矿物表面有净化作用，改善了这一部分铜矿物（主要是黄铜矿）的可浮性，从而更有利于铜锌、铜硫的分离。但当 pH>7 时，锌矿物可浮性提高，铜锌分离不好，当 pH<6 时，铜矿物开始受抑制，特别是在 pH<5 时，不仅铜与锌的矿物一起被抑制，且黄铁矿大量上浮，致使整个分选过程遭到破坏。所以必须严格控制铜锌分离浮选矿浆的 pH 值，才能获得较好的效果。

因为亚硫酸的抑制作用有时间性，搅拌时间过长则氧化失效，时间短，作用不完全，故作用时间和加入地点应通过试验加以确定，一般 7~8min 为宜，加入地点以分离浮选前的搅拌槽为好。

（3）用亚硫酸法时，特别是有铜离子存在时，往往配合使用一定量的硫化钠，它可以强化对锌矿物的抑制，改善分离浮选的条件，这是因为硫化钠可除去矿浆中的铜离子，和脱除锌矿物表面的活性膜，如在该厂的铜锌混合精矿再磨精矿中加入了硫化钠。但应注意的是硫化钠用量较大时对铜矿物也有较强的抑制作用，用量不足则对强化锌矿物的抑制作用不大。但是必须指出，当矿石中次生铜的含量超过 20% 时，则应在分离浮选前增大硫化钠的用量，这是保证良好分选效果的关键。

还有此法该矿区另一含次生铜比例高达 56% ~ 60% 的铜铅锌多金属矿床的地表矿石进行分选实验，也取得了较好的成效，与其他分离方法相比，其选矿指标比较高。

（4）矿石中有几种变质闪锌矿，它们的含铁量都不同，所以其可浮性差别很大。红褐色闪锌矿浮选性能较好，不加活化剂即可与铜矿物"等浮"。灰黑色及灰白色的闪锌矿浮选性能较差，需加活化剂活化后才能上浮，在铜锌分离时效果差。在生产实践中，还可遇到一种原生硫化锌矿物，泡沫是红褐色，其可浮性也较差，只在浮选作业后期或者是加入 $CuSO_4$ 活化后才上浮，从而有利于优先选铜，再活化后选锌，为铜锌分离创造了条件。

（5）亚硫酸的质量必须稳定，其中二氧化硫含量在 $0.3\% \sim 0.5\%$ 即可，游离的 H_2SO_4 含量不能过高。小型试验证明，用 Na_2SO_3 和 H_2SO_4 配置成 H_2SO_3 分离效果好，因其杂质少，性质稳定。

7.11 云南易门铜矿

易门铜矿，位于云南省中部。清代乾隆年间，就有民窿开采。1953 年开始勘探,1958 年进行基本建设,1960 年正式投产,于 2001 年停产。

该矿属沉积变质型铜矿床,矿体沿岩层展布,呈层状和透镜状。矿物主要是黄铜矿、斑铜矿和孔雀石。以地下开采为主,并成功地运用了有底柱分段强制崩落采矿法回采。根据岩石松散的特点,进行了强掘、强采、强出,普遍推广使用了光面爆破、锚喷支护等工艺,矿石损失率降到 7.74%,金属贫化率降到 27.65%。选矿采用浮选,回收率达到 90%,铜精矿品位达到 28%。并对硫、银等有用元素做到综合回收利用。

7.11.1 原矿性质

该厂所处理的矿石属灰白色矽化白云岩和黑色、灰色泥质白云岩含铜类型。矿床成因为接触变质。矿石中主要含铜矿物为孔雀石、黄铜矿、斑铜矿,其次为赤铜矿、砖红铜矿、蓝铜矿和少量的辉铜矿、硅孔雀石、铜蓝等,个别块段含有铜的硫酸盐,其他金属矿物有黄铁矿和褐铁矿等。

黄铜矿和斑铜矿呈不均匀散点状浸染于白云石中,浸染粒度一般为 0.005～0.5mm。其他铜矿物大都成网状、膜状、块状产出于脉石矿物的解理、裂隙之中。膜厚最小尺寸为 0.02mm。脉石矿物中主要是白云石、石英以及碳质、硅质胶结物,还有少量方解石、长石、绢云母等。

由于受氧化作用比较强烈,前期开采的矿石氧化率在 70% 以上,后期随着深部开拓,氧化率逐渐下降。后期该厂处理的矿石,氧化率在 30% 左右。

矿石物相分析和多元素分析结果如表 7-60 和表 7-61 所示。

表 7-60 原矿物相分析　　　　　　　　　　　　　　　　　(%)

名称	游离氧化铜	结合氧化铜	硫化铜	全铜
含量	0.216	0.092	0.692	1.00
金属分布率	21.30	9.20	69.20	100.00

表 7-61 原矿多元素分析　　　　　　　　　　　　　　　　　(%)

元素	Cu	Zn	Mn	MgO	CaO	Al_2O_3
含量	0.625	0.063	0.105	13.56	20.22	3.76
元素	SiO_2	Fe	S	Co	Ag	
含量	25.37	1.89	0.10	0.0034	0.36g/t	

7.11.2 选别工艺和生产指标

该厂是国内用硫化浮选法处理氧化铜矿获得较高浮选指标的一个厂。

自投产以来,为了适应生产的发展,破碎方面围绕降低最终粒度作了大量工作。生产中后期的破碎流程为三段开路流程：粗碎用一台 900mm 旋回破碎机，粗碎前取消了原设计的预先筛分；中碎采用一台 φ2100mm 标准型圆锥破碎机，并取消了原设计的自动清扫棒条筛；细碎前的预先筛分将原设计采用的 1.8m× 3.6m 自定中心振动筛改造为 2 台 1.8m×5.2m 自定中心振动筛，细碎采用两台 φ2100mm 短头型圆锥破碎机。

原设计的阶段磨矿阶段浮选流程，生产实践证明，基本上适应于该厂原矿性质，所以一直沿用至停产。但是也进行了局部的改进，如一粗选头两槽产出最终精矿、中矿返回一粗选、精选多点灵活出精矿等等。浮选流程如图 7-16 所示。

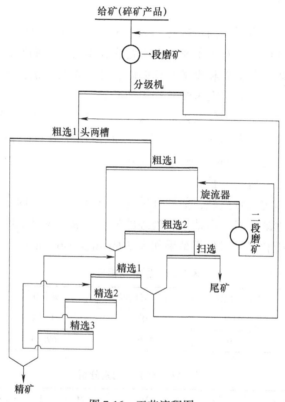

图 7-16　工艺流程图

1975 年以前的生产指标如表 7-62 所示。1977 年以后由于加强了企业管理，浮选时加强了精选，精矿品位有较大提高，1979 年精矿品位达 18.86%，回收率 88.72%。

表 7-62　生产指标

年份	选矿指标/%			主要药剂消耗/g·t⁻¹			
	原矿品位	精矿品位	回收率	丁基黄药	2 号油	硫化钠	石灰
1975	0.699	16.53	89.25	125	50	600	1700

7.11.3 技术革新和工业改造

主要项目有碎矿工序的自动除铁、振动筛的改进、加快球磨机转速提高处理能力、用水力旋流器代替第二段分级机、两段磨矿改一段磨矿、浮选多段多点加药、精选流程改革等。

该厂使用的 $\phi3.2m×3.1m$ 格子型球磨机，原转速 18r/min，为临界转速的76%。设计每个系统的生产能力为 60.4t/h。其后，由于矿山生产的迅速发展，供矿能力大幅度提高。这就要求选厂进一步挖掘生产潜力。该厂将球磨机转速由原来的 18r/min 提高到 21.6r/min 和 22.5r/min（分别为临界转速的91%和95%），适应了矿山供矿能力大幅度提高的要求。

根据该厂的经验，提高转速的方法和应注意的问题是：第一，增加转动齿轮的齿数。该厂增加了两种齿数，一种是由原来的 20 齿增加到 24 齿，转速由18r/min提高为 21.6r/min；另一种是由 20 齿增加到 25 齿，转速相应提高到22.5r/min。第二，增加齿数后齿轮的直径随之加大，为保持传动齿轮和从动齿轮的正确啮合，必须将球磨机轴承底座向分级机一侧移动 32~40mm。第三，提高球磨机转速后，必须相应减少装球量，否则处理能力不但不能提高，反而会下降。该厂多次的装球经验认为，一段以 34~36t 为宜，二段以 36~40t 为宜（原装球量47t）。第四，提高球磨机转速后，还应当降低磨矿浓度，否则会影响排矿速度。该厂一、二段磨矿浓度均比原来低 2%左右。

7.12 江铜集团城门山铜矿

城门山铜矿是我国已探明的大型铜硫矿之一，为隶属于江西铜业集团公司的一家极具潜力的大型铜矿，是江西铜业集团公司新一轮大发展战略的重要资源地之一。该矿山不仅含有大量的铜金属，还含有十分丰富的硫，并伴生有钼、金、银以及十几种稀散元素。经批准的地质储量 2 亿多吨矿石量，铜金属量 165 万吨，平均地质品位 $w(Cu)=0.765\%$，$w(S)=16.3\%$，还有数量可观的低品位铜矿石（表外矿）和铁帽含金矿石。矿石按自然类型可分为氧化矿、混合矿和原生矿。氧化矿的平均氧化率37%，占全区铜矿石总量的 7.2%；混合矿平均氧化率19%，占全区铜矿石总量的 29.4%；原生矿平均氧化率5%，占全区铜矿石总量的 63.3%。按工业类型划分主要为含铜黄铁矿石，含铜矽卡岩矿石，含铜斑岩矿石，含铜角砾岩矿石，含铜黄铁矿、磁铁矿矿石，含铜褐铁矿矿石。前三种类型矿石量占总量的93.9%，是开采处理的主要对象。在铜矿体上部有铁帽含金矿体，C+D 级矿石储量 33 万吨，金金属量 1478kg，金品位 4.48g/t。

城门山铜矿 2000 年建成投产，设计处理量 1200t/d，2003 年基本实现达产达标，后改造处理量达到 2000t/d。截至 2014 年全面实现了 7000t/d 综合生产能力稳产达标，使得城门山铜矿成为国内大型露天开采矿山企业之一。

7.12.1　矿石性质

城门山铜矿矿床上部风化严重，矿石性质复杂，不仅矿石类型多，含铜矿物种类也繁多，在铜矿体的浅部因淋滤作用生成铁帽，其下部产生次生富集作用，深部为原生矿。铜矿物既有原生矿物，又有次生铜矿物、水溶铜、自由氧化铜以及褐铁矿与角砾岩中的结合氧化铜等。总之，铜的浸染和分布相当广泛而分散。全区有表内铜矿体 65 个，主要矿体 9 个，占总储量的 95%，占全部 C 级以上的100%。其中，南区 5 个（1Cu、3Cu、5Cu、6Cu、7Cu 矿体），北区 3 个（10Cu、13Cu、15Cu 矿体），西区 1 个（21Cu 矿体）。

矿石按自然类型划分为以下几种：

（1）氧化矿石（氧化率大于 30%），氧化矿石平均氧化率 37%，占全区铜矿总矿石量的 7.2%，占总金属量的 9.8%。

（2）混合矿石（氧化率 10%~30%），混合矿石平均氧化率为 19%，占全区铜矿石总量的 29.4%，占总金属量的 33.2%。

（3）原生矿石（氧化率小于 10%），原生矿石平均氧化率 5%，占全区铜矿石总量的 63.4%，占总金属量的 57.8%。

矿石按工业类型分为含铜黄铁矿矿石、含铜矽卡岩矿石、含铜斑岩矿石、含铜角砾岩矿石和含铜黄铁矿-磁铁矿矿石，其中以含铜黄铁矿矿石、含铜矽卡岩矿石和含铜斑岩矿石为主。含铜黄铁矿矿石是本区最主要的一种铜硫矿石，铜金属量占全区铜储量的 40.4%，矿石量占 24.5%，平均含铜 1.24%。含铜矽卡岩矿石（包括铜大理岩、含铜矽化灰岩等，又称含铜碳酸盐矿石）是主要矿石类型之一，其铜金属量占全区铜储量的 34.4%，矿石量占 42.2%，平均含铜 0.61%。含铜斑岩矿石铜金属量占全区铜金属储量的 19.8%，矿石量占 27.2%，平均含铜 0.55%。

城门山铜矿矿石类型较多，矿石性质复杂，矿物嵌布粒度不一，嵌布关系密切，各类型矿石中部分矿石风化蚀变强烈、硬度低、含泥含水低、粉矿低、黏性强。矿石中主要有用矿物有黄铁矿、蓝辉铜矿、辉铜矿、黄铜矿、孔雀石和闪锌矿等。铜矿物以次生硫化铜为主，其次为原生硫化铜、游离氧化铜和结合氧化铜，氧化率为 18.2%；脉石矿物主要以石英、绢云母为主，其次是高岭石、绿泥石等黏土类矿物。矿石构造有带状、脉状、网脉状，矿石结构主要为交代结构、充填结构、粒状等，由于矿石氧化作用，形成铜、锌、铁硫酸盐，沿着黄铁矿、闪锌矿脉石矿的间隙和裂缝充填溶蚀交代，生成细粒、细脉状次生硫化铜矿物，部分成为黄铁矿、闪锌矿薄膜、网脉，因此大部分黄铁矿、闪锌矿被天然活化易浮，致使影响铜的选矿指标。矿石属于细粒-微细粒不规则嵌布类型。

二期境内矿石主要化学成分和物相分析结果见表 7-63 和表 7-64。

表 7-63 主要化学成分分析结果 （%）

成分	Cu	Fe	CaO	MgO	Al_2O_3	SiO_2	Pb	Zn	As	Au*	Ag*
含量	0.83	13.70	0.11	0.12	5.08	61.04	0.035	0.032	0.003	0.075	11.38

注： * 单位为 g/t。

表 7-64 铜物相分析结果 （%）

相别	水溶铜	游离氧化铜	结合氧化铜	次生硫化铜	原生硫化铜	总铜
含量	0.0027	0.10	0.0238	0.64	0.047	0.8235
占有率	0.32	13.36	2.89	77.72	5.71	100

7.12.2 生产工艺及流程

块度小于 1000mm 的原矿经过汽车运至选矿厂粗碎车间原矿仓，经 1800×10000 重型板式给矿机给入 PEJ-125 颚式破碎机，其排矿（0~350mm）经 2 号胶带运输机（B1200）转运到 1 号中间矿堆进入一期 2000t/d 的选厂，或经过 4 号胶带运输机（B1200）转运到 3 号中间矿堆进入二期 5000t/d 的选厂。

7.12.2.1 破碎筛分

选矿厂采用一段开路破碎、半自磨加闭路球磨的碎磨工艺流程，如图 7-17 所示。

7.12.2.2 磨浮流程

根据 1992 年北京矿冶总院进行的混合矿扩大连选试验研究，在城门山铜矿建设生产初期，采用了抑硫浮铜"全优先"选矿工艺：在高碱条件下抑制硫矿物，先上浮回收铜矿物，再对选铜尾矿进行选硫作业，得到铜精矿和硫精矿两个产品。城门山铜矿"全优先"选矿工艺流程图如图 7-18 所示。

根据城门山铜矿从 2002~2005 年正式生产结果来看，由于生产初期入选矿石品位很高，尤其是原矿硫品位很高，需要采用这种选矿生产工艺来适应和满足矿山原矿性质生产要求，2002~2009 年的生产指标情况见表 7-65。

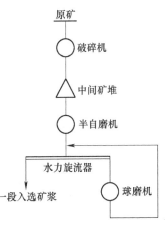

图 7-17 破碎筛分工艺流程

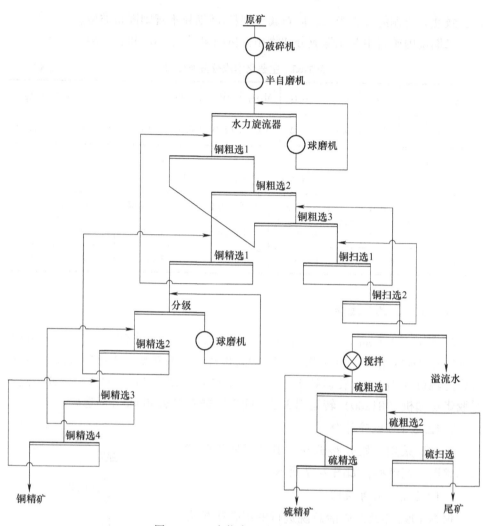

图 7-18   "全优先"选矿工艺流程

表 7-65   新老工艺生产指标对比 （%）

年份	原矿品位		精矿品位		回收率		流程
	Cu	S	Cu	S	Cu	S	
2002	2.242	16.31	20.45		72.33		原工艺
2003	2.304	17.70	20.34		76.02		
2004	2.047	16.24	21.58	34.62	78.23	22.95	
2005	1.940	14.15	22.07	37.25	79.85	34.02	
2006	1.770	15.16	21.72	41.90	80.84	50.99	新工艺
2007	0.917	4.78	26.17	35.55	81.27	56.00	
2008	1.018	5.07	26.35	38.68	81.69	55.06	
2009	0.992	3.52	26.38	36.47	82.05	53.07	

2004 年，为突破选矿技术瓶颈，进一步提高选矿技术经济指标，在借鉴吸收同类矿山成熟先进选矿工艺的基础上，通过选矿技术研究，成功引入"快速优先铜硫混浮—中矿选择性再磨"选矿新工艺，并在 2005 年 6 月对全优选矿老工艺升级改造。新工艺生产流程见图 7-19。

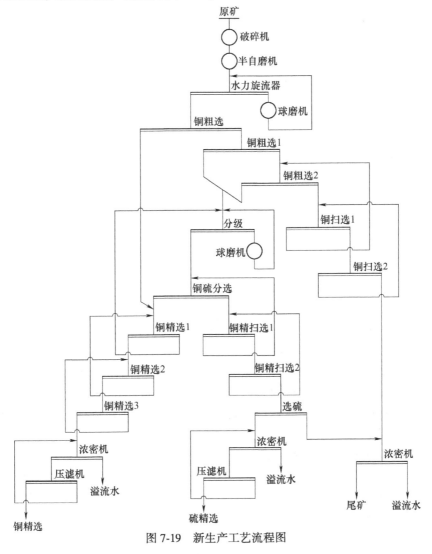

图 7-19　新生产工艺流程图

尽管原矿品位下降较大，新工艺改造完成后，经过 2005 年 7~9 月三个月的选矿新工艺调试后，生产逐步稳定，指标明显提高。

7.13　澳大利亚芒特·艾萨铜铅锌混合矿

芒特·艾萨位于澳大利亚昆士兰州，在汤斯维尔西部 980km 处，芒特艾萨矿业公司是澳大利亚米姆总公司的最大子公司。在芒特艾萨地区拥有两个铅-银-锌矿山和两座选矿厂,一个铜矿山及选矿厂,一座铜粗炼厂和一座铅粗炼厂,一个研究与开发中心及运输、维修等部门。1990年,共开采矿石约1000万吨,产出粗铜18万吨、粗铅16万吨、粗铅含银349t、粗铜含银20t、精矿含锌21万吨。

7.13.1 矿石性质

矿带由层状白云石和具有许多细粒层状黄铁矿的火山页岩组成。黄铜矿在含量较高的碳酸-二氧化硅体系中析出。矿石中有用矿物为方铅矿、闪锌矿、细粒共生的黄铁矿-磁黄铁矿,脉石矿物为石英与白云石。矿物成分比较单纯,但黄铁矿呈5~30μm球状,在方铅矿表面形成包裹,影响铅精矿、锌精矿的品位。含银矿物为银黝铜矿,与方铅矿致密共生,走向随方铅矿。

1号选厂所处理的矿石为硫化铜矿。有用矿物为黄铜矿、黄铁矿、磁黄铁矿,原矿含铜3.1%。3号选厂所处理的矿石中含铜矿物为黄铜矿、辉铜矿、赤铜矿、孔雀石和硅孔雀石,原矿含铜3.5%。4号选厂所处理的矿石中含铜矿物为黄铜矿,原矿含铜3%。

7.13.2 生产工艺及药剂制度

7.13.2.1 1号选矿厂

(1)破碎筛分。黄铜矿矿石在井下粗碎,送至9900t的粗矿仓,然后在两个破碎系统进行中碎和细碎。每一个破碎系统由1台 φ1676mm的西蒙斯标准圆锥碎矿机和2台 φ1676mm西蒙斯短头圆锥破碎机组成。碎矿系统由自动控制进行操作,控制系统以给矿速率作为可控制的变数,破碎最终产品粒度为16mm。

(2)磨浮流程。原矿采用三段磨矿。磨矿作业由1台 φ2700mm×3800mm Marcy球磨机和3台 φ3200mm×3000mm多米尼恩球磨机组成。第一段为开路磨矿,第二段磨矿与旋流器构成闭路,旋流器溢流进入第三段磨矿作业的旋流器进行再分级,溢流送浮选系统,沉砂进入第三段磨矿。

粗选用12台机械搅拌式浮选机进行粗选,为提高浮选效率,粗选前将矿浆送入搅拌槽充气15min。粗选尾矿进行扫选后弃尾矿,粗精矿进行三次精选得铜精矿,中矿再磨再选。

浮选指标为铜精矿含铜25%,铜回收率为96%。药剂制度见表7-66。

表 7-66 药剂制度

药剂名称	药剂用量/g·t^{-1}	浮选 pH 值
仲丁基钠黄药	200	
糊精	1.5	
氰化钠	36	8.0~8.2
甲基异丁基甲醇	77	

7.13.2.2　3号选矿厂

芒特·艾萨选厂处理露天开采的辉铜矿和赤铜矿，原矿品位为3.5%，原矿氧化率为20%，浮选需添加水玻璃进行分散。

（1）破碎筛分。碎矿采用三段一闭路流程。第一段破碎用颚式碎矿机，第二段采用标准圆锥碎矿机，第三段采用短头圆锥碎矿机。

（2）磨浮流程。磨矿作业用1台球磨机和2台并联的水力旋流器构成闭路。

先浮硫化铜再选氧化铜，所得硫化铜粗精矿进行两次精选，硫化矿最终精矿含铜28%~30%，铜回收率96%。硫化铜浮选后尾矿添加硫化钠进行硫化，硫化后的矿浆送至浮选机选别，第一槽产品为精矿，其他槽的泡沫产品返回处理。选矿流程如图7-20所示，浮选药剂见表7-67。

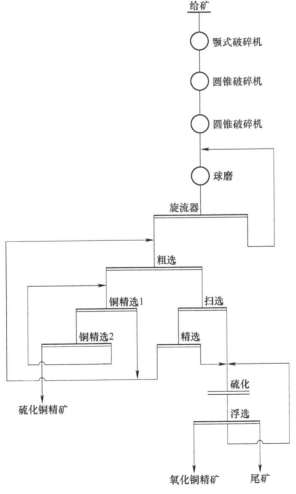

图7-20　选矿工艺流程图

表 7-67 药剂制度

硫 化 矿		氧 化 矿	
药剂名称	药剂用量/g·t⁻¹	药剂名称	药剂用量/g·t⁻¹
石灰	113	石灰	113
水玻璃	3175	水玻璃	3288
戊基钾黄药	907	戊基钾黄药	1814
硫化钠	453	硫化钠	567
甲基异丁基甲醇	158	甲基异丁基甲醇	113

7.13.2.3 4 号选矿厂

（1）破碎筛分。矿石在井下经颚式破碎机碎至 -300mm，然后提升至选厂粗矿仓，粗矿仓容量为 6100t。经过第一段破碎后的矿石送到振动筛筛分，筛上产品用标准圆锥碎矿机进行第二次破碎，筛下产品与第二次破碎产品一起进行第二次筛分，其筛上产品用标准圆锥碎矿机进行第三次破碎，第三次碎矿与筛子构成闭路。碎矿最终产品粒度为 -16mm，粉矿仓容量为 6100t。

（2）磨浮流程。磨矿作业分为两个并列的系统，每一个系统由 1 台棒磨机和 2 台球磨机组成。

浮选作业所采用的全部为阿基尔泰 120 浮选机。粗选尾矿进行扫选后丢尾矿，粗精矿精选尾矿和扫选精矿合并再磨再选，再选精矿返回第一次精选、再选尾矿废弃。生产流程如图 7-21 所示，药剂制度如表 7-68 所示。

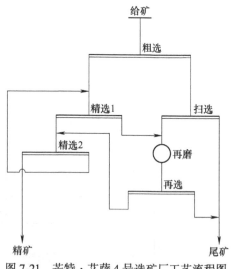

图 7-21 芒特·艾萨 4 号选矿厂工艺流程图

表 7-68 药剂制度

药剂名称	药剂用量/g·t⁻¹
仲丁基黄药	45
甲基异丁基甲醇	226

7.13.3 选矿指标

原矿含铜 2.3%～2.5%，铜精矿含铜 25%、铁 27%～30%、硫 32%、二氧化

硅 8%~10%，铜回收率 85%~97%，尾矿含铜 0.12%。

7.14 哈萨克斯坦巴尔哈什铜-钼矿

巴尔哈什矿冶联合企业位于哈萨克斯坦。巴尔哈什铜-钼矿选厂分为铜选厂和钼选厂。1938 年，巴尔哈什矿冶公司最初的定位是处理 Коунрадск 矿床的含铜 4% 的硫化铜矿石。从 1972 年开始选矿厂也处理 Саякс 矿床的矿石。1989 年选矿厂年处理矿石能力达到最大值，为 1440 万吨。到 1989 年由于矿石储量锐减，其中包括自 1942 年开始开采的东 Коунрадск 铜-钼矿石，铜精矿产量下降。到 1997 年处理的矿石量为 280 万吨，矿产铜年产量为 12700t。在现有药剂制度和工艺条件下，铜品位为 0.32%~0.34%（边界品位为 0.20%）的矿石经处理，铜的回收率可以达到 78%。1997 年选矿厂在并入哈萨克斯坦铜业股份公司后，加紧处理铜冶金渣，解决了原料基地扩大问题。

7.14.1 矿石性质

科恩拉德斑岩型铜矿，表内储量占 91%，表外储量占 9%，表内矿石分作 Ⅰ 级和 Ⅱ 级。Ⅰ 级是矿床深处的硫化矿，主要金属矿物为黄铜矿、黄铁矿、斑铜矿、辉铜矿等，主要非金属矿物有石英、长石、绢云母。Ⅱ 级为硫化矿上部的（氧化矿、硫化矿）混合矿，氧化铜约占总铜的 30% 左右，氧化铜矿物有孔雀石、蓝铜矿、硅孔雀石、水胆矾等，所含脉石高岭土易泥化。科恩拉德矿石平均品位为 $w(Cu) = 0.57%$、$w(Mo) = 0.01%$。

东科恩拉德矿石中主要金属矿物有辉钼矿、钼钨钙矿、黄铁矿等，主要非金属矿物有石英、绢云母等。科恩拉德黄铜矿呈细粒均匀浸染，粒度为 0.01~1.0mm。东科恩拉德钼矿石中主要矿物为辉钼矿，氧化钼量很少。

7.14.2 生产工艺及流程

铜-钼矿选矿工艺复杂，可分作三阶段：

(1) 铜-钼混合精矿；(2) 铜-钼分选，产出铜精矿（槽内产品）和粗钼精矿（泡沫产品）；(3) 粗钼精矿进入钼矿石浮选回路的精选工艺中，最终获得合格钼精矿。

破碎作业用三段开路破碎流程。铜-钼混合浮选的工艺见图 7-22。矿石经两段粗碎，产品细度为 -74μm 占 60%，再经一次粗选、一次扫选、三次精选、一次精选精矿再磨工艺，获得铜-钼混合精矿。

混合精矿尾矿集中脱泥（其中含铜仅 0.04%），矿砂再经一次粗选、一次扫选、中矿再磨和两次精选，产品并入铜-钼混合精矿。尾矿脱泥，再加 50g/t 的烃油选别，泡沫产品再磨、精选，可使铜回收率提高 3%，钼回收率提高 4%。

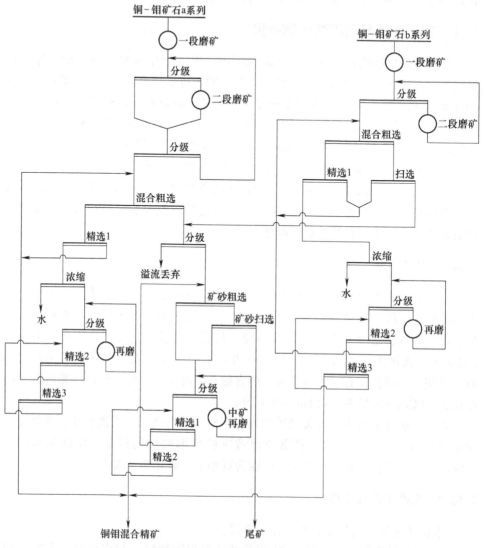

图 7-22　铜-钼混合浮选工艺流程

铜-钼分选工艺流程见图 7-23。铜-钼混合精矿经浓缩后，加入硫化钠，经75℃蒸汽蒸吹后，进入一次粗选、一次扫选、三次精选、一次精扫选分离，浮选过程中加入硫化钠（Na_2S）抑制铜矿物，并将蒸汽直接吹入浮选槽中。经分选可获合格铜精矿和粗钼精矿。

铜-钼混合精选中添加硫酸铜，钼回收率提高 5%。用蒸汽加热并充气，蒸汽进入每个浮选槽可使铜-钼分离精选作业的硫化钠消耗量减少 85%~91%，水玻璃消耗量减少 50%，且省去了柴油，并使钼作业回收率提高到 93%。

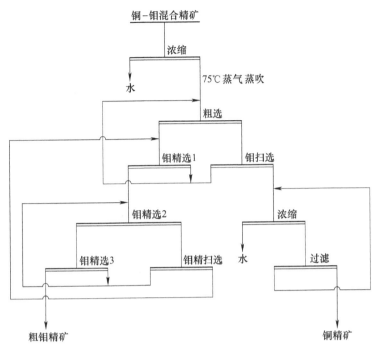

图 7-23 铜-钼分选流程

东科恩拉德矿石里钼氧化率较高，在选别硫化钼的尾矿添加油酸等捕集氧化矿物。从铜-钼分离所获得粗钼精矿和阿尔马克雷克、阿克恰套斯克选矿厂生产的钼产品，以及氧化钼浮选产品也一并进入钼精选段，再经三次精选获得最终钼精矿。工艺流程见图 7-24。

选矿厂药剂制度见表 7-69～表 7-71。

表 7-69　药剂制度

药剂名称	作业和加药点	用量/g·t⁻¹
石灰	混合粗精矿再磨磨机	3760
丁基黄药	浮选槽（矿砂粗选、扫选）	32
异丙基黄药	浮选槽（粗选、精选）	12
煤油	精矿再磨磨矿机，扫选、精选	20
机油	矿砂浮选	24
起泡剂 T-66	原矿给矿泵池、浮选槽	153
硫化钠	矿浆分配器、浮选槽	83
硫酸铜	精选2、精选3	21
水玻璃	原矿给矿泵铺，精选1、精选2	394
聚丙烯酰胺	浓缩	0.5

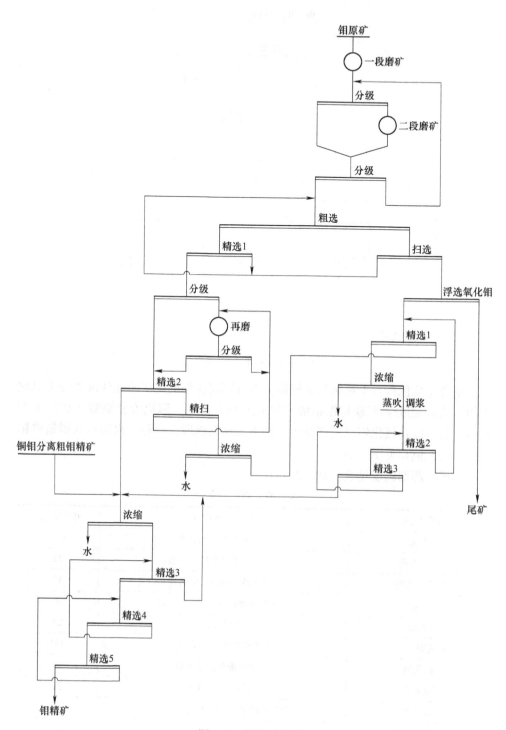

图 7-24 钼选矿流程

表 7-70　铜-钼精矿分离药剂制度

药剂名称	作业和加药点	用量/g·t⁻¹
苏打	粗选、扫选	150
煤油	粗选	312
硫化钠	粗选、扫选及精选1、精选2	2650
水玻璃	粗选、精选1、精选2	2390

表 7-71　钼矿石选别药剂制度

药剂名称	作业和加药点	用量/g·t⁻¹
苏打	磨矿及粗选	145
苛性钠	磨矿及粗选	11.7
煤油	硫化矿粗选及扫选	558
诺沃斯奇药剂	氧化矿粗选	18
油酸	氧化矿粗选	97
起泡剂 T-66	浮选槽	34
硫化钠	氧化矿粗选、再磨磨矿机精选4、精选5	1740
水玻璃	氧化矿粗选和硫化矿精选1、精选4	2800

7.14.3　生产指标

生产指标为原矿品位为铜 0.57%、钼 0.01%，磨矿细度 -74μm 占 60%；铜-钼混合精矿（铜选厂精矿）品位为铜 17%~18%、钼 0.1%~0.15%；铜回收率为 88%~90%、钼回收率为 60%~65%；铜精矿品位为 23%，铜实际回收率为 85%；钼精矿品位为 51%~52%，铜-钼分离钼作业回收率为 92%~94%。钼总回收率为 55%~61%；铜选厂每吨矿消耗电能 24.79kW·h，钼选厂每吨矿消耗电能 15.3kW·h；铜选厂每吨矿耗水 2.68m³，钼选厂每吨耗水 1.99m³。

7.15　白银有色金属公司小铁山铜铅锌矿

白银小铁山多金属矿是我国大型铜铅锌多金属矿山之一，位于甘肃省白银市白银区东北部，矿区面积 3.31km²，距市区 9km，是我国 1953 年发现并进行勘探，属大型铜铅锌金银硫多金属共伴生矿床，于 1996 年由兰州有色冶金设计研究院设计，1980 年投产，目前生产规模维持在 1000t/d 左右。小铁山多金属矿山目前保有储量近 600 万吨，该厂是我国典型的复杂多金属矿选矿厂。矿体从地表 1914m 标高延伸至 1124m 标高以下，矿床深度 800m 以上。

白银有色集团股份有限公司小铁山多金属矿是我国大型多金属矿山之一，矿石中含有铜、铅、锌、金、银、硫等有价元素，具有非常可观的开采利用价值。投产以来，选矿车间一直采用全混合浮选硫化矿，再进行铜与铅锌分离的浮选工艺进行生产，经过多次技术攻关和工艺流程优化，选矿指标逐渐提高，取得了良好的社会经济效应。

7.15.1 矿石性质

7.15.1.1 原矿化学多元素分析

为考察原矿中各元素的含量，对原矿进行了化学多元素分析，原矿化学多元素分析结果见表7-72。

表 7-72　原矿化学多元素分析结果　　　　　（%）

元素	Cu	Pb	Zn	S	Fe	As	SiO$_2$
含量	0.92	3.80	5.11	20.69	16.74	0.08	35.97
元素	CaO	MgO	Al$_2$O$_3$	Cd	Au*	Ag*	
含量	3.67	1.44	8.06	0.03	2.04	96.26	

注：*单位为 g/t。

由表7-72可知，原矿中 Cu 含量为 0.92%，Pb 为 3.80%，Zn 为 5.11%，S 为 20.69%，贵金属 Au 的含量为 2.04g/t，Ag 为 96.26g/t。

7.15.1.2 原矿矿物组成及含量

原矿矿物组成及含量见表7-73。

表 7-73　原矿矿物组成及含量　　　　　（%）

矿物	含量	矿物	含量
黄铜矿	1.78	方解石	0.17
黄铁矿	22.13	铁白云石	1.49
方铅矿	2.55	重晶石	3.60
闪锌矿	6.32	磷灰石	0.07
石英	33.61	钠长石	4.28
白云母	15.67	砷黝铜矿	0.18
绿泥石	7.23	电气石	0.92

由表7-73可知，原矿中主要有用矿物为黄铜矿、黄铁矿、闪锌矿和方铅矿，脉石矿物主要有石英、白云母、绿泥石、钠长石，和少量的重晶石、铁白云石电气石等。

7.15.1.3 矿石中主要金属矿物的嵌布

黄铜矿（CuFeS$_2$）。黄铜矿是铜的主要硫化物，含量约占矿石总量的 2.0%。分布不均匀，局部富集成大片，主要呈他形粒状集合体填充在黄铁矿、闪锌矿粒间。黄铜矿细粒集合体内常包裹有方铅矿、闪锌矿、砷黝铜矿，与这些矿物紧密连生，同时也常常被这些矿物交代，使其边界成较为复杂的不规则状。部分黄铜矿细小乳滴包含于闪锌矿内，形成固溶体分离结构，在选矿过程中，对锌精矿的品级将有影响。

闪锌矿（ZnS）。闪锌矿是最主要的锌矿物，含量约占矿物总量的6.7%。主要呈他形晶粒状集合体产出，局部富集成大片，与方铅矿、黄铁矿和黄铜矿关系密切。闪锌矿粒状集合体常与方铅矿粒状集合体紧密镶嵌，互为包裹、侵入，并形成极为复杂的蠕虫-次文象结构，边界很复杂，呈犬牙交错状、港湾状。闪锌矿与方铅矿之间所形成的这种复杂相嵌关系，不但影响到二者的回收率，也会影响到相应精矿品级。如生产铅锌混合精矿供应给白银三冶炼厂，应用鼓风炉冶炼，则不存在上诉分离问题。

方铅矿（PbS）。方铅矿是主要金属硫化物之一，含量约占矿石总量的3.2%。主要呈他形粒状集合体产出，局部富集，与闪锌矿、黄铁矿关系密切，方铅矿集合体边缘及裂隙中常见被铅的氧化物白铅矿、铅矾交代。

黄铁矿、白铁矿（FeS_2），包括胶黄铁矿、磁黄铁矿一起，约占矿石中矿物总量的30%。黄铁矿主要呈半自形-他形晶粒状结构，晶体粒径一般在0.02~0.2mm。沿其粒间或压碎裂隙中常充填有方铅矿、黄铜矿、闪锌矿、黝铜矿、银金矿及脉石矿物。

蓝辉铜矿（Cu_2S）。含量较少，但分布普遍，常呈不规则粒状集合体交代黄铜矿或独立产出，在蓝辉铜矿中可以看见固溶体分解而产生的辉铜矿及铜蓝，蓝辉铜矿经常与铜蓝、斑铜矿及辉铜矿形成连晶。

辉铜矿（Cu_2S）。呈细粒状集合体，常与蓝辉铜矿、铜蓝及斑铜矿连生，沿黄铜矿边部或裂隙分布。

铜蓝（CuS）。含量较少，但分布普遍，呈不规则粒状集合体，沿黄铜矿、蓝辉铜矿的边部或裂隙交代充填。铜蓝基本上与黄铜矿、蓝辉铜矿、斑铜矿紧密镶嵌。

斑铜矿（Cu_5FeS_4）。呈他形粒状集合体，多沿黄铜矿边部或裂隙出现，并交代黄铜矿形成环带反应边，与铜蓝、蓝辉铜矿紧密连生。

主要矿物工艺粒度特征。矿物工艺粒度的测定以3~0mm选矿试验综合样为准，缩分后压制砂光片在显微镜下用线测法逐粒统计。白铁矿、黄铁矿作为一类统计；铜蓝、斑铜矿、辉铜矿及蓝辉铜矿等为铜的硫化物，此处与黄铜矿统计在一起。统计结果见表7-74。

表7-74 主要矿物嵌布粒度特征 （%）

矿物	不同粒级含量			嵌布粒度
	2~0.2mm	0.2~0.02mm	0.02~0.002mm	
黄铜矿	4.8	78.1	17.1	微细粒
闪锌矿	18.6	73.4	8.0	中细粒
方铅矿	5.4	77.6	17.0	微细粒
黄铁矿	28.3	66.8	4.9	中细粒
脉石	35.1	41.1	3.8	中细粒

7.15.2 生产工艺

小铁山矿选矿厂经过历年来的技术攻关和工艺流程局部改造，形成了现有选矿工艺流程：碎矿采用三段一闭路破碎流程，磨浮工艺流程为：第一段分两次磨矿后（-0.074mm 占 70%），硫化矿经全混合浮选抛尾，混合粗精矿经第二次再磨分级后（-0.045mm 占 76%~82%）进行脱硫浮选，产出铜铅锌混合精矿，槽底产物为硫精矿；脱硫的铜铅锌混合精矿经第三段磨矿（-0.038mm 占 80%~85%）后进入分离作业，采用亚硫酸-硫化钠法进行铜与铅锌分离，产出铜精矿和铅锌混合精矿；混合浮选尾矿加入碳酸铵活化后回收硫化铁，选矿工艺流程如图 7-25 所示。

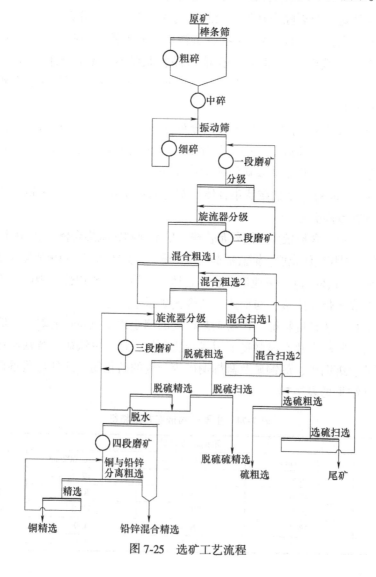

图 7-25 选矿工艺流程

7.15.3　生产指标

小铁山铜铅锌选矿厂生产指标见表 7-75。

表 7-75　选矿生产指标　　　　　（%）

产品名称	品　　位						回　收　率					
	Cu	Pb	Zn	S	Au*	Ag*	Cu	Pb	Zn	S	Au	Ag
铜精矿	17.8				15.06	583.78	63.01				23.92	19.66
铅锌混合精矿		14.91	27.56		7.14	382.41		81.28	89.27		56.72	64.43
硫精矿				41.23	1.89	77.60				37.14	12.52	10.88
原矿	0.92	2.98	5.01	14.84	2.04	96.26	100.00	100.00	100.00	100.00	100.00	100.00

注：＊单位为 g/t。

8 我国铜矿山矿产资源综合开发利用

8.1 概述

2006~2012 年期间，受中国经济增长和固定资产投资的拉动，在旺盛的市场需求刺激下，我国精铜矿产量保持高速增长态势；2013 年开始精铜矿产量增速有所放缓，2013~2015 年期间铜精矿产量保持相对稳定，精铜矿年产量维持在 150 万吨左右。如图 8-1 所示。

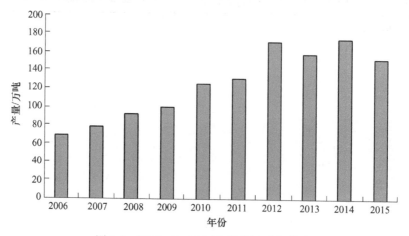

图 8-1　2006~2015 年中国精铜矿产量统计

从国内市场看（图 8-2），2014 年中国铜矿储量合计 2836 万吨，占世界铜矿总储量的 4%左右，其中江西是铜矿储量最多的省份，铜矿储量为 577 万吨，占全国铜矿储量的 20%，内蒙古、云南、西藏、新疆等地铜矿储量也比较丰富。但是，与其他生产国相比中国的矿石品位低，这种现状成为制约中国铜业发展和铜矿利用的重要因素之一，决定了技术含量高的选矿设备和选矿流程在矿山采选过程中发挥着越来越重要的作用。

从国际市场看（图 8-3），2015 年全球铜矿总储量达 7 亿吨。全球精铜矿产量也保持着持续、稳定的增长趋势，2006~2015 年期间年均复合增长率接近 3%，巨大的海外市场为我国选矿设备制造行业提供了发展机会与持续的市场需求。

全球铜矿储量集中分布在智利、澳大利亚和秘鲁等国，仅智利、澳大利亚和秘鲁的铜矿储量合计占全球铜矿总储量的 53%。

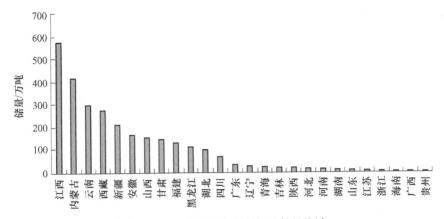

图 8-2 2014 年中国各省份铜矿储量统计

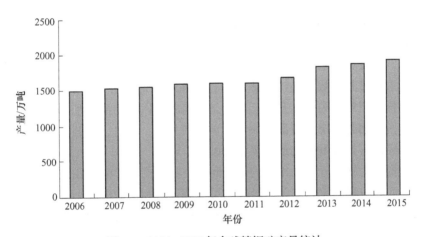

图 8-3 2006~2015 年全球精铜矿产量统计

国土资源部在中国国际矿业大会期间发布了《中国矿产资源报告(2016)》。"十二五"期间,新发现铜矿产地 52 处,其中重大型 11 处,新增查明资源储量 2341 万吨,在西藏、江西、云南等地新探获一批世界级铜矿区。

在全国各种铜矿类型中,首先以斑岩型铜矿最为重要,保有资源储量占全国查明资源储量的 43%(如江西德兴特大型斑岩铜矿和西藏玉龙大型斑岩铜矿);其次为铜镍硫化物矿床(如甘肃金川铜镍矿),矽卡岩型铜矿(如湖北铜绿山铜矿、安徽铜官山铜矿),火山岩型铜矿(如甘肃白银厂铜矿),沉积岩中层状铜矿(如山西中条山铜矿、云南东川式铜矿),陆相砂岩型铜矿(如云南六直铜矿)以及少量热液脉状铜矿等。全国铜矿资源分布很不均匀,主要分布在西南三江、长江中下游、东南沿海、秦祁昆成矿带以及辽吉黑东部、西藏冈底斯成矿带。

8.1.1　矿床资源综合利用的概念

多种元素往往共生或伴生于铜矿产资源中，在技术和经济适宜的条件下，应充分地开发利用。主要内容包括：综合利用矿产中各种有用组分，甚至利用由其产生的废渣、废液、废气；同时开采利用矿体中及其相邻部位的其他矿产；从多种用途出发合理利用不同质量和特点的同一种矿产。

8.1.2　综合开发利用的意义

矿产资源是人类社会生存和发展的重要物质基础。建国 60 多年来，我国矿产勘查开发取得巨大的成就，探明一大批矿产资源，建成了比较完善的矿产供应体系。矿业作为国民经济的基础产业，提供了我国所需要的 95% 的能源，80% 的工业原材料和 70% 以上的农业生产资料，为支持经济高速发展、满足人民日益增长的物质生活需求提供了广泛的资源保障。目前我国经济快速、持续、稳定增长，但是高耗费、高排放、高污染、低效率的粗放型经济增长方式并没有得到根本的改变。随着经济规模的迅速扩大，资源消耗速度明显加快，需求迅速增长，资源供需形势日趋严峻，进口依赖程度越来越高，对经济发展的制约日益凸现。矿产资源长期粗放式的过度开发，特别是一个时期以来的乱采乱挖，使得生态环境脆弱，污染问题突出，资源短缺与严重浪费并存，人口、资源和环境已经成为我国社会经济可持续发展的最重要制约因素。

矿产资源短缺和开发利用中的浪费问题，不仅严重影响着我国当前经济的快速发展，而且也制约着我国今后经济的可持续发展和全面建设小康社会目标的实现。因此迫切需要转变经济增长方式，实现矿产资源的可持续开发利用。

8.2　矿床资源综合开发利用

我国已开发的铜矿主要分布在自然地理条件较好、经济较发达、地质勘察工作相对集中的东部、中部和南部各省（自治区），在这些省（自治区）内，已探明的大中型铜矿床，凡其矿区建设、水、电和交通运输等外部条件较优越，开采技术条件和矿石选冶技术条件较好的绝大多数矿床已开发，并形成了江西、铜陵、大冶、白银、中条山、云南、东北七大铜业基地。

但是，经过多年开采，七大铜业基地大多已进入中晚期，并出现了不同程度的资源危机。在七大铜矿基地中，除江西铜基地的资源相对充足外，白银铜基地资源已经枯竭；云南铜基地的易门、牟定已列入关闭矿山，东川、大姚保有储量严重不足；中条山铜基地已经"三矿变一矿"，其中篦子沟、胡家峪铜资源已经枯竭，铜矿峪资源虽保有一定储量，但品位太低；大冶铜基地的 5 座铜矿山中，有两座资源已经枯竭；铜绿山、丰山洞等矿山也已出现资源危机。

尚未开发的大中型铜矿床主要位于新疆、西藏、青海、内蒙古、黑龙江等省（自治区），它们分别是西藏玉龙铜矿床、青海德尔尼矿床、内蒙古获各琦铜矿床、黑龙江多宝山铜矿床和新疆东天山土屋-延东铜矿床等。

总的来说，我国铜矿开采回收率还是比较高的，这是因为自 20 世纪 90 年代以来，我国许多铜矿山都采用填充采矿法进行回采，特别是采用矿房矿柱间隔法开采，从而大大提高了铜矿采矿回采率。同时，由于选矿工艺的改进和发展，铜矿的选矿回收率和铜精矿品位也有了较大的提高。多数选矿厂采用了粗精矿、混合精矿、中矿再磨技术，选用选择性好的选矿药剂等措施，使铜精矿品位自 20 世纪 80 年代以来一直稳定在 20% 以上，有的甚至达到 25%～27%，同时铜的回收率也保持在较高水平，多数矿山都达到 90% 以上。

同时，当前我国铜矿石的加工面临着严峻挑战，主要是入选矿石品位降低、矿石性质复杂造成生产成本上升。而铜价下跌，迫使铜选矿厂竭力降低生产成本，改进生产工艺，提高金、银等伴生元素的回收率。但总体来说，我国铜选矿厂规模小、能耗高、劳动生产率低、选矿药剂品种少、用量大、污染严重，而且装备水平、自动化程度等方面与国外相比存在相当大的差距，铜矿选矿的平均技术经济指标低于国外水平。可见，我国铜矿资源综合利用水平还较低，大多有用矿物被遗弃到尾矿中，造成了资源的严重浪费。

8.2.1 共伴生组分的综合开发利用

铜矿床中经常共伴生可综合利用的组分有铁、钴、镍、铅、锌、银、金、铂族元素、钼、钨、稀土、砷、硫、硫铁矿、磷矿石、重晶石和锗、镓、铟、镉、铊、硒、碲、铼等稀有分散元素。但是，不同类型的铜矿床，可供综合利用的共伴生组分各不相同。

铜矿石中共伴生的元素虽然很多，但在现有选矿技术条件下通常仅能综合回收金、银、钼、镍、钴、硫、硫铁矿、铁、锌等元素和矿物。在冶炼阶段可以回收的有银、金、硫、硒。一般来讲，多数大中型选矿厂都很重视有价矿物的综合回收，通过采用先进、高效设备，改造选矿工艺流程，选用选择性好的选矿药剂，提高选矿技术水平等措施来提高铜矿石中有价矿物的综合利用率。

（1）铜矿石中普遍伴生有金和银。金、银的综合回收率对选矿厂的经济指标影响较大。因此，大中型铜矿选矿厂都很重视对金、银的综合回收。一些选矿厂在原矿含金、银品位不断下降的情况下，精矿中金、银品位却有较大的提高，如德兴铜矿选矿厂、铜绿山铜矿选矿厂、丰山铜矿选矿厂、狮子山铜矿选矿厂、鸡冠嘴金铜矿选矿厂和鸡笼山金铜矿选矿厂，特别是鸡冠嘴金铜矿和鸡笼山金铜矿选矿厂金的回收率达到 80% 以上。

（2）黄铁矿也是铜矿山经常需要综合回收的重要矿物。由于回收黄铁矿的工艺流程简单，生产成本低，多数选厂都尽可能回收黄铁矿。但因黄铁矿精矿量大，价格低，使其成为一种区域性很强的矿产品。有些地区黄铁矿资源多，在工业比较萧条的年景，黄铁矿精矿经常供大于求，大量精矿滞销，这迫使一些选厂对黄铁矿精矿限产或停产，如德兴铜矿大山选矿厂、铜山口铜矿选矿厂、铜官山铜矿选矿厂等，都曾经有过类似的经历。因此，国家在制定政策时，要充分考虑这一因素，保护企业综合回收利用黄铁矿的积极性。

（3）许多硫化铜矿石中常含有少量的钼矿物。从铜选厂回收钼是目前世界上原生钼的主要来源之一。目前我国铜选矿厂综合回收钼的水平还较低，生产成本较高，而且只有德兴铜矿一家在回收钼，但因伴生钼品位低、入选原矿品位波动大、选别工艺复杂、生产成本较高等原因而一度停产，直到1998年才部分恢复从含钼较高的铜精矿中回收钼。

（4）从铜矿石中回收铁目前限于用弱磁选技术回收矽卡岩型铜矿中共生磁铁矿。对矿石中伴生的赤铁矿、褐铁矿等未予回收。磁铁矿回收率较高的铜选矿厂有铜绿山选矿厂、丰山选矿厂、安庆选矿厂、琅琊山选矿厂等。

共伴生组分的综合回收利用已经成为我国铜矿山利润的重要来源甚至主要来源。江西德兴铜业集团公司2003年主产金属铜产量达到34万吨，主要伴生产品金产量10t，银产量220t，硫铁矿精矿产量120万吨，工业总产值69.42亿元，实现利税8.69亿元，实际上该公司的利润大多是综合利用斑岩铜矿中的金得到的。近年来硫的价格节节上扬，市场供不应求，副产硫铁矿精矿又成为该公司的另一利润增长点。2006年，该公司生产铜精矿15.78万吨，综合利用回收的副产品中有铅精矿2013t、锌精矿2482t、钼精矿2756t。白银有色金属公司综合利用元素达到10种，其中，2003年铅产量1.17万吨，锌产量7.9万吨，综合利用产值约8000万元，占总产值的25%。2006年，该公司生产铜精矿6762t，铅精矿17987t，锌精矿含量71668t。

尽管如此，综合利用的潜力仍很大。江西铜业的武山铜矿在采矿阶段，共生铅锌钼矿均未利用；永平铜矿共生铅锌矿因在露天采场之外也未利用，伴生白钨矿因选矿技术未过关而未利用；东铜矿区共生铁矿因品位较低也未利用；呈离子吸附型与铁矿共生的钨也未利用。据不完全统计，该公司有5800万吨低品位铜矿石可采用原地溶浸法加以回收。德兴铜业集团公司所属冶炼厂应当回收的伴生有色金属组分有10种，但目前只能回收2种。另外，大量集体、个体矿山至今尚未开展对共伴生矿产的综合利用，即使开展，也只是在现有选矿工艺条件下顺便回收，能回收多少就回收多少，回收率很低。铜矿山综合利用总体情况并不乐观。

8.2.2 非金属资源的综合开发利用

难处理复杂氧化铜矿床因其复杂的成矿条件而普遍难选。国内外难处理复杂氧化铜多具有高氧化率、高结合率、高泥质、细粒嵌布不均匀、矿物组成和结晶类型复杂等共性。此外，部分产地的氧化铜矿物还有易浮脉石矿物含量高等特性。常见的易浮脉石主要以滑石类、帘石类、云母类等层状硅铝酸盐脉石为主，其中层状的云母矿物具有表面光滑、药剂附着力强等特点。其在氧化铜浮选过程中，与常规的氧化铜捕收剂发生竞争吸附，导致浮选药剂用量增大，同时云母在矿浆中易被疏水泡沫夹杂至氧化铜精矿中，造成氧化铜精矿产出困难。为了最大限度地降低易浮云母对氧化铜选矿过程中选矿指标的影响，国内外的选矿科技工作者进行了大量的工作，主要有：（1）在不影响氧化铜浮选指标条件下采用筛析、机械剥离、浮选等方法对云母矿物进行预先脱除；（2）开发新型环保的云母矿物抑制剂，在合理的药剂制度条件下，实现氧化铜与云母矿物的高效分离。

徐启云等针对刚果（金）某地高云母难处理氧化铜矿，通过预先浮选脱除云母的方式降低了云母矿物流程中的稳定性和对选矿指标的影响，在获得较好的氧化铜选矿指标的同时对比了几种云母矿物中铜钴金属的回收方法，为高云母氧化铜矿资源的高效回收提供了有价值的参考依据。

经工艺矿物学研究得知，以白云母为主的脉石矿物，与目的矿物在选矿时发生竞争吸附，在中矿中反复循环，致使铜精矿产出困难，闭路难以实现金属量的平衡。在选矿工艺流程试验基础上，确定采用预先脱除云母—云母精矿磁选—氧化铜浮选的工艺流程。通过镜下检测发现，预先脱除的云母精矿中含有部分被褐铁矿包裹的微细粒黄铜矿，所以采用强磁法处理云母精矿，获得了磁选精矿 $w(Cu) = 10.55\%$，Cu 回收率 0.99%，浮选铜精矿含 $w(Cu) = 20.14\%$，Cu 回收率为 84.76% 的较好的选别指标，对同类矿床回收有价金属有一定的参考价值。

8.2.3 选矿厂尾矿的综合开发利用

回收尾矿中有价金属或矿物是尾矿利用的主要方式。由于矿产资源日益贫乏，现在许多开采中的矿山，有价成分品位比老尾矿还低，且尾矿已经磨细，可节省开采、破碎、磨矿成本。目前我国在这方面的研究较多，应用范围也很广泛。

尾矿再选既包括老尾矿再选利用，也包括新产生尾矿的再选，以便减少新尾矿的堆存量。尾矿再选已成为降低尾矿品位、减少废弃物排放量、提高回收率和企业经济效益的重要途径。

有色金属矿山尾矿中往往含有多种有价金属。过去选矿技术落后，可能有5%~40%的目的组分仍留在尾矿中。一般来说，矿山越老，选矿技术越落后，所产生的尾矿中的目的金属含量就越高。

我国金属矿产资源贫矿多、伴生组分多、中小型矿床多，目前不少矿山进入中晚期开采，资源紧缺，加上开采成本高，经济效益日趋降低，形势已逼迫一些矿山不得不走多种矿物产品共同开发和综合利用的道路。虽然我国尾矿综合利用的研究起步较晚，与发达国家相比，我国的尾矿开发利用还处于相对落后的阶段，但近年来发展迅速，国家出台了一些鼓励性政策，以调动企业开展尾矿资源的开发，对尾矿中的伴生有用矿物的研究也越来越多，积极推进尾矿综合利用的进程。

随着科学技术的发展，选矿技术有了较全面的完善与提高，研制出了一些细粒、微细粒、性质复杂的尾矿再选别的有效方法，如浮选、重选、高梯度磁选，甚至堆浸和选冶联合工艺等。

8.2.3.1 铜尾矿再选的试验研究

谢建宏等对陕西某含铜 0.18%、硫 2.76% 的铜尾矿进行了再选研究，结果表明：原尾矿经螺旋溜槽 1 次选别，可抛弃产率达 85.53% 的预选尾矿；预选精矿经磨矿后，进行铜—硫依次浮选，可得品位为 15.86%、对预选精矿回收率为 83.24% 的合格铜精矿和品位为 41.68%、对预选精矿回收率为 85.96% 的合格硫精矿。

马子龙等利用高效细粒分选设备旋流静态微泡浮选柱对金川铜镍尾矿进行了再选试验研究，考察了浮选柱分选尾矿、提高有价金属回收率的效果。应用该浮选柱，采用分级—再磨、一粗、三精的流程，可从生产尾矿中获得镍品位 3.763%、镍回收率 12.53%、铜品位 2.351% 的混合精矿，取得了预期的效果。

张保丰等对内蒙古某含硫 17.50%、铁 27.57% 的铜锌尾矿进行了回收试验研究，采用浮选—磁选联合流程，可获得硫品位 34.81%、硫回收率 91.72% 的硫铁精矿，铁品位 49.65%、铁回收率 77.65% 的铁精矿。硫铁精矿经过焙烧等特殊处理，可获得铁品位 65.50% 的一级品铁精矿。

常宝乾等研究了哈尔滨某选铜尾矿，尾矿中伴生 85% 左右的钙铁石榴子石精矿及含 TFe、S 分别为 68.0%、2.28% 的铁精矿（含硫较高），为进一步的工业利用、企业效益最大化奠定了基础。

周源等研究了江西某含 TiO_2 0.707% 的铜矿尾矿，其中 70.42% 的 TiO_2 是以金红石的形式存在。金红石的嵌布关系复杂、粒度微细，主要分散、包裹及镶嵌于脉石矿物中。采用重选（离心选矿机）—浮选（一粗二扫四精）联合流程，获得了 TiO_2 品位 68.28%、对原尾矿回收率 6.88% 的金红石精矿。

戴玉华等研究了四川拉拉铜矿尾矿中含 P_2O_5 0.76% 的低品位、难选磷灰石，研制了比油酸和氧化石蜡皂更强捕收能力和更好选择性的新型捕收剂 ZP-02，以水玻璃作脉石矿物石英的有效抑制剂，碳酸钠为调整剂，适宜的矿浆 pH 值（pH

=10）；采用一粗五精二扫的浮选流程，获得了 P_2O_5 品位 25.32%、回收率 69.87%的磷精矿，实现了该尾矿中磷灰石的有效分选。

8.2.3.2 铜尾矿再选的生产实践

几十年来，随着科学技术的不断提高和进步，许多矿山企业、科研单位、大专院校在国家和行业主管部门的支持下，从我国实际出发，大力开发尾矿，尤其是从铜尾矿中回收有用金属矿物、非金属矿物等资源，并取得了不同程度的进展，很多研究成果已经得到工业化应用。

德兴铜矿根据二段尾矿中硫铁矿密度大、粒度偏粗的特点，采用 φ350mm 旋流器进行分选，将尾矿用砂泵直接扬送到旋流器中，硫铁矿因其密度大、粒度偏粗富集到沉砂成为硫精矿。当入选品位超过 25%，可获得硫精矿品位 35% ~ 40%、作业回收率 60%左右的指标；尾矿中铜品位仅为 0.06%，但在矿浆强力冲击作用下，尾矿中粗粒级含铜的连生体与尾矿中残存的选矿药剂发生作用，产生大量的矿化泡沫（铜品位约 0.1%）。从 1995 年开始，德兴铜矿在尾矿明渠中设置泡沫汇集板，将泡沫刮起，经过分级、磨矿和多次精选，适量添加黄药，可获得 13%以上的低品位铜精矿。目前已形成 20000t/d 的处理能力，每年可获得低品位铜精矿 5000t，其中含铜 650t、金 30kg。2006 年德兴铜矿还与复旦大学合作，对尾矿中的绢云母进行了回收利用研究，采用浮选—打浆—重选—压滤—干燥工艺，可获得白度超过 70、细度小于 74μm 的绢云母，产品达到了防腐涂料的标准和要求。

永平铜矿以含铜和硫为主，并伴生有钨、银和其他元素的多金属矽卡岩型矿床，选矿厂日处理量达万吨，尾矿日排出量约 7000t；尾矿中主要有铜、硫、钨等，非金属矿物主要有石榴子石、石英；其 WO_3 含量为 0.041% ~ 0.093%，每年约有 2000 多吨氧化钨损失于尾矿。采用溜槽—磁选—浮选—摇床的联合工艺流程，可获得品位 66.83%的钨精矿，年产钨精矿 339.3t、硫精矿 1584t，年产值达 664.8 万元，年利润 172.8 万元。同时，对螺旋溜槽预选抛去大量脉石、含石榴子石的中矿，采用磁选方案，还可获得含石榴子石 96.3%、回收率 69.3%的精矿；采用重选摇床方案，可获得含石榴子石 95.4%、回收率 60.59%的精矿。

湖北三鑫金铜股份有限公司的鸡冠嘴与桃花嘴矿区每年处理矿量 60 万吨，年产尾矿量约 52.8 万吨，尾矿细度-200 目含量占 65%。尾矿中具有再回收利用价值的元素有金、铜和铁，品位为金 0.41g/t、铜 0.15g/t、铁 25.10%。采用尾矿再磨，磁选回收铁，重选回收金，最终铁精矿铁品位 60%左右、回收率 16.04%，金精矿金品位 30g/t、回收率 5.61%，每年可创产值 582 万元。

狮子山铜矿年排放尾矿 70 万吨，尾矿中金品位为 0.2 ~ 0.3g/t、银 6 ~ 8g/t，每年约有 160kg 黄金、5600kg 白银损失于尾矿。利用 ZXF-500 新型高效重力选矿机组配以摇床进行尾矿选金，年产金品位 21.25g/t、银品位 105g/t 的金精矿 5945t（含金 11.816kg、银 58.8kg），价值 75.6 万元，扣除动力消耗 18.3 万元、备品备件消耗 5.6 万元、人员工资消耗 9.6 万元，年获利 45.1 万元。

安庆铜矿充分利用闲置设备，并投资 42 万元建起了尾矿综合回收选铜厂和选铁厂，从含铜 0.119%、铁 11% 的尾矿中综合回收铜、铁、采用浮选法，可获得含铜 16.94%、回收率 84.43% 的铜精矿。采用磁选法，可获得含铁 63%、回收率 48.71% 的铁精矿。年创产值 491.95 万元，估算的年利税达 421.45 万元。

大姚铜矿属中型矿山，建有两座选厂，设计处理能力 4500t/d，其中一选厂处理氧化矿，于 1976 年建成投入使用，生产铜精矿单一产品，到 1992 年底，共处理原矿 381 万吨，产出尾矿 365 万吨。尾矿中铜平均品位为 0.31%，SiO_2 含量达 84%，入库平均粒径为 30μm。在尾矿入库前，安装 6A 浮选机对入坝尾矿进行再选。通过 10 年的生产实践，回收铜金属 744.747t，为公司增收作出了贡献。

武山铜矿老尾矿经过 30 多年的堆存，含硫 23%～31.7%，采用二粗一扫浮选工艺，即可回收尾砂中的硫，可获得品位 36.83%、回收率 89.42% 的硫精矿，年处理尾矿 350 万吨，取得了良好的经济效益。

新疆阿舍勒铜矿为一大型黄铁矿型铜锌多金属矿，该矿于 2004 年 10 月建成日处理 5500t 原矿的铜锌选矿厂，日产尾矿 5300t，年生产尾矿约 179 万吨。尾矿中主要矿物为黄铁矿，占尾矿总量的 62.05%。尾矿含硫 39.6%、铁 35.7%、铜 0.34%、金 0.24g/t、银 9.8g/t。现已建成从铜锌尾矿中回收硫铁矿的浮选车间，总处理规模为 5300t/d，年产硫铁精矿 96 万吨，生产总成本 23.04 元/吨，可为企业年增 7600 多万元产值和 2700 多万元的净利润。

铜绿山矿采用尾矿再磨—浮选—磁选工艺，处理含铜 0.8%、金 0.83g/t、银 6g/t 和铁 22% 的尾矿，获得了含铜 15.4%、铜回收率 70.56%、含金 18.5g/t、金回收率 79.33%、含银 109g/t、银回收率 69.34% 的铜精矿，以及含铁 55.24%、铁回收率 56.68% 的铁精矿。该工艺平均每年从尾矿中回收 200t 铜、10 多千克黄金、100 多千克白银、3 万吨铁精矿，二次再选产生的尾砂可井下填充，年产值近千万元。

浙江平水铜矿于 1967 年建厂，选矿能力为 700t/d，尾矿 300 余万吨，70% 左右的尾矿是硅酸盐，重晶石占 12% 左右，此外还含有少量的铜锌硫化矿。尾矿中的重晶石主要富集在细粒级中，因此直接采用 -0.074mm 粒级进行浮选重晶石的研究。先进行脱硫，脱硫后的尾矿浮选回收重晶石。原硫酸钡品位为 11.53%，以碳酸钠为调整剂，硅酸钠为抑制剂，十二烷基硫酸钠和油酸为捕收剂，可获得硫酸钡品位 91.68%、回收率 80.41% 的重晶石，有效地回收了尾矿中的重晶石，每年处理尾矿约 20 万吨，获得重晶石精矿约 1.3 万吨。

8.2.3.3　化学选矿在铜尾矿回收中的应用

化学选矿方法具有工艺过程简单、投资少、能耗和材料消耗低、污染轻、生产成本低等优点，其主要采用化学浸出法处理低品位难选矿石、已采区残留矿石以及被认为是"废石"的堆积物和开采难度较大的低品位矿石资源。因此，化学选矿在铜工业生产中的研究和应用较广，当今全世界用酸浸—萃取—电积（SX-EW）流程生产的铜占全球铜总产量的22%左右。智利每年用此法回收铜金属111.6万吨，其次是美国年产53.064万吨铜金属。我国每年用此法生产的电积铜只有2万吨左右，仅占铜产量的5%左右。国外绝大多数铜矿，除用传统的浮选方法以外，几乎都采用浸出工艺回收铜。

A 酸浸法

酸浸法是用无机酸的水溶液作矿物浸出剂的浸出工艺，是化学选矿中最常用的浸出方法之一。硫酸、盐酸、硝酸、亚硫酸、氢氟酸及王水等均可作为浸出剂，其中应用最广的是价廉易得的硫酸。稀硫酸为弱氧化酸，可用于处理含大量还原性组分（如有机质、硫化物、氧化亚铁等）的矿物原料，设备防腐蚀问题较易解决，硫酸溶液具有较高的沸点，常压下可采用较高的浸出温度。

酸浸法是湿法处理铜尾矿中含量较高的氧化矿物的主要手段之一，一般是用稀硫酸作浸出剂。酸浸工艺适合处理含酸性脉石为主的矿石，常用于从低品位、表外矿、残矿、尾矿中提取有价金属铜、镍、钴、锌等。

谢燕婷等对某含镍0.23%、铜0.25%、钴0.01%、铁10.43%的铜镍硫化矿尾矿中的有价金属进行湿法提取研究，以硝酸为氧化剂、硫酸为添加剂的混酸体系用于铜镍硫化矿尾矿中有价金属的浸出，镍、铜、钴浸出率分别可达91.5%、85.0%和54.6%。

张义忠等以云南某铜钴矿选矿后的含铜0.38%、钴0.18%尾矿为原料，经选矿后得到含铜0.66%、钴0.79%的粗精矿，采用稀硫酸浸出—氟化钠除钙、镁—P204、P507联合萃取—置换除镉—精萃除锌—乙二酸沉钴生产乙二酸钴，浸出过程的最佳工艺条件为：液固比5∶1，硫酸浓度60g/L，浸出时间80min，浸出温度95℃，钴的浸出率达到85%以上。

B 氨浸法

氨浸法用氨液（$(NH_4)_2CO_3$、$(NH_4)_2SO_4$、$NH_3 \cdot H_2O$）浸出含铜物料，使铜与氨配位生成稳定的铜氨络离子转入溶液，实现选择性浸出，同时被浸出的还有银、锌等。氨浸法主要针对酸浸法难以处理的硫化矿石以及铁和碱性脉石等含量较多的耗酸的氧化矿石。

对于低品位氧化铜矿，特别是硅、铁、氟、氯、碳酸盐等杂质含量较高的物料，采用传统的酸浸法处理必将消耗大量的酸，同时产生硅酸盐胶体，造成矿浆澄清过滤困难，而且铜浸出率也较低。采用氨浸法，这些杂质不与氨配位，均不进入溶液。传统工艺中，对以上杂质含量高的原料虽成功地开发出处理方法，但是工艺流程长、过程复杂、成本高、技术指标难以控制。此外，氨浸法除了能处理低品位氧化铜矿外，还可以处理酸浸法难处理的硫化矿石、自然铜等。因此，氨浸法回收铜尾矿具有非常广的适应性。

金川公司现有尾矿超过 1 亿吨，采用氨浸—褐煤吸附法从含铜 0.2%、镍 0.24%、钴 0.013% 的尾矿中再选回收铜、镍、钴，回收率分别达 80%、90% 和 60%。

马建业等以云南汤丹高碱性、低品位氧化铜的浸出尾渣为研究对象，采用 $NH_3 \cdot H_2O$-$(NH_4)_2CO_3$ 体系添加氧化剂浸出，当液固比 10 : 1、浸出温度 40℃、H_2O_2 浓度 0.25g/mL、反应 2h，添加 $NH_3 \cdot H_2O$ 和 $(NH_4)_2CO_3$，铵离子浓度 3.2mol/L，氨水浓度 0.8mol/L，继续反应 4h，铜的浸出率达到 72.3%。

招国栋等以湖南柏坊铜矿的含铜 0.246% 的尾砂为研究对象，针对高碱性、低品位氧化铜矿物，采用 $(NH_4)_2CO_3$-NH_3-H_2O 体系堆浸的办法，得到最佳浸出条件：NH_4^+ 浓度 9mol/L，浸出时间 3h，浸出温度 40℃，液体的体积与尾砂的质量比为 5 : 1，铜浸出率最高达到 85.7%，避免了酸浸的缺点。

C　微生物浸出法

微生物浸出又称细菌浸出，该技术是建立在化学反应与物理化学作用的基础上，利用某些能溶解矿石中有用成分的浸矿药剂，借助某些微生物、催化剂和表面活性剂的作用，有选择性地溶解、浸出矿石或矿体中的有用成分，使其从固态转化为液态，再进行回收，从而达到开采矿石的目的。此法特别适于处理贫矿、废矿、表外矿及难采、难选、难冶矿的堆浸和就地浸出。

微生物浸出的金属主要是铜的硫化矿物，如铜蓝（CuS）、辉铜矿（Cu_2S）、黄铜矿（$CuFeS_2$）、硫砷铜矿（Cu_3AsS_4）和斑铜矿（Cu_5FeS_4），尾矿中伴生镍、钴、金、银等。浸出这些矿物需要氧化剂，而细菌可以提供浸出这些矿物的氧化条件。铜的氧化矿物如黑铜矿（CuO）、赤铜矿（Cu_2O）以及自然铜等则比较容易浸出，一般采用酸浸法。

用于浸出铜矿物的细菌有氧化亚铁硫杆菌、氧化硫硫杆菌和氧化亚铁钩端螺旋菌等，而浸出硫化铜矿物常用前两种细菌。

细菌的直接作用：指浸矿细菌（主要是 T.f 菌）附着于矿石表面并与矿石中的硫化矿物发生作用，使该矿物氧化而溶解。例如，黄铜矿的细菌直接作用浸出原理如下：

$$CuFeS_2 + 4O_2 \longrightarrow Cu^{2+} + Fe^{2+} + 2SO_4^{2-} \qquad (8-1)$$

细菌的间接作用：在多金属的硫化矿床中，通常含有黄铁矿等，黄铁矿在自然条件下被缓慢氧化生成硫酸亚铁，在有细菌的条件下，细菌将亚铁氧化为三价铁，硫氧化为硫酸，其中的三价铁是一种很有效的矿物氧化剂和浸出剂，多种硫化矿物都可被硫酸高铁浸出，氧化反应被三价铁催化而快速地进行。

例如，黄铜矿的细菌间接浸出作用原理如下：

$$4CuFeS_2 + 17O_2 + 2H_2SO_4 \longrightarrow 4CuSO_4 + 2Fe_2(SO_4)_3 + 2H_2O \quad (8-2)$$

细菌浸出的优点：（1）设备简单，操作方便；（2）对环境友好、投资少、能耗低；（3）适应于处理贫矿、废矿、尾矿及炉渣等；（4）可以综合浸出，综合回收多种金属；（5）目前对铜、铀、金的细菌浸出工艺比较成熟，并且铜的浸出液可以经萃取—电积法或铁置换—浮选法回收其中的铜。

细菌浸出的主要缺点是细菌的培养比较麻烦，浸出周期比较长，对环境要求高，浸出率不高等。

目前，美国、智利等50多个国家和地区已将细菌浸出铜矿物的工艺技术大规模地运用到工业生产，我国早在20世纪50年代就开展了生物浸出技术的研究，经过几十年的发展，积累了一定的经验，细菌浸出技术在铜尾矿中的运用取得了一定的成果，部分研究成果已在工业上推广应用。

温建康等研究以氧化亚铁硫杆菌为主的混合菌株对金川低品位铜镍贫矿资源和选矿尾矿进行生物可浸性研究，发现尾矿比贫矿更容易浸出，尾矿中镍、铜、钴的浸出率分别可达87.84%、84.05%和86.35%；贫矿细菌浸出，镍、铜、钴的浸出率分别达到88.78%、47.68%和65.65%。

吕丽华等采用氧化亚铁硫杆菌及活性炭和Ag^+组合作催化剂，对梁邹矿业集团某老尾矿进行细菌浸出的影响研究。尾矿化学成分为：铜0.29%、二氧化碳69.74%、氧化铝12.77%、氧化铁3.19%、氧化钙2.36%、氧化镁1.35%；铜的化学物相为：原生硫化铜5.41%、次生硫化铜92.52%、游离氧化铜1.12%、结合硫化铜0.95%。研究结果表明，浸出温度为30℃、矿浆浓度为10%时，浸出效果较好；3g/L活性炭和$3mg/L Ag^+$组合作催化剂，铜浸出率达到92%；当3mL吐温和$3mg/L Ag^+$组合，铜浸出率达到88%。

湖北大冶某废弃尾矿，平均铜品位为0.2%，主要含铜矿物为黄铜矿，另有微量的铜蓝，董颖博等以此为对象，研究了嗜酸氧化亚铁硫杆菌LD-1菌株（At.fLD-1）与硫酸亚铁、硫代硫酸钠和黄铁矿3种能源物质对At.fLD-1菌株浸出低品位铜尾矿浸出体系和铜浸出效率的影响。结果表明，At.fLD-1菌株浸出铜尾矿，初期加入适量的硫酸亚铁、硫代硫酸钠和黄铁矿，均能提高铜的浸出效率，其中以硫代硫酸钠的效果最为显著。初始加入质量浓度5g/L的硫酸亚铁时，浸出效果较好，浸出46d，铜浸出率达35.00%，与不加硫酸亚铁的相比，提高13.63%；硫代硫酸钠中硫的质量浓度为1g/L时，浸铜效果最好，浸出46d，铜的浸出率达到38.10%，与不加硫代硫酸钠的相比，提高23.70%；加入黄铁矿，对提高铜浸出率也能起到促进作用，浸出46d，铜浸出率达34.17%，与不加黄铁矿时相比，提高11.00%。

江西德兴铜矿堆浸厂采用细菌浸出—萃取—电积工艺处理含铜硫化矿废石，

堆浸厂于 1994 年 8 月 4 日动工兴建，1996 年 7 月基本建成，1997 年 5 月 8 日进行喷淋浸出，同年 10 月 20 日萃取部分投料试生产，电积部分在 10 月 27 日开车，11 月 4 日生产出第一批 7.4t 阴极铜。从投产至 2001 年 8 月，堆浸厂共生产阴极铜 2228.8t，直接生产成本平均约 8600 元，取得了良好的经济效益和社会效益。

我国湖南水口山柏坊铜矿的浮选尾矿含铜 0.224%、铀 0.204%，粒度为 -200 目占 99%。在渗滤液中，采用取自铜官山酸性矿坑水中的氧化铁硫杆菌，当 Fe^{3+} 浓度为 26g/L，加入其他营养物质并接种细菌，浸出 21d，铜的浸出率达到 90.1%。

D 氰化浸出法

氰化浸出法主要是针对铜矿尾矿中伴生的贵金属如金、银等，常规的酸浸、氨浸等方法很难回收金、银，造成大量的资源浪费。尾矿中的贵金属含量一般很低，而且氰化物有剧毒、管制严、对环境污染较大，同时由于尾矿量大，尾矿浸出过程不易控制，一般较少采用氰化法浸出铜尾矿中的贵金属。

甘肃肃北某铜金矿自 20 世纪 90 年代初开采以来，积累了数以百万计的尾矿，尾矿中金品位 0.3～2.5g/t、铜品位 0.05%～0.10%，极具二次开发利用价值。2007 年开始对该尾矿开展氰化堆浸回收金的工艺流程试验，在氰化过程中加入浸金剂，经 15d 堆浸，金氰化浸出率达到 72.04%，每吨尾矿可回收金 0.2～1.3g，取得了较为理想的试验效果。

附　录

国内主要铜选矿厂一览表

厂　名	地理位置	矿床类型及矿石组成	投产日期	设计规模/t·d⁻¹	综合回收
江铜集团德兴大山选矿厂	江西	斑岩型铜矿床，主要矿物为黄铜矿、黄铁矿、辉钼矿，脉石矿物为石英等	1965 年（2011 年完成扩建）	92000	硫和钼
江铜集团德兴泗州选矿厂	江西	斑岩型铜矿床，主要矿物为黄铜矿、黄铁矿、辉钼矿，脉石矿物为石英等	1965 年	30000	硫和钼
江铜集团永平铜矿	江西	广义矽卡岩型矿床，主要矿物为黄铜矿、黄铁矿、辉铜矿，脉石矿物为石英等	1984 年	10000	硫、金和银富集在铜精矿中回收
江铜集团武山铜矿	江西	含铜矽卡岩矿床和浸染状构造的斑岩型铜矿床，主要金属矿物为黄铜矿和黄铁矿	1984 年	3000	$\alpha_S = 10$ $\beta_S = 38$ $\varepsilon_S = 60$
江铜集团银山矿业	江西	陆相火山岩型中低温岩热液矿床，金属矿物主要以变胶状黄铁矿、黄铜矿、硫砷铜矿为主，脉石矿物以石英、绢云母为主	1985 年	2900	$\alpha_S = 8.9$ $\beta_S = 35.2$ $\varepsilon_S = 84.7$
江铜集团城门山铜矿	江西	矽卡岩型为含铜黄铁矿、含铜矽卡岩矿、含铜角砾岩矿和含铜黄铁矿-磁铁矿，含铜斑岩矿物以石英、绢云母为主	2000 年	2000	$\alpha_S = 3.5$ $\beta_S = 36.5$ $\varepsilon_S = 53.1$
江铜集团东同矿业（原东乡铜矿）	江西	主要矿石为辉（斑）铜黄铁矿、黄铜黄铁矿、含铜胶状黄铁矿，主要脉石矿物有石英、高岭土、叶蜡石、绿泥石等	1973 年	1200	$\alpha_S = 21.4$ $\beta_S = 41.5$ $\varepsilon_S = 58.7$

续表

厂　名	地理位置	矿床类型及矿石组成	投产日期	设计规模/t·d⁻¹	综合回收
大冶有色铜山口铜矿	湖北	高中温热液交代矽卡岩型矿床，铜矿物以黄铜矿、磁铜矿为主，脉石矿物为高岭石、透辉石、绿泥石等	1985年	4000	$\alpha_{Mo}=0.027$ $\beta_{Mo}=25.7$ $\varepsilon_{Mo}=11.12$
大冶有色铜绿山铜矿	湖北	金属矿物主要是磁铁矿、半假象-假象赤铁矿、黄铜矿、斑铜矿和孔雀石，脉石矿物主要是方解石、石英等	1970年	4000	金、银、铁
大冶有色丰山铜矿	湖北	矽卡岩型铜矿床，主要矿物为黄铜矿、黄铁矿、辉钼矿、石榴子石	1971年	3500	硫和钼
大冶有色赤马山铜矿	湖北	主要铜矿物由斑铜矿、黄铜矿、辉铜矿组成，脉石矿物主要是辉长石、钾长石、石英等	1960年	600	钼和铁
大冶有色新冶铜矿	湖北	矽卡岩型铜硫矿床，主要矿物为黄铜矿、黄铁矿、白钨矿	1957年	600	$\alpha_S=14$ $\beta_S=39\sim40$ $\varepsilon_S=80\sim85$
铜陵有色冬瓜山铜矿	安徽	矽卡岩型铜矿床，主要金属矿物有黄铜矿、黄铁矿、磁黄铁矿及磁铁矿等，主要脉石矿物有石榴石、石英、滑石、蛇纹石及硅镁石等	1966年（2004年完成扩建）	13000	硫和铁
铜陵有色铜官山铜矿	安徽	矽卡岩型铜铁矿床，主要矿物为黄铜矿、黄铁矿、磁黄铁矿、磁铁矿	1952年（1966年完成扩建）	5000	$\alpha_S=30\sim33$ $\beta_S=6\sim6.5$
铜陵有色凤凰山铜矿	安徽	矽卡岩型铜铁矿床，主要矿物为黄铜矿、黄铁矿、磁铁矿，矿石的脉石矿物为石英、方解石等	1971年	3000	硫和铁
铜陵有色铜山铜矿	安徽	矽卡岩型矿床另外有含铜黄铁矿石	1960年	3000	$\alpha_S=8\sim9$ $\beta_{Fe}=30$ $\varepsilon_{Fe}=61$

续表

厂　　名	地理位置	矿床类型及矿石组成	投产日期	设计规模/t·d⁻¹	综合回收
铜陵有色金口岭铜矿	安徽	矽卡岩型铜金矿床	1971 年	1000	$\alpha_{Au}=2g/t$ $\beta_{Ag}=13g/t$
中条山集团筻子沟铜矿	山西	主要金属矿物是黄铜矿，次为斑铜矿、辉铜矿、磁黄铁矿、黄铁矿、闪锌矿等，脉石矿为方解石、石英、黑云母、绢云母、白云母等	1965 年	3200	硫
中条山集团胡家峪铜矿	山西	细脉浸染型似层状高中温热液矿床，主要矿物为黄铜矿、镜铁矿、黄铁矿、辉铜矿	1960 年	3000	$\alpha_{Co}=0.1$ $\beta_{Co}=0.3$
白银有色白银厂铜矿	甘肃	含铜黄铁矿型矿床，主要矿物为黄铁矿、黄铜矿、辉铜矿	1960 年	9900	硫
中国有色红透山铜矿	辽宁	中温热液脉状含铜黄铁矿矿床，主要矿物为黄铁矿、闪锌矿、黄铜矿、白铁矿	1959 年	1800	硫和锌
石菉铜矿	广东	矽卡岩型铜矿床，主要矿物氧化铜矿石、褐铁矿、孔雀石、磁铁矿	1970 年	2000	
东川落雪铜矿	云南	白云岩似层状矿床，分氧化、硫化、混合三带，铜氧化率 35%～40%	1969 年	6500	铜
东川因民铜矿	云南	沉积变质的层状铜矿床，以斑铜矿、黄铜矿、孔雀石为主，铜氧化率为 30%～40%	1959 年	3600	
东川牟定铜矿	云南	中生代河湖相沉积砂岩铜矿床，层状矿床，上部氧化矿下部硫化矿，脉石矿物主要为石英，占矿物总量的 75%左右，其状是方解石	1973 年	1500	

续表

厂 名	地理位置	矿床类型及矿石组成	投产日期	设计规模/t·d⁻¹	综合回收
东川汤丹铜矿	云南	白云岩似层状矿床，孔雀石、硅孔雀石铜氧化率达75%以上	1973 年	1700	
中条山集团铜矿铜峪铜矿	山西	斑岩型铜矿床，铜矿物主要以黄铜矿、孔雀石，脉石矿物以石英、绢云母、长石为主	1975 年	10000	铁
易门木奔铜矿	云南	接触变质泥质白云岩含铜型，主要矿物为孔雀石、黄铜矿、斑铜矿	1960 年	5800	
易门狮子山铜矿	云南	接触变质泥质白云岩含铜型，主要矿物为孔雀石、黄铜矿、斑铜矿	1977 年	1800	
东川滥泥坪铜矿	云南	沉积变质层状铜矿床	1960 年	1500	
大姚铜矿	云南	湖相沉积含铜砂岩矿床，铜的硫化物以辉铜矿为主，次为铜蓝，铜矿物及少量黄铜矿，铜的氧化率以孔雀石为主	1976 年（氧化矿）1980 年（硫化矿）	4500	
羊拉铜矿	云南	金属矿物主要有黄铜矿（少量斑铜矿），黄铁矿、磁黄铁矿、针铜矿，脉石矿物主要是石英、长石、方解石与白云石，铜氧化率 14%～17%	2007 年	3000	硫

续表

参 考 文 献

[1] 钱鑫，张文彬，邓彤. 铜的选矿 [M]. 北京：冶金工业出版社，1982.

[2] 刘殿文，张文彬，文书明. 氧化铜矿浮选技术 [M]. 北京：冶金工业出版社，2009.

[3] 王毓华，邓海波. 铜矿选矿技术 [M]. 长沙：中南大学出版社，2012.

[4] 孙传尧. 选矿工程师手册 [M]. 北京：冶金工业出版社，2015.

[5] 黄礼煌. 贵金属提取新技术 [M]. 北京：冶金工业出版社，2016.

[6] 黄礼煌. 金属硫化矿物低碱介质浮选 [M]. 北京：冶金工业出版社，2015.

[7] 周松林，耿联胜. 铜冶炼渣选矿 [M]. 北京：冶金工业出版社，2014.

[8] 黄礼煌. 化学选矿 [M]. 北京：冶金工业出版社，2012.

[9] 赵涌泉. 氧化铜矿的处理 [M]. 北京：冶金工业出版社，1982.

[10] 周乐光. 矿石学基础 [M]. 北京：冶金工业出版社，2007.

[11] 童雄. 尾矿资源二次利用的研究与实践 [M]. 北京：科学出版社，2013.

[12] 布拉托维奇. 浮选药剂手册 [M]. 魏明安等译. 北京：化学工业出版社，2014.

[13] 孔令同，曹亦俊，徐宏祥，等. 某铜矿旋流-静态微泡浮选柱试验研究 [J]. 金属矿山，2011 (1)：72~74.

[14] 匡敬忠，李永峰，刘德华. 铜硫分离中抑制剂的应用 [J]. 矿业研究与开发，2013 (5)：51~54.

[15] 李宗站，刘家弟，王振玉，等. 国内铜硫浮选分离研究现状 [J]. 现代矿业，2010，V39 (3)：12~15.

[16] 李冠东，童雄，叶国华，等. 铜钴分离技术研究现状 [J]. 湿法冶金，2009，28 (3)：138~141.

[17] 孔令强. 刚果（金）某难选铜钴矿浮选试验研究 [J]. 矿冶工程，2013，33 (3)：58~61.

[18] 陈代雄，徐艳. 铜钴多金属硫化矿浮选试验研究 [J]. 湖南有色金属，2005，21 (2)：7~10.

[19] 张军成. 铜钼矿石的选矿及铜钼分离工艺 [J]. 现代矿业，2006，25 (8)：13~15.

[20] 叶力佳. 安徽某低品位铜钼矿石的选矿试验研究 [J]. 有色金属（选矿部分），2009 (1)：4~8.

[21] 张文军，程福超，陈营营，等. 赤峰某低品位铜钼矿选矿试验 [J]. 金属矿山，2014，43 (7)：74~78.

[22] 郭灵敏. 乌努格吐山铜钼矿选矿新工艺试验研究 [J]. 铜业工程，2011 (2)：6~9.

[23] 马鹏飞，韩统坤，翁存建. 铜镍硫化矿浮选分离研究现状 [J]. 矿产保护与利用，2015 (5)：68~73.

[24] 黄开国，张小云. 高冰镍浮选研究的现状及展望 [J]. 湖南有色金属，2001，17 (2)：12~14.

[25] 杜新，余成，邱允武. 四川会理某低品位混合铜镍矿石浮选工艺研究 [J]. 有色金属（选矿部分），2011 (1)：6~9.

[26] 阙绍娟, 黄荣强, 卢琳. 广西某低品位铜镍矿石选矿工艺研究 [J]. 金属矿山, 2014, 43 (4): 91~94.

[27] 张斌, 费腾. 辽宁某低品位含铜镍矿石浮选试验 [J]. 现代矿业, 2017 (4): 124~126.

[28] 孟克礼, 朱守国. 红透山铜矿选矿工艺的进展 [J]. 有色金属 (选矿部分), 1997 (2): 12~15.

[29] 叶雪均, 刘子帅, 胡城, 等. 铜锌硫化矿分离技术研究及进展 [J]. 有色金属科学与工程, 2012 (6): 44~50.

[30] 李婷, 李国栋. 西北某难处理硫化铜锌矿石浮选试验 [J]. 金属矿山, 2015, 44 (9): 54~57.

[31] 曹登国, 吴明海. 某低品位铜锌矿浮选分离试验研究 [J]. 矿产保护与利用, 2014 (5): 30~33.

[32] 魏明安, 孙传尧. 硫化铜、铅矿物浮选分离研究现状及发展趋势 [J]. 矿冶, 2008, 17 (2): 6~16.

[33] 张建超, 曾小辉, 郑志强. 阿勒泰某铜铅锌矿提铅降锌浮选工艺 [J]. 有色金属工程, 2015, 5 (2): 57~60.

[34] 何翔, 陈昌员. 低品位复杂难选铜铅锌矿选铜工艺 [J]. 矿产综合利用, 2016 (3): 19~21.

[35] 罗仙平, 王笑蕾, 罗礼英, 等. 七宝山铜铅锌多金属硫化矿浮选新工艺研究 [J]. 金属矿山, 2012, 41 (4): 68~73.

[36] 邱廷省, 聂光华, 张强, 等. 难处理含铜金矿石预处理与浸出技术现状及进展 [J]. 黄金, 2005, 26 (8): 30~34.

[37] 赵开乐, 王昌良, 李成秀, 等. 内蒙古铜金矿综合回收技术研究 [J]. 矿产综合利用, 2011 (3): 18~21.

[38] 蓝碧波, 李廷励, 陈淑萍, 等. 含铜金矿堆浸过程中铜的行为研究 [J]. 黄金科学技术, 2013, 21 (5): 136~139.

[39] 周晓文, 罗仙平. 江西某含铜多金属矿选矿工艺流程试验研究 [J]. 矿冶工程, 2014, 34 (1): 32~36.

[40] 何晓娟, 郑少冰. 铜录山低品位高含泥氧化铜矿直接浮选工艺试验 [J]. 矿产综合利用, 1999 (3): 11~14.

[41] 李有辉, 李成必, 张行荣, 等. 云南某氧化铜矿石浮选试验 [J]. 金属矿山, 2017 (4): 68~71.

[42] 王文海, 叶树峰. 新疆某地难处理氧化铜矿选矿试验 [J]. 当代化工研究, 2016 (10): 100~101.

[43] 罗颖初. 某氧化铜矿硫化浮选试验研究 [J]. 矿业研究与开发, 2015 (9): 27~31.

[44] 吴琼, 郭晓峰, 史小琴, 等. 螯合浮选药剂的研究进展 [J]. 化工矿物与加工, 2015 (12): 55~59.

[45] 宁小兵, 罗琳, 薛伟, 等. 用乙硫氮提高青海某氧化铜矿铜精矿指标的研究 [J]. 有色金属 (选矿部分), 2009 (4): 45~47.

[46] 汤雁斌. B-130 在铜绿山矿难选氧化铜矿选矿中的应用 [J]. 四川有色金属, 2005 (2): 1~3.

[47] 白洁, 艾晶, 张行荣. 氧化铜矿浮选药剂研究与应用进展 [J]. 现代矿业, 2014 (12): 48~51.

[48] 陈连秀, 刘中华. 难选氧化铜矿离析——浮选试验研究 [J]. 新疆有色金属, 2003 (1): 15~17.

[49] 吕世海. 泥质结合氧化铜的离析-浮选研究 [J]. 矿冶工程, 1985, 5 (1): 30~33.

[50] 郑永兴, 文书明, 刘健, 等. 难处理氧化铜矿强化浸出的研究概况 [J]. 矿产综合利用, 2011 (2): 33~36.

[51] 胡绍彬, 罗才高. 深度活化浮选汤丹氧化铜矿的研究及应用 [J]. 云南冶金, 1997 (5): 17~24.

[52] 刘素英. 分支串流浮选在落雪选厂的生产实践 [J]. 云南冶金, 1996 (1): 19~21.

[53] 周晓东, 纳锦屏. 东川汤丹难选氧化铜矿微波辐照——常规浮选实验 [J]. 昆明冶金高等专科学校学报, 1996 (Z1): 53~58.

[54] 李磊, 王华, 胡建杭, 等. 铜渣综合利用的研究进展 [J]. 冶金能源, 2009, 28 (1): 44~48.

[55] 王周和. 金口岭铜矿转炉渣选铜工艺技术特点及生产实践 [J]. 有色金属 (选矿部分), 1998 (6): 12~16.

[56] 黄明琪, 雷贵春. 贵溪冶炼厂转炉渣选矿生产 10 年综述 [J]. 江西有色金属, 1998 (2): 17~20.

[57] 王红梅, 刘四清, 刘文彪. 国内外铜炉渣选矿及提取技术综述 [J]. 铜业工程, 2006 (4): 19~22.

[58] 王国军. 内蒙金峰铜业铜转炉渣选矿生产实践 [J]. 有色金属 (选矿部分), 2010 (1): 26~28.

[59] 陈江安, 龚恩民, 李晓波, 等. 江西贵溪铜冶炼厂转炉渣选矿工艺研究 [J]. 江西理工大学学报, 2010, 31 (03): 19~21.

[60] 张翰臣. 介绍日本的几个铜矿选矿厂 [J]. 有色金属 (冶炼部分), 1965 (3): 19~26.

[61] 赵援. 日本选矿技术的进展 [J]. 国外金属矿选矿, 1974 (Z1): 38~39.

[62] 逄伟波. 祥光铜业闪速熔炼炉渣选矿生产实践与改进 [J]. 有色冶金设计与研究, 2014, 35 (6): 35~37.

[63] 孟凡伟, 王守全. 金冠铜业闪速熔炼工艺试生产实践 [J]. 中国有色冶金, 2015, 44 (2): 16~18.

[64] 边瑞民, 杜武钊. 铜熔炼渣和吹炼渣混合浮选的生产实践 [J]. 中国有色冶金, 2012, 41 (2): 8~11.

[65] 黄自力, 刘缘缘, 秦庆伟, 等. 反射炉水淬渣提铜除铁研究 [J]. 矿冶工程, 2012, 32 (5): 82~85.

[66] 苏晓亮, 廖广东, 秦庆伟. 铜冶炼高品位转炉渣选矿试验研究 [J]. 有色金属 (选矿部分), 2014 (2): 41~44.

［67］黄瑞强，崔麦英．选矿法回收高品位转炉渣中铜的试验研究［J］．中国矿山工程，2013，42（1）：15~18．

［68］瞿泓滢，裴荣富，梅燕雄，等．国外超大型-特大型铜矿床成矿特征［J］．中国地质，2013，40（2）：371~390．

［69］韩伟．铜冶炼转炉渣选矿工艺研究与设计［J］．铜业工程，2013（1）：25~27．

［70］杨峰．转炉渣选矿工艺的研究与设计［J］．有色金属（选矿部分），2000（3）：6~10．

［71］冯裕果，赵岩森，褚力新，等．菲律宾某铜冶炼厂水淬渣选铜试验［J］．现代矿业，2016，32（6）：77~78．

［72］郭勇，秦庆伟，汤海波，等．从贫化炉水淬渣中氨浸提铜试验研究［J］．湿法冶金，2016，35（4）：320~323．

［73］徐启云，肖骏，杨建文，等．国外某高云母难处理氧化铜矿选矿工艺研究［J］．上海有色金属，2016，37（2）：28~33．

［74］王儒，张锦瑞，代淑娟．我国有色金属尾矿的利用现状与发展方向［J］．现代矿业，2010（6）：6~9．

［75］谢建宏，崔长征，宛鹤．陕西某铜尾矿资源化利用研究［J］．金属矿山，2009，V39（4）：161~164．

［76］张保丰．蒙古某铜锌尾矿硫铁的回收利用研究［J］．矿产保护与利用，2010（5）：52~54．

［77］常宝乾，张世银．哈尔滨某选铜尾矿综合回收石榴石试验研究［J］．矿产保护与利用，2011（1）：28~30．

［78］周源，崔振红，熊立，等．某铜尾矿中金红石的选矿回收试验［J］．金属矿山，2011，V40（3）：160~161．

［79］戴玉华，邱廷省，罗仙平．某铜尾矿中磷灰石的浮选回收试验研究［J］．金属矿山，2005（8）：67~70．

［80］谢燕婷，徐彦宾，闫兰，等．铜镍硫化矿尾矿中有价金属的湿法提取研究［J］．有色金属（冶炼部分），2006（4）：14~17．

［81］马建业，刘云清，胡慧萍，等．云南汤丹某氧化铜尾矿的浸出研究［J］．中南大学学报（自然科学版），2012，43（6）：42~51．

［82］招国栋，吴超，伍衡山．含铜尾砂的浸出及其动力学研究［J］．矿业研究与开发，2006，26（5）：30~33．

［83］温建康，阮仁满，孙雪南．金川低品位镍矿资源微生物浸出研究［J］．矿冶，2002，11（1）：55~58．

［84］吕丽华，任京成，胡巍，等．微生物法从尾矿中浸出铜［J］．有色金属（冶炼部分），2010（6）：20~22．

［85］董颖博，林海，莫晓兰，等．不同能源物质对 At. f 菌浸出低品位铜尾矿的影响［J］．中南大学学报（自然科学版），2011，42（5）：1181~1187．

［86］彭琴秀．德兴铜矿运用堆浸技术的生产实践［J］．有色冶金设计与研究，2002，23（4）：53~56．